Klassische Texte der Wissenschaft

Begründet von
Olaf Breidbach (†)
Jürgen Jost

Herausgegeben von
Jürgen Jost
Armin Stock

http://www.springer.com/series/11468

Die Reihe bietet zentrale Publikationen der Wissenschaftsentwicklung der Mathematik, Naturwissenschaften, Psychologie und Medizin in sorgfältig edierten, detailliert kommentierten und kompetent interpretierten Neuausgaben. In informativer und leicht lesbarer Form erschließen die von renommierten WissenschaftlerInnen stammenden Kommentare den historischen und wissenschaftlichen Hintergrund der Werke und schaffen so eine verlässliche Grundlage für Seminare an Universitäten, Fachhochschulen und Schulen wie auch zu einer ersten Orientierung für am Thema Interessierte.

Eberhard Knobloch
Herausgeber

Gottfried Wilhelm Leibniz

De quadratura arithmetica circuli ellipseos et hyperbolae cujus corollarium est trigonometria sine tabulis

Herausgegeben und mit einem Nachwort versehen von
Eberhard Knobloch

Aus dem Lateinischen übersetzt von
Otto Hamborg

Herausgeber
Eberhard Knobloch
Technische Universität Berlin
Deutschland

Diese Ausgabe beruht auf dem Buch Gottfried Wilhelm Leibniz, De quadratura arithmetica circuli ellipseos et hyperbolae cujus corollarium est trigonometria sine tabulis, kritisch herausgegeben und kommentiert von Eberhard Knobloch. Göttingen, Vandenhoeck & Ruprecht, 1993. (Abhandlungen der Akademie der Wissenschaften in Göttingen, Mathematisch-Physikalische Klasse Nr. 43).

Klassische Texte der Wissenschaft
ISBN 978-3-662-52802-0 ISBN 978-3-662-52803-7 (eBook)
DOI 10.1007/978-3-662-52803-7

Die Deutsche Nationalbibliothek verzeichnet diese Publikation in der Deutschen Nationalbibliografie; detaillierte bibliografische Daten sind im Internet über http://dnb.d-nb.de abrufbar.

Springer Spektrum

Planung: Dr. Annika Denkert

Übersetzer: Otto Hamborg

Gedruckt auf säurefreiem und chlorfrei gebleichtem Papier

Springer Spektrum ist Teil von Springer Nature
Die eingetragene Gesellschaft ist Springer-Verlag GmbH Berlin Heidelberg
Die Anschrift der Gesellschaft ist: Heidelberger Platz 3, 14197 Berlin, Germany

Vorwort

Nonumque prematur in annum
Horaz, *Ars poetica* Vers 388

Horaz hatte Autoren empfohlen, ihre schriftlichen Erzeugnisse bis ins neunte Jahr unter Verschluss zu halten. Im Falle von Gottfried Wilhelm Leibniz dauerte es über fünfunddreißigmal solange, genauer gesagt 317 Jahre, bevor seine umfangreiche Schrift zur Grundlegung der Integrationstheorie und Infinitesimalgeometrie aus dem Jahr 1676 erscheinen konnte.

Martin Kneser setzte sich 1991 erfolgreich dafür ein, dass die von mir besorgte kritische Edition der längsten mathematischen Schrift, die Leibniz je verfasst hat, in den Abhandlungen der Akademie der Wissenschaften in Göttingen 1993 erscheinen konnte. Leibnizens Werk fand schnell breites, bis heute zunehmendes Interesse bei Wissenschaftshistorikern, Philosophen und Mathematikern. 2004 erschien die französische Übersetzung von Marc Parmentier. 2007 stellte Otto Hamborg seine deutsche Übersetzung auf seiner homepage online, ohne dass dies in den deutschsprachigen Ländern angemessen rezipiert wurde.

Es ist das große Verdienst von Jürgen Jost, die von ihm herausgegebene Reihe Klassische Texte der Wissenschaft für eine zweisprachige lateinisch-deutsche Ausgabe dieser grundlegenden Schrift von Leibniz zur Verfügung gestellt zu haben. Dafür danken wir ihm sehr. Am Zustandekommen dieses Bandes waren mehrere Personen und Institutionen beteiligt, denen wir an dieser Stelle dafür ebenfalls herzlich danken möchten: Gabriele Hamborg schrieb die Datei, auf die wir uns für die vorliegende Edition stützen konnten. Der Verlag Vandenhoeck & Ruprecht war mit der Wiederverwendung der berichtigten Edition von 1993 einverstanden. Rainer Kleinrensing, Leiter der EDV des Leipziger Max-Planck-Instituts für Mathematik in den Naturwissenschaften, war der zuverlässige Ansprechpartner in technischen Fragen. Die Firma le-tex publishing services in Leipzig erfüllte alle ihr übermittelten Änderungs- und Korrekturwünsche mit großer Geduld und Sorgfalt. Annika Denkert war die verständnisvolle Ansprechpartnerin beim Springer Verlag.

Per aspera ad astra!

Eberhard Knobloch
April 2016

Inhaltsverzeichnis

De quadratura arithmetica circuli ellipseos et hyperbolae cujus corollarium est trigonometria sine tabulis

Über die arithmetische Quadratur des Kreises, der Ellipse und der Hyperbel, von der ein Korollar die Trigonometrie ohne Tafeln ist

Index notabiliorum:

Prop. 1. est lemma, cujus ope triangula ex puncto fixo A incipientia transmutantur in rectangula MNF rectae AMN per punctum fixum < - > transeunti normaliter applicata. fig. 1. 2.

Prop. 2. 3. 4. 5. sunt lemmata valde generalia circa differentiam quatenus ab excessu et defectu animo abstrahitur, et serviunt ad demonstrationes quadraturarum apagogicas per sola inscripta.

Prop. 6. est spinosissima in qua morose demonstratur certa quaedam spatia rectilinea gradiformia itemque polygona eousque continuari posse, ut inter se vel a curvis differant quantitate minore quavis data, quod ab aliis plerumque assumi solet. Praeteriri initio ejus lectio potest, servit tamen ad fundamenta totius Methodi indivisibilium firmissime jacienda.

Prop. 7. fructum continet omnium praecedentium, et ostendit, quomodo figurae curvilineae possint resolvi in triangula et quomodo si his triangulis aequalia exhibeantur rectangula, sector alterius figurae in [quadrilineum][1] alterius figurae transformari possit.

PROPOSITIO PRIMA

Si per trianguli ABC tres angulos totidem transeant rectae parallelae interminatae AD. BE. CF, triangulum erit dimidium rectanguli, sub CE intervallo duarum parallelarum BE. CF, et sub AG portione tertiae AD, intercepta inter puncta, quibus ea angulo trianguli A, et opposito lateri BC, si opus est producto occurrit.

In BC productam agatur normalis AH[,] erunt triangula AHG. CEB similia[,] ergo ut AH ad AG ita CE ad CB, ac proinde rectangulum AG in CE aequale rectangulo AH in CB seu duplo triangulo ABC. Itaque triangulum ABC rectanguli sub AG et CE dimidium erit. Quod asserebatur.

[1] trilineum *L ändert Hrsg.*

Verzeichnis der bemerkenswerteren Sätze:

Satz 1 ist ein Lemma, mit dessen Hilfe von einem festen Punkt A beginnende Dreiecke in Rechtecke MNF verwandelt werden, die an einer durch den festen Punkt verlaufenden Geraden AMN senkrecht angefügt sind. Fig. 1. 2.

Die Sätze 2, 3, 4 und 5 sind sehr allgemeine Lemmata bezüglich der Differenz insofern, als vom Überschuss und Mangel gedanklich abgesehen wird, und sie dienen den indirekten Beweisen der Quadraturen nur durch Einbeschriebenes.

Der Satz 6 ist sehr spitzfindig; in ihm wird peinlich genau bewiesen, dass einige bestimmte geradlinige treppenförmige Flächen und ebenso Polygone soweit aneinander gereiht werden können, dass sie sich untereinander oder von den kurvenförmigen Flächen um eine Quantität unterscheiden, die kleiner ist als jede beliebige gegebene, was von anderen meistens angenommen zu werden pflegt. Seine Lektüre kann zu Anfang übergangen werden, jedoch dient er dazu, die Fundamente für die ganze Indivisibelnmethode am sichersten zu legen.

Satz 7 enthält den Ertrag aller Vorhergehenden und zeigt, wie krummlinige Figuren in Dreiecke aufgelöst werden können, und wie, wenn zu diesen Dreiecken gleiche Rechtecke dargestellt werden, der Sektor der einen Figur in eine vierlinige Fläche einer anderen Figur umgeformt werden kann.

ERSTER SATZ

Wenn durch die drei Winkel eines Dreiecks ABC ebenso viele unbegrenzte parallele Geraden AD, BE, CF hindurchgehen, wird das Dreieck die Hälfte des Rechtecks sein, welches unter dem Intervall CE der zwei Parallelen BE, CF und unter dem Teil AG der Dritten AD liegt, der zwischen den Punkten eingeschlossen ist, bei denen diese den Winkel A des Dreiecks und die notfalls verlängerte gegenüberliegende Seite BC trifft.

Zur verlängerten Seite BC sei die Normale AH geführt, die Dreiecke AHG, CEB werden ähnlich sein, folglich wird wie AH zu AG so CE zu CB und daher das Rechteck AG · CE gleich dem Rechteck AH · CB oder dem doppelten Dreieck ABC sein. Deshalb wird das Dreieck ABC die Hälfte des Rechtecks unter AG und CE sein. Dieses wurde behauptet.

Scholium

Cum infinitis modis in eodem triangulo et parallelae duci, et intervalla eligi possint, patet omnia rectangula hujusmodi, (cum uni eidemque triangulo duplo aequentur) etiam fore aequalia inter se; ut rectangula CD in LB, CE in AG, Ce in Aγ; si idem in fig. 1. et 2. ponatur esse triangulum ABC.

Porro propositio, quam hic demonstravimus, lemma est, facile utique, et in proclivi positum, sed quod usus tamen habet late patentes: quoniam enim rectanguli et trianguli naturas in unum conjungit, utique foecundius esse debet, quam si non nisi alterutram contineret. Ejus enim auxilio, figurae curvilineae etiam in triangula utiliter resolvuntur, cum Cavalerius[*1] aliique doctissimi viri eas in parallelogramma tantum partiri soleant, generalem certe in triangula resolutionem, quod sciam, non adhibuerint. Sed haec clarius ex prop. 7. patebunt.

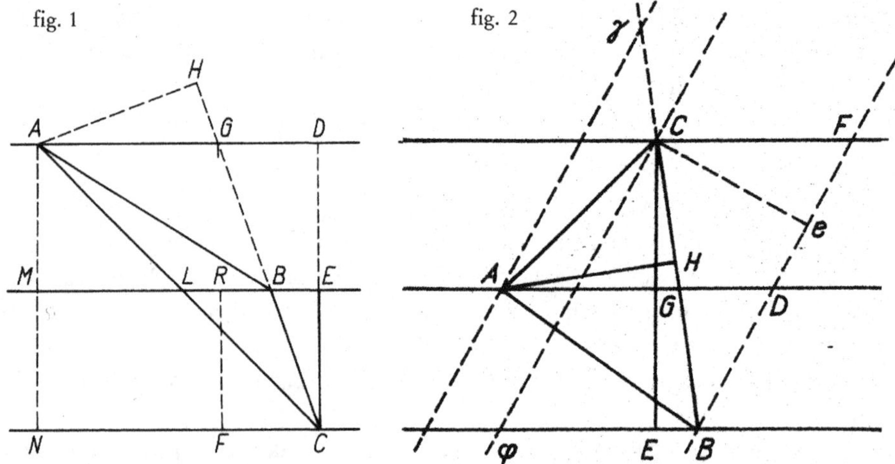

Beweis von Satz I, Variante

Sit triangulum ABC fig. 1. et 2. per cujus tres angulos transeant rectae parallelae interminatae, sive quantum satis est productae, AD, BE, CF. Duarum ex his (pro arbitrio assumtarum) BE, CF intervallum (seu distantia minima) sit CE, tertia ipsis parallela AD, quae occurrit triangulo in angulo A: latus huic angulo oppositum est CB, quod productum, si opus est, occurrit ipsi AD (etiam productae quantum opus,) in puncto G. Occurrit, inquam, quod sic probo: Si AD ipsi BC, producta productae, non occurrit, erunt parallelae: ipsi autem AD, parallelae sunt EB, FC, ergo et hae ipsi BC parallelae erunt; ergo eam non secabunt in punctis B, vel C. contra hypothesin. Occurrunt ergo sibi AD et BC in puncto G.

Scholium

Weil auf unendlich viele Arten bei demselben Dreieck sowohl Parallelen gezogen als auch Intervalle ausgewählt werden können, ist es offensichtlich, dass alle derartigen Rechtecke (weil sie ein- und demselben doppelten Dreieck gleich sind) auch untereinander gleich sein werden; wie die Rechtecke CD · LB, CE · AG, Ce · Aγ, wenn vorausgesetzt wird, dass das Dreieck ABC in Fig. 1 u. 2 dasselbe ist.

Ferner ist der Satz, den wir hier bewiesen haben, ein Lemma, das jedenfalls leicht und in leicht ausführbarer Form gegeben ist, das aber dennoch weitreichende Anwendungen hat: weil es nämlich die Naturen des Rechtecks und des Dreiecks zu Einem verbindet, muss es jedenfalls fruchtbarer sein, als wenn es nur eine von beiden enthielte. Mit seiner Hilfe nämlich werden sogar krummlinige Figuren in Dreiecke nutzbringend aufgelöst, während Cavalieri und andere hochgelehrte Männer diese nur in Parallelogramme zu teilen pflegen, eine allgemeine Auflösung in Dreiecke allerdings, soweit ich weiß, nicht angewendet haben. Aber diese Dinge werden sich deutlicher von Satz 7 her zeigen.

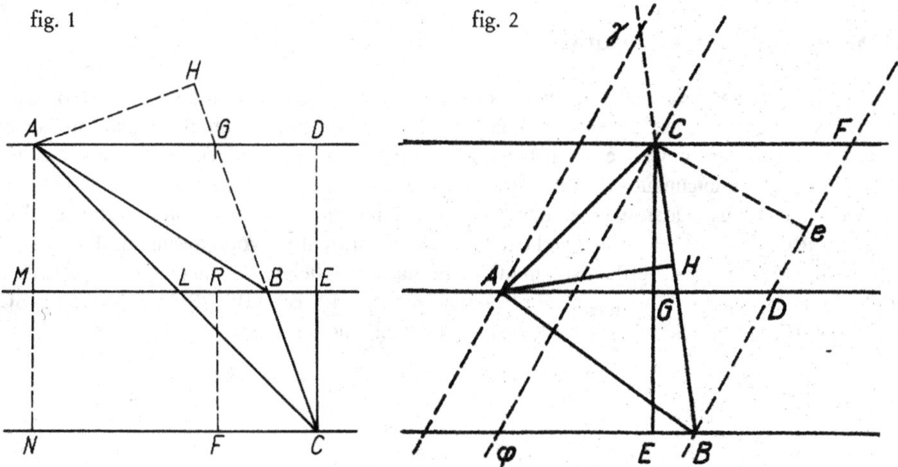

Beweis von Satz I, Variante

ABC, Fig. 1 und 2, sei ein Dreieck, durch dessen drei Winkel parallele Geraden AD, BE, CF gehen mögen, die unbegrenzt bzw. soweit verlängert sind, wie es hinreichend ist. CE sei das Intervall (bzw. der kleinste Abstand) der zwei (nach Belieben angenommenen) BE, CF von diesen, die zu ihnen parallele dritte sei AD, die das Dreieck im Punkt A trifft; die diesem Winkel gegenüberliegende Seite ist CB, die verlängert, wenn es nötig ist, AD (auch soweit verlängert, wie es nötig ist) im Punkt G trifft. Sie trifft, sage ich, was ich so beweise: Wenn AD BC, die verlängerte die verlängerte, nicht trifft, werden sie parallel sein. Aber zu AD sind EB, FC parallel, also werden auch diese zu BC parallel sein. Also werden sie die [Gerade BC] in den Punkten B oder C nicht schneiden, entgegen der Voraussetzung. Es treffen sich also AD und BC in einem Punkt G.

His positis, ajo triangulum ABC rectanguli sub AG et CE, sive rectanguli MNF (posita MN aequ. CE, et NF aequ. AG) dimidium esse. Ex puncto A ad rectam BC productam si opus est ducatur perpendicularis AH: manifestum est triangulum ABC rectanguli sub AH altitudine et BC basi dimidium esse, quare et rectanguli sub AG et CE dimidium erit, si ostendamus rectangulo sub AH et BC aequari rectangulum sub AG et CE. Id vero ita constabit: tres parallelae, AD, BE, CF ad ipsam BC angulum faciunt vel rectum vel obliquum. Si rectum, erit angulus CBE, item AGH, rectus; et coincidet punctum B cum puncto E, ac punctum H cum puncto G, ergo et rectangulum sub AG et CE, rectangulo sub AH et CB. Sin angulus quem parallelae faciunt ad ipsam BC, sit obliquus, habebimus duo triangula rectangula, AHG et CEB, ergo anguli in ipsis, praeter rectum, ut AGH, CBE, acuti sunt. Porro hi duo anguli efficiuntur ab eadem recta, (latere scilicet BC producto si opus,) ad duas parallelas AG, EB; duo autem anguli acuti ab eadem recta ad duas parallelas facti, aequales sunt. Ergo anguli HGA, EBC aequales sunt. Ergo triangula rectangula AHG, CEB sunt similia; eritque CE ad AH, ut CB ad AG, id est rectangulum CE in AG rectangulo AH in CB aequale erit. Rectanguli autem AH in CB, dimidium est triangulum ABC, ut diximus, et patet, ergo triangulum ABC etiam rectanguli CE in AG sive rectanguli MNF dimidium erit. Quod asserebatur.

Scholium von Satz I, Variante

Idem ad alia quoque theoremata Geometrica condenda, aut problemata non vulgaria resolvenda utile comperi, quale hoc est: invenire summam compositam ex areis omnium triangulorum super eadem basi constitutorum, verticesque habentium in punctis, quibus circuli concentrici quotcunque, rectas interminatas quotcunque in eodem circulorum centro concurrentes, secant. Quorum sexcentis facillime rectangulum aequale exhibebimus: Ut si invenienda sit summa triangulorum (fig. 3.) 1BC, 2BC, 3BC, 4BC, etc. usque ad 16BC quod ope lemmatis nostri nullo negotio invenietur. Idem est, si eadem semper servata basi, vertices sint in intersectionibus parallelarum quotcunque, occurrentium parallelis quotcunque, et summa quaeratur triangulorum (fig. 4.) 1BC, 2BC, 3BC etc. usque ad 9BC. Quae velut ab hoc loco aliena, ut verbis parcam, explicare, tunc supersedeo.

Unter dieser Voraussetzung behaupte ich, dass das Dreieck ABC die Hälfte des Rechtecks unter AG und CE bzw. des Rechtecks MNF ist (vorausgesetzt MN = CE und NF = AG). Vom Punkt A werde zur notfalls verlängerten Geraden BC die Senkrechte AH gezogen. Offenbar ist das Dreieck ABC die Hälfte des Rechtecks unter der Höhe AH und der Grundlinie BC, weshalb es auch die Hälfte des Rechtecks unter AG und CE sein wird, wenn wir zeigen, dass dem Rechteck unter AH und BC das Rechteck unter AG und CE gleich ist. Das wird aber auf folgende Weise feststehen: Die drei Parallelen AD, BE, CF bilden mit BC entweder einen rechten oder einen schiefen Winkel. Wenn einen rechten, wird der Winkel CBE, ebenso AGH, ein rechter sein, und es wird der Punkt B mit dem Punkt E und der Punkt H mit dem Punkt G zusammenfallen, also auch das Rechteck unter AG und CE mit dem Rechteck unter AH und CB. Wenn aber der Winkel, den die Parallelen mit BC bilden, ein schiefer sein sollte, werden wir zwei rechtwinklige Dreiecke, AHG und CEB, haben; also sind die Winkel in ihnen, außer dem rechten, wie AGH, CBE spitze. Ferner werden diese zwei Winkel von derselben Geraden (nämlich der notfalls verlängerten Seite BC) an den zwei Parallelen AG, EB erzeugt. Aber zwei spitze Winkel, die von derselben Geraden an zwei Parallelen gebildet sind, sind gleich. Also sind die Winkel HGA, EBC gleich. Also sind die rechtwinkligen Dreiecke AHG, CEB ähnlich; und CE wird sich zu AH wie CB zu AG verhalten, d. h., das Rechteck CE · AG wird gleich dem Rechteck AH · CB sein. Die Hälfte des Rechtecks AH · CB aber ist das Dreieck ABC, wie wir sagten und klar ist. Also wird das Dreieck ABC auch vom Rechteck CE · AG bzw. vom Rechteck MNF die Hälfte sein. Das wurde behauptet.

Scholium von Satz I, Variante

Dasselbe [Lemma] habe ich für das Aufstellen auch anderer geometrischer Theoreme oder für das Lösen nicht gewöhnlicher Aufgaben als nützlich erfahren. Eine derartige ist die folgende: das Auffinden der Summe, die aus den Flächeninhalten aller Dreiecke zusammengesetzt ist, die über derselben Grundlinie errichtet sind und Ecken in den Punkten haben, in denen beliebig viele konzentrische Kreise beliebig viele unbegrenzte Geraden schneiden, die in demselben Zentrum der Kreise zusammenlaufen. Wir werden sehr leicht ein Rechteck darstellen, das sechshundert von diesen gleich ist. Wenn z. B. die Summe der Dreiecke (Fig. 3) 1BC, 2BC, 3BC, 4BC, etc. bis zu 16BC gefunden werden soll, wird dieses mit Hilfe unseres Lemmas mühelos gefunden werden. Dasselbe ist der Fall, wenn unter ständiger Beibehaltung derselben Grundlinie die Ecken auf den Schnittpunkten beliebig vieler Parallelen liegen, die beliebig viele Parallelen treffen, und die Summe der Dreiecke (Fig. 4) 1BC, 2BC, 3BC bis zu 9BC gesucht wird. Ich erspare es mir dann, um mich kurz zu fassen, diese gleichsam hierher nicht gehörenden Dinge zu erklären.

PROPOSITIO II.

Series differentiarum inter quantitates ordine perturbato dispositas, major est serie differentiarum inter quantitates easdem ordine naturali aut minus perturbato collocatas.

Ordinem naturalem voco, cum proceditur a minori ad majus tantum, vel a majori ad minus tantum: perturbatum cum modo ascenditur a minori ad majus, modo descenditur a majori ad minus.

Sint ordine naturali dispositae

Quantitates	A	A + B	A + B + C
Differentiae	B		C

Summa differentiarum, seu tota differentiarum series est, B + C. Sint rursus ordine perturbato dispositae

Quantitates	A + B	A	A + B + C
Differentiae	B		B + C

Summa seu series harum differentiarum, 2B + C major utique quam B + C series prior. Idemque in serie longiore saepius perturbata, saepius fiet. Ergo generaliter summa differentiarum in ordine perturbato major quam in naturali, aut minus, sive rarius, perturbato. Quod asserebatur.

Satz II.

Eine Reihe von Differenzen zwischen Quantitäten, die sich in gestörter Ordnung befinden, ist größer, als eine Reihe von Differenzen zwischen denselben Quantitäten, die in natürlicher oder weniger gestörter Ordnung vorliegen.

Eine Ordnung nenne ich natürlich, wenn man nur vom Kleineren zum Größeren fortschreitet oder nur vom Größeren zum Kleineren, gestört, wenn man mal aufsteigt vom Kleineren zum Größeren, mal absteigt vom Größeren zum Kleineren.

Es mögen sich in natürlicher Ordnung befinden

die Quantitäten	A		A + B		A + B + C
die Differenzen		B		C	

Die Summe der Differenzen bzw. die ganze Reihe der Differenzen ist B + C. Es mögen sich andererseits in gestörter Ordnung befinden

die Quantitäten	A + B		A		A + B + C
die Differenzen		B		B + C	

Die Summe bzw. die Reihe dieser Differenzen 2B + C ist jedenfalls größer als die erste Reihe B + C. Und dasselbe wird öfter in einer längeren, öfter gestörten Reihe geschehen. Also ist allgemein die Summe der Differenzen in einer gestörten Ordnung größer als in einer natürlichen oder in einer weniger bzw. seltener gestörten. Das wurde behauptet.

PROPOSITIO III.

In serie quotcunque quantitatum, differentia extremarum non potest esse major quam summa differentiarum intermediarum sive continuarum.

Sint quantitates A B C D E A E
Differentiae f g h l m
Differentiae scilicet continuae inter A et B, B et C, C et D, etc. sint f. g. h. etc. At differentia extremarum A et E, sit m. Ajo m non esse majorem quam f + g + h + l.

(1) Nam termini, sive quantitates A. B. C. D. E. vel ordine naturali collocantur, vel perturbato. Si naturali, tunc constat m esse aequalem summae f + g + h + l. Nam si alterutra extremarum, ut A, posita sit minima, altera, ut E, maxima, tunc erit
series A B C D E
eadem isti A A + f A + f + g A + f + g + h A + f + g + h + l
et differentia inter A et E, nempe m, erit f + g + h + l. Eodem modo licet ratiocinari si E sit [minor] quam A, et D [minor] quam C[1], etc. tantum enim seriem invertere, sive literas capitales mutare opus est. Utroque ergo casu in ordine naturali, m, differentia inter A et E terminos maximum et minimum idem valebit quod f + g + h + l, summa differentiarum intermediarum sive continuarum; non est ergo m major quam haec summa.

(2) At si ordo quantitatum A. B. C. D. E. sit pertubatus, tunc major est series differentiarum, f + g + h + l, quam si esset naturalis, per prop. 2. major ergo quam differentia termini maximi et minimi, quia ut ostendimus artic. 1. hujus prop. ea differentia aequatur seriei differentiarum ordinis naturalis.

(3) Quoniam autem in casu situs perturbati summa differentiarum intermediarum, f + g + h + l. major est quam differentia terminorum duorum, qui inter hos A. B. C. D. E. maximi et minimi sunt, per artic. 2. erit et major quam differentia duorum aliorum, (quippe minus differentium, quam maximus et minimus), ergo generaliter erit major quam differentia duorum quorumcunque hujus seriei terminorum, ergo et major quam differentia inter A et E, seu major quam m. Ergo m minor erit quam f + g + h + l. Cum ergo in casu ordinis naturalis m sit huic summae aequalis per artic. 1. in casu ordinis perturbati minor, ut hic ostendimus; neutro casu major erit. Quod ostendendum sumseramus.

[1] E sit major quam A, et D major quam C *L ändert Hrsg.*

Satz III.

In einer Reihe beliebig vieler Quantitäten kann die Differenz der äußersten nicht größer sein als die Summe der dazwischenliegenden bzw. unmittelbar aufeinander folgenden Differenzen.

Die Quantitäten seien A B C D E A E
die Differenzen f g h l m
Die unmittelbar aufeinander folgenden Differenzen zwischen A und B, B und C, C und D etc., seien nämlich f, g, h, etc. Aber die Differenz der äußersten A und E sei m. Ich behaupte, dass m nicht größer ist als f + g + h + l.

(1) Denn die Terme bzw. Quantitäten A, B, C, D, E befinden sich entweder in natürlicher oder in gestörter Ordnung. Wenn in einer natürlichen, dann steht fest, dass m gleich der Summe f + g + h + l ist. Wenn nämlich die eine der beiden äußersten, wie A, als kleinste vorausgesetzt ist, die andere, wie E, als größte, dann wird die Reihe

A B C D E

dieselbe sein wie jene:

A A + f A + f + g A + f + g + h A + f + g + h + l,

und die Differenz zwischen A und E, nämlich m, wird f + g + h + l sein. Auf dieselbe Art kann man rechnen, wenn E kleiner ist als A und D kleiner als C etc.; man braucht nämlich die Reihe nur umzudrehen bzw. die Großbuchstaben zu vertauschen. In jedem der beiden Fälle wird also in der natürlichen Ordnung m, die Differenz zwischen den Termen A und E, dem kleinsten und größten, dasselbe ergeben wie f + g + h + l, die Summe der dazwischenliegenden bzw. unmittelbar aufeinander folgenden Differenzen; also ist m nicht größer als diese Summe.

(2) Aber wenn die Ordnung der Quantitäten A, B, C, D, E gestört ist, dann ist die Reihe der Differenzen f + g + h + l größer, als wenn sie eine natürliche wäre, nach Satz 2, also größer als die Differenz zwischen dem größten und kleinsten Term, weil, wie wir in Absatz 1 dieses Satzes gezeigt haben, diese Differenz gleich der Reihe der Differenzen in der natürlichen Ordnung ist.

(3) Da nun aber im Fall der gestörten Stellung die Summe der dazwischenliegenden Differenzen f + g + h + l größer ist als die Differenz der beiden Terme, die unter diesen A, B, C, D, E die größten und kleinsten sind, wird sie nach Absatz 2 auch größer sein als die Differenz zwischen zwei anderen, (die sich natürlich weniger unterscheiden als der größte und kleinste Term), also wird sie allgemein größer sein als die Differenz zwischen zwei beliebigen Termen dieser Reihe, also auch größer als die Differenz zwischen A und E bzw. größer als m. Also wird m kleiner sein als f + g + h + l. Weil also im Fall der natürlichen Ordnung m gleich dieser Summe ist nach Absatz 1, im Fall der gestörten Ordnung kleiner, wie wir hier gezeigt haben, wird sie in keinem der beiden Fälle größer sein. Dieses zu zeigen hatten wir uns vorgenommen.

Scholium

Hae duae propositiones, 2. et 3. generalius conceptae sunt, quam necesse erat ad institutum nostrum, neque enim ad propositiones sequentes opus habebam nisi casu trium quantitatum: A. B. C. malui tamen generaliter potius enuntiare et demonstrare; praesertim cum usque adeo universales sint, ut nullam omnino quantitatum varietatem morentur.

Scholium

Diese beiden Sätze, 2 und 3, sind allgemeiner gefasst worden, als es für unser Vorhaben notwendig war. Denn ich benötigte für die folgenden Sätze nur den Fall dreier Quantitäten A, B, C. Trotzdem wollte ich sie lieber allgemein aussprechen und beweisen, vor allem, weil sie dermaßen umfassend sind, dass sie sich an keiner noch so großen Verschiedenheit der Quantitäten stoßen.

PROPOSITIO IV.

Differentia duarum quantitatum non potest esse major quam summa differentiarum tertiae a singulis.

Nempe sint duae quantitates A. E. quarum differentia f: Sit alia C, et differentia inter A et C sit b. inter E et C sit d. ajo f non posse excedere b + d. Reducantur in unam seriem:

Quantitates	A	C	E	A	E
Differentiae		b	d		f

Ergo per prop. praeced. ipsa f differentia extremarum, non potest esse major quam summa differentiarum intermediarum seu continuarum, sive quam b + d. Quod ostendendum erat.

Satz IV.

> Die Differenz zweier Quantitäten kann nicht größer sein als die Summe der Differenzen zwischen einer dritten und jeder einzelnen.

Es seien nämlich die zwei Quantitäten A, E, deren Differenz f. Eine andere sei C, und die Differenz zwischen A und C sei b, zwischen E und C sei d. Ich behaupte, dass f nicht b + d übertreffen kann.

Es seien wieder in eine Reihe gebracht:

die Quantitäten	A C E	A E
die Differenzen	b d	f

Nach dem vorhergehenden Satz kann also die Differenz f zwischen den äußersten Quantitäten nicht größer sein als die Summe der dazwischenliegenden bzw. unmittelbar aufeinander folgenden Differenzen oder als b + d. Das war zu zeigen.

PROPOSITIO V.

Differentia duarum quantitatum minor est quam summa duarum aliarum quantitatum, quarum una unius, altera alterius priorum differentiam a tertia excedit.

Schema ita stabit [:]

Quantitates	A	C	E	Ergo ipsarum	A	E
Differentiae verae	b		d	differentia vera	f	
minores quam	g		h	minor quam	g + h	

Nimirum ajo f differentiam quantitatum duarum A. E. minorem esse quam g + h, summam duarum aliarum quantitatum, g. h. si g excedat b. differentiam ipsius A a tertia C, et h, excedat, d, differentiam ipsius E ab eadem tertia C. Nam g est major quam b, et h major quam d ex hypothesi, ergo g + h est major quam b + d, at f non est major quam b + d per prop. 4. Ergo f est minor quam g + h.

Scholium

Has propositiones quartam et quintam, etsi valde claras attente consideranti adjiciendas duxi tamen, tum quod servient ad facilem admodum per sola polygona inscripta sine circumscriptis demonstrationem apagogicam qua prop. 7. utar, tum quod operae pretium videatur ipsius per se differentiae proprietates considerare, quatenus ab excessu vel defectu animo abstrahitur; cum scilicet non exprimitur quaenam ex differentibus quantitatibus altera major minorve sit.

Satz V.

Die Differenz zwischen zwei Quantitäten ist kleiner als die Summe zweier anderer Quantitäten, von denen die eine die Differenz zwischen der einen, die andere die Differenz zwischen der anderen von den ersteren und einer dritten übertrifft.

Das Schema wird so dastehen:

Quantitäten	A C E	Also von	A E
wahre Differenzen	b d	wahre Differenz	f
kleiner als	g h	kleiner als	g + h

Allerdings behaupte ich, dass die Differenz f zwischen den beiden Quantitäten A und E kleiner ist als g + h, die Summen der beiden anderen Quantitäten g und h, wenn g b, die Differenz zwischen A und einer dritten C, übertrifft, und h d, die Differenz zwischen E und derselben dritten C übertrifft. Aufgrund der Voraussetzung ist nämlich g größer als b und h größer als d, also ist g + h größer als b + d, aber nach Satz 4 ist f nicht größer als b + d. Also ist f kleiner als g + h.

Scholium

Diese Sätze, den vierten und fünften, auch wenn sie dem aufmerksamen Betrachter sehr klar sind, glaubte ich dennoch hinzufügen zu müssen, teils, weil sie zum äußerst bequemen indirekten Beweis, den ich in Satz 7 benutzen werde, durch einbeschriebene Polygone allein ohne umbeschriebene dienen werden, teils, weil es der Mühe wert erscheinen mag, die Eigenschaften der Differenz an sich insofern zu betrachten, als vom Überschuss und Mangel gedanklich abgesehen wird; d. h. wenn nicht ausgedrückt wird, welche der zwei sich unterscheidenden Quantitäten denn größer oder kleiner sei.

PROPOSITIO VI.

[Hujus propositionis lectio omitti potest, si quis in demonstranda prop. 7. summum rigorem non desideret. Ac satius erit eam praeteriri ab initio, reque tota intellecta tum demum legi, ne ejus scrupulositas fatigatam immature mentem a reliquis, longe amoenioribus, absterreat. Hoc unum enim tantum conficit duo spatia, quorum unum in alterum desinit si in infinitum inscribendo progrediare; etiam numero inscriptionum manente finito tantum, ad differentiam assignata quavis minorem sibi appropinquare. Quod plerumque etiam illi sumere pro confesso solent, qui severas demonstrationes afferre profitentur.][1]

Si a quolibet curvae cujusdam propositae 1C 2C etc. 4C (fig. 3.) puncto C. ad unum anguli cujusdam recti TAB in eodem cum ipsa plano positi, latus A 1B 2B etc. 4B. velut ad axem, ducantur ordinatae normales C B ad alterum latus A 1T 2T etc. 4T. tangentes CT et ex punctis occursus tangentium, T, agantur perpendiculares TD ad ordinatas respondentes et curva nova 1D 2D etc. 4D. per intersectiones harum perpendicularium et ordinatarum transeat. Rursus si quaelibet in curva priore designata puncta proxima, ut 1C et 2C vel etc. vel 3C et 4C, aliave quotcunque inter haec prima et ultima paria interjecta, rectis inscriptis sive chordis 1C 2C, etc. usque ad 3C 4C jungantur, quae productae CM eidem, cui tangentes anguli illius recti TAB. lateri AT. occurrant in punctis M. quae cadunt intra puncta T, ut 1M inter 1T et 2T, et 3M inter 3T et 4T. et ex his occursuum punctis M similiter perpendiculares 1M 1N 1P, aliaeque, usque ad 3M 3N 3P demittantur, quarum una quaelibet duorum punctorum ad M pertinentium ordinatis occurrat, ut 1M 1N 1P. (cujus punctum 1M, pertinet ad puncta curvae 1C. 2C.) occurrere debet, ordinatae 1C 1B in puncto 1N, et ordinatae 2C 2B in puncto 1P. idemque in caeteris fieri debet; unde hae perpendiculares ab ordinatis abscindent portiones quasdam inde ab axe sumtas, ut 1N 1B, [aliasve][2] usque ad 3B 3N.

His ita praescriptis ac praeparatis, ajo in curvis puncta C inter 1C et 4C et puncta D inter 1D et 4D tam sibi vicina tantoque numero assumta intelligi posse, ut spatium rectilineum gradiforme

1N 1B 4B 3P 3N 2P 2N 1P 1N compositum ex rectangulis 1N 1B 2B 1P, aliisque usque ad 3N 3B 4B 3P quae sub ordinatarum si opus est productarum rescissis portionibus 1B 1N, aliisve usque ad 3B 3N, et sub intervallis 1B 2B, aliisve, usque ad 3B 4B. comprehenduntur;

[1] eckige Klammern von Leibniz
[2] aliave *L ändert Hrsg.*

Satz VI.

[Die Lektüre dieses Satzes kann ausgelassen werden, wenn man bei dem zu beweisenden Satz 7 keine größte Strenge verlangt. Und es wird besser sein, dass er zunächst übergangen und dann erst gelesen wird, wenn die ganze Sache verstanden worden ist, damit seine Übergenauigkeit den vorzeitig ermüdeten Geist nicht von den übrigen, bei weitem reizvolleren Dingen abschreckt. Dieses eine nämlich nur bewirkt er, dass zwei Flächen, von denen eine in die andere übergeht, wenn man bis ins Unendliche mit dem Einbeschreiben fortschreitet, sich einander nähern bis auf eine Differenz, die kleiner ist als eine beliebige zugewiesene, selbst wenn die Anzahl der Einschreibungen nur endlich bleibt. Dies pflegen auch meistens jene für anerkannt zu halten, die versprechen, strenge Beweise vorzubringen.]

Wenn von einem beliebigen Punkt C einer gewissen vorgegebenen Kurve 1C 2C etc. 4C (Fig. 3) zur einen Seite A 1B 2B etc. 4B, gleichsam zur Achse, eines gewissen in derselben Ebene wie sie gelegenen rechten Winkels TAB senkrechte Ordinaten C B, zur anderen Seite A 1T 2T etc. 4T Tangenten CT gezogen werden, und von den Treffpunkten T der Tangenten Lote TD zu den entsprechenden Ordinaten geführt werden und eine neue Kurve 1D 2D etc. 4D durch die Schnitte dieser Lote und Ordinaten geht; wenn andererseits beliebige auf der ersten Kurve bezeichnete nebeneinander liegende Punkte wie 1C und 2C oder etc. oder 3C und 4C oder andere, wie viele auch immer zwischen diesem ersten und letzten Paar liegen, durch einbeschriebene Geraden bzw. Sehnen 1C 2C etc. bis zu 3C 4C verbunden werden, die als Verlängerungen CM wie die Tangenten dieselbe Seite AT jenes rechten Winkels TAB in den Punkten M treffen, die zwischen die Punkte T wie 1M zwischen 1T und 2T und 3M zwischen 3T und 4T fallen, und wenn von diesen Treffpunkten M in ähnlicher Weise Lote 1M 1N 1P und andere bis 3M 3N 3P gefällt werden, von denen ein beliebiges die Ordinaten der zwei sich auf M beziehenden Punkte trifft, wie 1M 1N 1P (dessen Punkt 1M sich auf die Kurvenpunkte 1C, 2C bezieht) die Ordinate 1C 1B im Punkt 1N treffen soll und die Ordinate 2C 2B im Punkt 1P, und dasselbe in den übrigen Punkten geschehen soll, weshalb diese Lote von den Ordinaten gewisse Teile abschneiden werden, die von dort von der Achse ab genommen sind, wie 1N 1B oder andere bis 3B 3N.

> Nachdem dieses so vorgeschrieben und vorbereitet worden ist, behaupte ich, dass auf den Kurven Punkte C zwischen 1C und 4C und Punkte D zwischen 1D und 4D einander so nahe und in so großer Anzahl angenommen gedacht werden können, dass die geradlinige treppenförmige Fläche

1N 1B 4B 3P 3N 2P 2N 1P 1N, die aus den Rechtecken 1N 1B 2B 1P und anderen bis 3N 3B 4B 3P zusammengesetzt ist, die unter den abgeschnittenen Teilen 1B 1N der notfalls verlängerten Ordinaten oder anderen bis 3B 3N und den Intervallen 1B 2B oder anderen bis 3B 4B umschlossen werden,

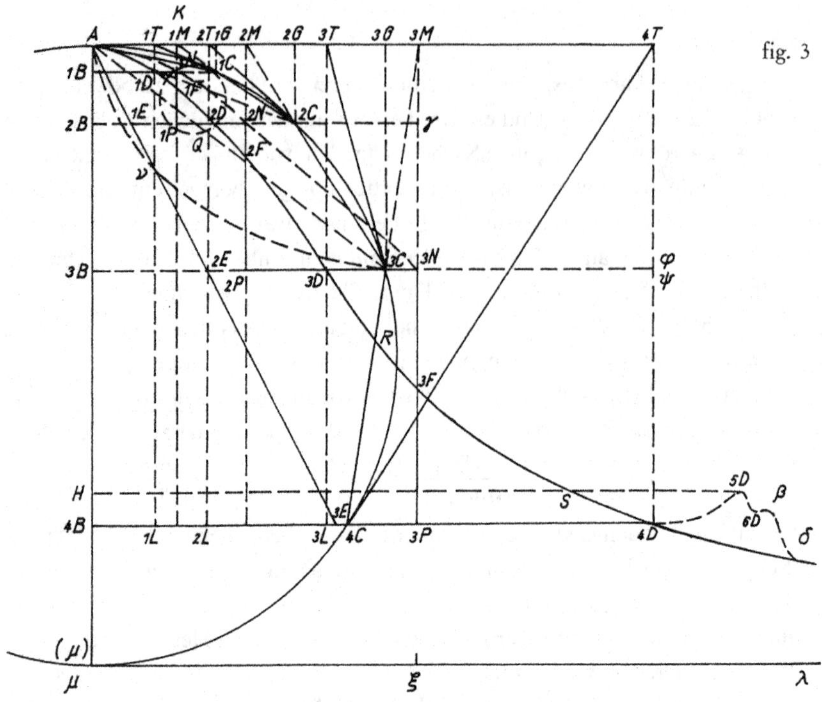

fig. 3

ab ipso spatio quadrilineo 1D 1B 4B 4D 3D etc. 1D (axe 1B 4B, ordinatis extremis 1B 1D, 4B 4D et curva nova 1D 2D etc. 4D comprehenso) differat quantitate minore quavis data. Et eadem demonstratio locum habet in quovis alio spatio mixtilineo et gradiformi continua rectarum ad quendam axem applicatione [formato][1]. Adeoque methodus indivisibilium, quae per summas linearum invenit areas spatiorum, pro demonstrata haberi potest. Requiritur autem curvas aut saltem partes in quas sunt sectae, esse ad easdem partes cavas, et carere punctis reversionum.

Definitio

Puncta Reversionum voco, in quibus coincidunt ordinata et tangens, seu ex quibus ordinata ad axem ducta curvam tangit: talia sunt, in curva 1D 2D etc. 4D 5D 6D, puncta 4D 5D 6D.

[1] formatis *L ändert Hrsg.*

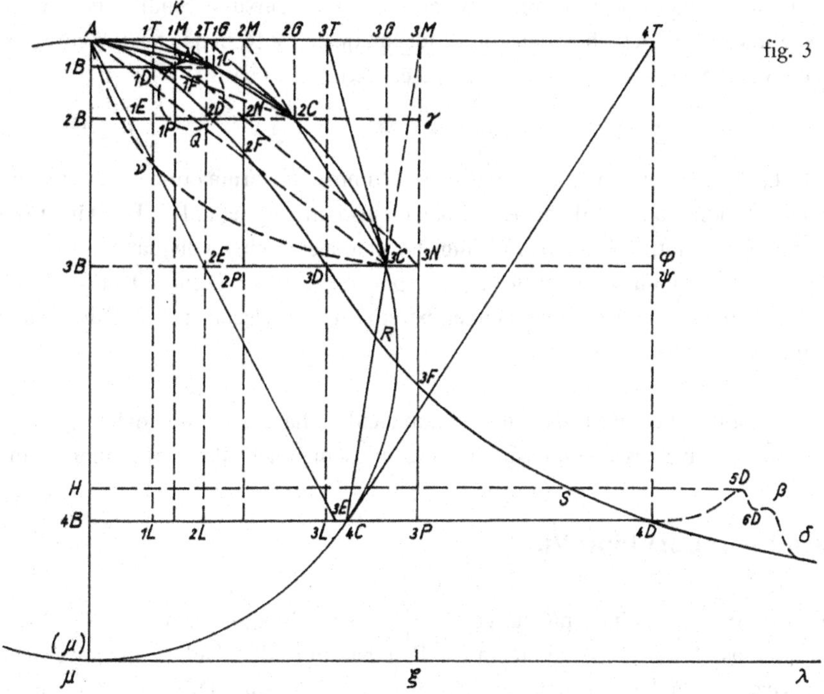

fig. 3

sich von der vierlinigen Fläche 1D 1B 4B 4D 3D etc. 1D selbst (die von der Achse 1B 4B, den äußersten Ordinaten 1B 1D, 4B 4D und der neuen Kurve 1D 2D etc. 4D umschlossen ist) um eine Quantität unterscheidet, die kleiner ist als eine beliebige gegebene. Und derselbe Beweis hat seine Gültigkeit bei jeder beliebigen anderen gemischtlinigen und treppenförmigen Fläche, die durch fortlaufende Anlegung von Geraden an eine gewisse Achse gebildet wird. Und deshalb kann die Indivisibelnmethode, die durch Summen von Linien die Flächeninhalte ermittelt, für bewiesen gehalten werden. Es ist aber erforderlich, dass die Kurven oder wenigstens die Teile, in die sie zerschnitten sind, zu denselben Seiten hin gewölbt sind und keine Reversionspunkte haben.

Definition

Reversionspunkte nenne ich diejenigen, in denen die Ordinate und Tangente zusammenfallen bzw. die von ihnen zur Achse gezogene Ordinate die Kurve berührt: Derartige sind auf

quia in illis curva cum antea descenderet ab A versus 4B, nunc rursus ascendit versus A vel contra. Quae differunt a punctis flexuum contrariorum, quale est R, in quo tantum curva ex concava fit convexa, et contra atque ita non est ad easdem partes cava.

Porro Puncta Reversionum in areis spatiorum per summas rectarum ordinatarum inveniendis ideo nocent; quia ita fit, ut diversae ordinatae ejusdam curvae, ut HS, H 5D inter se, saltem ex parte, coincidant. Huic malo remedium est, ut tota curva in tot dividatur portiones, quot habet puncta reversionum, hoc pacto singulae portiones, ut 1D 2D etc. 4D. et 4D 5D, et 5D 6D, nulla habebunt reversionum puncta inter extrema sua interjecta; et in singulis locum habebit nostra propositio.

Caeterum, ut obiter dicam, ex his patet curvam eandem habere aut non habere puncta reversionum prout ad diversos axes refertur: quod secus est in punctis flexuum contrariorum.

Demonstratio propositionis VI.

(1) Punctum 1M positum est inter puncta 1T. 2T. ex constructione. Ergo et recta 1M 1N 1P cadit inter rectas 1T 1D, 2T 2D, seu recta 1N 1P de parallela 1B 1N ad parallelam 2B 2D perveniens cadet intra duo puncta in his diversis parallelis posita, 1D, 2D, ita ut a puncto 1D ad punctum 2D nulla possit duci linea, recta vel curva quin vel rectam 1N 1P secet alicubi in F, vel supra infrave duas parallelas 1B 1N, 2B 2D evagetur, adeoque modo ascendat, modo descendat, ut curva 1DQ 2D, descendens ab 1D ad Q et rursus ascendens a Q ad 2D. vel curva 1DK 2D, ascendens ab 1D ad K, et descendens a K ad 2D; quae adeo habebit puncta reversionum, Q vel K. Sed talia puncta non habet curva aut ejus portio 1D 2D, ex hypothesi; ergo rectam 1N 1P secabit in 1F. Eodem modo alia portio 2D 3D rectam 2N 2P secabit in 2F. etc.

(2) Producta jam intelligatur 1T 1D, dum ordinatae sequenti 2B 2C occurrat in 1E. eodem mode 2T 2D 2E ordinatae sequenti 3B 2E 3C occurrat in 2E. His positis ajo primum ipso rectangulo quod vocabo complementale 1D 1E 2D. minorem esse differentiam inter unum Quadrilineum partiale 1D 1B 2B 2D 1D, et inter unum rectangulum ei respondens 1N 1B 2B 1P, quod quia cum caeteris similibus spatium gradiforme componit, vocabo Rectangulum Elementare, quibus vocabulis tantum in hujus propositionis demonstratione utar, ut compendiosius loqui liceat. Assertum ita probo: ab utroque differentium, Quadrilineo partiali et rectangulo elementari auferatur quod utrique commune est, scilicet (quoniam

der Kurve 1D 2D etc. 4D 5D 6D die Punkte 4D 5D 6D, weil bei jenen die Kurve, während sie vorher von A in Richtung 4B abstieg, nun dagegen in Richtung A aufsteigt oder umgekehrt. Diese unterscheiden sich von den Wendepunkten, wie R einer ist, in dem nur aus einer konkaven Kurve eine konvexe wird und umgekehrt, und auf diese Weise nicht zu derselben Seite hin gewölbt ist.

Ferner sind Reversionspunkte bei der Ermittlung der Flächeninhalte durch Summen von geraden Ordinaten deshalb hinderlich, weil es so dazu kommt, dass verschiedene Ordinaten derselben Kurve, wie HS, H 5D, wenigstens teilweise, zusammenfallen. Gegen dieses Übel gibt es das Hilfsmittel, dass die Kurve in so viele Stücke geteilt wird, wie sie Reversionspunkte hat. Unter dieser Voraussetzung werden die einzelnen Stücke wie 1D 2D etc. 4D und 4D 5D und 5D 6D keine Reversionspunkte haben, die zwischen ihren äußersten Punkten liegen; und in den einzelnen Abschnitten wird unser Satz seine Gültigkeit haben.

Übrigens, um es nebenbei zu sagen, ist aus diesen Bemerkungen klar, dass dieselbe Kurve Reversionspunkte hat oder nicht hat, je nachdem, wie sie auf die verschiedenen Achsen bezogen wird; das ist anders bei den Wendepunkten.

Beweis von Satz 6

(1) Der Punkt 1M liegt nach der Konstruktion zwischen den Punkten 1T, 2T. Also fällt auch die Gerade 1M 1N 1P zwischen die Geraden 1T 1D und 2T 2D, bzw. die Gerade 1N 1P, die sich von der Parallelen 1B 1N zur Parallelen 2B 2D erstreckt, wird zwischen die zwei Punkte 1D, 2D fallen, die auf diesen verschiedenen Parallelen liegen, so dass von Punkt 1D zum Punkt 2D keine gerade oder gekrümmte Linie gezogen werden kann, ohne dass sie entweder die Gerade 1N 1P irgendwo in F schneidet, oder oberhalb oder unterhalb die zwei Parallelen 1B 1N, 2B 2D überschreitet und deshalb mal aufsteigt, mal absteigt wie die Kurve 1DQ 2D, die von 1D nach Q hin absteigt und dagegen von Q nach 2D hin aufsteigt, oder die Kurve 1DK 2D, die von 1D nach K hin aufsteigt und von K nach 2D hin absteigt; deshalb wird sie Reversionspunkte haben, Q oder K. Aber derartige Punkte hat die Kurve oder ihr Teil 1D 2D nicht nach Voraussetzung; also wird sie die Gerade 1N 1P in 1F schneiden. In derselben Weise wird der andere Teil 2D 3D die Gerade 2N 2P in 2F schneiden etc.

(2) Nun denke man sich die Gerade 1T 1D verlängert, bis sie auf die folgende Ordinate 2B 2C in 1E trifft, und in derselben Weise treffe 2T 2D 2E auf die folgende Ordinate 3B 2E 3C in 2E. Unter diesen Voraussetzungen behaupte ich zuerst: Kleiner als das Rechteck 1D 1E 2D selbst, das ich komplementär nennen werde, ist die Differenz zwischen einer vierlinigen Teilfläche 1D 1B 2B 2D 1D und einem ihr entsprechenden Rechteck 1N 1B 2B 1P, das ich, weil es mit den übrigen ähnlichen Flächen eine treppenförmige Fläche bildet, elementares Rechteck nennen werde, – diese Bezeichnungen werde ich nur in dem Beweis dieses Satzes benutzen, damit man kürzer reden kann. Die Behauptung beweise ich folgendermaßen: von jeder der beiden sich unterscheidenden Flächen, der vierlinigen Teilfläche und dem elementaren Rechteck, wird abgezogen, was beiden

per artic. 1. aliquod intelligi potest punctum 1F,) Quinquelineum 1D 1B 2B 1P 1F 1D, quatuor rectis 1D 1B, et 1B 2B, et 2B 1P et 1P 1F, ac curva 1F 1D comprehensum: tunc residuorum, trilinei 2D 1P 1F 2D ex quadrilineo partiali; et trilinei 1D 1N 1F 1D ex rectangulo elementari remanentium, eadem utique differentia erit, quae ipsorum totorum differentium, Quadrilinei partialis, et rectanguli elementaris. Generaliter enim ea est differentia residuorum, quae totorum ex quibus sublata est quantitas communis.

(3) Suffecerit ergo ostendi differentiam horum duorum trilineorum minorem esse rectangulo complementali 1D 1E 2D, quod patet quia utrumque simul, distincte, trilineum scilicet 1D 1N 1F 1D et trilin. 2D 1P 1F 2D, adeoque et summa eorum, intra rectangulum hoc complementale cadit: majus est ergo rectangulum complementale quam eorum summa, ergo et majus quam eorum differentia; quare et majus quam id quod per artic. 2. cum ea coincidit, differentia scilicet inter Quadrilineum partiale, et rectangulum ei respondens Elementare, quod primum probare susceperam.

(4) Eodem modo ut in artic. 3. probabitur Quadrilinei partialis sequentis, 2D 2B 3B 3D 2D, et rectanguli ei respondentis elementaris 2N 2B 3B differentiam minorem esse rectangulo sequenti complementali 2D 2E 3D, et ita si alia quotcunque sequantur vel interjiciantur. Itaque generaliter summa omnium differentiarum partialium, vel quod idem est differentia totorum, id est differentia summae Quadrilineorum partialium omnium, seu Quadrilinei totalis 1D 1B 4B 4D 3D etc. 1D a summa omnium ejusmodi rectangulorum elementalium, seu a spatio rectilineo gradiformi 1N 1B 4B 3P 3N 2P 2N 1P 1N minor erit quam summa omnium rectangulorum complementalium 1D 1E 2D, aliorumve similium usque ad 3D 3E 4D.

(5) Haec rectangula quae complementalia vocavi, bases habent, 4D 3E, vel 3D 2E (id est 3E 2L); aliasve, usque ad 2D 1E, (id est 2L 1L). Summa autem harum basium aequatur ipsi [4D 1L[1]] seu (per prop. 3. artic. 1.) differentiae inter 1B 1D (vel 4B 1L), et 4B 4D, inter primam scilicet et novissimam ordinatarum ad curvam [1D 2D 3D 4D][2]. Quod eodem modo fieret, si quotcunque alia puncta ordinataeque interjicerentur. Itaque si jam ponamus horum rectangulorum complementalium 1D 1E 2D, 2D 2E 3D, aliorumque, altitudines, 1D 1E (vel 1B 2B) et 2D 2E (vel 2B 3B) usque ad 3D 3E (vel 3B 4B, vel ψ 4D), seu intervalla ordinatarum, aequari inter se, utique summa omnium rectangulorum complementalium aequalis erit rectangulo ψ 4D 1L ex summa basium 1L 4D in altitudinem communem ψ 4D (aequalem ipsi 3B 4B, et 2B 3B,) ducta: vel si inaequales sint altitudines, utique summa

[1] 4L *L ändert Hrsg.*
[2] 1 D2D 3D *L ändert Hrsg.*

gemeinsam ist, nämlich, (da man sich nach Absatz 1 irgendeinen Punkt 1F denken kann) die fünflinige Fläche 1D 1B 2B 1P 1F 1D, die von den vier Geraden 1D 1B und 1B 2B und 2B 1P und 1P 1F und der Kurve 1F 1D umfaßt wird; dann wird von den verbleibenden Resten, dem dreilinigen 2D 1P 1F 2D aus der vierlinigen Teilfläche und dem dreilinigen 1D 1N 1F 1D aus dem elementaren Rechteck, die Differenz auf jeden Fall dieselbe sein, wie die der sich unterscheidenden ganzen Flächen selbst, der vierlinigen Teilfläche und des elementaren Rechtecks. Allgemein ist nämlich diejenige die Differenz der Reste, welche es von den Ganzen ist, von denen die gemeinsame Quantität fortgenommen wurde.

(3) Es dürfte also ausreichen zu zeigen, dass die Differenz dieser zwei dreilinigen Flächen kleiner ist als das komplementäre Rechteck 1D 1E 2D, was offensichtlich ist, da jede der beiden zugleich, gesondert, d. h. die dreilinige 1D 1N 1F 1D und die dreilinige 2D 1P 1F 2D und deshalb auch deren Summe innerhalb dieses komplementären Rechtecks liegt: Größer ist also das komplementäre Rechteck als deren Summe, also auch größer als ihre Differenz; aus diesem Grund auch größer als das, was nach Absatz 2 mit dieser übereinstimmt, nämlich die Differenz zwischen der vierlinigen Teilfläche und dem ihr entsprechenden elementaren Rechteck, was ich unternommen hatte zuerst zu beweisen.

(4) In derselben Weise wie in Absatz 3 wird bewiesen werden, dass die Differenz der folgenden vierlinigen Teilfläche 2D 2B 3B 3D 2D und des ihr entsprechenden elementaren Rechtecks 2N 2B 3B kleiner ist als das komplementäre Rechteck 2D 2E 3D, und ebenso, wenn andere, beliebig viele folgen oder dazwischen liegen. Es wird deshalb allgemein die Summe aller Teildifferenzen oder, was dasselbe ist, die Differenz der ganzen Flächen, d. h. die Differenz zwischen der Summe aller vierlinigen Teilflächen bzw. der vierlinigen gesamten Fläche 1D 1B 4B 4D 3D etc. 1D und der Summe aller derartigen elementaren Rechtecke bzw. der geradlinigen treppenförmigen Fläche 1N 1B 4B 3P 3N 2P 2N 1P 1N kleiner sein als die Summe aller komplementären Rechtecke 1D 1E 2D oder anderer ähnlicher bis 3D 3E 4D.

(5) Diese Rechtecke, die ich komplementär genannt habe, haben die Grundlinien 4D 3E oder 3D 2E (d. h. 3E 2L) oder andere bis 2D 1E (d. h. 2L 1L). Aber die Summe dieser Grundlinien ist gleich 4D 1L bzw. (nach Satz 3 Absatz 1) der Differenz zwischen 1B 1D (oder 4B 1L) und 4B 4D, nämlich zwischen der ersten und letzten der Ordinaten an der Kurve 1D 2D 3D 4D. Dieses würde in derselben Weise geschehen, wenn beliebig viele andere Punkte und Ordinaten dazwischen lägen. Wenn wir nun demnach annehmen, dass von diesen komplementären Rechtecken 1D 1E 2D, 2D 2E 3D und den anderen die Höhen 1D 1E (oder 1B 2B) und 2D 2E (oder 2B 3B) bis 3D 3E (oder 3B 4B oder ψ 4D) bzw. die Intervalle der Ordinaten untereinander gleich sind, wird jedenfalls die Summe aller komplementären Rechtecke gleich sein dem Rechteck ψ 4D 1L aus der Summe der Grundlinien 1L 4D mal der gemeinsamen Höhe ψ 4D (die gleich 3B 4B und 2B 3B ist): oder wenn die Höhen

rectangulorum complementalium minor erit rectangulo sub summa basium in maximam altitudinum: Ponatur ergo altitudinum harum maxima, vel certe cuique caeterarum aequalis, esse ultima 3B 4B, utique summa horum rectangulorum complementalium minor erit vel certe aequalis summae basium, 4D 1L, ductae in altitudinem maximam 3B 4B vel ψ 4D seu rectangulo ψ 4D 1L.

(6) Quoniam differentia Quadrilinei totalis et spatii gradiformis minor est summa rectangulorum complementalium per artic. 4. et summa rectangulorum complementalium aequalis est vel minor rectangulo ψ 4D 1L per artic. 5. Ergo differentia Quadrilinei totalis et spatii gradiformis minor est rectangulo ψ 4D 1L.

(7) Porro hoc novissimarum ordinatarum, 3B 3D, 4B 4D, intervallum (nempe altitudo 3B 4B sive ψ 4D,) tametsi caeteris majus, aut certe non minus sit assumtum intervallis, tamen assignata quantitate minus assumi potest; nam ipso sumto utcunque parvo caetera sumi possunt adhuc minora. Posito ergo rectam ψ 4D assignata linea minorem sumi posse, (quoniam in nostra est potestate puncta 3D 4D, aliaque sumere utcunque sibi propinqua, et numero quantolibet,) sequetur et rectangulum ψ 4D 1L, altitudinem habens quae data recta minor sumi possit, etiam data aliqua superficie reddi posse minus. Sit enim data superficies, rectangulum βHA, si placet aliudve quodcunque: assumatur ei aequale vel minus rectangulum φ 4D 1L, super basi 4D 1L. Jam hac recta φ 4D minor sumatur ψ 4D, erit rectangulum ψ 4D 1L minus rectangulo φ 4D 1L, adeoque et spatio dato seu rectangulo βHA.

(8) His jam positis demonstratio ita absolvetur: differentia Quadrilinei totalis et spatii gradiformis minor est rectangulo ψ 4D 1L per artic. 6. Et puncta in curva tam exiguo intervallo tantoque numero assumi possunt, ut rectangulum ψ 4D 1L sit dato spatio minus per artic. 7. Ergo eadem opera etiam Differentia hujus Quadrilinei, (de quo et propositio loquitur) et spatii gradiformis data quantitate minor reddi potest. Q. E. D.

Haec propositio prolixiore indiguit demonstratione, quia non parum a communi indivisibilium methodo nostra in hoc quidem casu differt. Si vero, in casu alio a nostro, curva aliqua 1N 2N 3N per ipsa spatii gradiformis puncta, 1N et 2N et 3N transiisset, ut in communi methodo indivisibilium, ubi figurae curvilineae tantum in parallelogramma resolvuntur, fieri solet; longe facilior fuisset demonstratio. Differentia enim spatii gradiformis [1N 1B 3B 2P 2N 1P 1N][1], et mixtilinei 1N 1B 3B, 3N 2N 1N, constaret exiguis trilineis 1N 1P 2N 1N, et 2N 2P

[1] 1N 1B 4B 3P 3N 2P 2N *L ändert Hrsg.*

ungleich sind, wird jedenfalls die Summe der komplementären Rechtecke kleiner sein als das Rechteck unter der Summe der Grundlinien mal der größten Höhe. Es möge also von diesen Höhen die letzte 3B 4B als größte oder aber gleich jeder der übrigen gesetzt werden, so wird jedenfalls die Summe dieser komplementären Rechtecke kleiner oder wenigstens gleich sein der mit der größten Höhe 3B 4B oder ψ 4D multiplizierten Summe 4D 1L der Grundlinien bzw. dem Rechteck ψ 4D 1L.

(6) Weil nun die Differenz zwischen der gesamten vierlinigen Fläche und der treppenförmigen Fläche kleiner ist als die Summe der komplementären Rechtecke nach Absatz 4 und die Summe der komplementären Rechtecke gleich oder kleiner ist als das Rechteck ψ 4D 1L nach Absatz 5, ist folglich die Differenz zwischen der gesamten vierlinigen Fläche und der treppenförmigen Fläche kleiner als das Rechteck ψ 4D 1L.

(7) Ferner kann dieses Intervall zwischen den letzten Ordinaten 3B 3D und 4B 4D (nämlich die Höhe 3B 4B bzw. ψ 4D), auch wenn es größer oder wenigstens nicht kleiner als die übrigen Intervalle angenommen ist, trotzdem kleiner angenommen werden als eine zugewiesene Quantität; denn die übrigen können noch kleiner gewählt werden als das wie klein auch immer gewählte selbst. Nimmt man also an, dass die Gerade ψ 4D kleiner gewählt werden kann als eine zugewiesene Linie (da es ja in unserer Macht steht, Punkte 3D 4D und andere wie nahe einander auch immer und in beliebig großer Anzahl zu wählen), so wird folgen, dass auch das Rechteck ψ 4D 1L mit einer Höhe, die kleiner gewählt werden kann als eine gegebene Gerade, sogar kleiner gemacht werden kann als irgendeine gegebene Oberfläche. Es sei nämlich eine Oberfläche gegeben, das Rechteck βHA, wenn es gefällt, oder irgendein beliebiges anderes: ihm gleich oder kleiner sei das Rechteck φ 4D 1L über der Basis 4D 1L angenommen. Nun werde ψ 4D kleiner als diese Gerade φ 4D gewählt, es wird das Rechteck ψ 4D 1L kleiner sein als das Rechteck φ 4D 1L und deshalb auch als die gegebene Fläche bzw. das Rechteck βHA.

(8) Nach diesen Voraussetzungen wird nun der Beweis so beendet werden: Die Differenz zwischen der gesamten vierlinigen und der treppenförmigen Fläche ist kleiner als das Rechteck ψ 4D 1L nach Absatz 6. Und es können Punkte auf der Kurve mit so kleinem Intervall und in so großer Anzahl angenommen werden, dass das Rechteck ψ 4D 1L kleiner ist als eine gegebene Fläche nach Absatz 7. Mit derselben Mühe kann also auch die Differenz zwischen dieser vierlinigen Fläche (von der auch der Satz spricht) und der treppenförmigen Fläche kleiner gemacht werden als eine gegebene Quantität. Das war zu beweisen.

Dieser Satz bedurfte eines langatmigeren Beweises, weil sich unsere Indivisibelnmethode von der üblichen, jedenfalls in diesem Fall, erheblich unterscheidet. Wenn aber in einem anderen, von dem unsrigen verschiedenen Fall irgendeine Kurve 1N 2N 3N durch eben die Punkte 1N und 2N und 3N der treppenförmigen Fläche hindurchgegangen wäre, wie es bei der üblichen Indivisibelnmethode, wo die krummlinigen Figuren nur in Parallelogramme zerlegt werden, gewöhnlich geschieht, wäre der Beweis bei weitem leichter gewesen. Denn

3N 2N, utique minoribus quam rectangula ipsis circumscripta, 1N 1P 2N, 2N 2P 3N, quae hic etiam vocabo complementalia, ergo et differentia dicta minor erit quam summa horum rectangulorum complementalium, summa autem horum rectangulorum complementalium nunquam major erit rectangulo facto ex summa basium, [1P 2N, 2P 3N][1], (quae nunquam major recta [3B 3N][2]) ducta in altitudinem unius, si omnium altitudo aequalis est (ut in methodo indivisibilium communi assumi solet) vel si inaequalis, in maximam. Ergo si maxima vel certe caeteris non minor, ponatur esse novissima, dicta differentia nunquam erit major rectangulo 2B 3B 3N, cujus altitudo cum possit fieri quantumlibet parva; etiam haec differentia inter spatium gradiforme et mixtilineum dato aliquo spatio minor reddi potest.

Jam summa rectangulorum elementarium, 1N 1B 2B 1P, et 2N 2B 3B 2P (aliorumque etc.), id est spatium gradiforme 1N 1B 3B 2P 2N 1P 1N constituentium, aequatur summae basium (nempe ordinatarum 1B 1N, 2B 2N, 3B 3N, ad curvam 1N 2N 3N;) ductae in altitudinem communem (si 1B 2B, vel 2B 3B intervallum ordinatarum ponatur semper aequale) ergo et spatium gradiforme metiri possumus summa applicatarum ducta in intervallum duarum proximarum semper aequale. Spatium autem gradiforme eousque produci potest, ut differentia ejus a mixtilineo fiat minor quavis data, ut ostendi. Ergo si quid de summa linearum sive area spatii gradiformis ita demonstrari poterit, ut locum habeat utcunque producatur spatium gradiforme, sive ut tum maxime locum habeat, cum spatii gradiformis applicatarum intervalla quantum satis est exigua sunt, id etiam de mixtilineo verum erit, sive error si quis committi potest, erit minor quovis errore assignabili. Quare methodo indivisibilium quae per spatia gradiformia seu per summas ordinatarum procedit, ut severe demonstrata uti licebit.

Scholium

Hac propositione supersedissem lubens, cum nihil sit magis alienum ab ingenio meo quam scrupulosae quorundam minutiae in quibus plus ostentationis est quam fructus, nam et tempus quibusdam velut caeremoniis consumunt, et plus laboris quam ingenii habent, et inventorum originem caeca nocte involvunt, quae mihi plerumque ipsis inventis videtur

[1] 1P 1N 2P 2N *L ändert Hrsg.*
[2] 3D 3N *L ändert Hrsg.*

die Differenz zwischen der treppenförmigen Fläche 1N 1B 3B 2P 2N 1P 1N und der gemischtlinigen 1N 1B 3B, 3N 2N 1N bestünde aus den kleinen dreilinigen Flächen 1N 1P 2N 1N, und 2N 2P 3N 2N, die jedenfalls kleiner sind als die ihnen selbst umschriebenen Rechtecke 1N 1P 2N, 2N 2P 3N, die ich hier auch komplementär nennen werde, also wird auch die besagte Differenz kleiner sein als die Summe dieser komplementären Rechtecke, die Summe dieser komplementären Rechtecke aber wird niemals größer sein als das Rechteck, das gebildet ist aus der Summe der Grundlinien 1P 2N, 2P 3N (die niemals größer als die Gerade 3B 3N ist) multipliziert mit der Höhe von einem, wenn die Höhe aller gleich ist (wie es bei der üblichen Indivisibelnmethode gewöhnlich angenommen wird) oder, wenn sie ungleich ist, mit der größten. Wenn also als die größte oder wenigstens nicht kleiner als die übrigen die letzte gesetzt wird, wird die besagte Differenz niemals größer sein als das Rechteck 2B 3B 3N. Da dessen Höhe beliebig klein gemacht werden kann, kann auch diese Differenz zwischen der treppenförmigen und der gemischtlinigen Fläche kleiner gemacht werden als irgendeine gegebene Fläche.

Nun ist die Summe der elementaren Rechtecke 1N 1B 2B 1P und 2N 2B 3B 2P (und der anderen etc.), d. h. derjenigen, die die treppenförmige Fläche 1N 1B 3B 2P 2N 1P 1N bilden, gleich der Summe der Grundlinien (nämlich der Ordinaten 1B 1N, 2B 2N, 3B 3N an der Kurve 1N 2N 3N) multipliziert mit der gemeinsamen Höhe (wenn das Intervall 1B 2B oder 2B 3B zwischen den Ordinaten als immer gleich gesetzt wird), also können wir auch die treppenförmige Fläche messen durch die Summe der angefügten Ordinaten multipliziert mit dem immer gleichen Intervall zwischen zwei benachbarten. Aber die treppenförmige Fläche kann soweit fortgesetzt werden, dass die Differenz zwischen ihr und der gemischtlinigen kleiner wird als eine beliebige gegebene, wie ich gezeigt habe. Wenn also etwas über die Summe von Linien bzw. den Inhalt einer treppenförmigen Fläche in der Weise bewiesen werden kann, dass es Gültigkeit hat, wie weit auch immer die treppenförmige Fläche fortgesetzt wird, bzw. dass es dann am meisten Gültigkeit hat, wenn die Intervalle der angefügten Ordinaten der treppenförmigen Fläche hinreichend klein sind, so wird dies auch von der gemischtlinigen wahr sein, bzw. der Fehler, wenn einer begangen werden kann, wird kleiner sein als irgendein angebbarer Fehler. Deshalb wird es erlaubt sein, die Indivisibelnmethode, die durch treppenförmige Flächen bzw. durch Summen von Ordinaten voranschreitet, als eine streng bewiesene zu benutzen.

Scholium

Über diesen Satz hätte ich mich gern hinweggesetzt, weil meinem Geist nichts ferner liegt als die übergenauen Kleinlichkeiten einiger Autoren, bei denen mehr Zurschaustellung als Ertrag vorhanden ist, denn sie verbrauchen auch Zeit gleichsam für einige Zeremonien und haben mehr Arbeit als Verstand und hüllen den Ursprung der Entdeckungen, der mir

praestantior. Quoniam tamen non nego interesse Geometriae ut ipsae methodi ac principia inventorum tum vero theoremata quaedam praestantiora severe demonstrata habeantur, receptis opinionibus aliquid dandum esse putavi.

meistens bedeutender erscheint als die Entdeckungen selbst, in dunkle Nacht. Da ich nun jedoch nicht leugne, dass man im Interesse der Geometrie über streng bewiesene Methoden selbst und Prinzipien der Entdeckungen sowie gewisse besonders wichtige Sätze verfügt, bin ich der Meinung gewesen, dass den althergebrachten Ansichten in irgendeiner Form Rechnung getragen werden muss.

PROPOSITIO VII.[1]

Si a quolibet curvae cujusdam puncto ad unum anguli recti in eodem plano positi latus ducantur ordinatae normales, ad alterum tangentes, et ex punctis occursus tangentium ducantur perpendiculares ad earum ordinatas, si opus est productas; et curva alia per intersectiones harum perpendicularium et ordinatarum transeat; erit spatium inter axem (ad quem ductae sunt ordinatae,) duas ordinatas extremas, et curvam secundam comprehensum, spatii inter curvam primam et rectas duas ejus extrema cum anguli recti propositi centro jungentes, comprehensi duplum.

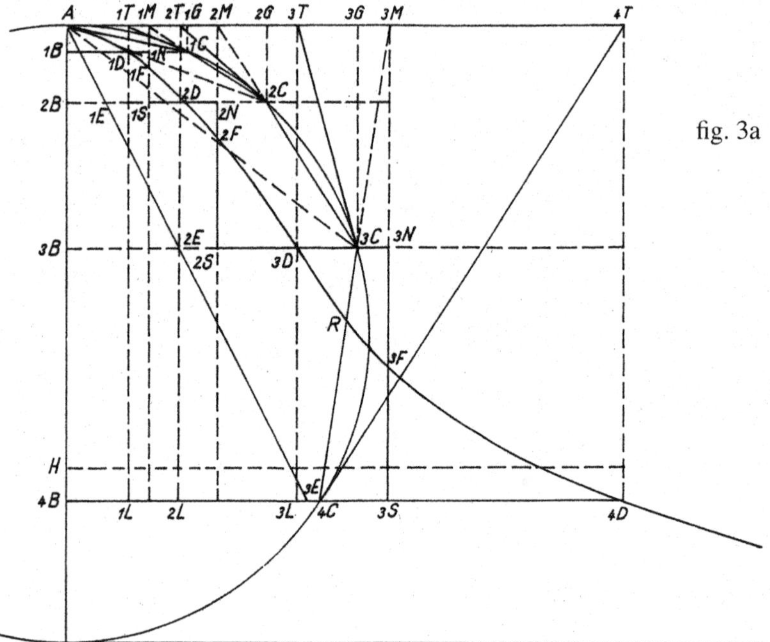

fig. 3a

Definitiones

Latus cui ordinatae 1B 1C, 2B 2C occurrunt vocare soleo axem, A 1B 2B, alterum latus, A 1T 2T, ejusdem anguli recti TAB voco Axem conjugatum, cui hoc loco occurrunt tangentes CT. portiones A 1T. A 2T ab axe conjugato a tangentibus abscissas, inde a puncto A sumtas, voco Resectas, figuram ad curvam secundam 1D 2D 3D, ex resectis A 1T, A 2T, in ordinatas novas,

[1] *Am Rande:* Formanda figura peculiaris pro hac propositione.

Satz VII.[1]

Wenn von einem beliebigen Punkt einer gewissen Kurve zur einen Seite eines in derselben Ebene gelegenen rechten Winkels senkrechte Ordinaten, zur anderen Tangenten gezogen werden, und von den Treffpunkten der Tangenten zu ihren notfalls verlängerten Ordinaten Lote gezogen werden, und eine andere Kurve durch die Schnittpunkte dieser Lote und Ordinaten hindurchgeht, wird die Fläche, die von der Achse (zu der die Ordinaten gezogen sind), den zwei äußersten Ordinaten und der zweiten Kurve umschlossen ist, doppelt so groß sein wie die Fläche, die von der ersten Kurve und den zwei Geraden umschlossen ist, die die äußersten Punkte von ihr mit dem Zentrum des vorgegebenen rechten Winkels verbinden.

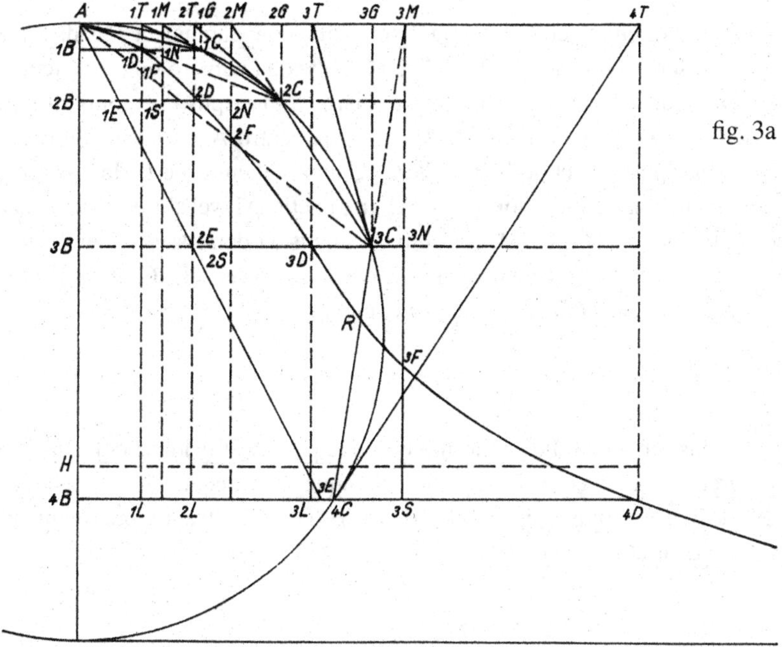

fig. 3a

Definitionen

Die Seite A 1B 2B, auf welche die Ordinaten 1B 1C, 2B 2C treffen, pflege ich Achse zu nennen, die andere Seite A 1T 2T desselben rechten Winkels TAB nenne ich konjugierte Achse, auf welche an dieser Stelle die Tangenten CT treffen. Die von der konjugierten Achse durch die Tangenten abgeschnittenen Teile A 1T, A 2T, die von dort ab dem Punkt

[1] *Am Rande:* Für diesen Satz ist eine bestimmte Figur zu bilden.

1B 2D, 2B 2D translatis factam, figuram Resectarum. Qualis translatio fiet, si ex T. occursibus tangentium, perpendiculares TD ad ordinatas CB si opus est productas demittantur, et per puncta intersectionum D. transeat curva 1D 2D 3D. His positis ajo spatium Quadrilineum 1D 1B 3B 3D 2D 1D, parte axis 1B 3B, ordinatis extremis 1B 1D, 3B 3D, et curva nova 1D 2D 3D comprehensum, seu figuram Resectarum esse sectoris sive spatii trilinei 1C A 3C 2C 1C duabus rectis, ex anguli centro A ad curvae prioris extrema, 1C et 3C ductis, nempe A 1C, et A 3C, ac ipsa curva priore 1C 2C 3C, comprehensi duplum.

(1) Ponatur non esse duplum, et differentia inter Trilineum duplum et Quadrilineum simplum sit Z. Inscribantur ipsi curvae 1C 2C 3C polygona numero finita quotcunque libuerit, quantumque satis erit, et ultimum ex ejusmodi inscriptis Polygonis sit figura rectilinea A 1C 2C 3C A, quod rectis A 1C, A 3C ex centro A, ad curvam ductis, et rectis curvae inscriptis sive chordis 1C 2C, 2C 3C comprehensum est. Hae inscriptae producantur, ut antea tangentes, donec ipsi AT in punctis 1M, vel 2M occurrant rectae productae 2C 1C 1M, vel 3C 2C 2M. Ex quibus punctis M demissae perpendiculares 1M 1N 1S, vel 2M 2N 2S etc. secent ordinatas si opus productas, [1B 1C. 2B 2C][1] etc. in punctis 1N. 2N et ordinatas [2B 2C. 3B 3C][2] etc. in punctis 1S. [2S][3] etc.

(2) Ponamus nunc inscriptionem Polygonorum eousque productam, donec polygoni A 1C 2C 3C A differentia a Trilineo 1C A 3C 2C 1C, itemque spatii rectilinei Gradiformis 1B 1N 1S 2N 2S 3B 1B, differentia a Quadrilineo 1D 1B 3B 3D 2D 1D, unaquaeque singulatim, sit minor, quam quarta pars ipsius Z.[4]

(3) His positis, patet ex prop. 1. trianguli A 1C 2C duplum esse rectangulum [1N 1B 2B 1S][5] et trianguli A 2C 3C duplum esse rectangulum [2N 2B 3B 2S][6], et ita de caeteris, si qua sint, ergo et summa rectangulorum hujusmodi quotcunque seu spatium Gradiforme duplum erit summae omnium ejusmodi triangulorum, seu polygoni inscripti.

[1] 0B 0C, 1B 1C *L ändert Hrsg.*
[2] 1B 1C, 2B 2C *L ändert Hrsg.*
[3] 2N *L ändert Hrsg.*
[4] *Variante*: Quod fieri posse de Polygonis constat ex demonstrationibus Archimedeis*[8], de spatio vero Gradiformi et Quadrilineo, si quis rigorem desideret, invenient demonstratum prop. 6. praecedenti.
[5] 1N 1B 2B 2N *L ändert Hrsg.*
[6] 2N 2B 3B 3N *L ändert Hrsg.*

A genommen sind, nenne ich Resekten, die Figur an der zweiten Kurve 1D 2D 3D, die aus den zu den neuen Ordinaten 1B 1D, 2B 2D übertragenen Resekten A 1T, A 2T gebildet ist, Resektenfigur. Eine derartige Übertragung wird geschehen, wenn von den Treffpunkten T der Tangenten Lote TD auf die notfalls verlängerten Ordinaten CB gefällt werden, und durch die Schnittpunkte D die Kurve 1D 2D 3D hindurchgeht. Nach diesen Voraussetzungen behaupte ich, dass die vierlinige Fläche 1D 1B 3B 3D 2D 1D, die von dem Teil 1B 3B der Achse, den äußersten Ordinaten 1B 1D, 3B 3D und der neuen Kurve 1D 2D 3D umschlossen ist, bzw. die Resektenfigur doppelt so groß ist wie der Sektor bzw. das Trilineum 1C A 3C 2C 1C, die von den beiden Geraden, die vom Zentrum A des Winkels zu den äußersten Punkten 1C und 3C der ersten Kurve gezogen sind, nämlich A 1C und A 3C, und von der ersten Kurve selbst umschlossen ist.

(1) Es sei vorausgesetzt, dass sie nicht doppelt so groß ist, und die Differenz zwischen der zweifachen dreilinigen und der einfachen vierlinigen Fläche sei Z. Der Kurve 1C 2C 3C selbst mögen Polygone von endlicher Anzahl, wie viele es auch immer sein mögen und wieweit es ausreichend sein wird, einbeschrieben werden, und die geradlinige Figur A 1C 2C 3C A sei das letzte von den derartig einbeschriebenen Polygonen, das von den Geraden A 1C, A 3C, die vom Zentrum A zur Kurve gezogen sind, und von den der Kurve einbeschriebenen Geraden bzw. den Sehnen 1C 2C, 2C 3C umschlossen ist. Diese einbeschriebenen Sehnen mögen soweit verlängert werden, wie vorher die Tangenten, bis die verlängerten Geraden 2C 1C 1M oder 3C 2C 2M in den Punkten 1M oder 2M auf AT treffen. Die von diesen Punkten M aus gefällten Lote 1M 1N 1S oder 2M 2N 2S etc. mögen die notfalls verlängerten Ordinaten 1B 1C, 2B 2C etc. in den Punkten 1N, 2N und die Ordinaten 2B 2C, 3B 3C etc. in den Punkten 1S, 2S etc. schneiden.

(2) Wir wollen nun die Einschreibung der Polygone soweit fortgeführt voraussetzen, bis die Differenz zwischen dem Polygon A 1C 2C 3C A und der dreilinigen Fläche 1C A 3C 2C 1C und ebenso die Differenz zwischen der geradlinigen treppenförmigen Fläche 1B 1N 1S 2N 2S 3B 1B und der vierlinigen 1D 1B 3B 3D 2D 1D, jede einzelne für sich, kleiner ist als der vierte Teil von Z.[1] Sie kann nämlich soweit fortgeführt werden, bis die Differenz kleiner als eine beliebige gegebene Quantität wird.

(3) Unter diesen Voraussetzungen ist nach Satz 1 klar, dass das Doppelte des Dreiecks A 1C 2C das Rechteck 1N 1B 2B 1S ist und dass das Doppelte des Dreiecks A 2C 3C das Rechteck 2N 2B 3B 2S ist, und ebenso bei den eventuell vorhandenen übrigen Flächen. Also wird auch die Summe beliebig vieler Rechtecke dieser Art bzw. die treppenförmige Fläche doppelt so groß sein wie die Summen aller derartigen Dreiecke bzw. wie das einbeschriebene Polygon.

[1] *Variante*: Dass dies bei den Polygonen gemacht werden kann, folgt aus den Beweisen von Archimedes, einen wirklichen Beweis für die treppenförmige und vierlinige Fläche, falls Strenge gewünscht wird, findet man im vorhergehenden Satz 6.

(4) Jam differentia inter Quadrilineum, quod vocabo Q, et spatium gradiforme, id est, (ut probavi artic. 3.) duplum polygonum inscriptum quod vocabo P, minor est quam quarta pars ipsius Z, per artic. 2. et differentia inter duplum polygonum inscriptum P, et duplum trilineum cui inscriptum est, quod vocabo T. minor est quam duae quartae ipsius Z (quia inter ipsa simpla ex artic. 2. differentia minor est quam una quarta) ergo per prop. 5. differentia inter Quadrilineum, Q et duplum Trilineum, T minor est quam una quarta ipsius Z plus duabus, seu minor est quam tres quartae ipsius Z. nam si ita

stent Quantitates	Q	P	T
quarum Differentiae minores quam	$\frac{1}{4}Z$	$\frac{2}{4}Z$	

erit differentia inter Q et T minor quam $\frac{1}{4}Z + \frac{2}{4}Z$ per dictam prop. 5.

(5) Quoniam ergo differentia inter Quadrilineum et duplum Trilineum minor est quam $\frac{3}{4}Z$ per artic. 4. erit multo minor quam Z, ergo minor se ipsa (posita est enim esse Z, artic. 1.). Quod est absurdum. Nulla ergo differentia assumi potest, cum Z indefinita intelligi possit de qualibet, adeoque trilineum duplum et quadrilineum simplum aequalia sunt. Q. E. D.

Scholium

Duo fortassis hic notari e re erit, unum circa demonstrationem, alterum circa propositionem ipsam. Demonstratio illud habet singulare, quod rem non per inscripta ac circumscripta simul, sed per sola inscripta absolvit. Equidem fateor nullam hactenus mihi notam esse viam, qua vel unica quadratura perfecte demonstrari possit sine deductione ad absurdum; imo rationes habeo, cur verear ut id fieri possit per naturam rerum sine quantitatibus fictitiis, infinitis scilicet vel infinite parvis assumtis: ex omnibus tamen ad absurdum deductionibus nullam esse credo simplicem magis et naturalem, ac directae demonstrationi propiorem, quam quae non solum simpliciter ostendit, inter duas quantitates nullam esse differentiam, adeoque eas esse aequales, (cum alioquin alteram altera neque majorem neque minorem esse ratiocinatione duplici probari soleat) sed et quae uno tantum termino medio, inscripto scilicet vel circumscripto, non vero utroque simul, utitur; adeoque efficit, ut clariores de his rebus comprehensiones habeamus.

Quod ad ipsam attinet propositionem, arbitror unam esse ex generalissimis, atque utilissimis, quae extant in Geometria, usque adeo enim universalis est, ut omnibus curvis, etiam casu aut pro arbitrio sine certa lege ductis, conveniat; et data qualibet figura alias

(4) Nun ist die Differenz zwischen der vierlinigen, die ich Q nennen werde, und der treppenförmigen Fläche, d. h. (wie ich in Absatz 3 bewiesen habe) dem doppelten einbeschriebenen Polygon, das ich P nennen werde, kleiner als der vierte Teil von Z, nach Absatz 2, und die Differenz zwischen dem doppelten einbeschriebenen Polygon P und der doppelten dreilinigen Fläche, welcher es einbeschrieben ist, die ich T nennen werde, kleiner als zwei Viertel von Z (weil die Differenz zwischen den einfachen Flächen nach Absatz 2 kleiner als ein Viertel ist), also ist nach Satz 5 die Differenz zwischen der vierlinigen Q und der doppelten dreilinigen T kleiner als ein und zwei Viertel von Z, bzw. sie ist kleiner als drei Viertel von Z, denn, wenn

so die Quantitäten dastehen	Q	P	T
deren Differenzen kleiner sind als	$\frac{1}{4}Z$	$\frac{2}{4}Z$	

wird die Differenz zwischen Q und T kleiner als $\frac{1}{4}Z + \frac{2}{4}Z$ nach dem erwähnten Satz 5 sein.

(5) Da nun also die Differenz zwischen der vierlinigen und der doppelten dreilinigen Fläche nach Absatz 4 kleiner ist als $\frac{3}{4}Z$, wird sie viel kleiner als Z, also kleiner als sie selbst sein (denn sie ist im Absatz 1 als Z gesetzt). Das ist unsinnig. Es kann also keine Differenz angenommen werden, weil Z unbegrenzt hinsichtlich einer beliebigen gedacht werden kann, und es sind deshalb die doppelte dreilinige und die einfache vierlinige gleiche Flächen. Das war zu beweisen.

Scholium

Es wird angemessen sein, hier vielleicht zweierlei zu bemerken, eines bezüglich des Beweises, ein anderes bezüglich des Satzes selbst. Der Beweis hat jenes Besondere, dass er das Problem nicht durch Einbeschriebenes und Umbeschriebenes zugleich, sondern nur durch Einbeschriebenes löst. Ich freilich gestehe, dass mir bis jetzt kein Weg bekannt ist, durch welchen auch nur eine einzige Quadratur perfekt bewiesen werden könne ohne Deduktion *ad absurdum*; im Gegenteil, ich habe Gründe, warum ich Bedenken habe, dass dieses wegen der Natur der Dinge ohne fiktive Quantitäten geschehen könne, und zwar die als unendlich oder als unendlich klein angenommenen: dennoch glaube ich, dass es von den Deduktionen *ad absurdum* keine einfachere und natürlichere gibt und näher einem direkten Beweis ist als die, welche nicht nur einfach zeigt, dass es zwischen zwei Quantitäten keine Differenz gibt und diese daher gleich sind, (während man sonst gewohnt ist, durch eine doppelte Rechnung zu beweisen, dass die eine weder größer noch kleiner ist als die andere), sondern welche auch nur einen mittleren Term, einen einbeschriebenen nämlich oder einen umbeschriebenen, aber nicht beide zugleich benutzt; deshalb bewirkt sie, dass wir klarere Verständnisse von diesen Dingen haben.

Was den Satz selbst betrifft, meine ich, dass er einer der allgemeinsten und nützlichsten ist, die es in der Geometrie gibt. Denn er ist dermaßen umfassend, dass er zu allen Kurven passt, auch wenn sie zufällig oder nach Belieben ohne ein bestimmtes Gesetz gezogen sind,

exhibeat numero infinitas, quarum singularum dimensio pendeat ex priore vel contra. Sed et inter foecundissima Geometriae theoremata haberi potest; nam hinc statim demonstrantur Quadraturae omnium Paraboloidum aut Hyperboloidum in infinitum; sive figurarum, in quibus ordinatae vel ipsarum potentiae sunt in multiplicata aut submultiplicata directa aut reciproca ratione abscissarum aut potentiarum ab abscissis; et ut alias taceam quadraturas infinitas absolutas vel hypotheticas, Circulum certe et quamlibet Conicam centrum habentem ejus ope transformavimus in figuram rationalem, et hinc Quadraturam totius circuli ac portionis cujuslibet Arithmeticam, ac veram perfectamque arcus ex data tangente expressionem analyticam duximus, quibus demonstrandis hic tractatus occupatur.

Porro cum Clarissimi Geometrae[*2], qui Conica universaliter tractare coepere, ordinatarum ad curvas nomine comprehendant non tantum rectas parallelas, quales sunt 1C 1B, 2C 2B, 3C 3B, ut vulgo fieri solet, sed etiam rectas A 1C, A 2C, A 3C, quae omnes ad unum punctum commune A, convergunt (quod vel ideo recte fit, quoniam ipsaemet parallelae sine errore pro convergentibus sumi possunt, ita tantum ut punctum concursus earum seu centrum commune infinite abesse fingatur, quemadmodum alter parabolae focus aut vertex). Hinc jam ope theorematis hujus nostri feliciter evenit, ut harum quoque novarum ordinatarum, nempe convergentium usus esse possit ad quadraturas, utque figurae non tantum per ordinatas parallelas in parallelogramma 1C 1B 2B, vel 2C 2B 3B, aliaque, ut a Cavalerio aliisque[*3] post ipsum fieri solitum est; sed et per ordinatas convergentes in triangula A 1C 2C, vel A 2C 3C, infinitis modis resolvantur, prout varie assumitur punctum A, unde ingens novorum inventorum campus aperitur, quorum hic elementa damus, ex quibus scio non pauca, neque his inferiora duci posse.

Definitiones

Resectas et figuram Resectarum explicui in ipsius prop. praecedentis expositione.

Segmentum voco spatium, duabus lineis una curva altera recta comprehensum, ut spatium ACA, comprehensum duabus lineis, quarum una est recta AC, altera est curva etiam AC, utraque punctis, A, et C, terminata. Eodem modo spatium A 2C 1C A est segmentum comprehensum recta A 2C, et curva A 1C 2C. Si curva haec esset arcus circuli, foret spatium A 2C 1C A segmentum circulare, quod nomen cum huic spatio dudum tribui soleat, ejus exemplo caeteras id genus portiones, a figuris per rectas curvam in duobus punctis secantes, abscissas, segmenta appellandas putavi.

und dass, wenn eine beliebige Figur gegeben ist, er unendlich viele andere aufzeigt, deren jeweilige Ausmessung von der ersten abhängt und umgekehrt. Er kann aber auch zu den fruchtbarsten Sätzen der Geometrie gerechnet werden, denn von hier aus werden sofort die Quadraturen aller Paraboloide und Hyperboloide bis ins Unendliche bewiesen bzw. der Figuren, bei denen die Ordinaten oder ihre Potenzen in einem multiplikativen oder submultiplikativen direkten oder reziproken Verhältnis zu den Abszissen oder den Potenzen der Abszissen stehen. Und wir haben, um andere unendlich viele gelöste oder hypothetische Quadraturen außer acht zu lassen, den Kreis jedenfalls und einen beliebigen Kegelschnitt mit einem Zentrum mit seiner Hilfe in eine rationale Figur umgeformt, und von hier aus haben wir die arithmetische Quadratur des ganzen Kreises und eines beliebigen Teils und den wahren und vollkommenen analytischen Ausdruck eines Kreisbogens aus einer gegebenen Tangente abgeleitet; mit dem Beweis dieser Dinge befasst sich diese Abhandlung.

Ferner, weil die berühmtesten Geometer, die begonnen haben, die Kegelschnitte umfassend zu behandeln, mit der Benennung Ordinaten an Kurven nicht nur parallele Geraden erfassen, von welcher Art 1C 1B, 2C 2B, 3C 3B sind, wie es sonst gewöhnlich gemacht wird, sondern auch die Geraden A 1C, A 2C, A 3C, die alle auf einen gemeinsamen Punkt A gerichtet sind (was schon deshalb richtig gemacht wird, da ja die Parallelen eben selbst ohne Irrtum für konvergente Geraden gehalten werden können, nur in der Weise, dass man sich ihren Treffpunkt oder das gemeinsame Zentrum unendlich weit entfernt vorstellt, wie den anderen Brennpunkt oder Scheitel der Parabel), stellt sich von hier nun mit Hilfe dieses unseres Satzes leicht heraus, dass es auch eine Anwendung dieser neuen Ordinaten, nämlich der konvergenten, auf die Quadraturen geben kann, und dass die Figuren nicht nur durch parallele Ordinaten in Parallelogramme 1C 1B 2B oder 2C 2B 3B und andere aufgelöst werden, wie es von Cavalieri und anderen nach ihm gewöhnlich zu geschehen pflegte, sondern auch durch konvergente Ordinaten in Dreiecke A 1C 2C oder A 2C 3C auf unendlich viele Arten, je nachdem auf wie verschiedene Weise der Punkt A angenommen wird, woher sich ein gewaltiges Feld neuer Entdeckungen eröffnet, deren Grundlagen wir hier geben, aus denen, wie ich weiß, nicht Weniges und nicht Geringeres als die Dinge hier abgeleitet werden können.

Definitionen

Die Resekten und die Resektenfigur habe ich in der Darlegung des vorhergehenden Satzes erklärt.

Segment nenne ich eine Fläche, die von zwei Linien, einer Kurve zum einen und einer Geraden zum anderen, umschlossen ist, wie die Fläche ACA, die von zwei Linien umschlossen ist, von denen die eine die Gerade AC und die andere die Kurve AC selbst ist, und jede der beiden durch die Punkte A und C begrenzt ist. Ebenso ist die Fläche A 2C 1C A ein Segment, das von der Geraden A 2C und der Kurve A 1C 2C umschlossen ist. Wenn diese Kurve der Kreisbogen wäre, würde die Fläche A 2C 1C A das Kreissegment sein. Weil man längst gewohnt ist, diesen Namen dieser Fläche zuzuschreiben, war ich der Meinung, dass

Sector est spatium trilineum ut 1C A 2C 1C, duabus rectis A 1C, A 2C, et una curva 1C 2C comprehensum. Si esset 1C 2C arcus circuli, et punctum A centrum circuli, adeoque rectae A 1C, et A 2C aequales, tunc utique etiam recepto more spatium 1C A 2C 1C appellaretur sector circuli, cujus exemplo caetera etiam id genus spatia, ubicunque sit punctum A, aut quaecunque sit curva, putavi appellari posse sectores, in quos scilicet rectis convergentibus area figurae dividitur.

Ex his autem statim patet, si una ex lineis ut A 1C evanesceret, et si puncta A et 1C coinciderent, ex sectore fieri segmentum, adeoque quae de sectoribus generaliter demonstrantur sine consideratione magnitudinis rectarum comprehendentium posse etiam applicari ad segmenta, ut sequenti propositione exquisitius ostendetur.

Ex his porro intelligitur figuram Resectarum duas habere species, nempe figuram Sectorum et figuram Segmentorum. Nempe figura sectorum erit zona quadrilinea 1D 1B 4B 4D 3D 2D 1D, si curva 4C 3C 2C 1C non perveniat in A. unde nec curva 4D 3D 2D 1D in A veniet; Figura autem sectorum commode appellabitur, quia haec Zona, ut quidam vocant, id est figura ordinatis parallelis axe et curva contenta, semper respondenti sectori proportionalis est; nempe 1D 1B 4B 4D 3D 2D 1D ad 1D 1B 3B 3D 2D 1D, zona ad zonam; ut 1C A 4C 3C 2C 1C ad 1C A 3C 2C 1C, sector ad sectorern. Si curva generans 4C 3C 2C 1C sit arcus circuli cujus centrum A, figura resectarum eo casu speciali nomine vocabitur Figura Angulorum, quia sectores figurae generantis, adeoque et zonae quadrilineae in figura generata sunt angulis proportionales, quod infra peculiari propositione*4 explicabo. Sin curva 3C 2C 1C A continuata perveniat in punctum A; adeoque et curva 3D 2D 1D A, hujus curvae figura appellabitur figura segmentorum, quoniam ejus portiones trilineae, inde a vertice A. ut A 1B 1D A, A 2B 2D 1D A, sunt [duplis][1] segmentis A 1C A, A 2C 1C A etc. aequales, ut mox clarius patebit.

Ordinatarum nomine intelligi solent rectae parallelae, ut 1B 1C, 2B 2C, etc. a quolibet curvae, 1C 2C 3C puncto, 1C, vel 2C, aliove, ad rectam quandam indefinitae longitudinis A 1B 2B, etc. quae a quibusdam Directrix appellatur ductae; alii simpliciter vocant parallelas, alii ordinatim applicatas; aliquando ordinatarum nomine stricte sumto, intelliguntur tantum normales ad directricem, et tunc directrix vocatur Axis, quoniam tunc figura circa directricem, velut axem, rotata solidumque generante, ordinata quaelibet circulum generat basi solidi parallelum.

[1] duplis *erg. Hrsg.*

anhand dieses Beispiels die übrigen derartigen Teile, die von den Figuren durch Geraden, die die Kurve in zwei Punkten schneiden, abgetrennt sind, Segmente benannt werden sollen.

Ein Sektor ist ein Trilineum wie 1C A 2C 1C, das von den zwei Geraden A 1C, A 2C und der einen Kurve 1C 2C umschlossen ist. Wenn 1C 2C ein Kreisbogen und der Punkt A der Mittelpunkt des Kreises wäre und deshalb die Geraden A 1C und A 2C gleich wären, dann würde jedenfalls auch nach herkömmlicher Art die Fläche 1C A 2C 1C Kreissektor genannt werden. Ich war der Meinung, dass anhand dieses Beispiels auch die übrigen derartigen Flächen, wo auch immer der Punkt A und welche auch immer die Kurve sei, Sektoren benannt werden können, in welche nämlich die Fläche einer Figur durch konvergente Geraden geteilt wird.

Hieraus ist aber sofort klar, dass, wenn eine der Linien, wie A 1C, verschwinden und die Punkte A und 1C zusammenfallen würden, aus einem Sektor ein Segment wird, und deshalb das, was über die Sektoren allgemein bewiesen wird, ohne Betrachtung der Größe der umschließenden Geraden, auch auf die Segmente angewendet werden kann, wie es im folgenden Satz genauer gezeigt werden wird.

Hieraus erkennt man ferner, dass die Resektenfigur zwei Gestalten hat, nämlich die Sektorenfigur und die Segmentfigur. Die Sektorenfigur wird nämlich die vierlinige Zone 1D 1B 4B 4D 3D 2D 1D sein, wenn die Kurve 4C 3C 2C 1C nicht bei A ankommt, weshalb auch die Kurve 4D 3D 2D 1D nicht zu A kommen wird. Sie wird aber passenderweise Sektorenfigur benannt werden, weil diese Zone, wie einige sie nennen, d. h. die Figur, die durch parallele Ordinaten, die Achse und eine Kurve eingeschlossen ist, immer zum entsprechenden Sektor proportional ist, nämlich 1D 1B 4B 4D 3D 2D 1D zu 1D 1B 3B 3D 2D 1D, die Zone zur Zone, wie 1C A 4C 3C 2C 1C zu 1C A 3C 2C 1C, der Sektor zum Sektor. Wenn die erzeugende Kurve 4C 3C 2C 1C der Kreisbogen mit dem Mittelpunkt A ist, wird die Resektenfigur in diesem besonderen Fall mit dem Namen Winkelfigur bezeichnet werden, weil die Sektoren der erzeugenden Figur, und deshalb auch die vierlinigen Zonen in der erzeugten Figur zu den Winkeln proportional sind, was ich unten in einem eigenen Satz erklären werde. Wenn aber die fortgesetzte Kurve 3C 2C 1C A zum Punkt A gelangt, und deshalb auch die Kurve 3D 2D 1D A, wird die Figur dieser Kurve Segmentfigur genannt werden, da ja ihre dreilinigen Teile, die von dort ab der Ecke A genommen sind wie A 1B 1D A, A 2B 2D 1D A, den doppelten Segmenten A 1C A, A 2C 1C A etc. gleich sind, wie es sich bald deutlicher zeigen wird.

Unter dem Begriff Ordinaten werden gewöhnlich parallele Geraden verstanden, wie 1B 1C, 2B 2C, die von einem beliebigen Punkt 1C oder 2C oder einem anderen der Kurve 1C 2C 3C zu einer gewissen Geraden A 1B 2B etc. von unbegrenzter Länge gezogen sind, die von einigen Direktrix genannt wird. Die einen nennen sie einfach Parallelen, andere der Reihe nach Angelegte. Manchmal, wenn der Begriff Ordinaten streng genommen wird, versteht man darunter nur Senkrechte zur Direktrix, und die Direktrix wird dann Achse genannt, da ja dann, wenn die Figur um die Direktrix, wie um eine Achse, gedreht wird und einen

Aliquando voce laxe sumta[*5], per ordinatas, ut supra dixi intelliguntur et rectae convergentes, sive ab eadem curva ad punctum unum, velut centrum, concurrentes, quod suos habet usus sane praeclaros, quoniam plurima theoremata omnibus ordinatis generalissimo hoc sensu communia haberi possunt. Nos in hoc quidem argumento ordinatarum nomine parallelas, et potissimum normales, intelligemus, quod plerumque ex subjecta materia satis apparebit.

Porro quando ordinatae parallelae ad quandam directricem ducuntur, tunc solet assumi in directrice punctum aliquod fixum, ut A, et portiones directricis inter punctum fixum A, et occursum ordinatarum, nempe punctum 1B, vel 2B, comprehensae, solent vocari Abscissae, aliqui vocant portiones Axis. Harum autem abscissarum usus esse solet ad explicandam curvae naturam per relationem abscissarum et ordinatarum inter se, ut si dicamus ipsas 1B 1C, 2B 2C esse inter se in subduplicata ratione abscissarum A 1B, A 2B, vel quod eodem redit, si una tantum aliqua abscissa atque ordinata assumta dicamus semper fore rectangulum sub A 1B abscissa et certa quadem recta constante, aequale quadrato ordinatae [1B 1C][1], tunc curva A 1C 2C erit Parabola. Eodem modo si essent ordinatae [1B 1C, 2B 2C][2] inter se in triplicata ratione abscissarum A 1B, A 2B, vel quod idem est, una tantum abscissa et ordinata assumtis, si cubus ab A 1B abscissa, aequaretur solido ex quadrato cujusdam rectae constantis, in ordinatam 1B 1C; foret curva Parabola Cubica.

Directrices conjugatas, vel cum angulus rectus est, quem comprehendunt, axes conjugatos voco (ad exemplum Diametrorum conjugatarum jam apud veteres[*6] receptarum), cum abscissae unius sunt aequales ordinatis ad alteram, et contra. Quod fit, si modo eae directrices sese intersecent in puncto fixo, seu initio abscissarum, et una sit parallela ordinatis ad alteram. Ut si sit curva 1D 2D, et directrix sit A 1B 2B, et ordinatae ad hanc directricem angulo quocunque inter se parallelae, sint 1B 1D, 2B 2D, abscissae ex directrice sint A 1B, A 2B, denique per initium abscissarum A, transeat AT, ipsis 1B 1D, vel 2B 2D parallela, ea recta AT erit directrix, conjugata priori AB: nam in ipsa portio A 1T, aequalis ipsi 1B 1D ordinatae ad directricem priorem AB poterit sumi pro abscissa, et ipsa 1T 1D, aequalis ipsi A 1B abscissae ex directrice priore, erit ad conjugatam directricem ordinata. [Haec][3]

[1] 1B 1D *L ändert Hrsg.*
[2] 1B 1D, 2B 2D *L ändert Hrsg.*
[3] Hae *L ändert Hrsg.*

Körper erzeugt, eine beliebige Ordinate einen zur Grundfläche des Körpers parallelen Kreis erzeugt.

Manchmal werden, wenn das Wort weit gefasst wird, unter Ordinaten, wie ich oben gesagt habe, auch konvergente Geraden verstanden, die also von derselben Kurve auf einen einzigen Punkt, wie auf ein Zentrum hin, zusammenlaufen, was seine wirklich ausgezeichneten Vorteile hat, weil nun die meisten Sätze mit allen Ordinaten in dieser sehr allgemeinen Bedeutung gemeinsam erhalten werden können. In dieser Darstellung jedoch werden wir unter dem Namen Ordinaten Parallelen, und hauptsächlich senkrechte, verstehen, was meistens aus dem zugrunde liegenden Gegenstand sichtbar genug werden wird.

Wenn ferner parallele Ordinaten zu einer gewissen Direktrix gezogen werden, dann wird auf der Direktrix gewöhnlich irgendein fester Punkt, wie A, angenommen, und die Teile der Direktrix, die zwischen dem festen Punkt A und dem Treffpunkt der Ordinaten, nämlich dem Punkt 1B oder 2B, eingeschlossen sind, werden gewöhnlich Abszissen genannt, andere nennen sie Teile der Achse. Der Nutzen dieser Abszissen liegt aber gewöhnlich in der Erklärung der Kurvennatur durch die Beziehung der Abszissen und Ordinaten untereinander. Wenn wir z. B. sagen, dass 1B 1C, 2B 2C untereinander in einem subverdoppelten Verhältnis zu den Abszissen A 1B, A 2B stehen, oder, was auf dasselbe hinausläuft, wenn wir bei der Annahme nur einer beliebigen Abszisse und Ordinate sagen, dass das Rechteck unter der Abszisse A 1B und einer gewissen bestimmten festen Geraden immer gleich dem Quadrat der Ordinate 1B 1C sein wird; dann wird die Kurve A 1C 2C eine Parabel sein. In derselben Weise würde die Kurve eine kubische Parabel sein, wenn die Ordinaten 1B 1C, 2B 2C untereinander in einem verdreifachten Verhältnis zu den Abszissen A 1B, A 2B stünden, oder, was dasselbe ist, wenn bei Annahme nur einer Abszisse und Ordinate der Kubus der Abszisse A 1B gleich dem Körper aus dem Quadrat einer gewissen festen Geraden multipliziert auf die Ordinate 1B 1C wäre.

Die Direktrizen nenne ich konjugiert, oder, wenn der Winkel, den sie einschließen, ein rechter ist, konjugierte Achsen (nach dem Vorbild der schon bei den Alten überlieferten konjugierten Durchmesser), wenn die Abszissen der einen gleich den Ordinaten an die andere sind und umgekehrt. Das ist der Fall, wenn eben diese Direktrizen sich in einem festen Punkt bzw. dem Ursprung der Abszissen schneiden, und die eine parallel zu den Ordinaten an die andere ist. Wenn z. B. 1D 2D die Kurve und A 1B 2B die Direktrix ist, und 1B 1D, 2B 2D die unter einem beliebigen Winkel zueinander parallelen Ordinaten an diese Direktrix sind und A 1B, A 2B die Abszissen von der Direktrix sind, und außerdem durch den Ursprung A der Abszissen eine zu 1B 1D oder 2B 2D Parallele AT geht, wird diese Gerade AT die Direktrix sein, die zur ersten AB konjugiert ist; denn auf ihr wird man den Teil A 1T, der der Ordinate 1B 1D an die erste Direktrix AB gleich ist, für die Abszisse nehmen können, und der Teil 1T 1D, der der Abszisse A 1B von der ersten Direktrix

consideratio magnos habet usus in omni Geometria, sed inprimis in materia de Quadraturis. Ordinatas porro ad Directrices conjugatas, etiam ordinatas conjugatas appello.

Trilineum orthogonium, vel aliquando simpliciter Trilineum, cum quibusdam*7 voco, spatium axe, ordinata aliqua normali, et curva comprehensum, ut A 2B 2C 1C A, comprehensum axis portione seu abscissa A 2B, ordinata 2B 2C, et curva [2C 1C A], unde necesse est ut curva perveniat usque ad axem: axis portionem A 2B vocare solent altitudinem, ordinatam trilineum terminantem 2B 2C, basin. At A 2B 2C 2G Rectangulum circumscriptum vocant, quod communem habet altitudinem cum figura trilinea basin vero aequalem maximae ordinatae: quae si etiam ultima trilinei assumti est, tunc manifestum est hoc rectangulum (vel si ad ordinatas obliquas extendas, parallelogrammum) circumscriptum quatuor rectis comprehendi, ex quibus duae sunt ordinatae conjugatae, et duae abscissae conjugatae, quoniam semper abscissa unius directricis ordinatae ad alteram relatae aequalis et parallela est. Ita Trilinei Orthogonii A 2B 2C 1C A rectangulum circumscriptum est A 2B 2C 2G A. Complementum Trilinei Orthogonii, seu Trilineum Complementale vocant, quod Trilineo Orthogonio adscriptum, complet Rectangulum circumscriptum, ut si Trilineo Orthogonio A 2B 2C 1C A adscribatur Trilineum complementale A 2G 2C 1C A constituetur rectangulum circumscriptum A 2B 2C 2G. Unde sequitur ea sibi mutuo complementa esse, et esse ad Directrices conjugatas, et eandem curvam habere communem, et ubi unum est concavum, ibi alterum esse convexum, et altitudinem unius aequari basi alterius et contra, aliaque id genus, quae cuivis manifesta sunt.

Intersectio Directricium conjugatarum seu initium commune trilineorum se mutuo complentium, sive punctum in quo ordinata fit infinite parva, vel evanescit, ac curva ad axem pervenit, solet appellari vertex trilinei vel apex, qui etiam est punctum fixum sive initium abscissarum dicitur: sed non solet appellari vertex curvae, nisi quando alterutra directricium in eo curvam tangit.

Per Summam Rectarum ad quendam axem applicatarum intelligimus figurae perpetua applicatione factae aream, ut si dicam summam omnium AT ad axem AB, intelligo figuram ex omnibus AT in respondentibus punctis B, axi ordine applicatis factam, ut si A 1T translata sit in 1B 1D aequalem, atque ita applicata sit ad A 1B abscissam; et ita de caeteris. Angulus autem applicationis, solet intelligi rectus. Sed nec necesse est ut applicatae ipsum axem attingant, veluti: summa differentiarum inter AT et BC, quae aequantur ipsis DC dabit aream figurae 1D 1C 2C 3C 3D 2D 1D. Hae autem loquendi formulae permissae erunt, si quis fig. 8.

gleich ist, wird die Ordinate an die konjugierte Direktrix sein. Diese Betrachtungsweise hat große Vorteile in jeder Geometrie, vor allem aber auf dem Gebiet der Quadraturen. Ferner benenne ich die Ordinaten an die konjugierten Direktrizen auch konjugierte Ordinaten.

Rechtwinkliges Trilineum oder manchmal einfach Trilineum nenne ich mit einigen anderen die Fläche, die von der Achse, irgendeiner senkrechten Ordinate und der Kurve umschlossen ist, wie A 2B 2C 1C A, die von einem Teil der Achse, bzw. der Abszisse A 2B, der Ordinate 2B 2C und der Kurve 2C 1C A umschlossen ist, weshalb es notwendig ist, dass die Kurve bis zur Achse gelangt; sie pflegen den Teil A 2B der Achse Höhe und die das Trilineum begrenzende Ordinate 2B 2C Grundlinie zu nennen. Aber A 2B 2C 2G nennen sie umbeschriebenes Rechteck, das mit der dreilinigen Figur eine gemeinsame Höhe hat, eine Grundlinie aber, die gleich der größten Ordinate ist; wenn diese sogar die letzte des angenommenen Trilineums ist, dann ist es offenbar, dass dieses umbeschriebene Rechteck (oder bei Erweiterung auf schräge Ordinaten Parallelogramm) von vier Geraden umschlossen ist, von denen zwei die konjugierten Ordinaten und zwei die konjugierten Abszissen sind, da ja immer die Abszisse der einen Direktrix gleich und parallel zur entsprechenden Ordinate an die andere ist. So ist von dem rechtwinkligen Trilineum A 2B 2C 1C A das umbeschriebene Rechteck A 2B 2C 2G A. Sie nennen die Fläche Komplement des rechtwinkligen Trilineums bzw. komplementäres Trilineum, die, dem rechtwinkligen Trilineum zugerechnet, das umbeschriebene Rechteck ausfüllt. Wenn z. B. dem rechtwinkligen Trilineum A 2B 2C 1C A das komplementäre Trilineum A 2G 2C 1C A zugerechnet wird, wird das umbeschriebene Rechteck A 2B 2C 2G hergestellt werden. Daher folgt, dass sie zueinander wechselseitig Komplemente sind und zu den konjugierten Direktrizen gehören und dieselbe Kurve gemeinsam haben, und dass dort, wo das eine konkav ist, das andere konvex ist, und dass die Höhe des einen gleich der Grundlinie des anderen ist und umgekehrt und derartige andere Dinge, die jedem offenbar sind.

Der Schnittpunkt der konjugierten Direktrizen bzw. der gemeinsame Ursprung der Trilinea, die sich gegenseitig ergänzen, bzw. der Punkt, bei dem die Ordinate unendlich klein wird oder verschwindet, und die Kurve zur Achse gelangt, wird gewöhnlich Scheitel des Trilineums oder Ecke benannt, die auch der Fixpunkt ist bzw. Abszissenursprung heißt; er wird aber gewöhnlich nicht Scheitel der Kurve benannt, außer wenn die eine der beiden Direktrizen in ihm die Kurve berührt.

Unter der Summe der an eine gewisse Achse angelegten Geraden verstehen wir den Flächeninhalt der durch ununterbrochene Anlegung hergestellten Figur. Wenn ich z. B. sage, die Summe aller AT an der Achse AB, verstehe ich darunter die Figur, die aus allen in den entsprechenden Punkten B an die Achse der Reihe nach angelegten AT hervorgeht, z. B., wenn A 1T in das gleichlange 1B 1C überführt und so an die Abszisse A 1B angelegt ist, und ebenso bei den übrigen. Der Winkel der Anlegung wird aber gewöhnlich als ein rechter gedacht. Es ist aber auch nicht notwendig, dass die angelegten Geraden die Achse selbst berühren, wie z. B. die Summe der Differenzen zwischen AT und BC, die gleich DC sind, den Flächeninhalt der Figur 1D 1C 2C 3C 3D 2D 1D ergeben wird. Diese Sprachregelungen

per summam omnium rectarum, verbi gratia omnium BC, (id est ipsarum 1B 1C, et 2B 2C, et 3B 3C etc. aliarumque) intelligat summam omnium rectangulorum, ut 0B 1B 1C, 1B 2B 2C, 2B 3B 3C etc. sub ipsis rectis 1B 1C, 2B 2C, 3B 3C etc. et constante intervallo semper aequali 0B 1B, vel 1B 2B, vel 2B 3B etc. indefinitae parvitatis assumto, comprehensis. Quicquid enim de tali summa demonstrari poterit, sumto intervallo, utcunque parvo, id quoque de areae curvilineae 0C 0B 3B 3C 0C magnitudine demonstratum erit, cum summa ista (intervallo satis exiguo sumto) talis esse possit, ut ab ista summa rectangulorum differentiam habeat data quavis minorem. Et proinde si quis assertiones nostras neget facile convinci possit ostendendo errorem quovis assignabili esse minorem, adeoque nullum. Has cautiones nisi quis observet, facile ab indivisibilium [methodo][1] decipi potest. Exemplum infra dabimus prop. [XXII. scholium][2].

[1] methodo *erg. Hrsg.*
[2] XXII. scholium *erg. Hrsg.*

werden aber erlaubt sein, wenn man in Fig. 8 unter der Summe aller Geraden, z. B. aller BC (d. h. von 1B 1C und 2B 2C und 3B 3C etc. und der anderen), die Summe aller Rechtecke wie 0B 1B 1C, 1B 2B 2C, 2B 3B 3C etc. versteht, die unter den Geraden 1B 1C, 2B 2C, 3B 3C etc. und einem angenommenen festen, immer gleichen Intervall 0B 1B oder 1B 2B oder 2B 3B etc. von unbegrenzter Kleinheit eingeschrieben sind. Denn was auch immer man von einer derartigen Summe beweisen können wird, wie klein auch immer das Intervall gewählt ist, das wird auch von der Größe[1] der krummlinigen Fläche 0C 0B 3B 3C 0C bewiesen sein, weil jene Summe (wenn das Intervall hinreichend klein gewählt ist) so beschaffen sein kann, dass die Summe der Rechtecke zu dieser eine Differenz hat, die kleiner ist als eine beliebige gegebene. Und wenn daher jemand unsere Behauptungen leugnen sollte, könnte er leicht überzeugt werden durch den Hinweis, dass der Fehler kleiner als ein beliebiger angebbarer und deshalb keiner ist. Wenn jemand diese Vorsichtsmaßnahmen nicht beachten sollte, kann er leicht von der Indivisibelnmethode getäuscht werden. Ein Beispiel werden wir unten im Scholium zu Satz 22 geben.

[1] Größe: *magnitudo*

PROPOSITIO VIII.

Iisdem positis quae in propositione praecedenti, eadem locum habebunt licet initium utriusque curvae in angulum rectum incidat, sive licet puncta 1B, 1C, 1D, inter se et cum puncto A, coincidere intelligantur, adeoque figurae quam voco segmentorum portio seu trilineum orthogonium A 3B 3D 2D A aequale erit duplo segmento figurae generantis A 3C 2C A.

Hoc uno verbo confici potest, ex eo quod quae propositione 7. demonstravimus generalia sunt, et locum habent, utcunque parvae sint rectae A 1C, A 1B, 1B 1D, 1B 1C, ac proinde etsi sint infinite parvae, sive etsi puncta coincidant, ubi sector 1C A 3C 2C 1C degenerabit in segmentum A 3C 2C A; et quadrilineum sive zona hujus sectoris dupla 1D 1B 3B 3D 2D 1D degenerabit in trilineum orthogonium A 3B 3D 2D A, ergo hoc trilineum hujus segmenti duplum erit. Si quis tamen lineam infinite parvam ferre non possit, hunc non ideo minus convincemus. Neget esse duplum, et differentia inter unum duplum et alterum simplum sit Z.

Assumatur recta A 1B tam parva, ut rectangulum A 1B 1C [1G][1] sit minus quam quarta pars ipsius Z, ergo et quae intra ipsum sunt, segmentum exiguum A 1C A, item trilineum exiguum A 1B 1D A erunt minora quam $\frac{Z}{4}$. Segmentum exiguum est differentia segmenti magni A 3C 2C A, et sectoris 1C A 3C 2C 1C, et trilineum exiguum est differentia trilinei magni A 3B 3D 2D A et Quadrilinei 1D 1B 3B 3D 2D 1D. Ergo erit:

Determinatio prima: Differentia inter Segmentum Magnum et Sectorem, quae est ipsum segmentum exiguum, est minor quam $\frac{Z}{4}$.

Determinatio secunda: Differentia inter Trilineum magnum et Quadrilineum, quae est ipsum Trilineum exiguum, est minor quam $\frac{Z}{4}$. Et quoniam per prop. 7. Quadrilineum aequale duplo sectori; hinc ex determinatione 2. sequitur

Determinatio tertia: Differentia inter trilineum magnum et duplum sectorem minor est, quam $\frac{Z}{4}$. Ex determinatione autem 1. sequitur

Determinatio quarta: Differentia inter duplum sectorem et duplum segmentum est minor quam $\frac{2}{4}Z$. Ex determinationibus tertia et quarta oritur schema sequens [:]

Quantitates:	Trilin. Magn.	dupl.sect.	dupl. segm.
Differentiae		min. quam $\frac{Z}{4}$	min. quam $\frac{2}{4}Z$

Ergo per prop. 5. Trilinei magni et dupli segmenti differentia minor est quam $\frac{Z}{4} + \frac{2}{4}Z$, seu minor quam $\frac{3}{4}Z$. Ergo minor se ipsa posita est enim esse Z. Quod est absurdum, nulla ergo poni potest differentia Z, adeoque Trilineum magnum nempe A 3B 3D 2D A aequale erit duplo segmento A 3C 2C A. Quod demonstrandum erat.

[1] 2T *L ändert Hrsg.*, vgl. Anm. zu Fig. 3a

Satz VIII.

Unter denselben Voraussetzungen wie im vorhergehenden Satz wird dasselbe gelten, auch wenn der Ursprung beider Kurven in den rechten Winkel fällt bzw. auch wenn die Punkte 1B, 1C, 1D so gedacht werden, dass sie untereinander und mit dem Punkt A zusammenfallen, und deshalb der Teil der Figur, den ich Segmentfigur nenne, bzw. das rechtwinklige Trilineum A 3B 3D 2D A dem doppelten Segment A 3C 2C A der erzeugenden Figur gleich sein wird.

Dieses kann mit einem Wort daraus gefolgert werden, dass das, was wir in Satz 7 bewiesen haben, allgemein ist und Gültigkeit hat, wie klein auch immer die Geraden A 1C, A 1B, 1B 1D, 1B 1C sein mögen. Und wenn sie daher auch unendlich klein sind bzw. die Punkte zusammenfallen, wird auch, während der Sektor 1C A 3C 2C 1C in das Segment A 3C 2C A entarten wird, die vierlinige Fläche oder die Zone 1D 1B 3B 3D 2D 1D, die das Doppelte dieses Sektors ist, in das rechtwinklige Trilineum A 3B 3D 2D A entarten, also wird dieses Trilineum das Doppelte dieses Segments sein. Sollte jemand dennoch eine unendlich kleine Linie nicht ertragen können, werden wir diesen deshalb nicht weniger überzeugen. Er mag leugnen, dass es das Doppelte ist, und die Differenz zwischen dem einen Doppelten und dem anderen Einfachen sei Z.

Die Gerade A 1B sei so klein angenommen, dass das Rechteck A 1B 1C 1G kleiner als der vierte Teil von Z ist. Also werden auch die Flächen, die innerhalb von ihm liegen, das kleine Segment A 1C A und ebenso das kleine Trilineum A 1B 1D A, kleiner als $\frac{Z}{4}$ sein. Das kleine Segment ist die Differenz des großen Segments A 3C 2C A und des Sektors 1C A 3C 2C 1C, und das kleine Trilineum ist die Differenz des großen Trilineum A 3B 3D 2D A und des Quadrilineums 1D 1B 3B 3D 2D 1D. Es wird also sein:

erste Bestimmung: Die Differenz zwischen dem großen Segment und dem Sektor, die das kleine Segment selbst ist, ist kleiner als $\frac{Z}{4}$.

zweite Bestimmung: Die Differenz zwischen dem großen Trilineum und der vierlinigen Fläche, die das kleine Trilineum selbst ist, ist kleiner als $\frac{Z}{4}$. Und weil nun nach Satz 7 die vierlinige Fläche gleich dem doppelten Sektor ist, folgt hieraus gemäß Bestimmung 2 die

dritte Bestimmung: Die Differenz zwischen dem großen Trilineum und dem doppelten Sektor ist kleiner als $\frac{Z}{4}$. Aus Bestimmung 1 folgt aber die

vierte Bestimmung: Die Differenz zwischen dem doppelten Sektor und dem doppelten Segment ist kleiner als $\frac{2}{4}$Z. Aus der dritten und vierten Bestimmung entsteht folgendes Schema:

Quantitäten:	gr. Trilineum		dopp. Sektor		dopp. Segment
Differenzen		kleiner als $\frac{Z}{4}$		kleiner als $\frac{2}{4}$Z	

Also ist nach Satz 5 die Differenz zwischen dem großen Trilineum und dem doppelten Segment kleiner als $\frac{Z}{4} + \frac{2}{4}$Z oder kleiner als $\frac{3}{4}$Z. Also ist sie kleiner als sie selbst gesetzt, nämlich Z zu sein. Das ist unsinnig, also kann keine Differenz Z gesetzt werden, und deshalb wird das große Trilineum, nämlich A 3B 3D 2D A gleich dem doppelten Segment A 3C 2C A sein, was zu beweisen war.

Scholium

Haec ideo minutim exposui, ut viri docti agnoscant, quam nullo negotio severe demonstrari queant, quae illis suspecta videntur, quo possint imposterum Geometrae his minutiis tuto supersedere, cum similis ratiocinatio inciderit.

Scholium

Ich habe dies deshalb bis ins einzelne auseinander gesetzt, damit die gelehrten Männer erkennen, wie ohne jede Mühe das, was ihnen verdächtig erscheint, streng bewiesen werden kann, und damit die Geometer sich in Zukunft gefahrlos über diese Kleinlichkeiten hinwegsetzen können, wenn eine ähnliche Überlegung anfallen sollte.

PROPOSITIO IX.

Si trilineum figurae segmentorum cadat intra trilineum figurae generatricis, differentia eorum seu figura duabus curvis in vertice concurrentibus, et differentia ordinatarum comprehensa aequalis est complemento Trilinei ipsius Generatricis, seu differentiae ejus a rectangulo circumscripto.

In eadem semper figura, quoniam trilineum A 3B 3D 2D A, cadit intra trilineum A 3B 3C 2C A, ajo differentiam eorum, seu figuram A 2D 3D 3C 2C A comprehensam duabus curvis A 2D 3D, A 2C 3C, et recta 3D 3C, quae est differentia ordinatarum 3B 3C et 3B 3D, aequari ipsi A 3G 3C 2C A complemento trilinei A 3B 3C 2C A ad rectangulum A 3B 3C 3G.

Super segmenti A 3C 2C A chorda sive subtensa A 3C aliud in alteram partem constituatur segmentum A 3C VA, priori per omnia simile, similiter positum, et aequale. Ostensum est prop. 8. spatio ex his duobus segmentis composito AV 3C 2C A aequari trilineum figurae segmentorum A 3B 3D 2D A. Ergo si ab eadem figura generatrice A 3B 3C 2C A auferantur aequalia, hinc duplum segmentum AV 3C 2C A, ut restet trilineum A 3B 3C VA, et illinc figura segmentorum A 3B 3D 2D A, ut restet figura bicurvilinea A 2D 3D 3C 2C A, sequetur haec duo residua figuram scilicet bicurvilineam et trilineum A 3B 3C VA, id est huic trilineo per omnia simile et aequale trilineum complementale A 3G 3C 2C A, aequari: quod ostendere propositum erat.

Satz IX.

Wenn das Trilineum der Segmentfigur innerhalb des Trilineums der Erzeugerfigur liegt, ist deren Differenz bzw. die Figur, die von den beiden in der Ecke zusammenlaufenden Kurven und der Differenz der Ordinaten umschlossen ist, gleich dem Komplement des erzeugenden Trilineums selbst bzw. der Differenz zwischen ihm und dem umbeschriebenen Rechteck.

Weil nun das Trilineum A 3B 3D 2D A innerhalb der dreilinigen A 3B 3C 2C A liegt, behaupte ich, dass immer in derselben Figur deren Differenz bzw. die Figur A 2D 3D 3C 2C A, die von den beiden Kurven A 2D 3D, A 2C 3C und der Geraden 3D 3C, die die Differenz der Ordinaten 3B 3C und 3B 3D ist, umschlossen ist, gleich A 3G 3C 2C A ist, dem Komplement des Trilineums A 3B 3C 2C A zum Rechteck A 3B 3C 3G.

Über der Sehne bzw. Hypotenuse A 3C des Segments A 3C 2C A sei ein anderes Segment A 3C VA zur anderen Seite hin angelegt, dem ersten in allem ähnlich, ähnlich gesetzt und gleich. Es wurde in Satz 8 gezeigt, dass der aus diesen beiden Segmenten zusammengesetzten Fläche AV 3C 2C A das Trilineum der Segmentfigur A 3B 3D 2D A gleich ist. Wenn also von derselben Erzeugerfigur A 3B 3C 2C A Gleiches abgezogen wird, einerseits das doppelte Segment AV 3C 2C A, so dass das Trilineum A 3B 3C VA übrig bleibt, und andererseits die Segmentfigur A 3B 3D 2D A, so dass die zweiseitig krummlinige Figur A 2D 3D 3C 2C A übrig bleibt, wird folgen, dass diese beiden Reste, nämlich die zweiseitig krummlinige Figur und das Trilineum A 3B 3C VA, d. h. das zu diesem Trilineum in allem ähnliche und gleiche komplementäre Trilineum A 3G 3C 2C A, gleich sind. Dies zu zeigen war das Ziel.

PROPOSITIO X.

Trilineum [DCBOD][1] (fig. 9.) seu Trianguli DCB, (tangente CD axe occursuum seu conjugato BC et chorda DB comprehensi) excessus super segmentum BDOB; dimidium est trilinei BFGB, quod figurae segmentorum EGB complemento est.

Nam triangulum DCB dimidium est rectanguli BEGF, (quia eadem basis BC vel BF, et altitudo BE) quare si a rectangulo BEGF, auferatur figura segmentorum BEGB, ut restet BFGB, et a dimidio rectanguli, seu a triangulo DCB auferatur dimidia figura segmentorum, seu per prop. 8. ipsum segmentum DBOD; restabit trilineum DCBOD. dimidium ipsius BFGB. Quoniam DCBOD differentia dimidiorum, DCB, DBOD, dimidia est BFGB differentiae totorum BEGF, [BEGB].[2] adde prop. 29.

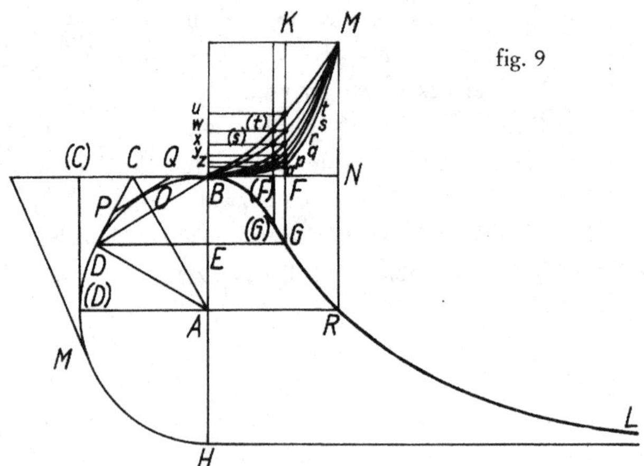

EG aequ. BC aequ. BF aequ. DC

[1] DCOB *L ändert Hrsg.*
[2] BFGB *L ändert Hrsg.*

Satz X.

Das Trilineum DCBOD (Fig. 9) bzw. der über das Segment BDOB hinausgehende Überschuss des Dreiecks DCB (das von der Tangente CD, der Achse der Treffpunkte bzw. der konjugierten Achse BC und der Sehne BD umschlossen ist) ist die Hälfte des Trilineums BFGB, welches zur Segmentfigur EGB das Komplement ist.

Das Dreieck DCB ist nämlich die Hälfte des Rechtecks BEGF (weil die Grundlinie BC oder BF und die Höhe BE dieselbe ist). Aus diesem Grund wird, wenn vom Rechteck BEGF die Segmentfigur BEGB abgezogen wird, so dass BFGB übrig bleibt, und von der Hälfte des Rechtecks bzw. vom Dreieck DCB die halbe Segmentfigur bzw. nach Satz 8 das Segment DBOD selbst abgezogen wird, das Trilineum DCBOD übrig bleiben, d. h. die Hälfte von BFGB, da ja die Differenz DCBOD der Hälften DCB, DBOD, die Hälfte der Differenz BFGB der Ganzen BEGF, BEGB ist. Füge den Satz 29 hierzu.

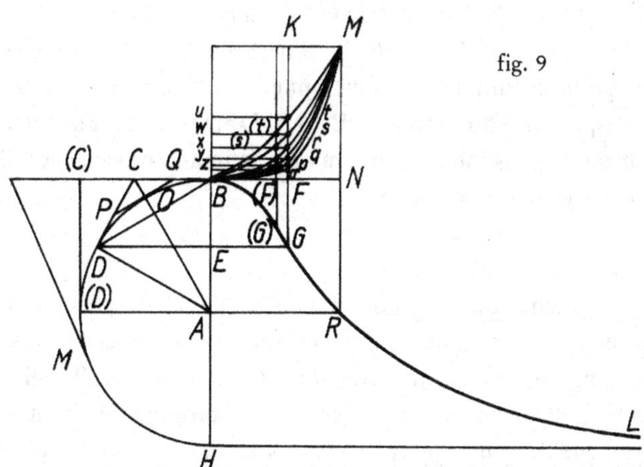

fig. 9

EG aequ. BC aequ. BF aequ. DC

PROPOSITIO XI.

A figura curvilinea utcunque exigua portionem abscindere, cujus duplo exhibeatur aequalis figura longitudinis infinitae, infinitis modis.

Quantulacunque sit figura curvilinea utique infinitis modis aliquod curvae ejus 2C 3C 4C μ (redeundo ad fig. 3.) punctum eligi potest, quale est μ, ad quod duci potest tangens μλ, et ad hanc tangentem perpendicularis 2B μ, intra figuram; ita ut abscindi possit a figura trilineum orthogonium 2C 2B μ 4C 3C 2C. ajo hujus duplo aequalem posse exhiberi figuram infinitam; et ostendi posse modum exhibendi.

Per aliquod rectae 4B μ, productae si ita libuerit, punctum A, ducatur perpendicularis AT, parallela scilicet tangenti μλ, et ex curvae 2C μ, punctis 3C, aut 4C ducantur tangentes quae ipsi AT occurrant in punctis 3T, et 4T et similibus; et ex punctis occursuum 3T, 4T [demittantur perpendiculares] 3T 3D, 4T 4D ad 3B 3D, 4B 4D ordinatas tangenti μλ parallelas, si opus est, productas: idque perpetuo factum intelligatur, a puncto 2C usque ad punctum μ, ut in prop. 7. tunc habebimus spatium infinitum [2D 2B μλδ 4D 3D 2D][1] duabus lineis rectis finitis 2D 2B et 2B μ, duabusque lineis infinitis una curva in infinitum procedente, 2D 3D 4D δ altera recta ipsi asymptoto, μλ comprehensum.

Porro curvam [2D 3D 4D δ][2] infinitam esse patet, quia quanto propius aberit punctum ut 4C a puncto μ, hoc longior erit recta A 4T, et si qua detur linea recta finita, poterit semper punctum ut 4C tale tamque propinquum puncto μ mente designari, ut ipsa A 4T, vel ei aequalis 4B 4D, sit data linea recta finita major, adeoque curva [4D δ][3] procedet in infinitum versus λ; semperque magis magisque descendet ad rectam μλ prout punctum ut 4B vel 4C vel 4D ipsi μλ propius assumitur: nunquam tamen ad rectam μλ perveniet. Nam si ad eam perveniret in puncto aliquo ut λ, ipsa μλ foret ordinata ad curvam, adeoque aequali portioni ex AT, per tangentem in μ, id est per ipsam μλ, ipsi AT, si possibile esset, occurrentem, abscissae, sive Resectae; sed μλ ipsi AT, sibi parallelae occurrere impossibile est, quare nec recta μλ uspiam occurret curvae [4D δ][4] ac proinde erit asymptotos.

[1] 2D 2B μλβ 4D *L ändert Hrsg.*
[2] 2D 3D 4D β *L ändert Hrsg.*
[3] 4D β *L ändert Hrsg.*
[4] 4D β *L ändert Hrsg.*

Satz XI.

Auf unendlich viele Arten schneide man von einer beliebig kleinen krummlinigen Figur einen Teil ab, und stelle eine dem Doppelten von ihm gleiche Figur von unendlicher Länge dar.

Wie klein auch immer die krummlinige Figur sei, so kann jedenfalls auf unendlich viele Arten irgendein Punkt ihrer Kurve 2C 3C 4C μ (man gehe zu Fig. 3 zurück), gewählt werden, wie μ einer ist, zu dem die Tangente μλ und zu dieser Tangente die Senkrechte 2B μ innerhalb der Figur gezogen werden kann, so dass auf diese Weise von der Figur das rechtwinklige Trilineum 2C 2B μ 4C 3C 2C abgeschnitten werden kann. Ich behaupte, dass eine dem Doppelten von ihm gleiche unendliche Figur dargestellt werden kann, und dass die Art der Darstellung gezeigt werden kann.

Durch irgendeinen Punkt A der, wenn es so gefallen sollte, verlängerten Geraden 4B μ möge die Senkrechte AT gezogen werden, die natürlich parallel zur Tangente μλ ist, und es mögen von den Punkten 3C oder 4C der Kurve 2C μ Tangenten gezogen werden, die AT in den Punkten 3T und 4T und ähnlichen treffen; auch seien von den Treffpunkten 3T, 4T Lote 3T 3D, 4T 4D auf die notfalls verlängerten Ordinaten 3B 3D, 4B 4D gefällt, die zur Tangente μλ parallel sind. Und man denke sich, dass dieses fortlaufend von Punkt 2C bis zum Punkt μ geschehen ist, wie in Satz 7. Dann werden wir eine unendliche Fläche 2D 2B μλδ 4D 3D 2D haben, die von den beiden endlichen geraden Linien 2D 2B und 2B μ und den beiden unendlichen Linien, der einen, der bis ins Unendliche fortschreitenden Kurve 2D 3D 4D δ und der anderen, der Geraden, der Asymptote μλ zu ihr, umschlossen ist.

Es ist ferner klar, dass die Kurve 2D 3D 4D δ unendlich ist, weil die Gerade A 4T um so länger sein wird, je weniger ein Punkt wie 4C von Punkt μ entfernt sein wird, und wenn deshalb eine endliche gerade Linie gegeben ist, wird man immer einen Punkt wie 4C so beschaffen und so nahe dem Punkt μ im Geiste angeben können, dass die Gerade A 4T oder die ihr gleiche 4B 4D größer als die gegebene endliche gerade Linie ist, und deshalb wird die Kurve 4D δ in Richtung λ ins Unendliche fortschreiten; und immer wird sie zur Geraden μλ mehr und mehr herabsteigen, je nachdem um wie viel näher bei μλ ein Punkt wie 4B, 4C oder 4D angenommen wird; trotzdem wird sie niemals bei der Geraden μλ ankommen. Wenn sie nämlich bei ihr in irgendeinem Punkt wie λ ankäme, wäre μλ die Ordinate an die Kurve, und deshalb träfe sie, wenn es möglich wäre, einen Teil, der gleich dem von AT durch die Tangente in μ, d. h. durch μλ selbst, abgeschnittenen AT bzw. der Resekte ist; aber es ist unmöglich, dass μλ die Parallele AT zu ihr trifft, und deshalb wird die Gerade μλ nirgendwo die Kurve 4D δ treffen und wird daher eine Asymptote sein.

Superest ut ostendam spatium longitudine infinitum [2D 2B μλ etc. δ 4D 3D 2D][1] aequari duplo trilineo orthogonio 2C 2B μ 3C 2C. Verum hoc non aliter fieri potest, (ne quis hic erret) nisi pro recta μλ ponatur recta (μ)λ. puncto (μ) paulo supra punctum μ sumto, intervallo (μ)μ infinite parvo, ita ordinata (μ)λ. erit longitudine infinita; major qualibet assignabili 4B 4D, quia etiam ipsa μ(μ) quolibet assignabili intervallo μ 4B minor est. Proinde (μ)λ non erit curvae D δ asymptotos, sed ei occurrens alicubi ut in λ, licet λ absit infinito abhinc intervallo. Id est recta (μ)λ erit quidem infinita, sive quavis designabili major, sed non interminata. Hoc posito utique ex prop. 7. spatium [2D 2B (μ)λδ 4D 3D 2D][2], infinitae baseos (μ)λ ipsius finiti [2C 2B μ 4C 3C 2C][3] duplum erit. Generalis enim est propositio 7. nec longitudinem aut brevitatem linearum moratur.[4]

Scholium (Variante)

Memorabilis est contemplatio de spatiis longitudine infinitis magnitudine tamen finitis. Veteribus, quod sciam, nihil tale innotuit, et satis ipsis mirum videbatur, esse quasdam rectas asymptotos, quae magis magisque ad curvam accederent, nunqam tamen ad eam pervenirent. Primus, ut puto, Torricellius[*9] solidum Hyperbolicum acutum longitudine infinitum dimensus est, et ad cylindrum quendam finitum reduxit: in plano P. Gregorius a S. Vincentio spatium infinitum inter duas Hyperbolas certa ratione comprehensum quadravit, et vir suo merito celeberrimus, Christianus Hugenius, spatium cissoidale infinitum ad circulum revocavit. Et Geometra eximius, Joh. Wallisius ostendit quomodo innumerae sint Hyperboloides, quarum area, licet longitudine infinita, possit inveniri, et quomodo possint illae ab aliis, quae id non patiuntur, probabili ratione discerni, quod quanquam inductione utatur, plurimum tamen ingenii habet, adde infra prop. 22. ubi demonstravimus. Nobis propositio septima viam dedit, cujuslibet curvae datae segmento cuidam vel sectori, utcunque parvo, duplicato, infinitis modis, figuras longitudine infinitas exhibendi aequales. Quod aliis etiam rationibus fieri posse non ignoramus.

---

[1] 2D 2B μλ etc. β 4D 2D 3D *L ändert Hrsg.*

[2] 2D 2B (μ)λδ 2C *L ändert Hrsg.*

[3] 1C 1B μ 4C 2C *L ändert Hrsg.*

[4] *Am Rande*: ♃ Aliter demonstrandum quod neque majus quia non potest inveniri pars ejus finita aequalis. Nec minor quia nec pars alterius ipsi aequalis. Idem fieri potest infinitis modis[,] infiniti pars finita assumi potest dato finito major.

Ich habe noch zu zeigen, dass die der Länge nach unendliche Fläche 2D 2B μλ etc. δ 4D 3D 2D gleich dem doppelten rechtwinkligen Trilineum 2C 2B μ 3C 2C ist. Das kann aber nur geschehen (damit hier niemand irrt), wenn anstatt der Geraden μλ eine Gerade (μ)λ gesetzt wird. Wenn ein wenig oberhalb von Punkt μ ein Punkt (μ) mit einem unendlich kleinen Intervall μ(μ) gewählt ist, wird auf diese Weise die Ordinate (μ)λ der Länge nach unendlich sein; sie ist größer als eine beliebige angebbare 4B 4D, weil auch μ(μ) kleiner ist als ein beliebiges angebbares Intervall μ 4B. Daher wird (μ)λ nicht Asymptote der Kurve D δ sein, sondern sie irgendwo, z. B. bei λ, treffen, obgleich λ von hier durch ein unendliches Intervall entfernt ist. Das heißt, die Gerade (μ)λ wird zwar unendlich bzw. größer als eine beliebige angebbare sein, aber nicht unbegrenzt. Unter dieser Voraussetzung wird jedenfalls nach Satz 7 die Fläche 2D 2B (μ)λδ 4D 3D 2D mit der unendlichen Grundlinie (μ)λ das Doppelte der endlichen 2C 2B μ 4C 3C 2C sein. Der Satz 7 ist nämlich allgemein, und er stößt sich nicht an der Länge oder Kürze von Linien.[1]

Scholium (Variante)

Erwähnenswert ist eine Betrachtung über der Länge nach unendliche, der Größe nach jedoch endliche Flächen. Den Alten, soweit ich weiß, wurde nichts Derartiges bekannt, und es erschien ihnen erstaunlich genug, dass es gewisse asymptotische Geraden gibt, die sich mehr und mehr an eine Kurve annähern und dennoch niemals bei ihr ankommen. Als erster, wie ich glaube, hat Torricelli den der Länge nach unendlichen spitzen hyperbolischen Körper gemessen und auf einen gewissen endlichen Zylinder zurückgeführt. Pater Grégoire de St. Vincent hat eine in der Ebene gelegene unendliche Fläche quadriert, die zwischen zwei Hyperbeln in einer bestimmten Weise eingeschlossen ist, und der durch sein Verdienst hochberühmte Christiaan Huygens führte die unendliche Zissoidenfläche auf einen Kreis zurück. Und der hervorragende Geometer John Wallis zeigte, wie zahllos die Hyperboloide sind, deren Flächeninhalt, wenn auch bei unendlicher Länge, gefunden werden kann, und wie jene von anderen, die das nicht zulassen, durch eine wahrscheinliche Methode unterschieden werden können, weil sie, obwohl sie die Induktion benutzt, trotzdem ein Höchstmaß an Scharfsinn hat. Füge unten Satz 22 hinzu, wo wir es bewiesen haben. Uns hat der siebte Satz einen Weg angegeben, auf unendlich viele Arten der Länge nach unendliche Figuren als gleich einem gewissen verdoppelten beliebig kleinen Segment oder Sektor einer beliebigen gegebenen Kurve nachzuweisen. Dass das auch mit anderen Methoden geschehen kann, wissen wir wohl.

[1] *Am Rande*: ϑ Es muss anders bewiesen werden, dass sie weder größer ist, weil kein Teil von ihr gefunden werden kann, der der endlichen Fläche gleich ist, noch kleiner, weil es auch keinen Teil der anderen gibt, der ihr selbst gleich ist. Dasselbe kann auf unendlich viele Arten geschehen, es kann ein endlicher Teil der unendlichen Fläche angenommen werden, der größer ist als die gegebene endliche.

Caeterum ingenuitas nostra non patitur ut dissimulemus, non esse ista tam mira, quam hominibus primo aspectu videntur. R. P. Pardies e Societate Jesu, scriptis elegantibus notus eruditis, ac vita longiore dignus, tantum hujusmodi meditationibus tribuebat, ut crederet efficax satis argumentum praebere ad evincendam animae immaterialitatem quemadmodum in compendii Geometrici praefatione asseruit. Mihi videtur ipsam per se naturam mentis, et operationes, praesertim quibus in se revertitur, sufficere ut a corpore, sive a re duobus tantum praedita, extensione scilicet, et massa, distinguatur. Quanquam non negem singulares quasdam operationes caeteris, saltem apparere, mirabiliores; quas plus valere si non ad probandum, certe ad persuadendum, non abnuerim. Quod hanc vero attinet mentis actionem qua spatia infinita metimur, ea nihil extraordinarium continet, cum fictione quadam nitatur, et supposita quadam linea terminata quidem, infinita tamen, nullo negotio procedat, unde non plus habet difficultatis, quam si finitum longitudine spatium metiremur.

Magis mirarer, si quis ipsum spatium absolute interminatum inter curvam atque perfectam asymptoton interjectum; ad finitum spatium reducere posset. Sed tale nihil mihi innotuit, credo nec aliis, adde tamen prop. 14. coroll. Quoniam vero paradoxa quibusdam haec locutio videbitur, de Lineis quae infinitae, non tamen interminatae sint: Ideo admonendum est, quemadmodum plurimum interest inter indivisibile et infinite parvum; ita longam esse differentiam inter infinitum et interminatum. Fallax est indivisibilium Geometria, nisi de infinite parvis explicetur; neque enim puncta vere indivisibilia tuto adhibentur, sed lineis utendum est, infinite quidem parvis, lineis tamen, ac proinde divisibilibus. Eodem plane modo quantitas interminata differt ab infinita. Nam lineae interminatae magnitudo nullo modo Geometricis considerationibus subdita est, non magis quam puncti. Quemadmodum enim puncta, licet numero infinita, frustra adduntur aut subtrahuntur lineae terminatae, ita linea terminata, quotcunque licet vicibus repetita interminatam facere aut exhaurire non potest. Quod secus est in linea terminata quidem, infinita tamen, quae aliqua linearum finitarum multitudine constituta intelligitur tametsi multitudo haec omnem numerum excedat. Et quemadmodum linea infinita terminata componitur ex finitis, ita finita linea componitur ex infinite parvis sed divisibilibus tamen. Hinc dici non potest Lineam terminatam esse proportione mediam inter punctum seu lineam minimam, et interminatam seu lineam maximam. At dici potest lineam finitam esse mediam proportione, non quodammodo, sed vere exacteque inter quandam infinite parvam et quandam infinitam; et verum est rectangulum sub linea infinita et infinite parva cuidam finito quadrato aequale esse posse; idque in Hyperbola Conica reapse contingit. Nam si curva $_4D\delta\lambda$ esset Hyperbolica, cujus centrum sit μ et abscissa aliqua infinite parva sit $\mu(\mu)$, foret ordinata utique infinite longa $(\mu)\lambda$ major scilicet qualibet recta designabili et rectangulum infinitum $\mu(\mu)\lambda$ sub infinita et infinite parva comprehensum, ex natura Hyperbolae quadrato cuidam constanti finito aequale esset. Interminatum itaque voco in quo nullum punctum ultimum sumi potest, saltem ab una parte. Infinitum vero, quantitatem sive terminatam, sive interminatam, modo qualibet a nobis assignabili, numerisve designabili, majorem intelligamus. An autem hujusmodi quantitates ferat natura rerum Metaphysici est disquirere; Geometrae sufficit, quid ex ipsis positis sequatur, demonstrare.

Übrigens duldet es unsere Aufrichtigkeit nicht zu verschweigen, dass jene Dinge nicht so erstaunlich sind, wie sie den Menschen beim ersten Anblick erscheinen. Der ehrwürdige Pater Pardies von der Gesellschaft Jesu, den Gelehrten durch elegante Schriften bekannt und eines längeren Lebens würdig, schrieb derartigen Überlegungen ein so großes Gewicht zu, dass er glaubte, ein ausreichend wirksames Argument zu liefern, um die Materielosigkeit der Seele nachzuweisen, wie er im Vorwort des geometrischen Kompendiums behauptet hat. Mir scheint, dass durch sich selbst die Natur des Geistes und die Operationen, zumal diejenigen, durch die er auf sich zurückverweisen wird, ausreichen, dass er vom Körper bzw. von der Sache unterschieden wird, die nur mit zweierlei versehen ist, der Ausdehnung nämlich und der Masse. Jedoch mag ich nicht leugnen, dass gewisse besondere Operationen bewundernswerter als die übrigen wenigstens erscheinen; dass diese, wenn nicht zum Beweisen, wenigstens zum Überzeugen geeigneter sind, möchte ich nicht bestreiten. Was aber diejenige Tätigkeit des Geistes betrifft, mit der wir unendliche Flächen messen, so enthält sie nichts Außergewöhnliches, weil sie sich auf eine gewisse Fiktion stützt und unter der Voraussetzung einer gewissen, zwar begrenzten, jedoch unendlichen Linie ohne jede Mühe voranschreitet; daher hat sie keine größere Schwierigkeit, als würden wir eine der Länge nach endliche Fläche messen.

Ich würde mich mehr wundern, wenn jemand eine vollkommen unbegrenzte Fläche selbst, die zwischen einer Kurve und einer vollendeten Asymptote liegt, auf eine endliche Fläche zurückführen könnte. Aber derartiges ist mir nicht bekannt geworden – ich glaube, anderen auch nicht. Füge trotzdem das Korollar von Satz 14 hinzu. Da nun aber einigen dieses Reden über Linien, die unendlich, jedoch nicht unbegrenzt sind, paradox erscheinen wird, muss daran erinnert werden, dass der Unterschied zwischen dem Unendlichen und dem Unbegrenzten so groß ist, wie es einen überaus großen Unterschied zwischen der Indivisibilie und dem unendlich Kleinen gibt. Täuschend ist die Geometrie der Indivisibeln, wenn sie nicht hinsichtlich des unendlich Kleinen erklärt wird. Denn die wahrhaft unteilbaren Punkte werden nicht gefahrlos verwendet, sondern man muss Linien benutzen, zwar unendlich kleine, aber dennoch Linien und deshalb teilbare. Auf die völlig gleiche Art unterscheidet sich eine unbegrenzte Quantität von einer unendlichen. Denn die Größe einer unbegrenzten Linie unterliegt auf keine Art den geometrischen Betrachtungen mehr als die eines Punktes. Wie nämlich Punkte, sogar von unendlicher Anzahl, vergeblich zu einer begrenzten Linie addiert und von ihr subtrahiert werden, so kann eine begrenzte Linie eine unbegrenzte weder bilden noch ausschöpfen, wie viele Male auch immer sie wiederholt wurde. Das ist anders bei einer zwar begrenzten, jedoch unendlichen Linie, die durch irgendeine Menge von endlichen Linien erzeugt gedacht wird, obgleich diese Menge jede Zahl überschreitet. Und wie eine begrenzte unendliche Linie aus endlichen zusammengesetzt wird, so wird eine endliche Linie aus unendlich kleinen, aber dennoch teilbaren zusammengesetzt. Daher kann nicht gesagt werden, dass eine begrenzte Linie die mittlere Proportionale zwischen einem Punkt bzw. einer kleinsten Linie und einer unbegrenzten bzw. größten Linie ist. Aber es kann gesagt werden, dass eine endliche Linie die mittlere Proportionale nicht nur gewissermaßen, sondern wirklich und genau zwischen einer gewissen unendlich kleinen und einer gewissen unendlichen ist; und es ist wahr, dass ein Rechteck unter einer unendlichen und einer unendlich kleinen Linie gleich einem gewissen endlichen Quadrat sein kann. Und das trifft bei der Kegelschnitthyperbel in der Tat zu. Wenn nämlich die Kurve $_4D\,\delta\lambda$ eine hyperbolische wäre, deren Zentrum μ sei und von der irgendeine unendlich kleine Abszisse $\mu(\mu)$ sei, würde die Ordinate $(\mu)\lambda$ jedenfalls unendlich lang, nämlich größer als eine beliebige angebbare Gerade sein, und das unendliche Rechteck $\mu(\mu)\lambda$, das unter der unendlichen und unendlich kleinen Geraden umschlossen ist, wäre aufgrund der Hyperbelnatur gleich einem gewissen endlichen festen Quadrat. Unbegrenztes nenne ich deshalb dasjenige, bei dem wenigstens auf einer Seite kein letzter Punkt genommen werden kann, Unendliches aber eine Quantität, sei sie begrenzt oder unbegrenzt, wenn wir sie nur größer als eine beliebige von uns zuweisbare oder durch Zahlen angebbare denken. Zu untersuchen, ob aber die Natur der Dinge derartige Quantitäten erträgt, ist Sache des Metaphysikers; für den Geometer genügt es zu beweisen, was aus den Voraussetzungen selbst folgt.

Scholium

Constitutis Propositionibus generalibus ad Specimina Methodi descendere tempus est: qualia in Cycloide, aliisque curvis, sed potissimum in Circulo habemus, cujus causa totam hanc tractationem suscepimus. Quoniam autem nostra Circuli Quadratura requirit Quadraturas Paraboloidum; itaque ubi paucis Cycloidem ac figuram Angulorum attigerimus (quoniam ex his nihil in sequentia redundat) ad Paraboloides et Hyperboloides quadrandas accedemus, et ad Quadraturam Circuli gradum struemus.

Definitio

Retortam Cycloidis voco bicurvilineum (fig. 4.) A 1B 2B 2C 1C A, arcu aliquo cycloidis, A 1C 2C, arcu A 1B 2B circuli generatoris (diametrum AG in axe cycloidis, verticem A in ejus vertice habentis) ac denique ordinatae cycloidis ad axem AF, portione 2B 2C, (differentia nempe ordinatae cycloidis FBC, et circuli FB) comprehensum.

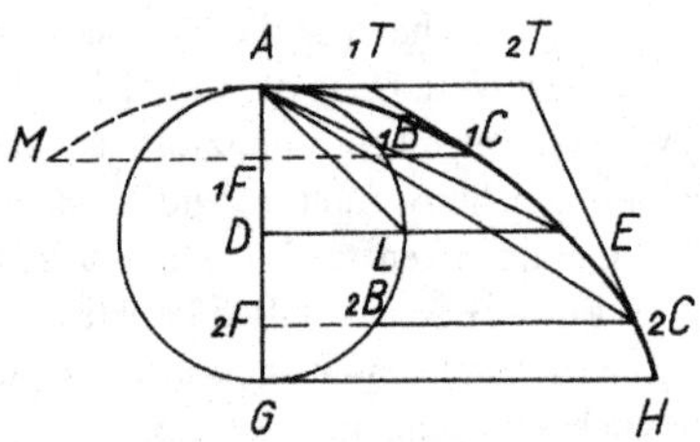

fig. 4

Scholium

Nachdem die allgemeinen Sätze aufgestellt wurden, ist es Zeit, zu den Beispielen der Methode herabzusteigen. Derartige haben wir in der Zykloide und in anderen Kurven, vor allem aber im Kreis, um dessen willen wir diese ganze Abhandlung verfasst haben. Weil nun aber unsere Kreisquadratur die Quadraturen der Paraboloide erfordert, werden wir uns deshalb, sobald wir uns mit wenigen Worten mit der Zykloide und der Winkelfigur befasst haben werden (da sich ja aus ihnen nichts für das Folgende ergibt), den zu quadrierenden Paraboloiden und Hyperboloiden zuwenden und eine Stufe zur Kreisquadratur errichten.

Definition

Zykloidenretorte nenne ich die doppelt krummlinige Fläche (Fig. 4) A 1B 2B 2C 1C A, die von einem Zykloidenbogen A 1C 2C, dem Bogen A 1B 2B des Erzeugerkreises (der den Durchmesser AG auf der Zykloidenachse, den Scheitel A in ihrem Scheitel hat) und schließlich von dem Teil 2B 2C der Zykloidenordinate an die Achse AF (nämlich der Differenz zwischen der Ordinate FBC der Zykloide und des Kreises FB) umschlossen ist.

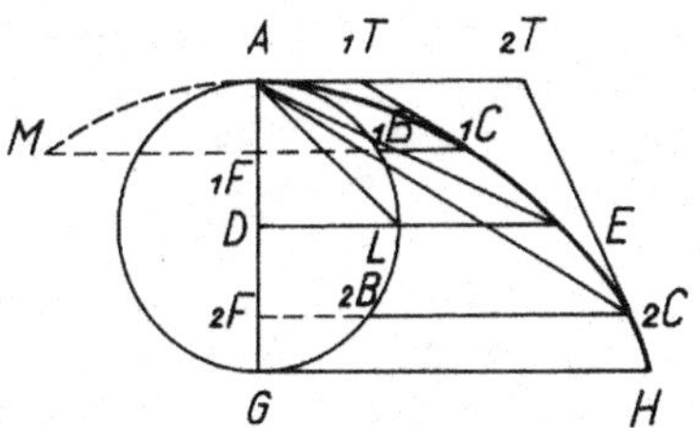

fig. 4

M1F aequ. 1F1C
1B1C aequ. arcui A1B aequ. A1T

PROPOSITIO XII.

Quaelibet retorta cycloidis segmenti eodem cycloidis arcu, et recta a vertice subtensa comprehensi duplum est.

In eadem figura 4. ajo retortam quamcunque, ut A 1B 2B 2C 1C A esse duplam segmenti respondentis A 2C 1C A, comprehensi curvae cycloidis portione A 1C 2C, et subtensa a vertice A 2C. Ex puncto C ad rectam AT per verticem A transeuntem plano GH super quo circulus cycloidem generans incessit, parallelam ducatur tangens CT, idque in quolibet curvae puncto factum intelligatur. Constat ex iis quae apud doctissimos de Cycloide scriptores habentur*[10], AT esse ipsi BC semper aequalem. Jam summa omnium A 1T, A 2T, aliarumve ad axem A 1F 2F applicatarum vel in 1B 1C, 2B 2C, aliasve, translatarum, aequatur duplo segmento A 2C 1C A per prop. 8. nihil enim refert an axem ipsum attingant applicatae, an vero aliter utcunque in ordinatis, (1F 1C, 2F 2C, aliisve) sumantur, nempe an transferantur in 1B 1C, 2B 2C. Semper enim eadem manet summa applicatarum, sive area figurae, quemadmodum toties ostensum est ab aliis, et severe demonstrari posset, ex illis quae prop. 6. diximus. Spatium ergo ex omnibus AT in respondentes BC translatis, conflatum, seu retorta A 1B 2B 2C 1C A, aequatur duplo segmento A 2C 1C A.

Scholium

Hoc theorema quanquam singulare et per totam cycloidem obtinens nondum apud doctissimos de cycloide scriptores extare arbitror. Porro quoniam segmentum cycloidis ut ostendimus aequatur dimidio Retortae cycloidalis; ea autem ex arcubus ad axem applicatis conflatur; (est enim recta 1B 1C aequalis arcui A 1B; et recta 2B 2C aequalis arcui AL 2B) ideo patet segmentum cycloidis esse dimidium summae arcuum ad diametrum applicatorum, seu ut quidam*[11] vocant, figurae arcuum, cujus curva coincidit cum curva lineae sinuum versorum [,] adde infra prop. [48][1]. Ideo quae circulo est linea sinuum versorum, ea cycloidi est linea segmentorum. Alia quae ex hoc theoremate duci possent nunc omitto; excepta tantum propositione memorabili, quae jam sequetur.

[1] 47 *L ändert Hrsg.*

Satz XII.

Eine beliebige Zykloidenretorte ist das Doppelte des Segments, das von demselben Zykloidenbogen und der vom Scheitel aus darunter gespannten Geraden umschlossen ist.

Ich behaupte, dass in derselben Figur 4 eine beliebige Retorte, z. B. A 1B 2B 2C 1C A doppelt so groß ist wie das entsprechende Segment A 2C 1C A, das vom Teil A 1C 2C der Zykloidenkurve und der vom Scheitel aus darunter gespannten Geraden A 2C umschlossen ist. Vom Punkt C möge die Tangente CT zur Geraden AT gezogen werden, die durch den Scheitel A hindurchgeht und parallel zu der Ebene GH liegt, über welcher der Kreis die Zykloide erzeugend vorgerückt ist, und das denke man sich in einem beliebigen Punkt der Kurve getan. Aufgrund dessen, was man bei den gelehrtesten Autoren über die Zykloide vorfindet, steht fest, dass AT immer gleich BC ist. Nun ist die Summe aller A 1T, A 2T oder anderer an die Achse A 1F 2F angelegter Geraden, die zum Beispiel auf 1B 1C, 2B 2C oder andere übertragen wurden, nach Satz 8 dem doppelten Segment A 2C 1C A gleich. Denn es kommt nicht darauf an, ob die angelegten Geraden die Achse selbst berühren oder aber irgendwie anders auf den Ordinaten (1F 1C, 2F 2C oder anderen) genommen werden, ob sie nämlich nach 1B 1C, 2B 2C übertragen werden. Denn die Summe der angelegten Geraden bzw. der Flächeninhalt der Figur bleibt immer gleich, wie es von anderen so oft gezeigt wurde und streng aufgrund von jenem bewiesen werden könnte, was wir in Satz 6 gesagt haben. Also ist die Fläche, die aus allen zu den entsprechenden BC übertragenen AT zusammengebracht ist bzw. die Retorte A 1B 2B 2C 1C A dem doppelten Segment A 2C 1C A gleich.

Scholium

Ich glaube, dass dieser Satz, obwohl einzigartig und für die ganze Zykloide gültig, bei den gelehrtesten Autoren über die Zykloide noch nicht vorhanden ist. Da nun ferner das Zykloidensegment, wie wir gezeigt haben, gleich der halben Zykloidenretorte ist, diese aber aus den an die Achse gelegten Bögen zusammengebracht wird (denn die Gerade 1B 1C ist gleich dem Bogen A 1B und die Gerade 2B 2C ist gleich dem Bogen A L 2B), ist also klar, dass das Zykloidensegment die Hälfte der Summe der an den Durchmesser angelegten Bögen ist, bzw., wie einige sagen, der Figur der Bögen, deren Kurve mit der Kurve der Linie der inversen Sinusse zusammenfällt. Füge unten Satz 48 hinzu. Was daher für den Kreis die Linie der inversen Sinusse ist, das ist für die Zykloide die Linie der Segmente. Anderes, was aus diesem Satz abgeleitet werden könnte, lasse ich nun unerwähnt, nur mit Ausnahme des erwähnenswerten Satzes, der jetzt folgen wird.

PROPOSITIO XIII.

Si recta per centrum circuli generatoris ducta, plano provolutionis parallela, cycloidi occurrat; recta alia punctum occursus cum vertice cycloidis jungens segmentum abscindet a cycloide, quod erit absolute quadrabile sine supposita circuli Quadratura; et quidem aequale semiquadrato radii circuli generatoris.

In eadem figura 4. per D. centrum circuli generatoris ALG ducatur recta DE, plano provolutionis GH parallela, cycloidi occurrens in E. Jungatur vertex A. puncto occursus E. per rectam AE, ajo segmentum AE 1C A absolute quadrari posse, et aequari semiquadrato radii seu triangulo ADL. Hoc ita probatur[1]:

spatium segmento cycloidis + Triangulo + Triangulo
ADE 1C A aequal. AE 1C A ALE ADL

Triangulo inquam ALE, id est Quadranti ADL1BA,
quoniam ejus Trianguli altitudo A[D] est radius,
et basis LE est arcus quadrantis.

Rursus spatium Quadranti + Retortae cycl.
ADE 1CA aequal. ADL 1BA A 1BLE 1CA

id est per prop. 12. segmento cycloidali AE 1CA,
duplicato

Ergo duos valores ejusdem spatii ADE 1C aequando inter se, et utrobique auferendo semel segmentum cycloidale et quadrantem; restabunt illic Triangulum ADL hic segmentum cycloidale AE 1CA, aequalia inter se. Q.E.D.

[*Beweis von Satz XIII, 1. Variante*: 756 f.] hoc segmentum cycloidis duplicatum aequatur retortae A 1BLE 1CA per prop. [12.][2] at haec retorta aequatur quadrato radii AD, quae propositio diserte habetur apud R. P. Fabry*[12] opusculo eleganti de Linea sinuum et cycloide, (quod synopsi Geometriae Lugduni editae adjectum est,) prop. 24. num. 3. Quanquam obiter tantum ab eo ostendatur, ad tertiam quam exhibet cycloidis dimensionem absolvendam. Nescio an non et apud Clarissimum Wallisium extet, neque enim nunc opus ejus integrum percurrere vacat; illud certum est ex ejus pariter et Pascalii traditis manifeste sequi. Quoniam ergo segmentum duplicatum retortae (ex nostris prop. 12.), retorta quadrato radii aequatur; hinc etiam potuisset ostendi segmentum hoc cycloidis dimidio quadrato radii, seu segmentum obliquum AE 1CA, triangulo ADL aequale esse. Q. E. D.

[1] Zeile 756
[2] 10 *L ändert Hrsg.*

Satz XIII.

Wenn eine Gerade, die durch den Mittelpunkt des Erzeugerkreises gezogen wird und parallel zur Rollebene liegt, die Zykloide trifft, wird eine andere Gerade, die den Treffpunkt mit dem Zykloidenscheitel verbindet, ein Segment von der Zykloide abschneiden, das absolut quadrierbar ist, ohne die Quadratur des Kreises vorauszusetzen; und zwar ist es dem halben Quadrat des Radius des Erzeugerkreises gleich.

In derselben Figur 4 möge durch den Mittelpunkt D des Erzeugerkreises ALG die Gerade DE gezogen werden, die parallel zur Rollebene GH ist und die Zykloide in E trifft. Der Scheitel A möge mit dem Treffpunkt E durch die Gerade AE verbunden werden. Ich behaupte, dass das Segment AE 1C A absolut quadriert werden kann und dem halben Quadrat des Radius oder dem Dreieck ADL gleich ist. Das wird so bewiesen:

Die Fläche ADE 1C A ist gleich dem Zykloidensegment AE 1C A + dem Dreieck ALE + dem Dreieck ADL

Dem Dreieck ALE, sage ich, d. h. dem Quadranten ADL1BA, da ja die Höhe AD dieses Dreiecks der Radius und die Grundlinie LE der Bogen des Quadranten ist.

Andererseits ist die Fläche ADE 1CA gleich dem Quadranten ADL 1BA + der Zykloidenretorte A1BLE 1CA

d. h. nach Satz 12 dem verdoppelten Zykloidensegment AE 1CA

Indem wir also die beiden Werte derselben Fläche ADE 1C einander gleichsetzen und von jeder der beiden einmal das zykloidische Segment und den Quadranten abziehen, werden dort das Dreieck ADL und hier das zykloidische Segment AE 1CA übrig bleiben und einander gleich sein. Das war zu beweisen.

[*Beweis von Satz XIII, 1. Variante*: 756 f.] Dieses verdoppelte Segment der Zykloide ist nach Satz 12 gleich der Retorte A 1BLE 1CA. Aber diese Retorte ist gleich dem Quadrat des Radius' AD; diesen Satz erhält man wohl formuliert bei dem ehrwürdigen Pater Honoré Fabri in der eleganten kleinen Schrift über die Sinuslinie und die Zykloide (die der in Lyon herausgegebenen Synopse der Geometrie angefügt ist) als Satz 24, Nr. 3. Er wird jedoch nur nebenbei von ihm gezeigt, um die dritte Ausmessung der Zykloide zu lösen, die er darstellt. Ich weiß nicht, ob er nicht auch bei dem hoch berühmten Wallis vorhanden ist, denn es ist jetzt keine Zeit vorhanden, sein ganzes Werk durchzugehen. Es ist sicher, dass jenes aus seinen überlieferten Schriften ebenso wie aus denen von Pascal offenbar folgt. Da nun also das verdoppelte Segment der Retorte (nach unseren [Worten] in Satz 12), die Retorte dem Quadrat des Radius gleich ist, hätte man von hier aus auch zeigen können, dass dieses Zykloidensegment der Hälfte des Quadrates vom Radius bzw. dass das schräge Segment AE 1CA dem Dreieck ADL gleich ist. Das war zu beweisen.

Scholium

Primus omnium spatium aliquod solis rectis et curva cycloidis comprehensum absolute dimensus est Hugenius[*13]. Nam posito A 1F esse semiradium, invenit duplum trilinei cycloidalis A 1F 1CA, seu segmentum rectum M 1CAM, aequari dimidio hexagono regulari in circulo generatore, descripto, quemadmodum memorat Pascalius in historia insignium de cycloide inventorum, quam exigua scheda complexus est. Ab eo tempore nemo quod sciam aliam portionem solis rectis et curva cycloidis contentam absolute quadravit. Mihi vero idem, quod tot alia praebuit theorema prop. 7. et 8. expressum, hunc quoque transitum dedit generalem a segmentis ad retortas, adeoque absolutam ac sane simplicissimam segmenti obliqui quadraturam, quod dimidio quadrato radii aequari ostensum est. Quae hoc loco memoratu non indigna videbantur.

[*Beweis von Satz XIII, 2. Variante*] Spatium ADE 1CA componitur ex segmento cycloidis, AE 1CA, triangulo ALE, et triangulo ALD idem spatium ADE 1CA componitur ex retorta A 1BLE 1CA et quadrante ADL 1BA. Ergo summa illorum aequatur summae horum, segmentum scilicet cum duobus triangulis, retortae cum quadrante. Retorta autem aequatur duplo cycloidis segmento per prop. 12. et triangulum ALE, (cujus altitudo radius AD, basis arcus quadrantis, LE vel A 1BL) aequatur quadranti[;] fit ergo aequatio inter segmentum cycloidis, (triangulum ALE id est) quadrantem et triangulum ALD ab una parte; et (retortam id est per prop. 12.) duplum segmentum cycloidis cum quadrante ab altera parte; auferendo utrobique quadrantem et segmentum cycloidis semel, fiet triangulum ALD aequale segmento cycloidis AE 1CA. Quod erat demonstrandum.

Scholium

Retortam A 1BLE 1CA aequari quadrato radii AD, propositio est quae diserte habetur [.....] aequale esse. Unde diversarum plane methodorum consensus patet.

Scholium

Als erster von allen hat Huygens irgendeine Fläche absolut ausgemessen, die von Geraden allein und der Zykloidenkurve umschlossen ist. Unter der Voraussetzung, dass A 1F der Halbradius ist, fand er nämlich, dass das Doppelte des Zykloidentrilineums A 1F 1CA bzw. das gerade Segment M 1CAM gleich der Hälfte des im Erzeugerkreis beschriebenen regulären Sechsecks ist, wie Pascal in der Geschichte der ausgezeichneten Entdeckungen über die Zykloide erwähnt, die er auf einem kleinen Zettel zusammenfassend dargestellt hat. Seit der Zeit hat niemand, soweit ich weiß, einen anderen Teil absolut quadriert, der von Geraden allein und der Zykloidenkurve umspannt ist. Mir aber hat dasselbe in Satz 7 und 8 ausgedrückte Theorem, das soviel anderes lieferte, auch diesen allgemeinen Übergang von den Segmenten zu den Retorten gegeben, und deshalb eine absolute und in der Tat einfachste Quadratur eines schiefen Segments, von dem gezeigt wurde, dass es gleich der Hälfte des Quadrates vom Radius ist. Diese Dinge schienen nicht unwürdig, an dieser Stelle erwähnt zu werden.

[*Beweis von Satz XIII, 2. Variante*] Die Fläche ADE 1CA wird zusammengesetzt aus dem Zykloidensegment AE 1CA, dem Dreieck ALE und dem Dreieck ALD; dieselbe Fläche ADE 1CA wird zusammengesetzt aus der Retorte A 1BLE 1CA und dem Viertelkreis ADL 1BA. Also gleicht die Summe jener der Summe dieser, nämlich das Segment mit den beiden Dreiecken der Retorte mit dem Viertelkreis. Die Retorte aber gleicht dem doppelten Zykloidensegment nach Satz 12, und das Dreieck ALE (dessen Höhe der Radius AD und Basis der Bogen des Viertelkreises, LE oder A 1BL, ist) gleicht dem Viertelkreis. Es entsteht also eine Gleichung zwischen dem Zykloidensegment, (dem Dreieck ALE, d. h.) dem Viertelkreis und dem Dreieck ALD auf der einen Seite, und (der Retorte, d. h. nach Satz 12) dem doppelten Zykloidensegment mit dem Viertelkreis auf der anderen Seite. Indem man auf beiden Seiten zugleich den Viertelkreis und das Zykloidensegment abzieht, wird das Dreieck ALD gleich dem Zykloidensegment AE 1CA werden. Das war zu beweisen.

Scholium

Dass die Retorte A 1BLE 1CA dem Quadrat des Radius' AD gleicht, ist ein Satz, den man wohl formuliert erhält [.....] gleich ist. Daher ist die Übereinstimmung völlig verschiedener Methoden klar.

PROPOSITIO XIV.

Figuram angulorum exhibere, sive curvam designare, ex earum numero, quae analyticae censentur, ad quam figura constituatur, cujus portiones parallelis comprehensae sint ut anguli, modo portiones axis abscissae sive altitudines, sint ut sinus.
Sinus arcuum qui arcubus (sive angulis) assumtis complemento sunt ad quadrantem, producantur donec rectae in ipsis inde a diametro sumtae, ipsis et radio sint tertiae proportionales; et hoc ubique facto curva per earum rectarum terminationes transeat, et factum erit quod quaeritur.

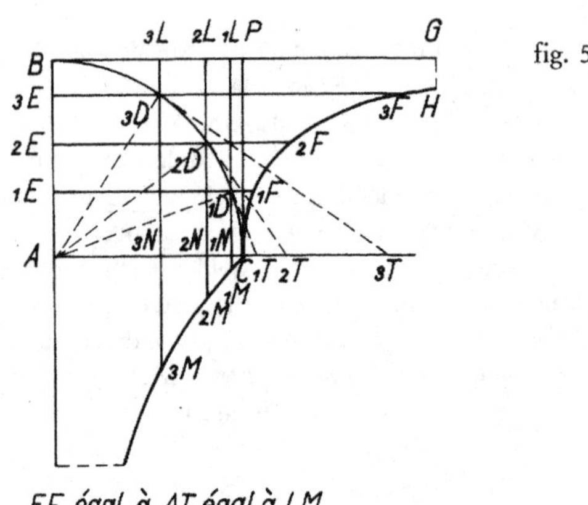

fig. 5

In fig. 5. sit quadrans CABDC arcus CD, arcus complementi, BD. Ex puncto, D, demittatur in diametrum BE normalis DE, quae sinus est arcus BD, adeoque sinus complementi, arcus CD. Producatur ED usque in F, ita ut recta EDF sit ipsi ED et radio AD tertia proportionalis. Idemque saepe fiat variis sumtis punctis D, ut 1D, 2D, 3D; unde orientur et puncta 1E, 2E, 3E, et puncta 1F, 2F, 3F, aliave, ac curva C 1F 2F 3F etc. erit quaesita. Ajo enim figurae ad hanc curvam et radium AB, consistentis zonas quadrilineas CAEFC esse angulis DAC proportionales, quorum scilicet sinus sunt rectae EA. id est portio quadrilinea CA 1E 1FC est ad aliam CA 2E 2FC ut angulus CA 1D est ad angulum CA 2D.

Satz XIV.

Man stelle eine Winkelfigur dar bzw. gebe eine Kurve aus der Anzahl derer an, die zu den analytischen gerechnet werden, an der man eine Figur einrichte, deren von Parallelen umschlossene Teile sich wie die Winkel verhalten, wenn sich nur die abgeschnittenen Teile der Achse bzw. die Höhen wie die Sinusse verhalten.
Die Sinusse der Bögen, die für die angenommenen Bögen (bzw. Winkel) das Komplement zum Quadranten sind, mögen solange verlängert werden, bis die Geraden auf ihnen, die von dort vom Durchmesser ab genommen sind, für sie und den Radius die dritten Proportionalen sind; und ist das überall gemacht, möge eine Kurve durch die Endpunkte dieser Geraden gehen, und es wird das getan sein, was gesucht wird.

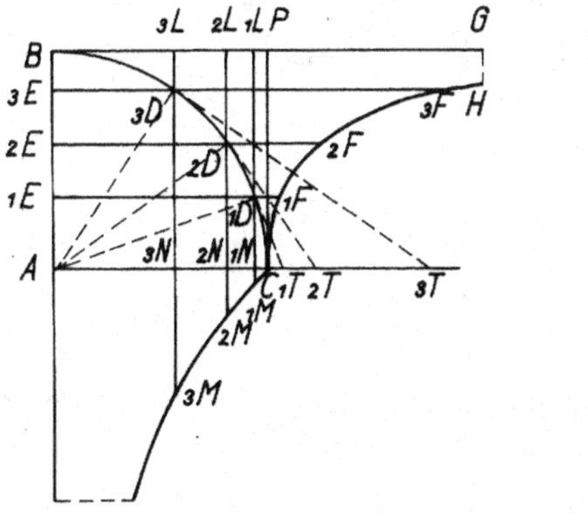

fig. 5

In Fig. 5 sei der Quadrant CABDC, der Bogen CD, der Bogen des Komplements BD. Von einem Punkt D werde auf dem Durchmesser BE die Senkrechte DE errichtet, die der Sinus des Bogens BD und deshalb der Sinus des Komplements vom Bogen CD ist. ED werde bis nach F so verlängert, dass die Gerade EDF für ED und den Radius AD die dritte Proportionale ist. Und dasselbe geschehe oft durch die Wahl verschiedener Punkte D, wie 1D, 2D, 3D; daher werden auch die Punkte 1E, 2E, 3E und die Punkte 1F, 2F, 3F oder andere entstehen, und die Kurve C 1F 2F 3F etc. wird die gesuchte sein. Ich behaupte nämlich, dass die vierlinigen Zonen CAEFC der an diese Kurve und den Radius AB sich lagernden Figur den Winkeln DAC proportional sind, deren Sinusse natürlich die Geraden EA sind, d. h., der vierlinige Teil C A 1E 1F C verhält sich zu einem anderen C A 2E 2F C wie der Winkel C A 1D zum Winkel C A 2D.

Demonstratio

Ex punctis D. ducantur tangentes circuli DT, basi quadrantis AC. productae occurrentes in punctis, T. Ajo primum ipsas AT fore ipsis [EF][1] respondentibus aequales. Nam ob triangula DEA, ADT, similia erit ED ad DA, ut DA ad AT. id est ipsis ED et radio erunt tertiae proportionales AT, quales esse diximus et EF, ex earum constructione. Hinc eandem curvam C 1F 2F 3F etc. potuissemus alio, quam qui in constructione expressus est modo, producere, perpetua scilicet translatione ipsarum AT, Resectarum per tangentes, ex A 1T 2T. Spatium ergo CAEFC est figura Resectarum ex circulo orta, sumto initio a circuli centro. Hoc autem posito manifestum est ex prop. 7. quadrilineum CA 1E 1FC esse duplum sectoris 1DAC 1D, et similiter quadrilineum CA 2E 2FC esse duplum sectoris 2DAC 2D, sunt autem hi duo sectores, adeoque et dupli sectores, inter se ut arcus 1DC, 2DC, id est ut anguli CA 1D, CA 2D, ergo haec quadrilinea etiam erunt ut hi anguli.

Corollarium

Hinc ducitur spatium figurae angulorum, longitudine infinitum CABG etc. HFC esse ad portionem finitam CAEFC ut angulus rectus BAC, ad obliquum DAC.[2]

[*Variante*: 806f.] et videtur angulus rectus respondere spatio absolute interminato, idque proinde reductum esse ad finitum attamen ob rationem prop. 11. schol. adductam id asserere non ausim. Illud tamen certum est ipsum angulum rectum aut nulli respondere spatio figurae angulorum, aut absolute interminato

Scholium

Duo sunt in Geometria difficilia tractatu, ratio et angulus; ac sectio anguli pariter ac rationis sive Logarithmi. Anguli enim trisectio problema solidum est, prorsus ac trisectio rationis; et sectio anguli vel rationis in quinque partes problema est sursolidum, et ultra locum conicum excurrit.

Sectionem autem rationis sive Logarithmi idem esse constat, quod inventionem mediarum proportionalium, est enim trisectio rationis, idem quod inventio duarum mediarum, et

[1] AF *L ändert Hrsg.*
[2] Zeile 806f.

Beweis

Von den Punkten D mögen Kreistangenten DT gezogen werden, die die verlängerte Grundlinie AC des Quadranten in den Punkten T treffen. Ich behaupte zuerst, dass die AT gleich den entsprechenden EF sein werden. Denn wegen der ähnlichen Dreiecke DEA, ADT wird ED zu DA wie DA zu AT sein, d. h., zu den ED und dem Radius werden die AT die dritten Proportionalen sein, von denen wir sagten, dass sie aufgrund ihrer Konstruktion auch EF seien. Von hier aus hätten wir dieselbe Kurve C 1F 2F 3F etc. auf eine andere Art erzeugen können, als sie in der Konstruktion ausgedrückt ist, nämlich durch fortlaufende Übertragung der AT, der Resekten durch die Tangenten, von A 1T 2T. Die Fläche CAEFC ist also die aus dem Kreis entstandene Resektenfigur, wenn der Ursprung vom Kreismittelpunkt genommen ist. Es ist aber unter dieser Voraussetzung offensichtlich, dass aufgrund von Satz 7 das Quadrilineum C A 1E 1F C das Doppelte des Sektors 1D A C 1D und auf ähnliche Weise das Quadrilineum C A 2E 2F C das Doppelte des Sektors 2D A C 2D ist; es verhalten sich aber diese zwei Sektoren, und deshalb auch die doppelten Sektoren, untereinander wie die Bögen 1D C, 2D C, d. h. wie die Winkel C A 1D, C A 2D, also werden sich diese Quadrilinea auch wie diese Winkel verhalten.

Corollar

Hieraus leitet man ab, dass sich die der Länge nach unendliche Fläche CABG etc. HFC der Winkelfigur zum endlichen Teil CAEFC wie der rechte Winkel BAC zum spitzen DAC verhält.

[*Variante*: 806f.] Und der rechte Winkel scheint der absolut unbegrenzten Fläche zu entsprechen und diese daher auf eine endliche zurückgeführt worden zu sein, aber dennoch möchte ich wegen der im Scholium zu Satz 11 angeführten Begründung nicht wagen, das zu behaupten. Dennoch ist es sicher, daß der rechte Winkel selbst entweder keiner Fläche der Winkelfigur oder der absolut unbegrenzten entspricht

Scholium

In der Geometrie sind zwei schwierige Dinge zu behandeln, das Verhältnis und der Winkel; und zwar die Teilung eines Winkels ebenso wie die eines Verhältnisses bzw. Logarithmus'. Die Dreiteilung eines Winkels ist nämlich ein *problema solidum*[1], gerade so wie die Dreiteilung eines Verhältnisses; und die Teilung eines Winkels oder Verhältnisses in fünf Teile ist ein *problema sursolidum*[2] und übersteigt einen *locus conicus*[3].

Es steht aber fest, dass die Teilung eines Verhältnisses bzw. Logarithmus' dasselbe wie das Auffinden von mittleren Proportionalen ist, denn die Dreiteilung eines Verhältnisses ist

[1] Gleichungen 3. und 4. Grades
[2] Gleichungen 5. und 6. Grades
[3] geometrischer Ort, der mit Hilfe von Kegelschnitten definiert werden kann

sectio rationis in quinque partes aequales est inventio mediarum quatuor. Et bisectio rationis est inventio unius mediae, seu extractio radicis quadraticae quemadmodum contra duplicata ratio est ratio quadratorum, et triplicata cuborum, ex veterum loquendi more, qui plane cum hodiernis per Logarithmos operationibus consentit, duplicatio enim logarithmi quadratum dabit, et triplicatio cubum, et compositio rationum fiet additione Logarithmorum. Fatendum est tamen plurimas hinc nasci aequivocationes (ut hoc obiter dicam) quae nondum assuetos turbant; imo et controversias inter doctos, quemadmodum ex illis patet, quae Wallisius*[14] cum Hobbio et Meibomio contulit. Nimirum rationem 9 ad 2. dicimus esse triplam rationis 3 ad 2. rationem vero 27 ad 8. triplicatam rationis 3 ad 2. quod significat logarithmum rationis 27 ad 8. esse triplum Logarithmi rationis 3 ad 2. Unde forte non incongruum foret, saltem aliquando, rationem ut distinguatur a Logarithmo, pro fractione sumere ita ut ratio 3 ad 2. sit $\frac{3}{2}$, nam si alicujus rationis dupla triplave sumatur, revera dupla aut tripla fractionis serviet. Habet tamen haec quoque loquendi ratio incommoda nonnunquam sua. Unde ne quid temere in receptis phrasibus mutemus, suffecerit nos ita loqui ut intelligamur. Et nunc quidem per sectionem rationis, sectionem Logarithmi intelligemus. Notandum est igitur figurae Angulorum respondere figuram rationum seu Hyperbolicam. Nam ex egregio P. Gregorii a S. Vincentio*[15] invento constat, res mea sententia non satis pro dignitate aestimata; si abscissae ex asymptoto sint ut numeri, quod portiones quaedam Hyperbolicae erunt ut Logarithmi. Unde vero nascitur elegans figurae angulorum et figurae rationum symbolismus. Nimirum si ipsae AT applicentur ad axem BA, seu transferantur in EF, faciunt figuram angulorum ut ostendi, si vero applicentur ad axem conjugatum BL, seu si transferantur in LM, facient figuram rationum, et terminabuntur in curvam Hyperbolicam C 1M 2M 3M, cujus centrum B, vertex C, asymptoti BL, BA; latusque rectum et transversum aequalia. Quemadmodum enim sumto radio BA, sinibus A 1E, A 2E, quadrilinea figurae angulorum, CA 1E 1FC et CA 2E 2FC, sunt ut anguli (CA 1D et CA 2D) ita BA seu BP eodem radio, pro unitate sumto, numerisque positis, B 1L, B 2L erunt quadrilinea Hyperbolica CP 1L 1MC et CP 2L 2MC, ut rationum (quas illi numeri ad unitatem habent) indices, sive Logarithmi. Unde si esset exempli causa numerus B 2L cubus a B 1L (nam in fractionibus, quales sunt hi numeri hoc casu, quippe minores unitate BA, potestates sunt lateribus minores) foret ipsius CP 2L 2MC area tripla areae ipsius CP 1L 1MC.

dasselbe wie das Auffinden zweier mittlerer Proportionalen, und die Teilung eines Verhältnisses in fünf gleiche Teile ist das Auffinden von vier mittleren Proportionalen. Und die Zweiteilung eines Verhältnisses ist das Auffinden einer mittleren Proportionalen bzw. das Ausziehen einer Quadratwurzel, wie dagegen das verdoppelte Verhältnis das Verhältnis der Quadrate und das verdreifachte das der Kuben ist, – nach der Redeweise der Alten, die mit den heutigen Operationen durch Logarithmen völlig übereinstimmt, denn die Verdoppelung des Logarithmus wird das Quadrat und die Verdreifachung den Kubus ergeben, und die Zusammensetzung von Verhältnissen wird durch die Addition von Logarithmen geschehen. Trotzdem muss man zugeben, dass hieraus die meisten Mehrdeutigkeiten entstehen, (um das nebenbei zu sagen), die die noch nicht vertrauten Begriffe verwirren, ja sogar Streitigkeiten unter den Gelehrten, wie es aus dem offenkundig ist, was Wallis mit Hobbes und Meibom verhandelt hat. Wir sagen nämlich, dass das Verhältnis 9 zu 2 das dreifache Verhältnis des Verhältnisses 3 zu 2, aber 27 zu 8 das verdreifachte des Verhältnisses 3 zu 2 ist, was bedeutet, dass der Logarithmus des Verhältnisses 27 zu 8 das Dreifache des Logarithmus des Verhältnisses 3 zu 2 ist. Daher wäre es äußerst passend, manchmal wenigstens, das Verhältnis, um es vom Logarithmus zu unterscheiden, als Bruch zu nehmen, so dass das Verhältnis 3 zu 2 $\frac{3}{2}$ ist. Denn wenn man das Doppelte oder Dreifache irgendeines Verhältnisses nimmt, wird in der Tat das Doppelte oder Dreifache des Bruches dienen. Jedoch hat auch diese Ausdrucksweise bisweilen ihre Nachteile. Damit wir daher in den überlieferten Formulierungen nicht zufällig irgendetwas verändern, möge es ausreichen, folgendermaßen zu reden, um verstanden zu werden. Und zwar werden wir nun unter der Teilung eines Verhältnisses die Teilung eines Logarithmus' verstehen. Es muss folglich bemerkt werden, dass die Verhältnis- bzw. hyperbolische Figur der Winkelfigur entspricht. Denn aufgrund einer außerordentlichen Entdeckung von Pater Grégoire de Saint-Vincent steht die meiner Meinung nach nicht ausreichend gewürdigte Sache fest, dass, wenn die Abschnitte der Asymptote sich wie Zahlen verhalten, sich gewisse hyperbolische Teile wie Logarithmen verhalten. Daher entsteht in der Tat ein eleganter Symbolismus für die Winkel- und Verhältnisfigur. Wenn nämlich die AT an die Achse BA gelegt bzw. nach EF übertragen werden, bilden sie die Winkelfigur, wie ich gezeigt habe; wenn sie aber an die konjugierte Achse BL gelegt bzw. nach LM übertragen werden, werden sie die Verhältnisfigur bilden, und sie werden an der Hyperbelkurve C 1M 2M 3M enden, von der das Zentrum B, der Scheitel C ist, die Asymptoten BL, BA und das *latus rectum* und *transversum* gleich sind. So wie sich nämlich für den gewählten Radius BA und für die Sinusse A 1E, A 2E die Quadrilinea C A 1E 1F C und C A 2E 2F C der Winkelfigur wie die Winkel C A 1D und C A 2D verhalten, so werden sich für denselben Radius BA bzw. BP als Einheit gewählt und für die als Zahlen gesetzten B 1L, B 2L die hyperbolischen Quadrilinea C P 1L 1M C und C P 2L 2M C wie die Indizes der Verhältnisse (die jene Zahlen zur Einheit haben) bzw. Logarithmen verhalten. Wenn daher zum Beispiel die Zahl B 2L der Kubus von B 1L wäre, (denn bei Brüchen, welche diese Zahlen in diesem Fall – natürlich kleiner als die Einheit BA – sind, sind die Potenzen kleiner als die Seiten), würde die Fläche von C P 2L 2M C das Dreifache der Fläche von C P 1L 1M C sein.

Definitiones

Curvam Analyticam voco cujus puncta omnia calculo analytico exacto possunt inveniri. Ut si sit curva 1C 2C 3C (in fig. 6. 7. 8.) et quaeratur aliquod ejus punctum, ut 1C, id est si sumta recta quadam A 1B, indeque educta ex puncto 1B recta 1B 1C, angulo dato A 1B 1C quaeratur an, et ubi recta 1B 1C, ipsi curvae occurrat in puncto 1C, ita scilicet, ut inveniri possit punctum hoc 1C, etiamsi nondum descripta sit curva.

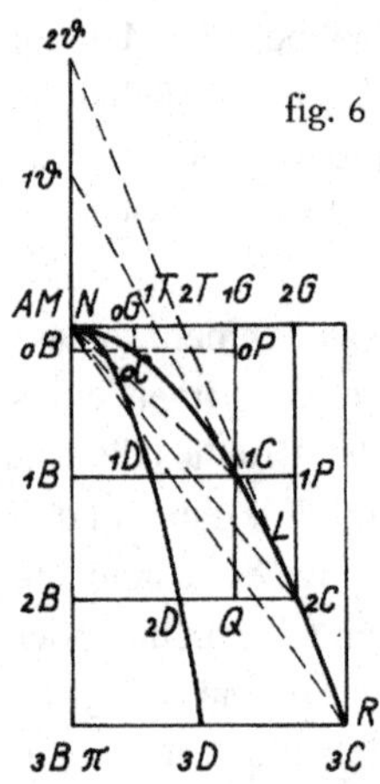

fig. 6

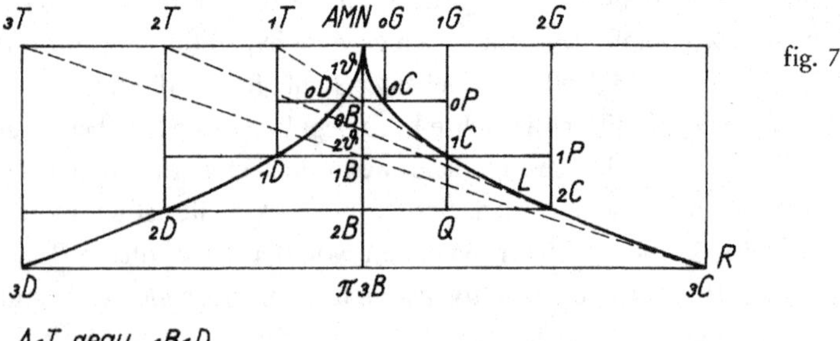

fig. 7

Definitionen

Eine Kurve nenne ich analytisch, deren Punkte alle durch einen exakten analytischen Kalkül ermittelt werden können. Wenn z. B. die Kurve 1C 2C 3C ist (in Fig. 6, 7, 8) und irgendein Punkt von ihr, z. B. 1C, gesucht wird, d. h. wenn, nachdem eine gewisse Gerade A 1B gewählt und von dort unter einem gegebenen Winkel A 1B 1C vom Punkt 1B aus eine Gerade 1B 1C gezogen ist, gesucht wird, ob und wo die Gerade 1B 1C die Kurve selbst im Punkt 1C trifft, freilich in der Weise, dass man diesen Punkt 1C ermitteln kann, auch wenn die Kurve noch nicht aufgezeichnet wurde.

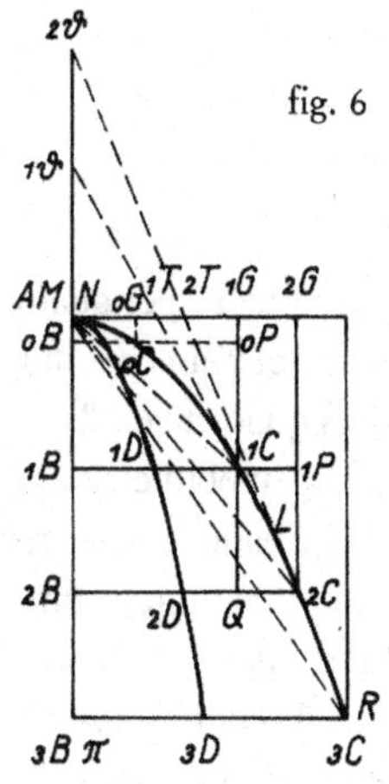

fig. 6

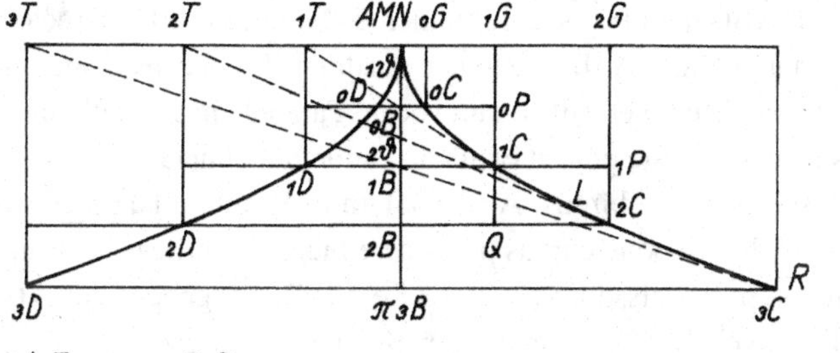

fig. 7

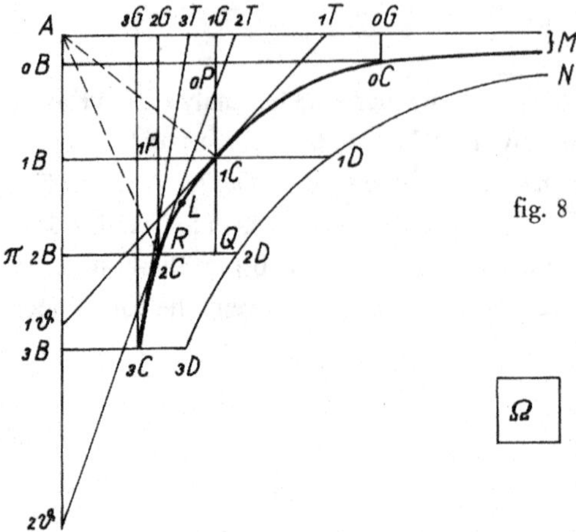

fig. 8

Hoc igitur si per calculum praestari possit, id est si talis nota sit curvae proprietas, per quam ex data A 1B, calculo quodam exacto definiri possit longitudo ipsius 1B 1C, curva vocabitur Analytica. Calculus autem analyticus exactus ille vocatur, cum quantitas quaesita ex datis inveniri potest ope aequationis, in qua ipsa quantitas quaesita incognitae locum obtinet. Nam quando problemata ad hunc sunt reducta statum, tunc tractabilia sunt reddita, eaque resolvere est in potestate. Et hinc fit ut lineae curvae analyticae, sint loca: loca, inquam punctorum, quibus rectae ad alias rectas certam quandam relationem situs magnitudinisque habentes terminantur. Ut si assumtum sit punctum fixum A, in recta interminata vel indefinita A 1B 2B etc. et ex hac recta velut axe vel directrice (quemadmodum supra definivimus) abscissae sumantur A 1B, A 2B, aliaeve quaecunque, atque inde educantur ordinatae 1B 1C, 2B 2C, 3B 3C, ad curvam 1C 2C 3C, angulo ABC quolibet, semper tamen eodem, (ut hoc loco, recto,) sitque natura curvae talis, ut rectangulum π A 1B sit aequale quadrato 1B 1C, et rectangulum π A 2B aequale quadrato 2B 2C, tunc curva erit illa quam vocant Parabolam: et relatio inter BC et AB, sibi respondentes aequatione sic poterit explicari: quoniam puncta A et π sunt fixa, ideo rectam quoque constantem habebimus, A π, qualem in Parabola Parametrum vocant, (quam appellationem ad alias quoque curvas producere hic non inutile erit). Hanc Parametrum A π, appellabimus, p. Abscissam vero A 1B vel A 2B etc. generaliter AB, vocabimus y, et ordinatam 1B 1C, vel 2B 2C etc. generaliter BC, vocabimus, v.

A π aeq. p[,] AB aeq. y[,] BC aeq. v

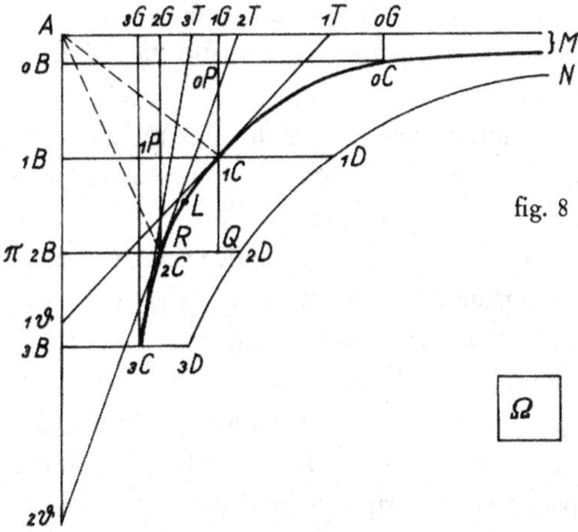

fig. 8

Wenn das also durch einen Kalkül geleistet werden kann, d. h., wenn es eine derartige bekannte Eigenschaft der Kurve gibt, durch die man von einem gegebenen A 1B aus die Länge von 1B 1C durch einen exakten Kalkül bestimmen kann, wird die Kurve analytisch genannt werden. Einen exakten analytischen Kalkül nennt man aber jenen, wenn die gesuchte Quantität aus den gegebenen mit Hilfe einer Gleichung gefunden werden kann, in der eben die gesuchte Quantität die Stelle einer Unbekannten einnimmt. Denn wenn die Probleme auf diesen Zustand zurückgeführt worden sind, dann sind sie zu behandelbaren gemacht worden, und man hat die Möglichkeit, sie zu lösen. Und von hier aus ergibt sich, dass die Linien einer analytischen Kurve Orte sind – ich betone Orte von Punkten – durch welche Geraden, die zu anderen Geraden eine gewisse feste Beziehung der Lage und Größe haben, begrenzt werden. Wenn z. B. ein fester Punkt A auf der unbegrenzten oder unbestimmten Geraden A 1B 2B etc. angenommen ist, und von dieser Geraden wie von der Achse oder der Direktrix (wie wir oben definiert haben) Abszissen A 1B, A 2B oder beliebige andere genommen werden und von dort Ordinaten 1B 1C, 2B 2C, 3B 3C zur Kurve 1C 2C 3C unter einem beliebigen, jedoch immer demselben (wie an dieser Stelle rechten) Winkel ABC gezogen werden, und die Natur der Kurve so beschaffen ist, dass das Rechteck π A 1B dem Quadrat von 1B 1C gleich und das Rechteck π A 2B gleich dem Quadrat von 2B 2C ist, dann wird die Kurve jene sein, die man Parabel nennt; und die Beziehung zwischen den sich einander entsprechenden BC und AB wird durch eine Gleichung so erklärt werden können: Da ja die Punkte A und π fest sind, werden wir deshalb auch eine feste Gerade A π haben, die man bei der Parabel Parameter nennt, (es wird hier äußerst nützlich sein, diese Benennung auch bei anderen Kurven anzuführen). Diesen Parameter A π werden wir p benennen. Die Abszisse A 1B oder A 2B etc., allgemein AB, werden wir y nennen, und die Ordinate 1B 1C oder 2B 2C etc., allgemein BC, werden wir v nennen.

A π gleich p, AB gleich y, BC gleich v

eritque rectangulum πA 1B vel πA 2B, id est sub πA in A 1B, quod Vietae et Cartesii*[16] more ita scribemus, py; aequale quadrato a BC, id est ipsi v^2; et aequatio ita stabit: py aeq. v^2.

Iisdem literis retentis, lineisque, et mutata tantum curvae natura, si esset rectangulum solidum sub quadrato ipsius parametri πA, in abscissam AB ducto aequale cubo ab ordinata BC, foret aequatio curvae naturam explicans p^2y aeq. v^3.

quod curvae genus Parabolam vocant cubicam; ut enim in Parabola Conica seu Quadratica ipsae abscissae A 1B, A 2B, vel ordinatae conjugatae 1G 1C, 2G 2C; id est ipsae y; sunt in duplicata ratione ipsarum ordinatarum 1B 1C, 2B 2C, vel abscissarum conjugatarum A 1G, A 2G; sive ipsae diversae py (alia atque alia linea pro y vel AB sumta) id est omissa communi altitudine p vel πA, ipsae y sunt inter se, ut ipsarum v, ipsis respondentium quadrata seu ut v^2: ita in Parabola Cubica, ipsae AB vel GC, sive y sunt ut v^3, id est ut cubi ipsarum BC vel AG, sive ipsarum v; vel quod idem est ipsae y sunt in triplicata ipsarum v ratione.

Si aequatio esset p^3y aeq. v^4, forent ipsae y in quadruplicata ratione ipsarum v, sive ut quadrato-quadrata, id est si A 1B, et A 2B, essent inter se ut duo numeri, ipsae 1B 1C, 2B 2C forent inter se ut duorum illorum numerorum quadrato-quadrata. Et talem curvam appellant Parabolam Quadrato-quadraticam. Tametsi autem nulla extet in rerum natura dimensio altior solida, nec proinde inveniri possit spatium quadrato-quadraticum, numeri tamen sunt quadrato-quadrati, et rationes quadruplicari possunt. Quare lineae istae curvae non sunt imaginariae, quarum ordinatae procedunt ut Quadrato-quadrata abscissarum; praesertim cum, si opus esset, motu continuo describi hae curvae in plano possint; quod demonstrare non difficile est. Idemque in altioribus dimensionibus locum habet.

Aliis etiam multis modis fieri potest, ut aequatione exprimatur curvae natura, ut si a puncto π fixo ductae rectae π 1C, π 2C ad curvam sint inter se aequales, erit semper quadratum a π 1B, cum quadrato a 1B 1C, aequale quadrato π 1C, id est (si curva perveniat usque in A,) quadrato πA, et sic curva A 1C 2C etc. erit circumferentia circuli centro π, radio πA descripta, unde etiam haberi poterit curvae aequatio; est enim A 1B aeq. y. ex hypothesi[,] ergo π 1B erit $p - y$, ejusque quadratum $p^2 - 2py + y^2$ quod additum quadrato ab 1B 1C, id est ab v, dabit $p^2 - 2py + y^2 + v^2$, aequale quadrato radii π 1C, vel πA, id est ipsi p^2, fietque $p^2 - 2py + y^2 + v^2$ aeq. p^2. et sublato utrinque p^2, fiet $-2py + y^2 + v^2$ aequale 0, sive nihilo:

und es wird das Rechteck πA 1B oder πA 2B, d. h. unter πA auf A 1B, das wir nach der Art von Viète und Descartes so als py schreiben werden, gleich dem Quadrat von BC, d. h. dem v^2 sein, und die Gleichung wird so dastehen: py gleich v^2.
Wenn unter Beibehaltung derselben Buchstaben und Linien und alleiniger Änderung der Kurvennatur der rechtwinklige Körper unter dem Quadrat eben des Parameters πA multipliziert mit der Abszisse AB gleich dem Kubus von der Ordinate BC wäre, würde die die Kurvennatur erklärende Gleichung

$$p^2y = v^3$$

sein. Diese Art der Kurve nennt man kubische Parabel. Denn so, wie bei der Kegelschnitt- bzw. der quadratischen Parabel die Abszissen A 1B, A 2B selbst oder die konjugierten Ordinaten 1G 1C, 2G 2C, d. h. die y, in einem verdoppelten Verhältnis der Ordinaten 1B 1C, 2B 2C selbst oder der konjugierten Abszissen A 1G, A 2G stehen, bzw. die verschiedenen py selbst (wenn immer eine andere Linie für y oder AB genommen wird), d. h., wenn man die gemeinsame Höhe p oder πA weglässt, die y sich zueinander verhalten wie die Quadrate der diesen entsprechenden v bzw. wie die v^2; so verhalten sich bei der kubischen Parabel die AB oder GC bzw. y wie die v^3, d. h. wie die Kuben der BC oder AG bzw. der v, oder, was dasselbe ist, die y stehen im verdreifachten Verhältnis der v.

Wenn die Gleichung $p^3y = v^4$ wäre, würden die y in einem vervierfachten Verhältnis der v bzw. wie Quadratoquadrate sein, d. h., wenn sich A 1B und A 2B zueinander wie zwei Zahlen verhielten, würden sich 1B 1C, 2B 2C untereinander wie Quadratoquadrate jener zwei Zahlen verhalten. Und eine derartige Kurve benennt man quadratoquadratische Parabel. Auch wenn in der Natur der Dinge keine höhere Dimension existiert als die körperliche und man daher einen quadratoquadratischen Raum nicht finden kann, so gibt es aber trotzdem quadratoquadratische Zahlen und die Verhältnisse können vervierfacht werden. Deswegen sind jene Linien keine imaginären Kurven, deren Ordinaten wie die Quadratoquadrate der Abszissen voranschreiten; vor allem, weil diese Kurven, wenn es nötig wäre, durch eine fortlaufende Bewegung in der Ebene beschrieben werden können, was nicht schwer zu beweisen ist, und dasselbe gilt bei höheren Dimensionen.

Auch kann es auf viele andere Arten geschehen, durch eine Gleichung die Natur einer Kurve auszudrücken. Wenn z. B. die von einem festen Punkt π zur Kurve gezogenen Geraden π 1C, π 2C untereinander gleich sind, wird das Quadrat von π 1B zusammen mit dem Quadrat von 1B 1C immer gleich dem Quadrat von π 1C sein, d. h. (wenn die Kurve bis nach A gelangt) dem Quadrat von πA, und so wird die Kurve A 1C 2C etc. der durch den Mittelpunkt π und den Radius πA beschriebene Umkreis sein, woher man auch eine Gleichung der Kurve wird erhalten können; es ist nämlich aufgrund der Voraussetzung A 1B y, also wird π 1B p − y sein und davon das Quadrat $p^2 - 2py + y^2$, was zum Quadrat von 1B 1C, d. h. von v, addiert $p^2 - 2py + y^2 + v^2$ ergeben wird und dem Quadrat des Radius π 1C oder πA, d. h. dem p^2 gleich ist, und es wird $p^2 - 2py + y^2 + v^2 = p^2$ werden, und nach Abzug von p^2 auf beiden Seiten wird $-2py + y^2 + v^2 = 0$ bzw. Null werden;

et transponendo v^2 aeq. $2py - y^2$, sive v^2 aeq. rectangulo ex $2p - y$, in y, vel quadratum 1B 1C aeq. rectangulo Q 1BA sive rectangulo sub [Q 1B][1] (id est dupl. A π, sive 2p, demta A 1B sive y) in A 1B (id est in y) quod in circulo ita esse constat. Quae hoc loco ideo adjicienda putavi, quoniam video multos in Geometria satis versatos, curvarum tamen expressionibus analyticis assuetos non esse.

Curvam Analyticam simplicem voco, in qua relatio inter ordinatas et portiones ex axe aliquo abscissas, aequatione duorum tantum terminorum explicari potest; sive in qua ordinatae earumve potentiae, sunt in multiplicata, aut submultiplicata directa, aut reciproca ratione; abscissarum, potentiarumve ab ipsis, vel contra. Talis fuit curva parabolae conicae sive Quadraticae, cubicae item et Quadrato-quadraticae explicata definitione praecedenti, quia ipsae y sunt in duplicata, triplicata vel quadruplicata ratione ipsarum v. et ipsae v. contra sunt in subduplicata, subtriplicata vel subquadruplicata ratione ipsarum y.

Si aequatio curvae naturam explicans sit py^2 aeq. v^3, sive si rectangulum solidum sub PA in quadr. A 1B aeq. cubo a recta 1B 1C et eodem modo rectang. solid. sub PA in quad. A 2B, aeq. cubo a 2B 2C, erit rectang. solid. sub PA in quad. A 1B. ad rectang. solid. sub PA in quad. A 2B id est (omissa communi altitudine PA) quadratum A 1B, ad quad. A 2B. ut cubus a 1B 1C ad cubum a 2B 2C. sive quadrata ab indeterminatis AB vel y, erunt ut cubi ab indeterminatis v vel BC ipsis respondentibus.

Potest etiam variari enuntiatio, nam dicere hoc casu licebit, esse ipsas y in subduplicata ratione cuborum ab v, seu ut sunt radices quadraticae ex v^3. (quoniam y^2 aeq. $\frac{v^3}{p}$. ergo y aeq. $\sqrt{\frac{v^3}{p}}$.) item erit y ad v in subduplicata ratione v ad p. (nam y aeq. $\sqrt{\frac{v^3}{p}}$. Ergo y aeq. v $\sqrt{\frac{v}{p}}$. seu $\frac{y}{v}$ aeq. $\sqrt{\frac{v}{p}}$.) vel v ad p in duplicata ratione y ad v (nam $\frac{y^2}{v^2}$ aeq. $\frac{v}{p}$.) vel etiam erunt diversae v inter se in subtriplicata ratione quadratorum a respondentibus y (nam v aeq. $\sqrt{③}\ py^2$.) ipsa enim recta constans seu parameter, p. tametsi in aequatione adhibeatur, ad homogeneorum ut vocant, legem explendam, in analogia tamen diversarum y. ad diversas v explicanda negligi potest et destruitur, cum in utroque semper termino, antecedente scilicet vel consequente reperiatur. Haec curva autem, cujus aequationem hoc loco exempli causa explicui etsi ad gradum cubicum ascendat non est tamen parabola cubica[*17] (cujus aequatio esset p^2y aeq. v^3). Celebris est inter Geometras nostri temporis, quoniam prima omnium curvarum analyticarum absolutam in rectum extensionem admisit, nec minorem inter eruditos Anglos Batavosque de inventionis jure controversiam[*18] excitavit, quam quae de maris libertate aut imperio inter duas gentes agitabatur.

---

[1] QA *L ändert Hrsg.*

und durch Umstellung ist v^2 gleich $2py - y^2$ bzw. v^2 gleich dem Rechteck $(2p - y)y$, oder das Quadrat von 1B 1C gleich dem Rechteck Q 1B A bzw. dem Rechteck unter Q 1B (d. h. dem doppelten $A\pi$ bzw. 2p, wenn A 1B bzw. y weggenommen ist) auf A 1B (d. h. auf y), was, wie feststeht, bei einem Kreis so ist. Dieses meinte ich an dieser Stelle deshalb hinzufügen zu müssen, weil ich ja sehe, dass viele in der Geometrie ausreichend bewandert, jedoch mit den analytischen Ausdrücken der Kurven nicht vertraut sind.

Einfach nenne ich eine analytische Kurve, bei der die Beziehung zwischen den Ordinaten und den von irgendeiner Achse abgeschnittenen Teilen durch eine Gleichung nur zweier Terme erklärt werden kann, bzw. bei der die Ordinaten oder deren Potenzen in einem vervielfachten oder subvervielfachten direkten oder reziproken Verhältnis der Abszissen oder Potenzen von ihnen stehen oder umgekehrt. Von solcher Art war die Kurve der Kegelschnitt- bzw. quadratischen Parabel gewesen, ebenso die durch die vorhergehende Definition erklärte Kurve der kubischen und quadratoquadratischen Parabel, weil die y im verdoppelten, verdreifachten oder vervierfachten Verhältnis der v stehen, und umgekehrt die v im subverdoppelten, subverdreifachten oder subvervielfachten Verhältnis der y stehen.

Wenn die die Natur der Kurve erklärende Gleichung $py^2 = v^3$ ist, bzw. der rechtwinklige Körper unter PA mal dem Quadrat von A 1B gleich dem Kubus von der Geraden 1B 1C und in derselben Weise der rechtwinklige Körper unter PA mal dem Quadrat von A 2B gleich dem Kubus von 2B 2C ist, wird sich der rechtwinklige Körper unter PA mal dem Quadrat von A 1B zum rechtwinkligen Körper unter PA mal dem Quadrat von A 2B, d. h. (wenn die gemeinsame Höhe PA weggelassen ist) das Quadrat von A 1B zum Quadrat von A 2B wie der Kubus von 1B 1C zum Kubus von 2B 2C verhalten, bzw. die Quadrate von den unbestimmten AB oder y werden sich wie die Kuben von den ihnen entsprechenden unbestimmten v oder den BC eben verhalten.

Die Aussage kann auch verändert werden, denn es wird in diesem Fall erlaubt sein zu sagen, dass die y im subverdoppelten Verhältnis der Kuben von v stehen bzw. sich wie die Quadratwurzeln aus v^3 verhalten (da ja $y^2 = \frac{v^3}{p}$, also $y = \sqrt{\frac{v^3}{p}}$). Ebenso wird y zu v im subverdoppelten Verhältnis von v zu p stehen (denn $y = \sqrt{\frac{v^3}{p}}$. Also $y = v\sqrt{\frac{v}{p}}$, bzw. $\frac{y}{v} = \sqrt{\frac{v}{p}}$) oder v zu p im verdoppelten Verhältnis von y zu v (denn $\frac{y^2}{v^2} = \frac{v}{p}$), oder die untereinander verschiedenen v werden sogar im subverdreifachten Verhältnis der Quadrate von den entsprechenden y stehen (denn $v = \sqrt[3]{py^2}$); man kann nämlich die feste Gerade bzw. den Parameter p, auch wenn er in der Gleichung hinzugenommen wird, um das so genannte Homogenitätsgesetz zu erfüllen, trotzdem in der zu erklärenden Proportionalität der verschiedenen y zu den verschiedenen v vernachlässigen und wegstreichen, da er immer in jedem der beiden Terme, dem vorangehenden nämlich und dem folgenden, auftritt. Diese Kurve aber, deren Gleichung ich an dieser Stelle um des Beispiels willen erklärt habe, ist jedoch nicht die kubische Parabel (deren Gleichung $p^2y = v^3$ wäre), auch wenn sie zum kubischen Grad aufsteigt. Sie ist unter den Geometern unserer Zeit berühmt, da sie

Hactenus non nisi illarum curvarum analyticarum simplicium exempla attuli, in quibus directa est analogia ordinatarum et abscissarum, quae curvae a quibusdam Paraboloides appellari solent, quoniam omnium simplicissima est Parabola communis sive conica; restat ut illarum quoque exempla afferamus, quas Hyperboloides vocant, in quibus analogia est reciproca; seu in quibus ordinatae earumve potentiae sunt in ratione multiplicata aut submultiplicata, reciproce, rationis abscissarum aut potentiarum ab abscissis vel contra. Harum prima species est ipsa Hyperbolica Conica sive communis, in qua (inspice fig.: [8.][1]) ipsae y sunt ut ipsae v, reciproce; seu A 1B est ad A 2B, ut 2B 2C ad 1B 1C. id est ex natura Hyperbolae rectangulum A 1B 1C aequale est rectangulo A 2B 2C, ideo etiam porro unumquodque ex his rectangulis aequabitur quadrato constanti ex AP, sive erit yv aeq. p^2.

Si curva esset una ex genere altiorum Hyperboloidum, eodem modo reciproca fieret ratio ab abscissis et ordinatis. Exemplum esto Hyperbola cubica, cujus aequatio est y^2v aeq. p^3, in qua rectangulum solidum factum sub quadrato ab AB vel GC, in ipsam BC vel AG ducto, aequatur cubo a parametro seu recta constante AP. Ergo ejusmodi rectangula solida plura aequabuntur inter se, exempli causa, quad. ab A 1B in ipsam 1B 1C, aeq. quad. ab A 2B in ipsam 2B 2C. Ergo 1B 1C ad 2B 2C ut quad. ab A 2B ad quad. ab A 1B seu ordinatae BC erunt reciproce in duplicata ratione abscissarum AB, vel ordinatae GC erunt reciproce in subduplicata ratione abscissarum AG. Unde patet hanc curvam ordinatas habere ordinatis Parabolae communis reciprocas, nec ineleganter a R. P. Berthet*[19] e Soc. Jes. multiplicis doctrinae viro, et in his quoque studiis eximio Antiparabolam appellari. His ita intellectis omnium curvarum Analyticarum simplicium Catalogum subjiciemus:

[1] 8 *erg. Hrsg.*

ja als erste von allen analytischen Kurven eine absolute Rektifikation erlaubte und keine geringere Auseinandersetzung zwischen den gelehrten Engländern und Niederländern über das Entdeckungsrecht hervorrief als diejenige, die über die Freiheit oder Beherrschung des Meeres zwischen beiden Völkern geführt wurde.

Bis jetzt habe ich lediglich Beispiele jener einfachen analytischen Kurven angeführt, bei denen die Proportionalität der Ordinaten und Abszissen direkt ist; diese Kurven pflegen von einigen Paraboloide genannt zu werden, da ja die einfachste von allen die gewöhnliche bzw. Kegelschnittparabel ist. Es bleibt noch übrig, dass wir auch Beispiele jener anbringen, die man Hyperboloide nennt, bei denen die Proportionalität reziprok ist bzw. die Ordinaten oder deren Potenzen im vervielfachten oder subvervielfachten Verhältnis reziprok zum Verhältnis der Abszissen oder Potenzen von den Abszissen stehen oder umgekehrt. Von diesen ist die erste Art eben die kegelschnitt- bzw. gewöhnliche hyperbolische, bei der (betrachte Fig. 8) die y sich reziprok wie die v verhalten; bzw. A 1B verhält sich zu A 2B wie 2B 2C zu 1B 1C, d. h., aufgrund der Natur der Hyperbel ist das Rechteck A 1B 1C gleich dem Rechteck A 2B 2C; deshalb wird ferner auch jedes einzelne von diesen Rechtecken gleich dem konstanten Quadrat von AP sein, bzw. es wird $yv = p^2$ sein.

Wenn die Kurve eine von der Art der höheren Hyperboloiden wäre, würde in derselben Weise das Verhältnis von den Abszissen und Ordinaten reziprok werden. Ein Beispiel soll die kubische Hyperbel sein, deren Gleichung $y^2v = p^3$ ist, bei der der rechtwinklige Körper, der unter dem mit BC oder AG multiplizierten Quadrat von AB oder GC gebildet ist, gleich dem Kubus vom Parameter bzw. von der festen Geraden AP ist. Also werden mehrere derartige rechtwinklige Körper untereinander gleich sein, z. B. ist das Quadrat von A 1B mal 1B 1C dem Quadrat von A 2B mal 2B 2C gleich. Also wird 1B 1C zu 2B 2C wie das Quadrat von A 2B zum Quadrat von A 1B sein, bzw. die Ordinaten BC werden reziprok im verdoppelten Verhältnis der Abszissen AB stehen, oder die Ordinaten GC werden reziprok im subverdoppelten Verhältnis der Abszissen AG stehen. Es ist daher klar, dass diese Kurve Ordinaten hat, die zu den Ordinaten der gewöhnlichen Parabel reziprok sind, und äußerst elegant vom ehrwürdigen Pater Bertet aus der Gesellschaft Jesu, einem Mann von vielfältiger Gelehrsamkeit, der auch in diesen Studien hervorragend ist, Antiparabel genannt wird. Nachdem diese Dinge so verstanden worden sind, werden wir einen Katalog aller einfachen analytischen Kurven beifügen:

Tabula aequationum pro curvis analyticis simplicibus, quarum ordinatae (vel abscissae) v earumve potestates, sunt in abscissarum (vel ordinatarum) y, ratione multiplicata quacunque, directa aut reciproca:

Aequationes Paraboloidum

ubi ordinatae vel earum potestates	in ratione directa simplici	duplicata	triplicata	quadruplicata
ordinatae ipsae	v aeq. y	pv aeq. y^2	p^2v aeq. y^3	p^3v aeq. y^4
earum quadrata	v^2 aeq. py	v^2 aeq. y^2	pv^2 aeq. y^3	p^2v^2 aeq. y^4
cubi	v^3 aeq. p^2y	v^3 aeq. py^2	v^3 aeq. y^3	pv^3 aeq. y^4
quadrato-quadrata	v^4 aeq. p^3y	v^4 aeq. p^2y^2	v^4 aeq. py^3	v^4 aeq. y^4
etc.				

Aequationes Hyperboloidum

	in ratione reciproca			
ordinatae	vy aeq. p^2	vy^2 aeq. p^3	vy^3 aeq. p^4	vy^4 aeq. p^5
earum quadrata	v^2y aeq. p^3	v^2y^2 aeq. p^4	v^2y^3 aeq. p^5	v^2y^4 aeq. p^6
cubi	v^3y aeq. p^4	v^3y^2 aeq. p^5	v^3y^3 aeq. p^6	v^3y^4 aeq. p^7
quadrato-quadrata	v^4y aeq. p^5	v^4y^2 aeq. p^6	v^4y^3 aeq. p^7	v^4y^4 aeq. p^8
etc.				

Quae tabula in infinitum continuari potest, tantum notandum est redire in ea easdem saepe curvas alio schemate tectas, duas ob causas, scilicet ob permutationem; et ob depressionem. Ob permutationem fit ut omnes bis occurrant, nempe sumendo v antea ordinatam nunc pro abscissa, et y antea abscissam nunc pro ordinata, ut in fig. [6.][1] et [8][2]. Si eadem sit curva A 1C 2C 3C figurae utriusque axisque A 1B 2B directus figurae unius fiat A 1G 2G conjugatus figurae alterius, et A 1B unius transeat in A 1G alterius, et ita caetera quoque permutata intelligantur, patet si AB vel GC apelletur y, et BC vel AG, v, in una pariter ac in altera, aequationem curvae naturam explicantem inversum iri, et ex. gr. pro py aeq. v^2 nos habituros pv aeq. y^2. eadem licet manente curva.

[1] 6. *erg. Hrsg.*
[2] 8 *erg. Hrsg.*

Die Tafel der Gleichungen für die einfachen analytischen Kurven, deren Ordinaten (oder Abszissen) v oder deren Potenzen in einem beliebigen vervielfachten direkten oder reziproken Verhältnis der Abszissen (oder Ordinaten) y stehen:

Gleichungen der Paraboloide

wo die Ordinaten oder deren Potenzen Verhältnis stehen	im direkten einfachen	verdoppelten	verdreifachten	vervierfachten
Ordinaten selbst	$v = y$	$pv = y^2$	$p^2v = y^3$	$p^3v = y^4$
deren Quadrate	$v^2 = py$	$v^2 = y^2$	$pv^2 = y^3$	$p^2v^2 = y^4$
Kuben	$v^3 = p^2y$	$v^3 = py^2$	$v^3 = y^3$	$pv^3 = y^4$
Quadratoquadrate	$v^4 = p^3y$	$v^4 = p^2y^2$	$v^4 = py^3$	$v^4 = y^4$
etc.				

Gleichungen der Hyperboloide

	im reziproken Verhältnis			
Ordinaten	$vy = p^2$	$vy^2 = p^3$	$vy^3 = p^4$	$vy^4 = p^5$
deren Quadrate	$v^2y = p^3$	$v^2y^2 = p^4$	$v^2y^3 = p^5$	$v^2y^4 = p^6$
Kuben	$v^3y = p^4$	$v^3y^2 = p^5$	$v^3y^3 = p^6$	$v^3y^4 = p^7$
Quadratoquadrate	$v^4y = p^5$	$v^4y^2 = p^6$	$v^4y^3 = p^7$	$v^4y^4 = p^8$
etc.				

Diese Tafel kann bis ins Unendliche fortgesetzt werden, nur muss bemerkt werden, dass in ihr oft dieselben Kurven, durch eine andere Form verdeckt, aus zwei Gründen wiederkehren, nämlich wegen der Vertauschung und wegen der *depressio*[1]. Wegen der Vertauschung geschieht es, dass alle zweimal auftreten, indem man nämlich v vorher als Ordinate, nun aber für die Abszisse und y vorher als Abszisse, nun aber für die Ordinate wählt, wie in Fig. 6 und 8. Wenn die Kurve A 1C 2C 3C von jeder der beiden Figuren dieselbe ist und die direkte Achse A 1B 2B der einen Figur zur konjugierten A 1G 2G der anderen Figur wird, und A 1B der einen in A 1G der anderen übergeht, und in der Weise auch das Übrige vertauscht gedacht wird, ist klar, dass die die Natur der Kurve erklärende Gleichung umgekehrt werden wird, wenn AB oder GC y und BC oder AG v benannt wird, in der einen Figur ebenso wie in der anderen, und wir werden z. B. statt $py = v^2$ $pv = y^2$ erhalten, wenn die Kurve dieselbe bleibt.

[1] *depressio* = Verringerung der Potenzen durch Umformungen

Ob depressionem quoque eadem curva saepius occurrit, quoniam saepe aequatio ad minores terminos reduci potest, ut aequatio v^3 aeq. y^3 coincidit cum hac v aeq. y. et $[v^4]$[1] aeq. p^2y^2 cum hac $[v^2]$[2] aeq. py. et aequatio v^2y^4 aeq. p^6 cum hac vy^2 aeq. p^3.

Curva Analytica Rationalis est cujus axis ita sumi potest, ut sit ordinata rationalis posito abscissam et parametros, esse rationales; id est ut abscissa et parametris in numeris datis, etiam ordinata in numeris haberi possit. Talis est parabola fig. [6.][3] A 1C 2C 3C cujus vertex A, pro axe sumatur non AB, (quae vulgo dicitur Axis Parabolae) sed AG quae parabolam in vertice tangit, ita ut abscissae AG sint v, et ordinatae GC sint, y. latus rectum vero p: ex natura parabolae est py aeq. v^2 ergo y aeq. $\frac{v^2}{p}$. seu ordinata, y, aequalis quadrato ab abscissa, v, diviso per parametrum, p adeoque ex data abscissa et parametro, ordinata parabolae ad tangentem verticis in numeris haberi potest.

De ordinata vero BC ad ipsam A 1B 2B in fig. [6.][4] ducta id non successisset. In Hyperbola nec axis, nec tangens verticis sumi debet, sed asymptotos. Nam si in fig. [8.][5] curva 1C 2C 3C sit Hyperbola, et alterutra ex asymptotis pro axe ordinatarum sumatur, ordinata semper est rationalis, ex abscissa et parametro rationalibus. Nam si AB sit y. et BC sit v, et AP vel PR.[6] parameter sit p vertex autem Hyperbolae R. centrum A, tunc constat esse rectangulum ABC aequale quadrato a PR, vel AP. sive esse ut diximus, vy aeq. p^2. ergo v aeq. $\frac{p^2}{y}$. contra abscissa AG, v. ordinata GC, y, erit y aeq. $\frac{p^2}{v}$. Utroque ergo casu ordinatae valor pure ac rationaliter inveniri potest; et figura proinde Hyperbolae est rationalis.

In Circulo et Ellipsi impossibile est axem ita assumi, ut ordinatae fiant rationales. Circulus itaque et Ellipsis e figurarum rationalium numero non sunt. Porro etiam Parabola cubica, et Quadrato-quadratica, et sursolida, aliaeque in infinitum Paraboloides sunt rationales; quarum aequationes sunt p^2v aeq. y^3. (vel p^2y aeq. v^3) sive v aeq. $\frac{y^3}{p^2}$: et p^3v aeq. y^4 sive v aeq. $\frac{y^4}{p^3}$ et p^4v aeq. y^5, sive v aeq. $\frac{y^5}{p^4}$. Et ex Hyperboloidibus eae quoque sunt rationales quae paraboloidum rationalium reciprocae sunt, ut quarum aequationes, y^2v aeq. p^3. sive v aeq. $\frac{p^3}{y^2}$. item y^3v aeq. p^4. sive v aeq. $\frac{p^4}{y^3}$ et ita porro.

[1] y^4 *L ändert Hrsg.*
[2] y^2 *L ändert Hrsg.*
[3] 6. *erg. Hrsg.*
[4] 6. *erg. Hrsg.*
[5] 8. *erg. Hrsg.*
[6] in der Zeichnung: Aπ, πR

Auch wegen der depressio tritt dieselbe Kurve öfter auf, da ja die Gleichung oft auf kleinere Terme zurückgeführt werden kann, wie die Gleichung $v^3 = y^3$ mit dieser $v = y$ und $v^4 = p^2y^2$ mit dieser $v^2 = py$ und die Gleichung $v^2y^4 = p^6$ mit dieser $vy^2 = p^3$ zusammenfällt.

Rational ist eine analytische Kurve, deren Achse so gewählt werden kann, dass die Ordinate rational ist, vorausgesetzt dass die Abszisse und die Parameter rational sind, d. h., dass, wenn die Abszisse und die Parameter in Zahlen gegeben sind, man auch die Ordinate in Zahlen haben kann. Eine solche ist die Parabel A 1C 2C 3C von Fig. 6 mit dem Scheitel A. Als Achse wähle man nicht die Gerade AB (die gewöhnlich Parabelachse heißt), sondern AG, die die Parabel im Scheitel berührt, so dass die Abszissen AG die v und die Ordinaten GC die y sind, das *latus rectum* aber p ist: aufgrund der Natur der Parabel ist $py = v^2$, also $y = \frac{v^2}{p}$, bzw. die Ordinate y ist gleich dem Quadrat von der Abszisse v, das durch den Parameter p geteilt ist, und deshalb kann man aus der gegebenen Abszisse und dem Parameter die Ordinate der Parabel an die Tangente des Scheitels in Zahlen haben.

Aber hinsichtlich der Ordinate BC, die in Fig. 6 nach A 1B 2B gezogen ist, wäre dies nicht gelungen. Und bei der Hyperbel darf als Achse nicht die Scheiteltangente gewählt werden, sondern eine Asymptote. Wenn nämlich in Fig. 8 die Kurve 1C 2C 3C eine Hyperbel ist, und eine der beiden Asymptoten als Ordinatenachse der gewählt wird, ist die Ordinate immer rational infolge der rationalen Abszisse und des rationalen Parameters. Wenn nämlich AB y ist, und BC v ist, und AP oder PR der Parameter p ist, der Scheitel der Hyperbel aber R, das Zentrum A, dann steht fest, dass das Rechteck ABC gleich dem Quadrat von PR oder AP ist, bzw., wie wir sagten, $vy = p^2$, also $v = \frac{p^2}{y}$ ist. Ist umgekehrt die Abszisse AG v, die Ordinate GC y, wird $y = \frac{p^2}{v}$ sein. In jedem der beiden Fälle kann also der Ordinatenwert rein und rational gefunden werden; und daher ist die Hyperbelfigur rational.

Beim Kreis und bei der Ellipse ist es unmöglich, die Achse so anzunehmen, dass die Ordinaten rational werden. Deshalb gehören der Kreis und die Ellipse nicht zur Anzahl der rationalen Figuren. Ferner sind auch die kubische und die quadratoquadratische und die sursolide Parabel und die anderen Paraboloide bis ins Unendliche rational; deren Gleichungen sind $p^2v = y^3$ (oder $p^2y = v^3$) bzw. $v = \frac{y^3}{p^2}$, und $p^3v = y^4$ bzw. $v = \frac{y^4}{p^3}$, und $p^4v = y^5$ bzw. $v = \frac{y^5}{p^4}$. Und von den Hyperboloiden sind auch die rational, welche die Reziproken der rationalen Paraboloide sind, deren Gleichungen z. B. $y^2v = p^3$ bzw. $v = \frac{p^3}{y^2}$, ebenso $y^3v = p^4$ bzw. $v = \frac{p^4}{y^3}$ und so weiter sind.

Breviter, omnes illae curvae Analyticae simplices rationales sunt, quarum aequationes in Tabula Curvarum simplicium lineis parallelis horizontalibus aut perpendicularibus, inclusae visuntur. Ex aequationis autem, Curvae analyticae naturam et relationem ad aliquem axem explicantis, forma statim agnosci potest, an curva secundum axem qui assumtus est, aut ejus conjugatum sit rationalis: nimirum si aequatio ad eam reduci potest formam, ut alterutra indeterminatarum v, vel y. ad nullam ascendat potestatem; unde valor ejus statim pure inveniri potest, sine ulla radicum extractione.

Non autem nisi duae sunt lineae in natura rerum, quae secundum utrumque conjugatorum axium ordinatas habeant rationales; recta scilicet et ex curvis, Hyperbola quod satis memorabile est. Unde illud quoque dicere ausim, post lineam rectam, ipsam Hyperbolicam esse si expressionem analyticam spectes simplicissimam omnium linearum; quemadmodum circularis, si constructionem Geometricam intueare omnium post rectam linearem simplicissima est. Unde ex transcendentibus quoque curvis, Logarithmica quoad expressionem, cycloeides quoad constructionem simplicissima videri potest, quarum illa ex Hyperbola haec ex circulo; illa ex rationibus haec angulis in spatio expressis oritur.

Porro figurae rationales hanc habent praerogativam insignem, ut vel exacte, vel certe Arithmetice, sive per seriem numerorum rationalium infinitam quadrari facilius possint. Et alioqui Analysis transcendens in ipsis est perfectior. Hujus autem artificii specimen primus ni fallor edidit Vicecomes Brounker[*20] Societatis Regiae Anglicae Praeses dignissimus in quadem Hyperbolae portione. Secutus paulo post Nicolaus Mercator[*21] Holsatus ex eadem Regia Societate elegantem admodum rationem attulit a priore plane diversam, qua portio quaelibet Hyperbolae serie infinita exprimi potest. Neuter autem, quanquam posset, rem produxit longius. Credo quod curvae rationales altiores tanti non viderentur.

Mihi vero feliciter accidit, ut theorema prop. 7. hujus traditum curvam daret rationalem simplicis admodum expressionis; circulo aequipollentem; unde nata est Quadratura Circuli Arithmetica, et vera expressio Analytica Arcus ex tangente, cujus gratia ista conscripsimus. Inde porro investigans Methodum reperi generalem admodum et pulchram ac diu quaesitam, cujus ope datae cuilibet Curvae analyticae, exhiberi potest curva analytica rationalis aequipollens, re ad puram analysin reducta.[1]

[1] *Am Rande:* [illegible]

Kurz, alle jene einfachen analytischen Kurven sind rational, deren Gleichungen in der Tafel durch parallele waagerechte oder senkrechte Linien eingeschlossen deutlich zu sehen sind. Aus der Form der Gleichung aber, die die Natur der analytischen Kurve und die Beziehung zu irgendeiner Achse erklärt, kann sofort erkannt werden, ob die Kurve bezüglich der Achse, die angenommen ist oder ihrer konjugierten, rational ist: wenn nämlich die Gleichung auf diese Form reduziert werden kann, so dass eine der beiden unbestimmten v oder y zu keiner Potenz aufsteigt; daher kann davon der Wert sofort rein gefunden werden ohne irgendeine Wurzel zu ziehen.

Es gibt aber in der Natur der Dinge lediglich zwei Linien, die bezüglich jeder der beiden konjugierten Achsen rationale Ordinaten haben: nämlich die Gerade und von den Kurven die Hyperbel, was erwähnenswert genug ist. Daher möchte ich auch wagen, jenes zu sagen, dass nach der geraden Linie die hyperbolische eben die einfachste von allen Linien ist, wenn man den analytischen Ausdruck betrachtet; wie die kreisförmige die einfachste aller Linien nach der geraden ist, wenn man die geometrische Konstruktion anschaut. Daher kann auch von den transzendenten Kurven die logarithmische hinsichtlich des Ausdrucks, die Zykloide hinsichtlich der Konstruktion als einfachste angesehen werden, von denen jene aus der Hyperbel, diese aus dem Kreis, jene aus Verhältnissen, diese durch in einer Fläche ausgedrückte Winkel entsteht.

Ferner haben die rationalen Figuren diesen auffallenden Vorzug, dass sie entweder exakt oder wenigstens arithmetisch, bzw. durch eine unendliche Reihe rationaler Zahlen leichter quadriert werden können. Auch sonst ist bei ihnen die transzendente Analysis vollkommener. Ein Beispiel dieses Kunstgriffs aber hat als erster, wenn ich mich nicht täusche, der Vicomte Brouncker, der würdigste Präsident der englischen Royal Society, im Falle eines gewissen Abschnitts der Hyperbel veröffentlicht. Kurz danach folgte der Holsteiner Nicolaus Mercator aus derselben Royal Society und brachte ein äußerst elegantes, vom ersten völlig verschiedenes Verfahren vor, wodurch ein beliebiger Teil der Hyperbel durch eine unendliche Reihe ausgedrückt werden kann. Aber keiner von beiden, obwohl sie es hätten können, hat die Sache weiter vorangebracht. Ich glaube, weil die höheren rationalen Kurven wohl nicht so bedeutend erscheinen.

Mir aber widerfuhr es glücklicherweise, dass das mitgeteilte Theorem dieses Satzes 7 eine rationale Kurve von äußerst einfachem Ausdruck lieferte, die dem Kreis gleichwertig ist. Daraus erwuchs die arithmetische Quadratur des Kreises und der wahre analytische Ausdruck des Bogens aus der Tangente, um dessentwillen wir jene Dinge aufgeschrieben haben. Von dort her habe ich weiter forschend eine seit langer Zeit gesuchte, äußerst allgemeine und schöne Methode gefunden, mit deren Hilfe für eine beliebige gegebene analytische Kurve eine gleichwertige rationale analytische Kurve dargestellt werden kann, wodurch das Problem auf eine reine Analysis zurückgeführt worden ist.

PROPOSITIO XV.

In Curva Analytica simplice 1C 2C 3C (fig. 6. 7. 8.) Bϑ portio axis inter ϑ occursum tangentis Cϑ et B occursum ordinatae CB intercepta, est ad AB abscissam, ut exponens dignitatum ab ordinatis quem imposterum vocabimus ω, ad, e, exponentem dignitatum ipsis proportionalium ab abscissis. Dignitatem vocant quantitatem ipsam, aut aliquam ejus potentiam. Porro in directis ut fig. 6. et 7. punctum occursus tangentis, ϑ, sumendum est ab ordinata BC, versus verticem A; in reciprocis vero, fig. 8. in partes contrarias.

Hoc theorema notum jam est Geometris, et sive calculo sive ductu linearum variis modis demonstrari potest. Sed quoniam ejus demonstratio multo opus haberet apparatu, et vero jam occupata haec provincia est a doctissimo Geometra Michaele Angelo Riccio*[22], in exercitatione edita de maximis et minimis illuc potius remittere lectorem placuit, quam aliena et jam nota Geometris, prolixe exscribere, aut eadem aliter tentando, actum agere. Exemplis tantum allatis rem explicare necesse erit, ut ab omnibus intelligatur.

Dignitates	Latus	Quadratum	Cubus	Quadrato-quadratum
ut:	y	y^2	y^3	y^4
Exponentes	1	2	3	4

Si figura 6. curva sit parabola quadratica sive conica, et quadrata ab ordinatis BC, sint proportionalia ipsis abscissis AB, patet exponentem quadratorum esse 2, ipsarum abscissarum 1, et erit ϑB ad AB ut 2 ad 1. in parabola cubica, (ubi ordinatarum cubi ut abscissae,) erit ut 3 ad 1, in quadrato-quadratica ut 4 ad 1. etc. In parabola semicubicali, ut vocat Wallisius*[23] (de qua supra cum curvam Analyticam simplicem definivimus,) in qua scilicet cubi ordinatarum BC, ut quadrata abscissarum AB, erit ϑB ad AB ut 3 ad 2. Si easdem figuras invertamus, ut in fig. 7. ordinatasque in tangentem verticis ducamus, tunc quae est AB figurae 6. aequalis erit ipsi BC figurae 7. et contra. Unde etiam contrario modo, in parabolis quadratica, cubica, quadrato-quadratica, etc. erunt ordinatae ut quadrata, cubi, quadrato-quadrata, etc. abscissarum, sive in ratione abscissarum duplicata, triplicata, quadruplicata, et exponens dignitatum ordinatarum, erit 1[,] dignitatum vero proportionalium ab abscissis, 2 vel 3 vel 4 etc. eritque ϑB ad AB ut 1 ad 2. vel ut 1 ad 3. vel ut 1 ad 4. etc. pro parabolae gradu.

Satz XV.

Bei einer einfachen analytischen Kurve 1C 2C 3C (Fig. 6,7,8) verhält sich der Teil Bϑ der Achse, der zwischen dem Treffpunkt ϑ der Tangente Cϑ und dem Treffpunkt B der Ordinate CB eingeschlossen ist, zur Abszisse AB wie der Exponent der Dignitäten von den Ordinaten, den wir im folgenden ω nennen werden, zu e, dem Exponenten der ihnen proportionalen Dignitäten von den Abszissen. Dignität nennt man eine Quantität selbst oder irgendeine Potenz von ihr. Ferner muss bei den direkten Verhältnissen wie in Fig. 6 und 7 der Tangententreffpunkt ϑ von den Ordinaten BC ab in Richtung des Scheitels A genommen werden, bei den reziproken aber, Fig. 8, in entgegengesetzter Richtung.

Dieses Theorem ist den Geometern bereits bekannt und kann entweder durch ein Kalkül oder durch das Ziehen von Linien auf verschiedene Arten bewiesen werden. Da aber nun seine Beweisführung sehr mühsam wäre, und dieses Gebiet in der Tat schon von dem hochgelehrten Geometer Michelangelo Ricci in der veröffentlichten Exercitatio über Maxima und Minima beansprucht worden ist, gefiel es, den Leser lieber dorthin zu verweisen, als Fremdes und den Geometern schon Bekanntes ausführlich abzuschreiben, oder, indem man dasselbe auf andere Weise versucht, Getanes zu tun. Es wird nur nötig sein, die Sache durch beigebrachte Beispiele zu erklären, damit sie von allen verstanden wird.

Dignitäten	Latus	Quadrat	Kubus	Quadratoquadrat
z. B.	y	y^2	y^3	y^4
Exponenten	1	2	3	4

Wenn in Fig. 6 die Kurve eine quadratische oder Kegelschnittparabel ist, und die Quadrate von den Ordinaten BC proportional zu den Abszissen AB selbst sind, ist klar, dass der Exponent der Quadrate 2, der Abszissen 1 ist, und es wird ϑB zu AB wie 2 zu 1 sein. Bei der kubischen Parabeln (wo die Kuben der Ordinaten sich wie die Abszissen verhalten) wird das Verhältnis wie 3 zu 1, bei der quadratoquadratischen wie 4 zu 1 sein, etc. Bei der semikubischen Parabel, wie Wallis sie nennt (siehe oben, als wir die einfache analytische Kurve definierten), bei der sich nämlich die Kuben der Ordinaten BC wie die Quadrate der Abszissen AB verhalten, wird ϑB zu AB wie 3 zu 2 sein. Wenn wir dieselben Figuren umdrehen, wie in Fig. 7, und die Ordinaten zur Scheiteltangente ziehen, dann wird das, was AB von Fig. 6 ist, gleich dem BC von Fig. 7 sein und umgekehrt. Daher werden sich auch in umgekehrter Weise bei der quadratischen, kubischen, quadroquadratischen Parabel etc., die Ordinaten wie die Quadrate, Kuben, Quadratoquadrate etc. der Abszissen verhalten bzw. im verdoppelten, verdreifachten, vervierfachten Verhältnis der Abszissen stehen, und der Exponent der Dignitäten der Ordinaten wird 1, der proportionalen Dignitäten von den Abszissen aber 2 oder 3 oder 4 etc. sein, und es wird sich ϑB zu AB wie 1 zu 2 oder wie 1 zu 3 oder wie 1 zu 4 etc. dem Grad der Parabel entsprechend verhalten.

Si parabola figurae ejusdem 7. esset semicubicalis, seu quadrata ordinatarum BC ut cubi abscissarum AB foret ϑB ad AB ut 2 ad 3. Denique si ut in fig. 8. curva sit ex reciprocarum numero, idem obtinebit; et in hoc solo erit discrimen, quod ex. gr. punctum 1ϑ non a puncto 1B versus A verticem, sed, ut propositio quoque admonuit, in contrariam partem sumetur; quod ex ipsa harum curvarum constitutione patet. Proportio autem eadem erit, ut in Hyperbola simplice sive Conica vel Quadratica, cujus centrum A, Asymptoti AB, AG, ubi abscissae sunt in ratione ordinatarum licet reciproca, exponens dignitatis abscissarum aequabitur exponenti dignitatis ordinatarum, erunt ergo ut 1 ad 1, adeoque etiam BA aequalis erit ipsi Bϑ.

Si esset Hyperbola proxime altior (quam supra Antiparabolam vocavimus) forent reciproce, quadrata ordinatarum ut abscissae; vel contra si curva sit inverse sumta, erunt reciproce quadrata abscissarum ut ordinatae, priore casu Bϑ erit dupla, posteriore dimidia ipsius AB prorsus ut in Parabola, nisi quod ipsa Bϑ in reciproca sive Antiparabola in contrarias partes sumitur. Generaliter ergo loquendo si sit curva ex numero directarum, et abscissa sit y, ordinata v, [parameter][1] p, ut ante, sitque dignitas ordinatarum ω, abscissarum, e, adeoque aequatio curvae analyticae directae simplicis, sit

	$p^{\omega-e}y^e$ aeq. v^ω	in fig. 6. AB aeq. y. BC aeq. v.	erit ϑB ad AB
veluti	py aeq. v^2	si ω aeq. 2 et e aeq. 1	ut 2 ad 1
vel	p^2y aeq. v^3	si ω aeq. 3 et e aeq. 1	ut 3 ad 1
vel	p^3y aeq. v^4	si ω aeq. 4 et e aeq. 1	ut 4 ad 1
vel	py^2 aeq. v^3	si ω aeq. 3 et e aeq. 2	ut 3 ad 2
vel	py^3 aeq. v^4	si ω aeq. 4 et e aeq. 3	ut 4 ad 3
	etc.		

Sin aequatio sit y^e aeq. $p^{e-\omega}v^\omega$ in fig. 7. AB aeq. y. BC aeq. v. erit ϑB ad AB

veluti	y^2 aeq. pv	si ω aeq. 1 et e aeq. 2	ut 1 ad 2
vel	y^3 aeq. p^2v	si ω aeq. 1 et e aeq. 3	ut 1 ad 3
vel	y^4 aeq. p^3v	si ω aeq. 1 et e aeq. 4	ut 1 ad 4
vel	v^3 aeq. py^2	si ω aeq. 2 et e aeq. 3	ut 2 ad 3
vel	v^4 aeq. pv^3	si ω aeq. 3 et e aeq. 4	ut 3 ad 4
	etc.		

[1] diameter *L ändert Hrsg.*

Wenn die Parabel derselben Fig. 7 semikubisch wäre bzw. die Quadrate der Ordinaten BC sich wie die Kuben der Abszissen AB verhielten, wäre ϑB zu AB wie 2 zu 3. Wenn schließlich wie in Fig. 8 die Kurve zur Anzahl der reziproken gehört, wird man dasselbe erhalten; und darin allein wird der Unterschied liegen, dass z. B. der Punkt 1ϑ nicht vom Punkt 1B in Richtung des Scheitels A, sondern, wie auch der Satz belehrt, in entgegengesetzter Richtung genommen werden wird; das ist von der Beschaffenheit dieser Kurven her klar. Der Satz wird aber derselbe sein, z. B. bei der einfachen bzw. Kegelschnitt- oder quadratischen Hyperbel mit dem Zentrum A und den Asymptoten AB, AG, wo die Abszissen im Verhältnis der Ordinaten stehen, allerdings im reziproken. Der Exponent der Dignität der Abszissen wird gleich dem Exponent der Dignität der Ordinaten sein, sie werden sich also wie 1 zu 1 verhalten, und deshalb wird auch BA = Bϑ sein.

Wenn die Hyperbel die nächsthöhere wäre (die wir oben Antiparabel nannten) würden sich die Quadrate der Ordinaten reziprok wie die Abszissen verhalten; oder umgekehrt, wenn die Kurve umgedreht genommen ist, werden sich die Quadrate der Abszissen reziprok wie die Ordinaten verhalten: im ersten Fall wird Bϑ das Doppelte, im zweiten die Hälfte von AB sein, gerade so wie bei der Parabel, nur dass Bϑ bei der reziproken oder Antiparabel in entgegengesetzter Richtung genommen wird. Mit der allgemeinen Redeweise also, wenn die Kurve zur Anzahl der direkten gehört und die Abszisse y, die Ordinate v, der Diameter p ist, wie vorher, und die Dignität der Ordinaten ω, der Abszissen e ist, und deshalb die Gleichung der einfachen direkten analytischen Kurve

	$p^{\omega-e}y^e = v^\omega$	in Fig. 6, AB = y, BC = v ist, wird ϑB zu AB sein,	
z. B.	py gleich v^2	wenn ω gleich 2 und e gleich 1	wie 2 zu 1
oder	p^2y gleich v^3	wenn ω gleich 3 und e gleich 1	wie 3 zu 1
oder	p^3y gleich v^4	wenn ω gleich 4 und e gleich 1	wie 4 zu 1
oder	py^2 gleich v^3	wenn ω gleich 3 und e gleich 2	wie 3 zu 2
oder	py^3 gleich v^4	wenn ω gleich 4 und e gleich 3	wie 4 zu 3
	etc.		

Wenn aber die Gleichung

	$y^e = p^{e-\omega}v^\omega$	in Fig. 7, AB = y, BC = v ist, wird ϑB zu AB sein,	
z. B.	y^2 gleich pv	wenn ω gleich 1 und e gleich 2	wie 1 zu 2
oder	y^3 gleich p^2v	wenn ω gleich 1 und e gleich 3	wie 1 zu 3
oder	y^4 gleich p^3v	wenn ω gleich 1 und e gleich 4	wie 1 zu 4
oder	v^3 gleich py^2	wenn ω gleich 2 und e gleich 3	wie 2 zu 3
oder	v^4 gleich pv^3	wenn ω gleich 3 und e gleich 4	wie 3 zu 4
	etc.		

Quodsi iisdem positis curva sit ex numero reciprocarum, adeoque aequatio sit: $y^e v^\omega$ aeq. $p^{e+\omega}$ fig. 8 AB aeq. y. BC aeq. v. erit ϑB ad AB

veluti	yv aeq. p^2	si ω aeq. 1 et e aeq. 1	ut 1 ad 1
vel	y^2v aeq. p^3	si ω aeq. 1 et e aeq. 2	ut 1 ad 2
vel	yv^2 aeq. p^3	si ω aeq. 2 et e aeq. 1	ut 2 ad 1
vel	y^3v aeq. p^4	si ω aeq. 1 et e aeq. 3	ut 1 ad 3
vel	yv^3 aeq. p^4	si ω aeq. 3 et e aeq. 1	ut 3 ad 1
vel	y^2v^3 aeq. p^5	si ω aeq. 3 et e aeq. 2	ut 3 ad 2
vel	y^3v^2 aeq. p^5	si ω aeq. 2 et e aeq. 3	ut 2 ad 3
	etc.		

Quae ad theorematis explicationem sufficere arbitror. Demonstrationem Analytici norunt, quae inprimis eleganter confici potest, si adhibeatur theorema apud Riccium[*24] pariter, loco citato, et, diversa licet ratione, apud celeberrimum Geometram Renatum Franciscum Slusium in Miscellaneis demonstratum, quod scilicet factum ex potestatibus duarum partium in quas linea aliqua secta est, quarum exponentes sunt in ratione segmentorum, sit maximum omnium factorum similium seu ex potestatibus iisdem duorum aliorum ejusdem lineae segmentorum.

Wenn nun unter denselben Voraussetzungen die Kurve zu der Anzahl der reziproken gehört, und deshalb die Gleichung

	$y^e v^\omega = p^{e+\omega}$	Fig. 8, AB = y, BC = v ist, wird ϑB zu AB sein,	
z. B.	yv gleich p^2	wenn ω gleich 1 und e gleich 1	wie 1 zu 1
oder	y^2v gleich p^3	wenn ω gleich 1 und e gleich 2	wie 1 zu 2
oder	yv^2 gleich p^3	wenn ω gleich 2 und e gleich 1	wie 2 zu 1
oder	y^3v gleich p^4	wenn ω gleich 1 und e gleich 3	wie 1 zu 3
oder	yv^3 gleich p^4	wenn ω gleich 3 und e gleich 1	wie 3 zu 1
oder	y^2v^3 gleich p^5	wenn ω gleich 3 und e gleich 2	wie 3 zu 2
oder	y^3v^2 gleich p^5	wenn ω gleich 2 und e gleich 3	wie 2 zu 3
	etc.		

Dies reicht zur Erklärung des Theorems aus, glaube ich. Die Analytiker kennen den Beweis, der ganz besonders elegant durchgeführt werden kann, wenn ein Theorem angewendet wird, das ebenso bei Ricci, an der zitierten Stelle, wie auch, allerdings mit ganz verschiedener Begründung, bei dem hochberühmten Geometer René François de Sluse in den „Miscellanea" bewiesen ist, dass nämlich das Produkt aus den Potenzen zweier Teile, in die irgendeine Linie geteilt ist, deren Exponenten im Verhältnis der Segmente stehen, das Maximum aller ähnlichen Produkte bzw. aus denselben Potenzen zweier anderer Abschnitte derselben Linie ist.

PROPOSITIO XVI.

Si figura generans 1C 1B 3B 3C 2C 1C sit Analytica simplex, etiam figura resectarum 1D 1B 3B 3D 2D 1D ex ea generata erit Analytica simplex, ejusdem speciei, ordinatas BD, habens quae sint ipsis BC, ordinatis prioris proportionales in ratione numeri ad numerum sive ut numerorum, dignitates ordinatae et abscissae, exponentium [differentia][1] in directis, [summa][2] in reciprocis est ad exponentem dignitatis ordinatae.
AB aeq. y[,] BC aeq. v[,] parameter, p[:]

BC est ad BD ut ω ad	$+\omega - e$ fig. 6. si $p^{\omega-e}y^e$ aeq. v^ω
	$-\omega + e$ fig. 7. si y^e aeq. $p^{e-\omega}v^\omega$
	$+\omega + e$ fig. 8. si $y^e v^\omega$ aeq. $p^{e+\omega}$

Hoc ita demonstratur. Ex definitione figurae resectarum (resectarum, inquam, per tangentes scilicet CT ex axe conjugato A 1T 2T) BD aequalis est respondenti AT, (veluti 1B 1D ipsi A 1T). Sufficit ergo ostendi AT esse ad BC respondentem (A 1T ad 1B 1C) ut propositio enuntiat. Hoc ita patet, triangula 1ϑ A 1T et 1ϑ 1B 1C similia sunt, et A 1T ad 1B 1C, ut 1ϑA ad 1ϑ 1B: est autem in fig. 6. vel 7. seu in directis 1ϑA differentia inter 1ϑ 1B et A 1B. At per prop. praeced. 1ϑ 1B est ad A 1B ut ω ad e, ergo differentia inter 1ϑ 1B et A 1B, sive 1ϑA, erit ad 1ϑ 1B, ut differentia inter ω et e ad ω, ergo etiam A 1T ad 1B 1C, eodem erit modo et ipsi A 1T aequalis 1B 1D. erit etiam ad 1B 1C ut differentia inter e et ω ad ω. quae differentia in fig. 6. est $\omega - e$, in fig. 7. $e - \omega$. Nam in fig. 6. major est ω quam e et 1ϑ 1B quam A 1B in fig. 7. minor. Denique in reciprocis seu fig. 8. 1ϑA est summa ex 1ϑ 1B et A 1B, cumque 1ϑ 1B et A 1B etiam in reciprocis sint inter se ut ω ad e, erit 1ϑA ad 1ϑ 1B, adeoque (ob triangula similia 1ϑA 1T, 1ϑ 1B 1C) A 1T ad 1B 1C, vel 1B 1D ad 1B 1C, ut $\omega + e$ ad ω. Quemadmodum asserebatur.

Scholium

In fig. 6. et 7. si curva 1C 2C sit Parabola Conica, curva 1D 2D erit alia Parabola Conica, ordinatas 1B 1D habens in figura quidem 6. ordinatis prioris, 1B 1C, dimidias; in figura autem 7. aequales. Si curva esset Parabola Cubica, sive proxime altior quam Conica, tunc in figura 6. foret 1B 1D, aequalis duabus tertiis ipsius 1B 1C, et 2B 2D aequalis duabus tertiis ipsius 2B 2C. Nam in Parabola Cubica cubi ab ipsis BC, sunt ut ipsae AB, ergo ω erit 3, et e

[1] summa *L ändert Hrsg.*
[2] differentia *L ändert Hrsg.*

Satz XVI.

Wenn die erzeugende Figur 1C 1B 3B 3C 2C 1C eine einfache analytische ist, wird auch die von ihr erzeugte Resektenfigur 1D 1B 3B 3D 2D 1D eine einfache analytische von gleicher Art mit den Ordinaten BD sein, die zu den Ordinaten BC der ersten proportional sind, und zwar im Verhältnis einer Zahl zu einer Zahl bzw. wie von Zahlen, bezüglich der Potenzen der Ordinate und Abszisse, es ist bei direkten Verhältnissen die Differenz, bei reziproken die Summe der Exponenten zum Exponenten der Potenz der Ordinate. AB = y, BC = v, Parameter p:

BC ist zu BD wie ω zu	$+\omega - e$ Fig. 6, wenn $p^{\omega-e}y^e$ gleich v^ω
	$-\omega + e$ Fig. 7, wenn y^e gleich $p^{e-\omega}v^\omega$
	$+\omega + e$ Fig. 8, wenn $y^e v^\omega$ gleich $p^{e+\omega}$

Das wird so bewiesen. Aufgrund der Definition der Resektenfigur (ich betone, der Resekten, nämlich durch die Tangenten CT von der konjugierten Achse A 1T 2T) ist BD gleich dem entsprechenden AT (wie z. B. 1B 1D gleich dem A 1T). Es genügt also zu zeigen, dass sich AT zum entsprechenden BC (A 1T zu 1B 1C) so verhält, wie es der Satz aussagt. Das ist auf diese Weise klar: die Dreiecke 1ϑ A 1T und 1ϑ 1B 1C sind ähnlich, und A 1T verhält sich zu 1B 1C wie 1ϑ A zu 1ϑ 1B; es ist aber in Fig. 6 oder 7 bzw. bei den direkten Verhältnissen 1ϑ A die Differenz zwischen 1ϑ B und A 1B. Nach dem vorhergehenden Satz verhält sich aber 1ϑ 1B zu A 1B wie ω zu e, also wird sich die Differenz zwischen 1ϑ 1B und A 1B bzw. 1ϑ A zu 1ϑ 1B wie die Differenz zwischen ω und e zu ω verhalten, also auch A 1T zu 1B 1C; auf dieselbe Art wird sich auch das dem A 1T gleiche 1B 1D verhalten. Es wird sich auch zu 1B 1C wie die Differenz zwischen e und ω zu ω verhalten. Diese Differenz ist in Fig. 6 $\omega - e$, in Fig. 7 $e - \omega$. Denn in Fig. 6 ist ω größer als e und 1ϑ 1B größer als A 1B, in Fig. 7 kleiner. Schließlich ist bei reziproken Verhältnissen bzw. in Fig. 8 1ϑ A die Summe von 1ϑ 1B und A 1B, und weil sich 1ϑ 1B und A 1B auch bei reziproken Verhältnissen untereinander wie ω zu e verhalten, wird 1ϑA zu 1ϑ 1B, und deshalb (wegen der ähnlichen Dreiecke 1ϑ A 1T, 1ϑ 1B 1C) A 1T zu 1B 1C, oder 1B 1D zu 1B 1C, wie $\omega + e$ zu ω sein. Wie es behauptet wurde.

Scholium

Wenn in Fig. 6 und 7 die Kurve 1C 2C eine Kegelschnittparabel ist, wird die Kurve 1D 2D eine andere Kegelschnittparabel mit den Ordinaten 1B 1D sein, die in Figur 6 gerade die Hälften der Ordinaten 1B 1C der ersten, in Figur 7 aber ihnen gleich sind. Wenn die Kurve eine kubische bzw. die nächst höhere als die Kegelschnittparabel wäre, dann wäre in Figur 6 1B 1D gleich zwei Drittel von 1B 1C und 2B 2D gleich zwei Drittel von 2B 2C. Denn bei der kubischen Parabel verhalten sich die Kuben von BC wie die AB, also wird

erit 1. et BD ad BC ut $\omega - e$ ad ω seu ut 2 ad 3. At si in universo ejusdem curvae situ in fig. 7. ordinatae BC sint ut cubi ab abscissis AB, erit ω, 1. et e, 3. et $e - \omega$ ad ω erit ut 2 ad 1. adeoque ipsae BD duplae ipsarum BC. Denique in reciprocis, fig. 8. si sit curva 1C 2C Hyperbola Conica, in qua constat ordinatas BC esse abscissis AB proportionales, licet reciproce, erit, ω, 1. et e, 1. quorum summa $\omega + e$, erit 2, unde ipsae BD duplae ipsarum BC. Eodem modo in Hyperboloidibus altioribus ratiocinari licet, nam si ordinatae sint ut quadrata abscissarum, reciproce, erit BD ad suam BC, respondentem ut 3 ad 1. Sin quadrata ordinatarum sint proportionales abscissis, reciproce, erit ut 3 ad 2.

Corollarium

Iisdem positis, quae in propositione, summa quoque resectarum, seu figurae resectarum area ad aream figurae generantis, sive summam ordinatarum ejus; eodem erit modo: nempe spatium 1D 1B 2B 2D 1D ad spatium 1C 1B 2B 2C 1C erit ut

$$\left.\begin{array}{ll}\text{(fig. 6.)} & +\omega - e \\ \text{(fig. 7.)} & -\omega + e \\ \text{(fig. 8.)} & +\omega + e\end{array}\right\} \text{est ad } \omega.$$

Si enim singulae ad singulas respondentes constantem servant rationem, eadem erit ratio summarum quae singularum; ut si sint $\frac{a\ b\ c\ d}{e\ f\ g\ h}$ sitque

a ad e, ut b ad f vel c ad g, etc. eodem modo erit a+b+c+d ad e+f+g+h, nempe ut a ad e. areas autem figurarum esse ut summas applicatarum normalium, ex methodo indivisibilium constat, et ad modum propositionis 6. severe demonstrari potest.

ω 3 sein und e 1, und BD zu BC wie $\omega - e$ zu ω bzw. wie 2 zu 3 sein. Wenn sich aber bei der gesamten Lage derselben Kurve in Fig. 7 die Ordinaten BC wie die Kuben von den Abszissen AB verhalten, wird ω 1 und e 3 sein, und $e - \omega$ zu ω wird wie 2 zu 1 und deshalb werden die BD das Doppelte von den BC sein. Wenn schließlich bei den reziproken Verhältnissen, Fig. 8, die Kurve 1C 2C eine Kegelschnitthyperbel ist, bei der feststeht, dass die Ordinaten BC zu den Abszissen AB proportional sind, allerdings reziprok, wird ω 1 und e 1 sein, deren Summe $\omega + e$ 2 sein wird, weshalb die BD das Doppelte der BC sein werden. Auf dieselbe Art kann bei den höheren Hyperboloiden gefolgert werden; wenn sich nämlich die Ordinaten reziprok wie die Quadrate der Abszissen verhalten, wird BD zu ihrer entsprechenden BC wie 3 zu 1 sein. Wenn aber die Quadrate der Ordinaten reziprok proportional zu den Abszissen sind, wird es wie 3 zu 2 sein.

Korollar

Unter denselben Voraussetzungen wie im Satz wird sich auch die Summe der Resekten bzw. der Flächeninhalt der Resektenfigur zum Flächeninhalt der erzeugenden Figur bzw. zur Summe ihrer Ordinaten auf dieselbe Weise verhalten: die Fläche 1D 1B 2B 2D 1D wird sich nämlich zur Fläche 1C 1B 2B 2C 1C verhalten, wie sich

$$\left.\begin{array}{ll} \text{(Fig. 6.)} & +\omega - e \\ \text{(Fig. 7.)} & -\omega + e \\ \text{(Fig. 8.)} & +\omega + e \end{array}\right\} \text{ zu } \omega \text{ verhält.}$$

Wenn nämlich jede einzelne Ordinate zu jeder entsprechenden einzelnen ein konstantes Verhältnis bewahrt, wird das Verhältnis der Summen dasselbe wie das der einzelnen Ordinaten sein;

wenn sie z. B. $\frac{a\ b\ c\ d}{e\ f\ g\ h}$ sind, und a zu e wie b zu f oder c zu g etc. ist,

wird sich auf dieselbe Weise $a + b + c + d$ zu $e + f + g + h$ verhalten, nämlich wie a zu e. Dass sich aber die Flächeninhalte der Figuren wie die Summen der angelegten Senkrechten verhalten, steht aufgrund der Indivisibelnmethode fest und kann nach Art des Satzes 6 streng bewiesen werden.

PROPOSITIO XVII.

In figura Analytica simplice duplum sectoris 1CA 2C 1C (seu trilinei sub arcu curvae 1C 2C et duabus rectis A 1C, A 2C ejus extrema vertici jungentibus) ad zonam 1C 1B 2B 2C 1C (sive quadrilineum arcu curvae eodem, duabus ordinatis 1B 1C, 2B 2C, et axis portione 1B 2B contentum) eandem habet rationem, quam propositione praecedenti expressimus id est dupl. 1C A 2C 1C est ad 1C 1B 2B 2C 1C, ut

$$\left.\begin{array}{ll}(\text{fig. }6.) & +\omega - e\\ (\text{fig. }7.) & -\omega + e\\ (\text{fig. }8.) & +\omega + e\end{array}\right\}\text{ ad }\omega.$$

Quod ita facile demonstratur: 1B 1D est ad 1B 1C, item 2B 2D ad 2B 2C, eo quo diximus modo, idemque est in caeteris: per prop. 16. ergo et summa omnium BD ad summam omnium BC, id est (methodo indivisibilium ad modum prop. 6. demonstrata) area 1D 1B 2B 2D 1D ad aream 1C 1B 2B 2C 1C eandem habebit rationem. Est autem spatio 1D 1B 2B 2D 1D aequale, Trilineum 1CA 2C 1C duplicatum per prop. 7. ergo Trilineum quoque 1CA 2C 1C duplicatum sive duplum sectoris, ad zonam 1C 1B 2B 2C 1C eam habebit rationem quae asserebatur.

Satz XVII.

Bei einer einfachen analytischen Figur hat das Doppelte des Sektors 1C A 2C 1C (bzw. des Trilineums unter dem Bogen der Kurve 1C 2C und den zwei Geraden A 1C, A 2C, die seine Endpunkte mit dem Scheitel verbinden) zur Zone 1C 1B 2B 2C 1C (bzw. zum Quadrilineum, das von demselben Bogen der Kurve, den zwei Ordinaten 1B 1C, 2B 2C und dem Teil 1B 2B der Achse umspannt ist) dasselbe Verhältnis, wie wir es im vorangehenden Satz ausgedrückt haben, d. h., das verdoppelte 1C A 2C 1C verhält sich zu 1C 1B 2B 2C 1C wie

$$\left.\begin{array}{ll}\text{(Fig. 6.)} & +\omega - e \\ \text{(Fig. 7.)} & -\omega + e \\ \text{(Fig. 8.)} & +\omega + e\end{array}\right\} \text{zu } \omega.$$

Das wird leicht so bewiesen: Es verhält sich 1B 1D zu 1B 1C, ebenso 2B 2D zu 2B 2C auf dieselbe Weise, wie wir es sagten, und dasselbe ist nach Satz 16 bei den übrigen der Fall. Also wird auch die Summe aller BD zur Summe aller BC, d. h. (mit der bewiesenen Indivisibelnmethode nach Art von Satz 6) die Fläche 1D 1B 2B 2D 1D zur Fläche 1C 1B 2B 2C 1C dasselbe Verhältnis haben. Es ist aber das verdoppelte Trilineum 1C A 2C 1C nach Satz 7 gleich der Fläche 1D 1B 2B 2D 1D. Also wird auch das verdoppelte Trilineum 1C A 2C 1C bzw. das Doppelte des Sektors zur Zone 1C 1B 2B 2C 1C dieses Verhältnis haben, welches behauptet wurde.

PROPOSITIO XVIII.

In figura Analytica simplice, zona, ordinatis duabus, arcu curvae et axe comprehensa est ad zonam conjugatam id est ordinatis conjugatis duabus arcu eodem, et axe conjugato comprehensam, ut exponens dignitatum ab ordinatis ad exponentem dignitatum ipsis proportionalium ab ordinatis conjugatis id est ab abscissis.

Sive zona 1C 1B 2B 2C 1C (jam prop. praeced. explicata) est ad zonam conjugatam 1C 1G 2G 2C 1C, quae arcu eodem 1C 2C, quo prior zona, et ordinatis conjugatis 1G 1C, 2G 2C (quae ipsis A 1B, A 2B abscissis prioris zonae aequales sunt) et 1G 2G portione axis conjugati, AG comprehensam, ut ω ad e. Nam per praecedentem duplus sector 1CA 2C 1C est ad zonam 1C 1B 2B 2C 1C ut differentia ipsarum ω et e in directis, summa vero in reciprocis, est ad ω. Eodemque modo idem duplus sector est ad zonam (conjugatam) 1C 1G 2G 2C 1C ut differentia ipsarum ω et e in directis, summa in reciprocis est ad e. Nam par ratio est, quia eligere possumus quem axium, quasve velimus, tantumque quae antea erant ordinatae BC, nunc fiunt abscissae AG, et quae antea erant abscissae AB nunc fiunt ordinatae GC, ideoque tantum in locum ipsius ω, substituenda est e, et contra.

Cum ergo duplus sector sit ad zonam ut summa vel differentia ipsarum ω et e est ad ω, et idem sit ad zonam conjugatam, ut eadem summa vel differentia ipsarum e et ω est ad e, erit zona ad zonam conjugatam ut ω ad e. Q.E.D.

Scholium

Hanc propositionem, novam ni fallor, credidi memorabilem, tum ob simplicitatem expressionis, quia facile retineri potest, tum ob usus generalitatem, quia in omnibus curvis analyticis simplicibus eodem modo componitur: unde qui eam memoria tenet, statim ubi opus est, quadraturam figurae hujusmodi propositae ex ea calculo investigare potest. Quod ex propositionibus subjectis patebit, nunc propositionem praesentem exemplis applicare suffecerit. In figura 6. sit curva Parabola Conica, constat quadrata ipsarum BC, seu dignitates quarum exponens est 2, esse ut ipsas AB (vel CG) seu ut ipsarum diginitates exponentem habentes 1. Ergo erit zona 1C 1B 2B 2C 1C ad zonam 1C 1G 2G 2C 1C ut 2 ad 1. seu in fig. 7. ubi omnia inverse sumuntur, si intelligatur etiam esse Parabola Conica ut 1 ad 2. Pro numeris 1. 2. substituemus in parabola cubica, 1. 3. At in semicubicali in qua ordinatarum quadrata sunt ut cubi abscissarum sive ordinatarum conjugatarum, vel contra,

Satz XVIII.

Bei einer einfachen analytischen Figur verhält sich die Zone, die von zwei Ordinaten, dem Bogen der Kurve und der Achse umschlossen ist, zur konjugierten Zone, d. h. die von den beiden konjugierten Ordinaten demselben Bogen und der konjugierten Achse umschlossen ist, wie der Exponent der Potenzen von den Ordinaten zum Exponenten der ihnen proportionalen Potenzen von den konjugierten Ordinaten, d. h. von den Abszissen.

Bzw. die Zone 1C 1B 2B 2C 1C (die schon im vorhergehenden Satz erklärt wurde) verhält sich zur konjugierten Zone 1C 1G 2G 2C 1C, die von demselben Bogen 1C 2C, von dem die erste Zone, und den konjugierten Ordinaten 1G 1C, 2G 2C (die den Abszissen A 1B, A 2B der ersten Zone gleich sind) und dem Abschnitt 1G 2G der konjugierten Achse AG umschlossen ist, wie ω zu e. Denn nach dem vorhergehenden [Satz] verhält sich der doppelte Sektor 1C A 2C 1C zur Zone 1C 1B 2B 2C 1C wie die Differenz von ω und e bei direkten, aber wie die Summe bei reziproken Verhältnissen zu ω. Und in derselben Weise verhält sich derselbe doppelte Sektor zur (konjugierten) Zone 1C 1G 2G 2C 1C wie die Differenz von ω und e bei direkten, wie deren Summe bei reziproken Verhältnissen zu e. Denn das Verhältnis ist gleich, weil wir auswählen können, welche der Achsen oder welche [Ordinaten] wir wollen, und es werden nur die Abszissen AG nun das, was vorher die Ordinaten BC waren, und es werden nun die Ordinaten GC das, was vorher die Abszissen AB waren, und deshalb muss nur an die Stelle von ω e eingesetzt werden, und umgekehrt.

Weil sich also der doppelte Sektor zur Zone wie die Summe oder Differenz von ω und e zu ω verhält, und sich derselbe zur konjugierten Zone wie dieselbe Summe oder Differenz von e und ω zu e verhält, wird die Zone zur konjugierten Zone wie ω zu e sein. Das war zu beweisen.

Scholium

Diesen, wenn ich mich nicht täusche, neuen Satz hielt ich für erwähnenswert, teils wegen der Einfachheit des Ausdrucks, weil er leicht behalten werden kann, teils wegen der Allgemeinheit des Nutzens, weil er sich bei allen einfachen analytischen Kurven auf dieselbe Art zusammensetzt; wer ihn daher im Gedächtnis behält, kann sofort, wo es nötig ist, mit ihm durch ein Kalkül die Quadratur einer vorgegebenen derartigen Figur ausfindig machen. Es mag ausreichen, nun den gegenwärtigen Satz durch Beispiele zu erklären, was aus den beigefügten Sätzen klar sein wird. In Fig. 6 sei die Kurve eine Kegelschnittparabel; es steht fest, dass sich die Quadrate der BC bzw. die Potenzen, deren Exponent 2 ist, wie die AB (oder GC) bzw. wie deren Potenzen mit dem Exponenten 1 verhalten. Also wird sich die Zone 1C 1B 2B 2C 1C zur Zone 1C 1G 2G 2C 1C wie 2 zu 1 verhalten, bzw. in Fig. 7, wo alles umgekehrt genommen wird, wenn man daran denkt, dass es auch eine Kegelschnittparabel ist, wie 1 zu 2. Für die Zahlen 1, 2 werden wir bei der kubischen Parabel 1, 3 einsetzen. Aber bei der semikubischen, bei der sich die Quadrate der Ordinaten wie die Kuben der

pro 1. 2. substituemus 2. 3. Denique in fig. 8. si curva sit Hyperbola Conica, ubi ordinatae sunt ut abscissae reciprocae, adeoque exponentes, 1. 1. erit una zona alteri conjugatae aequalis, quod ex ipsa statim figura in hoc quidem casu constat. Si in eadem fig. 8. curva sit Hyperboloeides proxime superior, sive Antiparabola, in qua quadrata ordinatarum sint ut abscissae reciproce, utique ut in Parabola, zona una alterius dupla erit.

COROLLAR. 1., Variante

[1281–83] Trilinei Conjugati 1C 1P 2C 1C quadratura, excepta tantum ex omnibus curvis Analyticis simplicibus Hyperbola Conica, in hoc pariter Corollario ac sequentibus. Vocemus hoc Trilineum P. et rectangulum 1P 1C 1G 2G vocemus G; et rectang. 1P 1B 2B in directis seu fig. 6, vel 7; at in reciprocis rectang. 1C 1B 2B fig. 8. vocemus B zonam rectam 1C 1B 2B 2C 1C vocemus R conjugatam 1C 1G 2G 2C 1C vocemus C. Ex propositione hac patet esse R ad C id est B – P ad P + G ut ω ad e. ergo est factum sub mediis aequale facto sub extremis, seu $\omega P + \omega G$ aeq. $eB - eP$, sive $\omega P + eP$ aeq. $eB - \omega G$ et P aeq. $\frac{eB-\omega G}{\omega+e}$. Sunt autem ω et e numeri cogniti, B et G rectangula cognita, ergo habetur valor ipsius P, sive trilinei propositi quaesitus, adeoque et ejus quadratura.

Abszissen bzw. der konjugierten Ordinaten, oder umgekehrt, verhalten, werden wir 2, 3 für 1, 2 einsetzen. In Fig. 8 schließlich, wenn die Kurve eine Kegelschnitthyperbel ist, wo sich die Ordinaten reziprok wie die Abszissen verhalten und die Exponenten deshalb 1, 1 sind, wird die eine Zone gleich der anderen, konjugierten sein, was ja in diesem Fall von der Figur selbst her sofort feststeht. Wenn in derselben Fig. 8 die Kurve die nächst höhere Hyperboloide ist, bzw. die Antiparabel, bei der sich die Quadrate der Ordinaten reziprok wie die Abszissen verhalten, wird durchaus wie bei der Parabel, die eine Zone das Doppelte der anderen sein.

Korollar 1., Variante

[1281–83] Quadratur des konjugierten Trilineums 1C 1P 2C 1C, nur mit Ausnahme der Kegelschnitthyperbel aus allen einfachen analytischen Kurven, in diesem Korollar ebenso wie im Folgenden. Wir wollen dieses Trilineum P nennen, und das Rechteck 1P 1C 1G 2G wollen wir G nennen; und wir wollen das Rechteck 1P 1B 2B bei direkten Verhältnissen bzw. Fig. 6 oder 7, aber bei reziproken das Rechteck 1C 1B 2B, Fig. 8, B nennen, die gerade Zone 1C 1B 2B 2C 1C wollen wir R nennen, die konjugierte 1C 1G 2G 2C 1C wollen wir C nennen. Aufgrund dieses Satzes ist klar, dass sich R zu C, d. h. $B - P$ zu $P + G$ wie ω zu e verhält. Also ist das Produkt aus den mittleren [Termen] gleich dem Produkt der äußeren, bzw. $\omega P + \omega G = eB - eP$ bzw. $\omega P + eP = eB - \omega G$ und $P = \frac{eB-\omega G}{\omega+e}$. ω und e sind aber bekannte Zahlen, B und G bekannte Rechtecke, also erhält man den Wert von P bzw. den gesuchten [Wert] des vorgelegten Trilineums und deshalb auch seine Quadratur.

PROPOSITIO XIX, Variante

Zonam curvilineam finitam figurae Analyticae simplicis, quadrare, modo in ea e et ω. sint numeri inaequales, id est in omnibus excepta Hyperbola Conica.

Designetur punctum 1P in quo ordinata 1B 1C vertici A proxima, ad unum extremum portionis curvae assumtae punctum 1C pertinens, ordinatam conjugatam 2G 2C ad alterum curvae punctum extremum 2C pertinentem, secat. His positis fiat figura rectilinea Ω.

PROPOSITIO XIX.

Zonam curvilineam 1C 1B 2B 2C 1C figurae Analyticae simplicis quadrare, excepta unica, in qua e. ω. exponentes dignitatum, inter se aequales sunt, id est excepta Hyperbola Conica.

Designetur punctum 1P in quo ordinata 1B 1C vertici A proxima ad unum extremum portionis curvae assumtae punctum 1C, pertinens, ordinatam conjugatam 2G 2C ad alterum curvae punctum extremum 2C pertinentem, (producta productam si opus est) secat.

(1) Jam fiat figura rectilinea Ω quae sit ad duorum rectangulorum 2B 1B 1P et 1P 2G 1G summam in directis fig. 6. 7. differentiam in reciprocis fig. 8. ut numerus, datus ω est ad numerorum datorum ω et e summam in directis, differentiam in reciprocis; (numerus autem ω est exponens dignitatum ordinatarum BC, et numerus e, est exponens dignitatum prioribus proportionalium, ordinatarum conjugatarum GC, vel abscissarum AB. ut aliquoties explicuimus). Quo facto erit figura rectilinea Ω aequalis zonae curvilineae 1C 1B 2B 2C 1C.

Variante 1297 f. Hoc ita demonstratur. Zona 1C 1B 2B 2C 1C, est ad zonam conjugatam 1C 1G 2G 2C 1C ut ω ad e. ergo zona prior est ad summam zonae utriusque id est fig. 6. 7. ad spatium rectilineum ex duobus rectangulis 2B 1B 1P, 1P 2G 1G compositum ut ω ad summam ex ω et e. patet autem spatium rectilineum ex his duobus rectangulis compositum, seu hexagrammum rectangulum 2B 1B 1C 1G [2G][1] 2C 2B fieri ex additione in unum duarum zonarum 1C 1B 2B 2C 1C et 1C 1G 2G 2C 1C. In reciprocis vero seu fig. 8. quia etiam zona prior ad zonam conjugatam est ut ω ad e erit zona prior ad differentiam zonae utriusque, ut ω ad differentiam inter ω et e. Est autem differentia inter zonam utramque, eadem cum differentia inter rectangula 2B 1B 1P, et 1P 2G 1G quia differentia duarum quantitatum, ut hic zonarum 1C 1B 2B 2C 1C, et 1C 1G 2G 2C 1C, eadem est cum differentia eorum quae in ipsis sublata quantitate communi, hoc loco Trilineo 1C 1P 2C 1C, residua sunt, quae residua sunt rectangula 2B 1B 1P, et 1P 2G 1G. Quoniam ergo zona prior est ad summam horum rectangulorum, in directis, ut numerus ω ad summam numerorum ω et e. in reciprocis autem ad rectangulorum differentiam ut ω ad differentiam inter ω et e. et vero figura rectilinea Ω ad eorundem rectangulorum summam in directis, differentiam in reciprocis etiam se habet ut ω ad summam ex ω et e in directis, differentiam inter ω et e, in reciprocis. Ideo Ω et zona prior scilicet 1C 1B 2B 2C 1C aequabuntur. Q.E.D.

[1] 2G *erg. Hrsg.*

Satz XIX, Variante

Eine endliche krummlinige Zone einer einfachen analytischen Figur quadrieren, wenn nur bei ihr e und ω ungleiche Zahlen sind, d. h. bei allen mit Ausnahme der Kegelschnitthyperbel

Der Punkt sei mit 1P bezeichnet, in dem die dem Scheitel A am nächsten gelegene Ordinate 1B 1C, die sich auf den einen äußersten Punkt 1C des angenommenen Teils der Kurve bezieht, die konjugierte Ordinate 2G 2C, die sich auf den anderen äußersten Punkt 2C der Kurve bezieht, schneidet. Unter diesen Voraussetzungen möge eine geradlinige Figur Ω entstehen.

Satz XIX.

Es soll die krummlinige Zone 1C 1B 2B 2C 1C einer einfachen analytischen Figur quadriert werden, mit Ausnahme der einzigen, bei der die Exponenten e, ω der Potenzen untereinander gleich sind, d. h. mit Ausnahme der Kegelschnitthyperbel.

Mit 1P möge ein Punkt bezeichnet werden, in dem die dem Scheitel A am nächsten gelegene Ordinate 1B 1C, die sich auf den einen äußersten Punkt 1C eines angenommenen Teils der Kurve bezieht, die konjugierte Ordinate 2G 2C, die sich auf den anderen äußersten Punkt 2C der Kurve bezieht, (die verlängerte, wenn es nötig ist) schneidet.

(1) Es möge nunmehr eine geradlinige Figur Ω entstehen, die sich bei direkten Verhältnissen, Fig. 6, 7, zur Summe, bei reziproken, Fig. 8, zur Differenz der beiden Rechtecke 2B 1B 1P und 1P 2G 1G wie die gegebene Zahl ω bei direkten Verhältnissen zur Summe, bei reziproken zur Differenz der gegebenen Zahlen ω und e verhält. (Die Zahl ω ist aber der Exponent der Potenzen der Ordinaten BC und die Zahl e ist der Exponent der zu den ersten proportionalen Potenzen der konjugierten Ordinaten GC oder der Abszissen AB, wie wir es mehrmals erklärt haben). Wenn das geschehen ist, wird die geradlinige Figur Ω gleich der krummlinigen Zone 1C 1B 2B 2C 1C sein.

Variante 1297f. Das wird so bewiesen. Die Zone 1C 1B 2B 2C 1C verhält sich zur konjugierten Zone 1C 1G 2G 2C 1C wie ω zu e. Also verhält sich die erste Zone zur Summe beider Zonen, d. h., Fig. 6, 7, zur geradlinigen Fläche, die aus den zwei Rechtecken 2B 1B 1P, 1P 2G 1G zusammengesetzt ist, wie ω zur Summe von ω und e. Es ist aber klar, dass die aus diesen zwei Rechtecken zusammengesetzte geradlinige Fläche bzw. das rechtwinklige Hexagramm 2B 1B 1C 1G 2G 2C 2B aus der Addition der zwei Zonen 1C 1B 2B 2C 1C und 1C 1G 2G 2C 1C zu einer entsteht. Bei reziproken Verhältnissen bzw. Fig. 8 wird sich aber, weil sich die erste Zone zur konjugierten Zone auch wie ω zu e verhält, die erste Zone zur Differenz der beiden Zonen wie ω zur Differenz zwischen ω und e verhalten. Es ist aber die Differenz zwischen den beiden Zonen dieselbe, wie die Differenz zwischen den Rechtecken 2B 1B 1P und 1P 2G 1G, weil die Differenz zweier Quantitäten, wie hier der Zonen 1C 1B 2B 2C 1C und 1C 1G 2G 2C 1C, dieselbe ist, wie die Differenz derer, die in ihnen nach Abzug einer gemeinsamen Quantität, an dieser Stelle des Trilineums 1C 1P 2C 1C, die Reste sind; diese Reste sind die Rechtecke 2B 1B 1P und 1P 2G 1G. Da sich nun also die erste Zone zur Summe dieser Rechtecke bei den direkten Verhältnissen wie die Zahl ω zur Summe der Zahlen ω und e verhält, bei den reziproken aber zur Differenz der Rechtecke wie ω zur Differenz zwischen ωund e und sich in der Tat auch die geradlinige Figur Ω zur Summe derselben Rechtecke bei den direkten Verhältnissen, zur Differenz bei den reziproken, verhält wie ω zur Summe von ω und e bei den direkten, zur Differenz zwischen ω und e bei den reziproken, werden deshalb Ω und die erste Zone, nämlich 1C 1B 2B 2C 1C gleich sein. Das war zu beweisen.

(2) Quod in omni casu fieri posse patet, excepto casu Hyperbolae Conicae quo differentiae illae, in reciprocis, evanescunt sive nihilo aequales sunt, quia tunc rectangula (fig. 8.) 2B 1B 1P et 1P 2G 1G, aequalia sunt, et numeri quoque ω et e sunt aequales. Quorum utrumque patet, de numeris quidem, quia enim in Hyperbola Conica abscissis AB, proportionales sunt ordinatae BC, (reciproce licet,) dignitates ordinatarum et abscissarum, proportionales invicem eaedem erunt seu ejusdem gradus, adeoque earum exponentes, ω et e, aequales. Rectangula quoque [2B 1B 1P][1] et 1P 2G 1G in Hyperbola Conica aequari patet, nam addatur utrique singulatim, rectangulum idem A 1B 1P, fiet ex illo rectangulum A 2B 2C, ex hoc rectangulum A 1G 1C, quae ex natura Hyperbolae Conicae, aequalia sunt. Idem autem in nulla alia curva analytica simplice reciproca contingit. Rectangula enim ista aequalia esse proprietas hyperbolae specifica est, exponentes quoque dignitatum esse aequales non nisi ad unam pertinet, nam eadem est curva in qua quadrata ordinatarum sunt quadratis abscissarum reciproce proportionalia, cum illa in qua ipsae ordinatae ipsis abscissis reciproce proportionales sunt: et idem de caeteris dignitatibus dici potest.

(3) Ut demonstretur haec Quadratura, considerandum est primum, in directis seu fig. 6. 7. summam duarum zonarum 1C 1B 2B 2C 1C, et 1C 1G 2G 2C 1C, aequalem esse summae duorum rectangulorum 2B 1B 1P, et 1P 2G 1G seu hexagrammo rectangulo 2B 1B 1C 1G 2G 2C 2B, ut ex schematum inspectione patet.

(4) Deinde ostendendum est in reciprocis seu fig. 8. differentiam harum duarum zonarum aequari differentiae eorundem duorum rectangulorum. Quia generaliter, differentia duarum quantitatum veluti hoc loco zonarum 1C 1B 2B 2C 1C, et 1C 1G 2G 2C 1C, eadem est cum differentia eorum quae in his, sublata quantitate communi, hoc loco trilineo 1C 1P 2C 1C, residua sunt: quae residua, sunt ipsa rectangula dicta 2B 1B 1P, et 1P 2G 1G.

(5) His positis reliqua demonstratio facile decurret: zona prior est ad posteriorem seu conjugatam ut ω ad e, per prop. 18. Ergo zona prior est ad summam utriusque id est per artic. 3. in directis; ad summam rectangulorum dictorum: ut ω ad summam numerorum ω, et e. Eadem zona prior est ad differentiam zonae utriusque id est per artic. 4. in reciprocis ad differentiam rectangulorum dictorum: ut ω ad differentiam inter ω et e. Jam per constructionem artic. 1. figura rectilinea Ω est etiam ad eorundem rectangulorum summam, in directis; ut ω ad summam ex ω et e; et ad eorundem rectangulorum differentiam, in reciprocis, ut ω ad differentiam inter ω et e. ergo dictae zonae priori, 1C 1B 2B 2C 1C aequalis est figura rectilinea Ω. quae in omnibus figuris Analyticis simplicibus praeter Hyperbolam Conicam exhiberi potest per artic. 2. Quod Erat Faciendum.

[1] 2B 1BP *L ändert Hrsg.*

(2) Es ist klar, dass dies in jedem Fall geschehen kann, außer im Fall der Kegelschnitthyperbel, wo jene Differenzen, bei reziproken Verhältnissen, verschwinden bzw. Null sind, weil dann die Rechtecke 2B 1B 1P und 1P 2G 1G (Fig. 8) und auch die Zahlen ω und e gleich sind. Jedes von diesem Beiden ist klar: hinsichtlich der Zahlen eben, weil bei der Kegelschnitthyperbel nämlich die Ordinaten BC zu den Abszissen AB (allerdings reziprok) proportional sind, werden die proportionalen Potenzen der Ordinaten und Abszissen auf beiden Seiten dieselben bzw. vom selben Grad und deshalb ihre Exponenten ω und e gleich sein. Dass auch die Rechtecke 2B 1B 1P und 1P 2G 1G bei der Kegelschnitthyperbel gleich sind, ist klar, denn man füge jedem der beiden jeweils dasselbe A 1B 1P hinzu, dann wird aus jenem das Rechteck A 2B 2C, aus diesem das Rechteck A 1G 1C, die aufgrund der Natur der Kegelschnitthyperbel gleich sind. Dasselbe trifft aber bei keiner anderen reziproken einfachen analytischen Kurve zu. dass nämlich jene Rechtecke gleich sind, ist eine besondere Eigenschaft der Hyperbel, auch dass die Exponenten der Potenzen gleich sind, bezieht sich lediglich auf eine einzige, denn es ist dieselbe Kurve, bei der die Quadrate der Ordinaten zu den Quadraten der Abszissen reziprok proportional sind, wie jene, bei der die Ordinaten selbst zu den Abszissen selbst reziprok proportional sind; und dasselbe kann von den übrigen Potenzen gesagt werden.

(3) Um diese Quadratur zu beweisen, muss man zuerst überlegen, dass bei direkten Verhältnissen bzw. in Fig. 6, 7 die Summe der beiden Zonen 1C 1B 2B 2C 1C und 1C 1G 2G 2C 1C gleich der Summe der beiden Rechtecke 2B 1B 1P und 1P 2G 1G bzw. dem rechtwinkligen Hexagramm 2B 1B 1C 1G 2G 2C 2B ist, wie es von der Betrachtung der Schemata her klar ist.

(4) Sodann muss gezeigt werden, dass bei reziproken Verhältnissen bzw. in Fig. 8 die Differenz dieser beiden Zonen gleich der Differenz derselben zwei Rechtecke ist. Weil allgemein die Differenz zweier Quantitäten, wie z. B. an dieser Stelle die der Zonen 1C 1B 2B 2C 1C und 1C 1G 2G 2C 1C, dieselbe ist wie die Differenz derer, die in diesen die Reste sind, wenn eine gemeinsame Quantität – an dieser Stelle das Trilineum 1C 1P 2C 1C – abgezogen ist, diese Reste sind eben die besagten Rechtecke 2B 1B 1P und 1P 2G 1G.

(5) Unter diesen Voraussetzungen wird der übrige Beweis leicht verlaufen: nach Satz 18 verhält sich die erste Zone zur zweiten bzw. zur konjugierten wie ω zu e. Also verhält sich die erste Zone zur Summe der beiden Zonen, d. h. nach Absatz 3 bei direkten Verhältnissen zur Summe der besagten Rechtecke, wie ω zur Summe der beiden Zahlen ω und e. Dieselbe erste Zone verhält sich zur Differenz der beiden Zonen, d. h. nach Absatz 4 bei reziproken Verhältnissen zur Differenz der besagten Rechtecke wie ω zur Differenz zwischen ω und e. Nunmehr verhält sich nach der Konstruktion in Absatz 1 auch die geradlinige Figur Ω zur Summe derselben Rechtecke, bei direkten Verhältnissen, wie ω zur Summe von ω und e und zur Differenz derselben Rechtecke, bei reziproken Verhältnissen, wie ω zur Differenz zwischen ω und e. Also ist der besagten ersten Zone 1C 1B 2B 2C 1C die geradlinige Figur Ω gleich, die bei allen einfachen analytischen Figuren außer der Kegelschnitthyperbel nach Absatz 2 dargestellt werden kann. Das sollte getan werden.

Scholium

Haec Quadratura, cum constructione generali non ineleganter absolvatur minime omittenda visa est. Finitam autem tantum zonam hic metimur generaliter, quoniam in reciprocis, ubi ad spatia infinita prosilimus, magna quadam cautione opus est ac distinctione, quae sequenti propositione explicabitur. Porro si semel zonae quadratura habeatur, alterius cujuscunque spatii ad eundem curvae arcum pertinentis quadraturam facile haberi constat, ut Trilineorum, Quadrilineorum, Sectorum; res enim tantum rectilineorum additione aut subtractione absolvitur. De caetero mirum videri potest, unam ex infinito Curvarum Analyticarum simplicium numero Hyperbolam Conicam Quadraturae leges recusasse, et nescio quibus praestigiis, cum jam prope capta videretur e manibus nostris sese eripuisse.

Sed mirari desinet qui ista profundius inspexerit. Nam cum omnium totius naturae Linearum simplicissima post rectam Hyperbola sit, si expressionem potius quam constructionem spectes; constructione enim circulus vincit; rationis erat ut sua quoque privilegia haberet, privilegiis circuli non inferiora. Ut autem circulus angulos exhibet, ita Hyperbola rationes in spatio repraesentat, unde commercium ejus oritur cum Logarithmis. Quare jam patet impossibile prorsus fuisse, ut hoc quidem modo quadraretur Hyperbola, nam quadraturae quas hac propositione dedimus omnes sunt universales, ita ut eadem plane constructio serviat ad portionem figurae quamcunque, qualem quadraturam Hyperbola non fert, alioquin Logarithmum numeri dati invenire esset problema certi gradus, et vicissim, dato Logarithmo invenire numerum. Unde invento logarithmo et in quemlibet partium numerum secto, et portionis, numero absoluto vicissim invento, sequeretur inventionem quotcunque mediarum proportionalium esse problema certi cujusdam gradus determinati. Quod est absurdum. Similem infra prop. 51. ultima de Circulo ratiocinationem afferemus et distincte explicabimus, unde ista quoque facilius intelligetur.

Scholium

Diese Quadratur schien am wenigsten übergangen zu werden dürfen, weil sie durch eine allgemeine Konstruktion höchst elegant gelöst wird. Wir messen hier aber nur allgemein eine endliche Zone, da ja bei den reziproken Verhältnissen, wo wir zu unendlichen Flächen vorspringen, eine gewisse große Vorsicht und Unterscheidung notwendig ist, die im folgenden Satz erklärt werden wird. Wenn man ferner die Quadratur einer Zone einmal hat, steht fest, dass man die Quadratur einer anderen beliebigen Fläche leicht erhält, die sich auf denselben Bogen der Kurve bezieht, wie z. B. der Trilinea, Quadrilinea und Sektoren; das Problem wird nämlich nur durch Addition oder Subtraktion von Rechtecken gelöst. Übrigens kann es erstaunlich scheinen, dass als einzige von den unendlich vielen einfachen analytischen Kurven die Kegelschnitthyperbel die Gesetze der Quadratur zurückgewiesen hat, und ich weiß nicht, durch welches Blendwerk sie sich unseren Händen entrissen hat, obwohl sie schon beinahe ergriffen schien.

Wer aber jene Dinge tiefergehend betrachtet haben wird, wird aufhören sich zu wundern. Weil nämlich von allen Linien der gesamten Natur die einfachste nach der Geraden die Hyperbel ist, wenn man eher den Ausdruck als die Konstruktion betrachtet, von der Konstruktion her siegt nämlich der Kreis, war es ein Zeichen von Vernunft, dass sie auch ihre eigenen Besonderheiten hatte, nicht geringer als die Besonderheiten des Kreises. Wie aber der Kreis die Winkel darstellt, so repräsentiert die Hyperbel die Verhältnisse in einer Fläche, woraus ihr Umgang mit den Logarithmen entsteht. Deswegen ist nunmehr klar, dass es geradezu unmöglich war, die Hyperbel eben auf diese Weise zu quadrieren. Denn alle Quadraturen, die wir mit diesem Satz angegeben haben, sind universell, so dass durchaus dieselbe Konstruktion bei einem beliebigen Teil der Kurve dienlich ist. Eine derartige Quadratur bringt die Hyperbel nicht mit sich, sonst wäre es ein Problem eines bestimmten Grades, den Logarithmus einer gegebenen Zahl zu finden, und, umgekehrt, für einen gegebenen Logarithmus die Zahl zu finden. Wenn daher ein Logarithmus gefunden und in eine beliebige Anzahl von Teilen geteilt ist, und andererseits die absolute Zahl eines Teils gefunden ist, würde folgen, dass das Auffinden von beliebig vielen mittleren Proportionalen ein Problem eines gewissen bestimmten festgelegten Grades ist. Das ist absurd. Eine ähnliche Schlussfolgerung werden wir unten im letzten Satz 51 über den Kreis vortragen und genau erklären, woher auch jene leichter verstanden werden wird.

PROPOSITIO XX.

Si V + X ad V + Z rationem habeat inaequalitatis finitam, sintque X et Z finitae, erit et V. finita; quodsi alterutra ipsarum X vel Z sit infinita, etiam V. infinita erit.

Prior pars ita probatur: Ponatur esse falsa, et X atque Z existentibus finitis sit V infinita, erit et V+X infinita, itemque V+Z infinita; quare et differentia earum erit infinita, quia si infinitum minus a majore, ad ipsum rationem inaequalitatis finitam, ut duplam, sesquialteram, aliamve habente auferas; restat infinitum. Differentia ergo inter V+X et V+Z est infinita; quod est absurdum, eadem est enim cum differentia inter X et Z. sublata scilicet quantitate communi V. Differentia autem inter X et Z quantitates ex hypothesi finitas, est etiam finita. Absurdum est ergo ipsis X et Z positis finitis V esse infinitam.

Posterior pars ita constat. Si V esset finita, et alterutra duarum reliquarum verbi gratia Z, infinita, X vero finita; foret V+X finita, et V+Z infinita, , finitum ergo ad infinitum rationem haberet inaequalitatis finitam, (quam, ex hypothesi, habent V+X et V+Z). Quod est absurdum.

Satz XX.

Wenn V + X zu V + Z ein endliches Verhältnis der Ungleichheit hat und X und Z endlich sind, wird auch V endlich sein; wenn nun eines der beiden X oder Z unendlich ist, wird auch V unendlich sein.

Der erste Teil wird folgendermaßen bewiesen: es sei vorausgesetzt, dass er falsch ist und für die vorhandenen endlichen X und Z sei V unendlich. Es wird auch V + X und ebenso V + Z unendlich sein; deswegen wird auch ihre Differenz unendlich sein, weil ein Unendliches übrig bleibt, wenn man ein kleineres Unendliches von einem größeren Unendlichen abzieht, das zu jenem ein endliches Verhältnis der Ungleichheit, z. B. ein doppeltes, anderthalbfaches oder ein anderes, hat. Also ist die Differenz zwischen V + X und V + Z unendlich. Das ist absurd, denn es ist dieselbe wie die Differenz zwischen X und Z, nachdem nämlich die gemeinsame Quantität V abgezogen ist. Aber die Differenz zwischen den aufgrund der Voraussetzung endlichen Quantitäten X und Z ist auch endlich. Es ist also absurd, dass für die vorausgesetzten endlichen X und Z V unendlich ist.

Der zweite Teil steht folgendermaßen fest. Wenn V endlich und eines der beiden übrigen, z. B. Z, unendlich, X aber endlich wäre, wäre V + X endlich und V + Z unendlich; also hätte ein Endliches zu einem Unendlichen ein endliches Verhältnis der Ungleichheit (wie es, nach Voraussetzung, V + X und V + Z haben). Das ist absurd.

PROPOSITIO XXI.

Rectangulum 0C 0GA 0B sub abscissa A 0B infinite parva et infinita ordinata 0B 0C ad Hyperboloeidem 0C 1C 2C, est quantitas infinita cum major est exponens dignitatum ab abscissis, quam exponens dignitatum proportionalium ab ordinatis; sin ille exponens hoc minor sit rectangulum erit quantitas infinite parva; denique si aequales sint exponentes, rectangulum erit quantitas ordinaria finita.

(1) Si aequales sint exponentes, seu si ordinatae BC, vel earum potentiae, sunt abscissis AB vel earum potentiis similibus reciproce proportionales, constat curvam 0C 1C 2C esse Hyperbolam Conicam, et rectangulum 0C 0GA 0B, aequari quadrato A 2BR 2G, ex natura Hyperbolae, nec refert quanta sit longitudo aut parvitas rectarum A 0B vel 0B 0C. Quadratum autem A 2BR 2G finitum est, ergo et rectangulum 0C 0G A 0B, sub infinite parva A 0B, et infinite longa 0B 0C comprehensum, est finitum.

(2) Si exponentes sint inaequales suffecerit unius curvae Hyperboloidis exemplo uti. Sit ergo 0C 1C 2C Antiparabola, in qua scilicet quadrata ordinatarum sint reciproce ut abscissae vel ordinatae conjugatae; aut contra ordinatae sint reciproce ut quadrata abscissarum vel ordinatarum conjugatarum. Ac primum ponamus ad Asymptoton AB demissas ordinatas BC esse ut quadrata ipsarum AB reciproce, sive esse 0B 0C ad 1B 1C ut quad. A 1B ad quad. A 0B. Porro rectangulum A 0B 0C 0G est ad rectangulum A 1B 1C 1G in ratione composita ex rationibus A 0B ad A 1B, et 0B 0C ad 1B 1C vel quad. A 1B ad quad. A 0B. Ratio autem composita ex duabus A 0B ad A 1B, et quad. A 1B, ad quad. A 0B est eadem quae rectae A 1B ad rectam A 0B. Ergo rectang. A 0B 0C 0G est ad rectangulum finitum [A 1B 1C 1G][1] ut recta A 1B finita, ad rectam A 0B infinite parvam. Quicquid autem ad quantitatem finitam rationem habet quam finitum ad infinite parvum, seu quam infinitum ad finitum, id ipsum est infinitum. Rectangulum ergo A 0B 0C 0G est infinitum, cum ordinatae sunt, reciproce, ut quadrata abscissarum; et generaliter cum exponens dignitatum ab abscissis major quam ab ordinatis; quod eadem servata ratiocinandi methodo quivis experiri potest, ego verbis in re clara parco.

[1] 1G 1C *L ändert Hrsg.*

Satz XXI.

Das Rechteck 0C 0G A 0B unter der unendlich kleinen Abszisse A 0B und der unendlichen Ordinate 0B 0C an der Hyperboloide 0C 1C 2C ist eine unendliche Quantität, wenn der Exponent der Potenzen von den Abszissen größer als der Exponent der proportionalen Potenzen von den Ordinaten ist; wenn aber jener Exponent kleiner als dieser ist, wird das Rechteck eine unendlich kleine Quantität sein; wenn schließlich die Exponenten gleich sind, wird das Rechteck eine endliche gewöhnliche Quantität sein.

(1) Wenn die Exponenten gleich sind, bzw. wenn die Ordinaten BC, oder ihre Potenzen, zu den Abszissen AB oder zu ihren ähnlichen Potenzen reziprok proportional sind, steht fest, dass die Kurve 0C 1C 2C eine Kegelschnitthyperbel und das Rechteck 0C 0G A 0B von der Natur der Hyperbel her gleich dem Quadrat A 2B R 2G ist, und es kommt nicht darauf an, wie groß die Länge oder die Kleinheit der Geraden A 0B oder 0B 0C ist. Das Quadrat A 2B R 2G ist aber endlich, also ist auch das Rechteck 0C 0G A 0B endlich, das unter der unendlich kleinen Geraden A 0B und der unendlich langen 0B 0C eingeschlossen ist.

(2) Wenn die Exponenten ungleich sind, mag es ausreichen, das Beispiel einer einzigen hyperboloidischen Kurve zu benutzen. Es sei also 0C 1C 2C die Antiparabel, bei der sich ja die Quadrate der Ordinaten reziprok wie die Abszissen oder konjugierten Ordinaten verhalten; oder es verhalten sich umgekehrt die Ordinaten reziprok wie die Quadrate der Abszissen oder konjugierten Ordinaten. Und zwar mögen wir zuerst voraussetzen, dass sich die zur Asymptote AB gezogenen Ordinaten BC reziprok wie die Quadrate der AB verhalten, bzw. sich 0B 0C zu 1B 1C wie das Quadrat von A 1B zum Quadrat von A 0B verhält. Ferner steht das Rechteck A 0B 0C 0G zum Rechteck A 1B 1C 1G in einem Verhältnis, das aus den Verhältnissen A 0B zu A 1B und 0B 0C zu 1B 1C oder Quadrat von A 1B zum Quadrat von A 0B zusammengesetzt ist. Das Verhältnis aber, das aus den beiden A 0B zu A 1B und Quadrat von A 1B zum Quadrat von A 0B zusammengesetzt ist, ist dasselbe, wie das der Geraden A 1B zur Geraden A 0B. Also verhält sich das Rechteck A 0B 0C 0G zum endlichen Rechteck A 1B 1C 1G wie die endliche Gerade A 1B zur unendlich kleinen Geraden A 0B. Aber was auch immer zu einer endlichen Quantität ein Verhältnis wie ein Endliches zu einem unendlich Kleinen, bzw. wie ein Unendliches zu einem Endlichen hat, das ist selbst unendlich. Also ist das Rechteck A 0B 0C 0G unendlich, wenn sich die Ordinaten reziprok wie die Quadrate der Abszissen verhalten, und allgemein, wenn der Exponent der Potenzen von den Abszissen größer als der von den Ordinaten ist; das kann jeder beliebige unter Beibehaltung derselben Methode des Folgerns prüfen, ich spare mir die Worte in einer klaren Sache.

(3) Contra, si eadem curva Antiparabolica inverso modo sumta intelligatur, sintque quadrata ordinatarum reciproce ut abscissae (scilicet pro ordinatis prioribus assumtis earum conjugatis, axe quoque conjugato, in prioris locum posito et vice versa) sive quad. 0B 0C ad quad. 1B 1C ut A 1B ad A 0B, eodem plane modo ratiocinabimur, nempe rectangulum A 0B 0C 0G est ad rectangulum A 1B 1C 1G in ratione composita ex ratione A 0B ad A 1B vel quad. 1B 1C ad quad. 0B 0C et ex ratione 0B 0C ad 1B 1C; ratio autem composita ex rationibus quad. 1B 1C ad quad. 0B 0C, et rectae 0B 0C ad rectam 1B 1C est ratio rectae (finitae) 1B 1C ad (infinitam) 0B 0C, est ergo rectangulum A 0B 0C 0G ad rectangulum finitum A 1B 1C 1G, ut quantitas finita ad infinitam. Quicquid autem est ad quantitatem finitam, ut quantitas finita ad infinitam, id est infinite parvum. Rectangulum ergo A 0B 0C 0G est infinite parvum, cum ordinatarum quadrata sunt reciproce ut abscissae, et generaliter cum exponens dignitatum ab abscissis minor quam ab ordinatis; cum eadem in casibus aliis ratiocinandi methodus servetur. Rectang. sub prima abscissa et ordinata sit xy. Sit $y^m = x^{-n}$ seu $y = x^{-n:m}$[,] $yx = x^{\overline{m-n:m}}$. Jam si x=0, et m major n fit m − n, :m, quantitas affirmativa. Sin n major m est quantitas negativa; potentia autem ipsius 0 affirmativa (cum m major n) dat infinite parvum, sed potentia ipsius 0 negativa (cum n major m) dat infinitum. Ergo cum exponens ordinatarum major quam abscissarum, rectangulum est infinite parvum; cum vero abscissarum major quam ordinatarum est infinitum.

(3) Wenn man dagegen unter derselben Kurve die in umgekehrter Weise genommene antiparabolische versteht, und sich die Quadrate der Ordinaten reziprok wie die Abszissen verhalten (wenn nämlich anstatt der früheren Ordinaten ihre konjugierten angenommen sind, wenn auch die konjugierte Achse an die Stelle der früheren gesetzt ist, und umgekehrt), bzw. sich das Quadrat von 0B 0C zum Quadrat von 1B 1C wie A 1B zu A 0B verhält, werden wir in ganz derselben Weise folgern, dass nämlich das Rechteck A 0B 0C 0G zum Rechteck A 1B 1C 1G in einem Verhältnis steht, das aus dem Verhältnis A 0B zu A 1B oder Quadrat von 1B 1C zum Quadrat von 0B 0C und aus dem Verhältnis 0B 0C zu 1B 1C zusammengesetzt ist; das Verhältnis aber, das aus den Verhältnissen des Quadrates von 1B 1C zum Quadrat von 0B 0C und der Geraden 0B 0C zur Geraden 1B 1C zusammengesetzt ist, ist das Verhältnis der (endlichen) Geraden 1B 1C zur (unendlichen) 0B 0C; also verhält sich das Rechteck A 0B 0C 0G zum endlichen Rechteck A 1B 1C 1G wie eine endliche Quantität zu einer unendlichen. Aber was sich auch immer zu einer endlichen Quantität wie eine endliche zu einer unendlichen Quantität verhält, das ist unendlich klein. Also ist das Rechteck A 0B 0C 0G unendlich klein, wenn sich die Quadrate der Ordinaten reziprok wie die Abszissen verhalten, und allgemein, wenn der Exponent der Potenzen von den Abszissen kleiner als der von den Ordinaten ist, weil in den anderen Fällen dieselbe Methode des Folgerns beibehalten wird. Das Rechteck unter der ersten Abszisse und Ordinate sei xy. Es sei $y^m = x^{-n}$ bzw. $y = x^{-n:m}$, $yx = x^{(m-n):m}$. Wenn nun x = 0 und m größer als n ist, wird die Quantität (m-n) : m positiv. Wenn aber n größer als m ist, wird die Quantität negativ; aber eine positive (wenn m größer als n ist) Potenz von 0 ergibt ein unendlich Kleines, jedoch eine negative (wenn n größer als m ist) Potenz von 0 ergibt ein Unendliches. Wenn also der Exponent der Ordinaten größer als der der Abszissen ist, ist das Rechteck unendlich klein; wenn jedoch der Exponent der Abszissen größer als der der Ordinaten ist, ist es unendlich.

PROPOSITIO XXII.

In qualibet Hyperboloide 0C 1C 2C (praeter omnium primam seu praeter ipsam Hyperbolam Conicam) spatium infinite longum 1C 1BA 0G 0C 1C vel 1C 1GA 3B etc. 3C 1C ad unam asymptoton AG est area infinitum, ad alteram AB finitum. Infinitum ad illam asymptoton in quam demissae ordinatae exponentem habent, exponente dignitatum proportionalium ab abscissis [majorem][1]; ad alteram vero spatium longitudine infinitum area finitum erit [adde coroll. 2. post prop. [25][2].][3]

Spatium longitudine infinitum intelligo, 1C 1BA 0G 0C 1C, cum ipsa A 0B vel 0G 0C infinite parva est, tunc enim ipsa 0B 0C infinite longa intelligetur. Nam A 1B finita ad A 0B infinite parvam habet rationem omni assignata majorem, seu quam infinitum ad finitum, ergo et dignitas illius ad dignitatem similem hujus jam et ex generali hyperboloidum natura, dignitates quaedam ipsarum 1B 1C, 0B 0C, sunt dignitatibus ipsarum A 1B, A 0B, reciproce proportionales; ergo dignitas quaedam ab 0B 0C ad dignitatem similem ab 1B 1C, erit etiam ut dignitas quaedam ab A 1B ad dignitatem similem ab A 0B, seu ut infinitum ad finitum; est autem dignitas a recta (finita) 1B 1C, ipsamet finita, ergo dignitas ab 0B 0C erit infinita; ergo et ipsamet 0B 0C erit infinita. Et quoniam nihil refert in quem axium conjugatorum ducantur ordinatae; semper enim earum dignitates dignitatibus abscissarum reciproce proportionales sunt; ideo semper abscissa sumta infinite parva, ordinata erit infinita; ac proinde omnis Hyperboloides utrumque axium habet asymptoton sive non, aut non nisi infinito abhinc intervallo curvae occurrentium.

Posito ergo punctum 0B distantia infinite parva abesse a puncto A, rectamque ab 0B versus curvam ductam infinito abhinc intervallo occurrere curvae in 0C, seu rectam [0B][4] 0C esse infinitam; ajo spatium quinquelineum longitudine infinitum 1C 1BA 0G 0C 1C (terminatum recta asymptoto seu infinita A 0G, curva itidem infinita 1C 0C, rectis duabus finitis A 1B, 1B 1C, et denique infinite parva 0C 0G) esse area infinitum eo casu quem enuntiat propositio; secus, finitum. Nam per prop. 18. 0C 0B 1B 1C 0C (id est, spatium longitudine infinitum 0C 0P 1C 0C, plus rectang. finitum 0P 0B 1B 1C, sive V+X, spatio appellato V, rectangulo X) est

[1] minorem *L ändert Hrsg.*
[2] 26 *L ändert Hrsg.*
[3] eckige Klammern von Leibniz
[4] 0B *erg. Hrsg.*

Satz XXII.

Bei einer beliebigen Hyperboloide 0C 1C 2C (außer der allerersten bzw. außer der Kegelschnitthyperbel eben) ist die unendlich lange Fläche 1C 1B A 0G 0C 1C oder 1C 1G A 3B etc. 3C 1C an der einen Asymptote AG dem Flächeninhalt nach unendlich, an der anderen AB endlich. Unendlich wird die an jener Asymptote sein, auf die die Ordinaten errichtet sind, die einen Exponenten haben, der größer ist als der Exponent der proportionalen Potenzen von den Abszissen, aber die der Länge nach unendliche Fläche an der anderen wird dem Flächeninhalt nach endlich sein (füge Korollar 2 nach Satz 25 hinzu).

Unter 1C 1B A 0G 0C 1C verstehe ich eine der Länge nach unendliche Fläche, wenn A 0B oder 0G 0C unendlich klein ist, dann nämlich wird 0B 0C unendlich lang gedacht werden. Denn die endliche Gerade A 1B hat zur unendlich kleinen A 0B ein Verhältnis, das größer als jedes zugewiesene ist bzw. wie ein Unendliches zu einem Endlichen, also auch die Potenz von jener zu der ähnlichen Potenz von dieser; nunmehr sind, und zwar aufgrund der allgemeinen Natur der Hyperboloide, gewisse Potenzen von 1B 1C, 0B 0C zu den Potenzen von A 1B, A 0B reziprok proportional; also wird sich eine gewisse Potenz von 0B 0C zur ähnlichen Potenz von 1B 1C auch wie eine gewisse Potenz von A 1B zur ähnlichen Potenz von A 0B verhalten bzw. wie ein Unendliches zu einem Endlichen; eine Potenz von der (endlichen) Geraden 1B 1C ist aber selbst endlich, also wird eine Potenz von 0B 0C unendlich, also wird auch 0B 0C selbst unendlich sein. Und da es ja nicht darauf ankommt, zu welcher der konjugierten Achsen hin die Ordinaten gezogen werden, denn ihre Potenzen sind immer zu den Potenzen der Abszissen umgekehrt proportional, wird deshalb stets bei unendlich klein gewählter Abszisse die Ordinate unendlich sein; und daher hat jede Hyperboloide jede der beiden Achsen als Asymptoten bzw. sie treffen die Kurve nicht oder lediglich nach einem von hier aus unendlichen Intervall.

Unter der Voraussetzung also, dass der Punkt 0B mit einem unendlich kleinen Abstand vom Punkt A entfernt ist und die von 0B zur Kurve hin gezogene Gerade nach einem von hier aus unendlichen Intervall die Kurve bei 0C trifft, bzw. die Gerade 0B 0C unendlich ist, behaupte ich, dass die fünflinige, der Länge nach unendliche Fläche 1C 1B A 0G 0C 1C (die von der geraden bzw. unendlichen Asymptote A 0G, von der ebenso unendlichen Kurve 1C 0C, den zwei endlichen Geraden A 1B, 1B 1C und schließlich von der unendlich kleinen 0C 0G begrenzt ist) dem Flächeninhalt nach in dem Fall unendlich ist, den der Satz ausdrückt, anderenfalls endlich. Denn nach Satz 18 verhält sich 0C 0B 1B 1C 0C (d. h. die der Länge nach unendliche Fläche 0C 0P 1C 0C plus dem endlichen Rechteck 0P 0B 1B 1C, bzw. V + X,

ad [0C][1] 0G 1G 1C, (seu ad idem spatium longitudine infinitum 0C 0P 1C 0C, plus rectang. 0G 0C 0P 1G, altitudinis 0G 0C infinite parvae, baseos infinite longae 0G 1G; sive ad V+Z dicto rectangulo [0G 0C 0P 1G][2] appellato Z) ut numerus ad numerum inaequalem, exponens scilicet dignitatis [ordinatae][3] ad exponentem dignitatis proportionalis [abscissae][4], qui non nisi in Hyperbola Conica, in propositione exclusa aequales sunt.

Habent ergo V+X et V+Z rationem inaequalitatis finitam; et X est quantitas finita, ergo per prop. 20. si Z sit infinita erit etiam V infinita, sin Z finita, erit et V finita. Quodsi autem V et Z [finitae sunt vel infinitae][5], etiam V+X imo V+X+Z finita vel infinita erit, nam X cum semper finita sit additione sui nec infinitum in finitum transmutat, nec finitum in infinitum. Idem erit etsi ad V+X+Z addatur rectangulum infinite parvum 1G 0P 0BA, ut compleatur quinque-lineum 1C 1BA 0G 0C 1C, nam infinite parvum hoc rectangulum est, (quia ejus basis 0B 0P vel 1B 1C finita, altitudo A 0B infinite parva); additio autem infinite parvi etiam nihil mutat. At quantitatem V+X+Z auctam rectangulo 1G 0P 0BA, ipsum quinque-lineum dictum complere patet, quia V est trilineum, 0C 0P 1C 0C, et X rectangulum 0P 0B 1B 1C, et Z rectangulum [0G 0C 0P 1G][6]. Concludimus ergo si Z sit quantitas finita vel infinita, etiam quinquelineum finitum vel infinitum fore. Addatur ipsi Z seu rectangulo [0G 0C 0P 1G][7] rectangulum infinite parvum 1G 0P 0BA, fiet rectangulum 0C 0GA 0B, itaque si hoc rectangulum, (sub abscissa infinite parva A 0B, et ordinata infinita 0B 0C comprehensum) finitum vel infinitum sit etiam Z, ab ipso non nisi infinite parva quantitate ([1G 0P 0BA][8]) differens, finitum vel infinitum erit, adeoque et quinquelineum.

Est autem rectangulum 0C 0GA 0B quantitas infinita cum major est exponens dignitatum ab abscissis; at [infinite parva][9] cum major est exponens dignitatum ab ordinatis, per prop. 21. et quinquelineum hoc 0C 0GA 1B 1C 0C est spatium infinite longum ad asymptoton AG. Ergo cum major est exponens dignitatum ab abscissis spatium infinite longum ad asymptoton Hyperboloidis constitutum est area vel magnitudine infinitum secus finitum. Hinc cum quaelibet Hyperboloides binas habeat asymptotos AG, AB, et ordinatae ad unam ut 1B 1C, aequentur abscissis ut A 1G, ad alteram, similiterque ordinatae 1G 1C, abscissis A 1B;

[1] 1C *L ändert Hrsg.*
[2] 0G 0C 1P 1G *L ändert Hrsg.*
[3] abscissae *L ändert Hrsg.*
[4] ordinatae *L ändert Hrsg.*
[5] finita est vel infinita *L ändert Hrsg.*
[6] 0G 0C 1P 1G *L ändert Hrsg.*
[7] 0G 0C 1P 1G *L ändert Hrsg.*
[8] 0G 0C 1P 1G *L ändert Hrsg.*
[9] finita *L ändert Hrsg.*

wenn die Fläche V, das Rechteck X benannt ist) zu 0C 0G 1G 1C (bzw. zu derselben der Länge nach unendlichen Fläche 0C 0P 1C 0C plus dem Rechteck 0G 0C 0P 1G mit der unendlich kleinen Höhe 0G 0C und der unendlich langen Grundlinie 0G 1G, bzw. zu V + Z, wenn das besagte Rechteck 0G 0C 0P 1G Z benannt ist) wie eine Zahl zu einer ungleichen Zahl, nämlich wie der Exponent der Potenz der Ordinate zum Exponenten der proportionalen Potenz der Abszisse, die nur bei der im Satz ausgeschlossenen Kegelschnitthyperbel gleich sind.

V + X und V + Z haben also ein endliches Verhältnis der Ungleichheit, und X ist eine endliche Quantität, also wird nach Satz 20 auch V unendlich sein, wenn Z unendlich ist; wenn aber Z endlich ist, wird auch V endlich sein. Wenn nun aber V und Z endlich oder unendlich sind, wird auch V + X, ja sogar V + X + Z endlich oder unendlich sein, denn weil X immer endlich ist, verwandelt es durch Addition von sich weder ein Unendliches in ein Endliches noch ein Endliches in ein Unendliches. Dasselbe wird sein, wenn auch zu V + X + Z das unendlich kleine Rechteck 1G 0P 0B A addiert wird, so dass die fünflinige Fläche 1C 1B A 0G 0C 1C ausgefüllt wird, denn unendlich klein ist dieses Rechteck (weil seine Grundlinie 0B 0P oder 1B 1C endlich, die Höhe A 0B unendlich klein ist); die Addition eines unendlich Kleinen ändert aber auch nichts. Dass aber die um das Rechteck 1G 0P 0B A vergrößerte Quantität V + X + Z die besagte fünflinige Fläche ausfüllt, ist klar, weil V das Trilineum 0C 0P 1C 0C und X das Rechteck 0P 0B 1B 1C und Z das Rechteck 0G 0C 0P 1G ist. Wir schließen also, dass, wenn Z eine endliche oder unendliche Quantität ist, auch die fünflinige Fläche endlich oder unendlich sein wird. Es möge zu Z bzw. zum Rechteck 0G 0C 0P 1G das unendlich kleine Rechteck 1G 0P 0B A addiert werden, es wird das Rechteck 0C 0G A 0B entstehen; deshalb, wenn dieses Rechteck (das unter der unendlich kleinen Abszisse A 0B und der unendlichen Ordinate 0B 0C eingeschlossen ist) endlich oder unendlich ist, wird auch Z, das sich von jenem nur um eine unendlich kleine Quantität (1G 0P 0B A) unterscheidet, endlich oder unendlich sein und deshalb auch die fünflinige Fläche.

Das Rechteck 0C 0G A 0B ist aber eine unendliche Quantität, wenn der Exponent der Potenzen von den Abszissen größer, aber eine unendlich kleine, wenn der Exponent der Potenzen von den Ordinaten größer ist, nach Satz 21, und dieses fünflinige 0C 0G A 1B 1C 0C ist eine unendlich lange Fläche an der Asymptote AG. Wenn also der Exponent der Potenzen von den Abszissen größer ist, ist die an der Asymptote der Hyperbel eingerichtete unendlich lange Fläche dem Flächeninhalt oder der Größe nach unendlich, anderenfalls endlich. Weil eine beliebige Hyperboloide je zwei Asymptoten AG, AB hat, werden daher auch die Ordinaten an die eine, wie 1B 1C, den Abszissen, wie A 1G, bei der anderen und

hinc si ad unam asymptoton major sit exponens dignitatis abscissarum, quam ordinatarum; ad alteram minor erit exponens dignitatis abscissarum quam ordinatarum, ac proinde si spatium sit area vel magnitudine infinitum consistens ad unam asymptoton, AG, ut exempli causa spatium 1C 1BA 0G etc. 0C 1C; tunc spatium infinite longum ad alteram asymptoton AB consistens 1C 1GA 3B etc. 3C 1C, area vel magnitudine finitum erit; vel contra. Q. E. D.

Scholium

Libenter hanc contemplationem persecutus sum, quia specimen exhibet cautionis circa ratiocinia de infinito, et methodum indivisibilium, ostenditque non semper ex partium finitarum perpetuo abscissarum proprietate quadam ad totius infiniti spatii proprietatem posse prosiliri. Ut hoc loco in hyperbola conica posset aliquis ita ratiocinari, zona 1C 1B 2B 2C 1C, aequalis zonae conjugatae 1C 1G 2G 2C 1C, et zona 0C 0B 1B 1C 0C aequalis zonae conjugatae 0C 0G 1G 1C 0C (ponendo eas semper finitas esse), quemadmodum constat ex prop. 18. et ita semper quodlibet spatium quadrilineum horizontale transverso seu perpendiculari. Jam omnia quadrilinea horizontalia in infinitum usque ad A complent spatium infinitum 2C 2BAM etc. 1C 2C et omnia perpendicularia sive conjugata in infinitum, complent spatium infinitum 2C 2GM etc. 1C 2C, ergo spatium infinitum hoc illi erit aequale, pars toti. Et in aliis hyperboloidibus semper concluderetur absurdum simili argumento. Nam exempli causa in Hyperboloide post Conicam proxima seu Antiparabola, si ordinatae BC, sint ut abscissarum AB quadrata reciproce, tunc erit per prop. 18. 1C 1B 2B 2C 1C dimidium ipsius [1C 1G 2G 2C 1C][1], eodem modo 0C 0B 1B 1C 0C dimidium ipsius 0C 0G 1G 1C 0C; ponendo semper finita esse, et ita semper quodlibet quadrilineum conjugati respondentis dimidium erit. Ergo spatium infinitum 2C 2BAM etc. 1C 2C completum ab omnibus prioribus quadrilineis in infinitum sumtis, erit dimidium spatii 2C 2GM etc. 1C 2C completi a conjugatis omnibus, totum partis. Eodem modo in aliis colligetur totum partis suae trientem aut quartam [partem][2] esse. Eleganti argumento quam lubrica sit ratiocinatio circa infinita, nisi demonstrationis filo regatur.

[1] 1C 2G 2C 1C *L ändert Hrsg.*
[2] partam *L ändert Hrsg.*

ähnlich die Ordinaten 1G 1C den Abszissen A 1B gleich sein; wenn daher bei der einen Asymptote der Exponent der Potenz der Abszissen größer ist als derjenige der Ordinaten, so wird bei der anderen der Exponent der Potenz der Abszissen kleiner sein als der der Ordinaten, und wenn daher die an der einen Asymptote AG vorhandene Fläche dem Flächeninhalt oder der Größe nach unendlich ist, wie z. B. die Fläche 1C 1B A 0G etc. 0C 1C, dann wird die an der anderen Asymptote AB vorhandene unendlich lange Fläche 1C 1G A 3B etc. 3C 1C dem Flächeninhalt oder der Größe nach endlich sein, oder umgekehrt. Das war zu beweisen.

Scholium

Gern bin ich dieser Betrachtung nachgegangen, weil sie ein Beispiel der Vorsicht bezüglich des Rechnens mit dem Unendlichen und der Indivisibelnmethode liefert und zeigt, dass man nicht immer von einer gewissen Eigenschaft der fortwährend abgeschnittenen endlichen Teile auf eine Eigenschaft der gesamten unendlichen Fläche vorspringen kann. Z. B. könnte jemand an dieser Stelle bei der Kegelschnitthyperbel folgendermaßen schließen: die Zone 1C 1B 2B 2C 1C ist gleich der konjugierten Zone 1C 1G 2G 2C 1C und die Zone 0C 0B 1B 1C 0C ist gleich der konjugierten Zone 0C 0G 1G 1C 0C (unter der Voraussetzung, dass sie immer endlich sind), wie es von Satz 18 her feststeht; und so ist immer eine beliebige horizontale vierlinige Fläche gleich einer umgedrehten bzw. senkrechten. Nun füllen alle horizontalen Quadrilinea bis ins Unendliche bis zu A die unendliche Fläche 2C 2B A M etc. 1C 2C aus, und alle senkrechten bzw. konjugierten bis ins Unendliche füllen die unendliche Fläche 2C 2G M etc. 1C 2C aus, also wird diese unendliche Fläche gleich jener sein, ein Teil dem Ganzen. Auch bei anderen Hyperboloiden würde man mit einem ähnlichen Argument immer auf Absurdes schließen. Denn z. B. bei der nächsten nach der Kegelschnitthyperbel bzw. der Antiparabel wird dann, wenn sich die Ordinaten BC reziprok wie die Quadrate der Abszissen verhalten, nach Satz 18 1C 1B 2B 2C 1C die Hälfte von 1C 1G 2G 2C 1C und in derselben Weise 0C 0B 1B 1C 0C die Hälfte von 0C 0G 1G 1C 0C sein, unter der Voraussetzung, dass sie immer endlich sind; und so wird immer ein beliebiges Quadrilineum die Hälfte des entsprechenden konjugierten sein. Also wird die unendliche Fläche 2C 2B A M etc. 1C 2C, die von allen bis ins Unendliche genommenen ersteren Quadrilinea ausgefüllt ist, die Hälfte der Fläche 2C 2G M etc. 1C 2C sein, die von allen konjugierten ausgefüllt ist, das Ganze die Hälfte eines Teils. In derselben Weise wird man bei anderen folgern, das das Ganze von seinem Teil ein Drittel oder der vierte Teil ist. Durch ein elegantes Argument sieht man, wie gefährlich eine Schlussfolgerung bezüglich der unendlichen Dinge ist, wenn sie nicht durch den Faden eines Beweises geleitet wird.

PROPOSITIO XXIII.

Continet Quadraturam figurae analyticae simplicis completae, id est inde a vertice incipientis excepta Hyperbola Conica; oportet autem si curva sit Hyperboloeides, ab ea parte sumi figuram, a qua finita ejus area est. Regula autem haec est: figura analytica simplex completa MA 1B 1CM est ad rectangulum A 1B 1C 1G sub altitudine A 1B id est maxima abscissa, et basi 1B 1C id est ultima ordinata, ut ω est ad $\omega + e$ in directis, vel Paraboloidibus fig. 6. 7. aut ad $\omega - e$ in reciprocis vel Hyperboloidibus fig. 8. est autem ut saepe diximus ω exponens dignitatum ab ordinatis; e, exponens dignitatum proportionalium ab abscissis.

(1) Hoc ita demonstratur, zona 0C 0B 1B 1C 0C (excepto Hyperbolae Conicae casu) est ad duorum rectangulorum 1B 0B 0P et 0P 1G 0G, summam in directis, differentiam in reciprocis ut ω ad numerorum ω et e. summam in directis, differentiam in reciprocis; prop. 19.

(2) Est autem rectangulum 0P 1G 0G infinite parvum, tunc cum A 0B vel 0P 1G infinite parva est, in directis quidem, fig. 6. 7. quia tunc 1G 0G est finita, non scilicet major quam recta finita 1B 1C; quare et rectangulum 0P 1G 0G, sub infinite parva et finita comprehensum infinite parvum erit; in reciprocis vero, fig. 8. recta quidem 1G 0G est infinita, posito A 0B, vel 0G 0C esse infinite parvam, quoniam curva 2C 1C 0C ipsi AG, asymptoto, nuspiam occurrit; rectangulum vero 0P 1G 0G sub infinita et infinite parva comprehensum nihilo minus infinite parvum est. Nam si rectangulum A 0B 0C, quod rectangulo 0P 1G 1G est majus, sit infinite parvum, utique et rectangulum 0P 1G 0G infinite parvum erit. Ipsum autem rectangulum A 0B 0C in Hyperboloidibus sive reciprocis est infinite parvum per prop. 21, si ω exponens dignitatum ab ordinatis sit major quam e, exponens dignitatum ab abscissis quod hoc loco, cum spatium Hyperboloeides infinite quidem longum, area tamen finitum est, (quemadmodum propositio haec postulat) contingit, per prop. 22. semper ergo in casu propositionis nostrae rectangulum 0P 1G 0G, aut etiam A 0B 0C infinite parvum erit.

(3) Neglecto ergo rectangulo 0P 1G 0G, infinite parvo, zona 0C 0B 1B 1C 0C erit per artic. 1. ad rectangulum finitum 1B 0B 0P, ut ω ad $\omega + e$ fig. 6. 7. in Paraboloidibus sive directis; vel ut ω ad differentiam inter ω et e, seu ad $\omega - e$ (quia ω major quam e, cum spatium ad asymptoton Hyperboloidis area finitum est, ut diximus) fig. 8. in Hyperboloidibus sive reciprocis. Ergo si zonae addas spatium infinite parvum MA 0B 0CM, ut fiat figura completa MA 1B 1CM, et rectangulo finito 1B 0B 0P aliud rectangulum infinite parvum

Satz XXIII.

Er enthält mit Ausnahme der Kegelschnitthyperbel die Quadratur einer vollständigen einfachen analytischen Figur, d. h. die von dort vom Scheitel ab beginnt; es ist aber nötig, dass, wenn die Kurve eine Hyperboloide ist, die Figur auf der Seite genommen wird, auf der ihr Flächeninhalt endlich ist. Dies ist aber die Regel: Die vollständige einfache analytische Figur M A 1B 1C M verhält sich zum Rechteck A 1B 1C 1G unter der Höhe A 1B, d. h. der größten Abszisse, und der Grundlinie 1B 1C, d. h. der letzten Ordinate, wie ω zu entweder ω + e bei direkten Verhältnissen oder den Paraboloiden, Fig. 6,7, oder zu ω − e bei reziproken oder den Hyperboloiden, Fig. 8. Es ist aber, wie wir oft sagten, ω der Exponent der Potenzen von den Ordinaten, e der Exponent der proportionalen Potenzen von den Abszissen.

(1) Das wird folgendermaßen bewiesen: die Zone 0C 0B 1B 1C 0C verhält sich (ausgenommen im Fall der Kegelschnitthyperbel) bei direkten Verhältnissen zur Summe, bei reziproken zur Differenz der beiden Rechtecke 1B 0B 0P und 0P 1G 0G wie ω bei direkten zur Summe bei reziproken, zur Differenz der Zahlen ω und e; Satz 19.

(2) Es ist aber dann das Rechteck 0P 1G 0G unendlich klein, wenn A 0B oder 0P 1G unendlich klein ist, und zwar bei direkten Verhältnissen, Fig. 6,7, weil dann 1G 0G endlich, nämlich nicht größer als die endliche Gerade 1B 1C ist; deshalb wird auch das unter der unendlich kleinen und der endlichen Geraden eingeschlossene Rechteck 0P 1G 0G unendlich klein sein. Bei reziproken Verhältnissen, Fig. 8, ist jedoch gerade 1G 0G unendlich, vorausgesetzt, dass A 0B oder 0G 0C unendlich klein ist, da ja die Kurve 2C 1C 0C nirgendwo die Asymptote trifft; aber das unter der unendlichen und der unendlich kleinen Geraden eingeschlossene Rechteck 0P 1G 0G ist nichtsdestoweniger unendlich klein. Wenn nämlich das Rechteck A 0B 0C, das größer als das Rechteck 0P 1G 0G ist, unendlich klein ist, wird jedenfalls auch das Rechteck 0P 1G 0G unendlich klein sein. Aber das Rechteck A 0B 0C ist bei den Hyperboloiden bzw. reziproken Verhältnissen nach Satz 21 selbst unendlich klein, wenn ω, der Exponent der Potenzen von den Ordinaten, größer als e, der Exponent der Potenzen von den Abszissen, ist, was an dieser Stelle nach Satz 22 zutrifft, wenn die zwar unendlich lange hyperboloidische Fläche dem Flächeninhalt nach trotzdem endlich ist (wie es dieser Satz fordert). Im Fall unseres Satzes wird also das Rechteck 0P 1G 0G oder sogar A 0B 0C immer unendlich klein sein.

(3) Wenn man also das unendlich kleine Rechteck 0P 1G 0G außer acht lässt, wird sich die Zone 0C 0B 1B 1C 0C nach Absatz 1 zum endlichen Rechteck 1B 0B 0P bei den Paraboloiden bzw. direkten Verhältnissen, Fig. 6, 7, wie ω zu ω + e oder bei den Hyperboloiden bzw. reziproken, Fig. 8, wie ω zur Differenz zwischen ω und e bzw. zu ω − e verhalten (weil ω größer als e ist, wenn die Fläche an der Asymptote der Hyperboloide dem Flächeninhalt nach endlich ist, wie wir sagten). Wenn man also zur Zone die unendlich kleine Fläche M A 0B 0C M addiert, so dass die vollständige Figur M

A 0B 0P 1G, ut fiat rectangulum A 1B 1C 1G; utique ratio eadem manebit, eritque figura completa sive a vertice sumta ad curvam analyticam simplicem constituta, MA 1B 1CM ad rectangulum A 1B 1C 1G sub maxima sive ultima assumta abscissa, A 1B eique respondente ordinata [1B 1C][1] comprehensum, ut ω ad $\omega + e$ fig. 6. 7. in directis, vel ut ω ad $\omega - e$ fig. 8. in reciprocis (cum scilicet, ut admonuimus, ω in reciprocis hic major esse debeat, quam e, ut figura completa longitudine licet infinita, areae tamen finitae esse possit). Q. E. D.

Scholium

Quae de infinitis atque infinite parvis huc usque diximus, obscura quibusdam videbuntur, ut omnia nova; sed mediocri meditatione ab unoquoque facile percipientur: qui vero perceperit, fructum agnoscet. Nec refert an tales quantitates sint in rerum natura, sufficit enim fictione introduci, cum loquendi cogitandique, ac proinde inveniendi pariter ac demonstrandi compendia praebeant, ne semper inscriptis vel circumscriptis uti, et ad absurdum ducere, et errorem assignabili quovis minorem ostendere necesse sit. Quod tamen ad modum eorum quae prop. 6. 7. 8. diximus facile fieri posse constat. Imo si quidem possibile est directas de his rebus exhiberi demonstrationes, ausim asserere, non posse eas dari, nisi his quantitatibus fictitiis, infinite parvis, aut infinitis, admissis, adde supra prop. 7. schol. Si quis ergo imposterum queretur de usu harum quantitatum, is aut ignarum se ostendet aut ingratum. Ignarum quidem, si non intelligit, quanta hic lux accendatur in tota methodo indivisibilium, et materia quadraturarum; ingratum vero, si utilitatem quam percipit, dissimulat. Neque enim hic ut in Cavaleriana Geometria ullius lapsus periculum est; nec securitatis causa cogimur, ut Cavalerius*25, ad ordinatas parallelas methodum restringere, et aequalia semper duarum proximarum ordinatarum intervalla postulare, ipsisque nobis ut ille fecit, progrediendi vias obstruere: sed liberrimo mentis discursu possumus non minus audacter ac tuto curvas quam rectas tractare. Cujus specimen totus hic libellus erit si quis methodi fructum quaerit; securitatis autem exemplum peculiare dabunt quae diximus schol. ad prop. 22. ubi Cavalerii methodus crude sumta infida est. Unde intelligi poterit non aliter

[1] 1B 1G *L ändert Hrsg.*

A 1B 1C M entsteht, und zum endlichen Rechteck 1B 0B 0P das andere unendlich kleine Rechteck A 0B 0P 1G, so dass das Rechteck A 1B 1C 1G entsteht, wird jedenfalls das Verhältnis dasselbe bleiben, und es wird sich die vollständige, bzw. die vom Scheitel ab genommene und an der einfachen analytischen Kurve errichtete Figur M A 1B 1C M, zum Rechteck A 1B 1C 1G, das unter der größten bzw. letzten angenommenen Abszisse A 1B und von der ihr entsprechenden Ordinate 1B 1C eingeschlossen ist, verhalten, wie ω zu $\omega + e$, Fig. 6, 7, bei direkten oder wie ω zu $\omega - e$, Fig. 8, bei reziproken Verhältnissen (weil nämlich, wie wir belehrten, ω bei den reziproken hier größer als e sein muss, so dass die vollständige, wenn auch der Länge nach unendliche Figur trotzdem von endlichem Flächeninhalt sein kann). Das war zu beweisen.

Scholium

Was wir über Unendliches und unendlich Kleines bisher sagten, wird einigen dunkel erscheinen, wie alles Neue; aber es wird von einem jeden durch mittelmäßiges Nachdenken leicht begriffen werden; wer es aber begriffen hat, wird den Ertrag erkennen. Und es kommt nicht darauf an, ob es derartige Quantitäten in der Natur der Dinge gibt, denn es reicht aus, sie durch eine Fiktion einzuführen, da sie Abkürzungen des Redens und Denkens und daher des Entdeckens ebenso wie des Beweisens liefern, so dass es nicht immer notwendig ist, Einbeschriebenes oder Umbeschriebenes zu benutzen und *ad absurdum* zu führen, und zu zeigen, dass der Fehler kleiner als ein beliebiger zuweisbarer ist. Dass dies trotzdem nach Art dessen, was wir in den Sätzen 6, 7, 8 sagten, leicht geschehen kann, steht fest. Ja ich möchte sogar wagen zu behaupten, wenn es nämlich möglich ist, bezüglich dieser Dinge direkte Beweise anzuführen, dass sie nur mit den zugelassenen unendlich kleinen oder unendlichen fiktiven Quantitäten erbracht werden können. Füge oben das Scholium von Satz 7 hinzu. Wenn sich also im folgenden jemand über den Gebrauch dieser Quantitäten beklagen wird, wird er sich entweder als ein Unkundiger oder Undankbarer zeigen. Als ein Unkundiger eben, wenn er nicht versteht, was für ein großes Licht hier in der ganzen Indivisibelnmethode und auf dem Gebiet der Quadraturen angezündet wird; als ein Undankbarer aber, wenn er den Nutzen, den er bekommt, verheimlicht. Und es besteht hier nämlich nicht wie bei der Cavalierischen Geometrie die Gefahr irgendeines Fehltrittes; und wir werden auch wegen der Sicherheit nicht wie Cavalieri dazu gezwungen, die Methode auf parallele Ordinaten einzuschränken und immer gleiche Intervalle zweier benachbarter Ordinaten zu fordern, und uns selbst, wie jener es tat, die Wege des Fortschreitens zu versperren, sondern wir können im freiesten Streifzug des Geistes Kurven nicht weniger kühn und sicher als Geraden behandeln. Dieses ganze Büchlein wird ein Beispiel dafür sein, wenn jemand nach dem Ertrag der Methode sucht; ein besonderes Beispiel der Sicherheit wird aber das liefern, was wir im Scholium zu Satz 22 sagten, wo die in unausgereifter Form verwendete Methode

eam obtinere, quam quatenus in hanc resolvi potest. Possem differentiam multis illustribusque exemplis ostendere si locus pateretur. Sed malim id lectores suo potius experimento discere quam meis verbis, sentient autem quantus inveniendi campus pateat, ubi hoc unum recte perceperint, figuram curvilineam omnem nihil aliud quam polygonum laterum numero infinitorum, magnitudine infinite parvorum esse. Quod, si Cavalerius, imo ipse Cartesius satis considerassent, majora dedissent aut sperassent.

Hactenus figuras Analyticas simplices generaliter tractavimus, ipsa demonstrationis nostrae generalitate invitati: ad Quadraturam vero Circuli Arithmeticam non nisi Paraboloidibus opus habemus, imo ex toto paraboloidum ordine, non nisi illis quae rationales sunt. Quarum naturam generalem utile erit hac propositione complecti.

Cavalieris unzuverlässig ist. Daher wird man verstehen können, dass diese nicht anders zu erhalten ist als insoweit sie in jene aufgelöst werden kann. Ich könnte den Unterschied durch viele, einleuchtende Beispiele zeigen, wenn der Platz es zuließe. Aber ich möchte lieber, dass die Leser dies eher durch ihre eigene Erfahrung als durch meine Worte lernen; sie werden aber bemerken, was für ein großes Feld des Entdeckens offen steht, sobald sie dieses Eine richtig begriffen haben, dass jede krummlinige Figur nichts anderes als ein Polygon mit unendlich vielen, der Größe nach unendlich kleinen Seiten ist. Wenn Cavalieri, ja sogar selbst Descartes das genügend bedacht hätten, hätten sie Größeres gegeben oder erwartet.

Bis jetzt haben wir eben durch die Allgemeinheit unseres Beweises eingeladen, die einfachen analytischen Figuren allgemein behandelt. Zur arithmetischen Quadratur des Kreises benötigen wir aber nur die Paraboloide, ja sogar nur jene aus der gesamten Reihe der Paraboloide, die rational sind. Es wird nützlich sein, deren allgemeine Natur mit Hilfe dieses Satzes zusammenzufassen.

PROPOSITIO XXIV.

In Trilineo Paraboloidis rationalis ABCA, fig. 6. abscissa posita AB, ordinata BC, parametro AP, erit

valor ordinatae	ad Parabolam		
	Quadraticam	Cubicam	Quadrato-quadraticam[1]
BC aequalis	$\frac{AB^2}{AP^1}$	$\frac{AB^3}{AP^3}$	$\frac{AB^4}{AP^3}$ etc.

Nam si 1B 1C aequal. $\frac{A\,1B^2}{AP^1}$ vel $\frac{A\,1B^3}{AP^2}$ etc.
et 2B 2C aequal. $\frac{A\,2B^2}{AP^1}$ vel $\frac{A\,2B^3}{AP^2}$ etc.
erit 1B 1C ut A $1B^2$ vel ut A $1B^3$ etc.
ad 2B 2C ad A $2B^2$ vel ad A $2B^3$
Ergo Ordinatae ut Quadrata vel Cubi abscissarum, etc. adeoque ex definitione erunt ad Parabolam Quadraticam, Cubicam, etc. sive ad Paraboloidem rationalem in universum.

[1] Am Rande: NB. au lieu de $\frac{\boxed{2}\,AB}{\boxed{1}\,AP}$ faut mettre $\frac{AB^2}{AP^1}$[,] $\frac{\boxed{3}\,AB}{\boxed{2}\,AP}$ faut mettre $\frac{AB^3}{AP^2}$ et ainsi toujours dans la suite.

Satz XXIV.

Beim Trilineum ABCA einer rationalen Paraboloide, Fig. 6, wird, wenn AB als Abszisse, BC als Ordinate und AP als Parameter gesetzt ist, der Wert der Ordinate

an die	quadratische	kubische	quadratoquadratische Parabel
BC gleich	$\frac{AB^2}{AP^1}$	$\frac{AB^3}{AP^3}$	$\frac{AB^4}{AP^3}$ etc. sein

Wenn nämlich 1B 1C gleich		$\frac{A\,1B^2}{AP^1}$ oder	$\frac{A\,1B^3}{AP^2}$ etc.
und 2B 2C gleich		$\frac{A\,2B^2}{AP^1}$ oder	$\frac{A\,2B^3}{AP^2}$ etc. ist
wird 1B 1C	wie	A $1B^2$ oder wie	A $1B^3$ etc.
zu 2B 2C	zu	A $2B^2$ zu	A $2B^3$ sein.

Also werden sich die Ordinaten wie die Quadrate oder Kuben etc. der Abszissen verhalten, und deshalb werden sie aufgrund der Definition die Ordinaten an die quadratische, kubische etc. Parabel bzw. an eine rationale Paraboloide im allgemeinen sein.

PROPOSITIO XXV.

Iisdem positis portionis Trilineae ABCA fig. 6. area valebit:

$$\frac{AB^3}{3AP^1}, \quad \frac{AB^4}{4AP^2}, \quad \frac{AB^5}{5AP^3} \text{ etc.}$$

in Parabola Quadratica, Cubica, Quad. quadratica etc. adde schol. hujus fin. coroll. 1. 2.

Nimirum in Trilineo Parabolae Quadraticae, area A 2B 2C 1CA, seu, summa rectarum 1B 1C, 2B 2C, vel rectarum $\frac{A\,1B^2}{AP^1}$, $\frac{A\,2B^2}{AP^1}$, vel summa omnium quadratorum ab A 1B, A 2B divisa per rectam constantem sive parametrum AP aequabitur trienti cubi ab ultima abscissa A 2B, facti per Parametrum divisi $\frac{A\,2B^3}{3AP}$, et ita de caeteris. Nam ex prop. 23. in paraboloidibus spatium A 2B 2C 1CA est ad rectangulum A 2B 2C, ut ω ad $\omega + e$. Sunt autem hoc loco ordinatae ipsae in ratione duplicata, triplicata, aut quadruplicata, etc. abscissarum, ergo ordinatarum exponens ω hoc loco, est 1. abscissarum, e, est 2 vel 3 vel 4 etc.

Ergo spatium est ad rectangulum ut 1 ad 1 + 2 vel 1 + 3 vel 1 + 4, etc. seu spatium est rectanguli pars tertia, quarta, quinta, etc. Cumque ordinata 2B 2C sit $\frac{A\,2B^2}{AP^1}$ vel $\frac{A\,2B^3}{AP^2}$ etc. (prop. 24.) rectangulum A 2B 2C, ex ordinata 2B 2C in abscissam A 2B erit $\frac{A\,2B^3}{AP^1}$. $\frac{A\,2B^4}{AP^2}$ etc. et spatium A 2B 2C 1CA rectanguli pars tertia vel quarta vel quinta etc. erit $\frac{A\,2B^3}{3AP^1}$. $\frac{A\,2B^4}{4AP^{[2]}}$. $\frac{A\,2B^5}{5AP^{[3]}}$ etc. Quod asserebatur.

Scholium

Ex iis quae hactenus de figurarum Analyticarum simplicium quadratura diximus, poteramus hoc solo theoremate contenti esse, praesertim cum id ex aliis quoque scriptoribus possit hauriri; si praeter quadraturam circuli Arithmeticam nihil dare constituissemus: sed quoniam tot alia ex eodem fonte propositionis septimae, utique uberrimo, manant, indulsimus nonnihil foecunditati nostrorum principiorum, ut appareret quanta ex quantulis duci possent. Ridiculum enim videbatur casus singulares efferre ac demonstrare velle; cum eadem opera iisdem pene verbis generalissima theoremata condi possent. Praesertim cum eadem apud alios nondum satis generaliter aut distincte demonstrata prostarent. Cavalerius non nisi ad pauca quaedam sua methodo pervenerat.

Satz XXV.

Unter denselben Voraussetzungen wird der Flächeninhalt eines dreilinigen Teils ABCA, Fig. 6, den Wert haben:

$$\frac{AB^3}{3AP^1}, \qquad \frac{AB^4}{4AP^2}, \qquad \frac{AB^5}{5AP^3} \text{ etc.}$$

bei der quadratischen, kubischen, quadratoquadratischen etc. Parabel. [Füge am Ende dieses Scholiums Korollar 1. und 2. hinzu]

Beim Trilineum A 2B 2C 1C A der quadratischen Parabel wird nämlich der Flächeninhalt bzw. die Summe der Geraden 1B 1C, 2B 2C, oder der Geraden $\frac{A1B^2}{AP^1}$, $\frac{A2B^2}{AP^1}$ oder die Summe aller durch die feste Gerade bzw. den Parameter AP dividierten Quadrate von A 1B, A 2B gleich dem Drittel des von der letzten Abszisse A 2B gebildeten, durch den Parameter geteilten Kubus, d. h. $\frac{A2B^3}{3AP^1}$ sein, und in der Weise bei den übrigen. Denn gemäß Satz 23 verhält sich bei den Paraboloiden die Fläche A 2B 2C 1C A zum Rechteck A 2B 2C wie ω zu $\omega + e$. An dieser Stelle stehen aber die Ordinaten selbst im verdoppelten, verdreifachten oder vervierfachten etc. Verhältnis der Abszissen, also ist der Exponent ω der Ordinaten an dieser Stelle 1, der der Abszissen e ist 2 oder 3 oder 4 etc.

Also verhält sich die Fläche zum Rechteck wie 1 zu 1 + 2 oder 1 + 3 oder 1 + 4 etc., bzw. die Fläche ist der dritte, vierte, fünfte, etc. Teil des Rechtecks. Und weil die Ordinate 2B 2C $\frac{A\,2B^2}{AP^1}$ oder $\frac{A\,2B^3}{AP^2}$ ist (Satz 24), wird das Rechteck A 2B 2C aus der Ordinate 2B 2C multipliziert mit der Abszisse A 2B $\frac{A\,2B^3}{AP^1}$, $\frac{A\,2B^4}{AP^2}$ etc. sein und die Fläche A 2B 2C 1C A wird der dritte oder vierte oder fünfte Teil des Rechtecks, d. h. $\frac{A\,2B^3}{3AP^1}$. $\frac{A\,2B^4}{4AP^2}$. $\frac{A\,2B^5}{5AP^3}$ sein. Das wurde behauptet.

Scholium

Aufgrund dessen, was wir bis jetzt über die Quadratur der einfachen analytischen Figuren sagten, hätten wir mit diesem Theorem allein zufrieden sein können, vor allem, weil das auch aus anderen Autoren geschöpft werden kann, wenn wir uns entschlossen hätten, außer der arithmetischen Kreisquadratur nichts zu geben. Da nun aber so vieles Andere aus derselben, zumal sehr ergiebigen Quelle des siebenten Satzes fließt, haben wir der Fruchtbarkeit unserer Prinzipien etwas nachgegeben, damit sichtbar wird, welch Großes aus welch Kleinem hergeleitet werden kann. Denn es erschien lächerlich, besondere Fälle anführen und beweisen zu wollen, obwohl mit derselben Mühe mit beinahe denselben Worten sehr allgemeine Theoreme aufgestellt werden können. Vor allem, weil dieselben bei Anderen noch nicht ausreichend allgemein oder genau bewiesen vorlagen. Cavalieri war mit seiner Methode nur zu einigen wenigen gekommen.

Satz XXV, Variante

[1665 f.] Robervallius mihi dixit Fermatium*[26] omnium primum infinitarum Paraboloidum, (sed rationalium, ut puto) quales prop. 24. 25. explicuimus, dedisse quadraturam. Quod non miror, quoniam id sine consideratione tangentium per solos numeros fieri potest, cum enim earum ordinatae procedunt ut quadrata, cubi, quadrato-quadrata, etc. abscissarum. Tantum opus erat regulam inveniri in numeris, qua potestatum summae darentur, qualem Fermatio notam fuisse scio. Sed nec Paraboloides intermedias, quarum ordinatae nullo modo sunt rationales, ad quemcunque axem referantur, (ut illam in qua ordinatarum quadrata sunt ut cubi abscissarum) nec Hyperboloides, seu curvas in quibus ordinatae aut earum potentiae, abscissis aut earum potentiis reciprocae sunt; ideo semper potuit mensurare. Quarum figurarum dimensionem Wallisio*[27] ni fallor debemus. Quanquam enim non demonstratione sed inductione sua comprobavit, ut aliqui arguunt, invenit tamen ea certe primus, artificio non vulgari, cum nemo ante ipsum quod sciam, inductionibus hoc modo usus sit in Geometria. Quoniam vero ista demonstrari Geometriae intererat, nec vero viderim qui rem totam satis distincte ac generaliter exposuerit, praesertim cum circa spatia Hyperboloidum infinite longa, magnitudinis modo finitae, modo infinitae, spinae restarent, quas liquida admodum demonstratione sustulimus, ideo credidimus nos Geometris rem non ingratam facturos, si occasione usi rem omnem de integro ex nostris principiis repeteremus. Sed nunc ad ipsam paulatim Circuli Quadraturam gradum facere tempus erit, ubi duo tantum corollaria adjecerimus.

Coroll. 1. ex prop. 25.

Adjicere operae pretium erit saepe sequentibus propositionem hanc 25. sic efferri a nobis: posita parametro 1 et abscissa AG fig. [6][1] posita x, ac ordinata GC existente

	1	x	x^2	x^3	x^4
in	Parallelogr.	Triang.	Parabola	Parab. Cub.	Parab. qqt.
fore spatium MGCM	$\frac{x}{1}$	$\frac{x^2}{2}$	$\frac{x^3}{3}$	$\frac{x^4}{4}$	$\frac{x^5}{5}$

Coroll. 2. ex prop. 25.

Ad exemplum propositionis 25. aut Corollarii [1].[2] circa figuras longitudine finitas analyticas simplices rationales sequens theorema ex prop. 23. generali de infinitis longitudine sive asymptotos habentibus demonstrari non difficulter posset. Posita parametro 1, et abscissa AG fig. [8][3] posita x et ordinata

[1] 6 *erg. Hrsg.*
[2] 2 *L ändert Hrsg.*
[3] 8 *erg. Hrsg.*

Satz XXV, Variante

[1665 f.] Roberval sagte mir, Fermat habe als allererster für die unendlichen Paraboloide (aber für die rationalen, wie ich meine), die wir in Satz 24, 25 erklärt haben, eine Quadratur angegeben. Das verwundert mich nicht, da dies ja ohne Betrachtung der Tangenten durch Zahlen allein geschehen kann, wenn nämlich ihre Ordinaten wie die Quadrate, Kuben, Quadratoquadrate etc. der Abszissen fortschreiten. Es war nur nötig, eine Regel bei den Zahlen zu finden, mit der die Summen von Potenzen angegeben werden; dass eine derartige Fermat bekannt war, weiß ich.

Aber weder die dazwischenliegenden Paraboloide, – deren Ordinaten keineswegs rational sind, auf welche Achse auch immer sie bezogen werden –, (wie jene, bei der sich die Quadrate der Ordinaten wie die Kuben der Abszissen verhalten) noch die Hyperboloide bzw. die Kurven, bei denen die Ordinaten oder deren Potenzen zu den Abszissen oder deren Potenzen reziprok (proportional) sind, konnte er deshalb immer messen.

Die Ausmessung dieser Figuren verdanken wir, wenn ich mich nicht täusche, Wallis. Denn obwohl er seine [Sätze] nicht durch einen Beweis sondern durch Induktion bestätigt hat, wie manche behaupten, fand er sie dadurch doch allerdings trotzdem, durch einen ungewöhnlichen Kunstgriff, als erster, weil niemand vor ihm, soviel ich weiß, die Induktionen auf diese Art in der Geometrie benutzt hat. Da es nun aber im Interesse der Geometrie war, jene Dinge zu beweisen und ich in der Tat nicht sah, wer die ganze Sache genau und allgemein genug dargestellt hat – vor allem, weil bezüglich der unendlich langen Hyperboloidenflächen von mal endlicher, mal unendlicher Größe die Spitzen übrigblieben, die wir durch einen äußerst flüssigen Beweis beseitigt haben – glaubten wir daher, eine den Geometern äußerst erwünschte Sache zu tun, wenn wir die Gelegenheit nutzten und die ganze Sache von neuem aufgrund unserer Prinzipien in Angriff nähmen. Aber es wird nun allmählich Zeit, den Schritt zur Kreisquadratur selbst zu tun, sobald wir nur zwei Korollare hinzugefügt haben.

Korollar 1

Es wird der Mühe wert sein für das oft Folgende, dass dieser Satz 25 von uns so ausgedrückt wird: wenn der Parameter als 1 und die Abszisse AG [Fig. 6] als x gesetzt ist und die Ordinate GC als

	1	x	x^2	x^3	x^4
erscheint, wird bei	Parallelogr.	Dreieck	Parabel	kub. Parabel.	quadratoq. Par.
die Fläche MGCM	$\frac{x}{1}$	$\frac{x^2}{2}$	$\frac{x^3}{3}$	$\frac{x^4}{4}$	$\frac{x^5}{5}$

sein.

Korollar 2

Nach dem Vorbild von Satz 25 oder Korollar 1 bezüglich der der Länge nach endlichen rationalen einfachen analytischen Figuren könnte aus dem allgemeinen Satz 23 über die der Länge nach unendlichen bzw. mit Asymptoten versehenen Figuren das folgende Theorem unschwer bewiesen werden.

GC existente

$\frac{1}{x^2}$ $\frac{1}{x^3}$ $\frac{1}{x^4}$ etc.

in Antiparabola in Antiparabola Cubica in Antiparabola qqtica fore spatium longitudine infinitum MGCM aequ.

$\frac{1}{1x}$ $\frac{1}{2x^2}$ $\frac{1}{3x^3}$ etc.

Unde patet quoque totum spatium utrinque asymptotum Hyperboloidis cujusdam propositae prop. simplicis rationalis, (e. gr. ejus cujus ordinata est $\frac{1}{x^2}$) [ordinatae][1] Hyperbolae vel Hyperboloidis proxime inferioris (nempe ipsi $\frac{1}{x}$ in hoc exemplo) per exponentem unitate minutum, (id est per 1. hoc loco) divisae in parametrum ductae aequari, et generaliter (ut loqui soleo) Hyperboloidem quamlibet rationalem prorsus ac paraboloidem esse altioris (ut paraboloidem inferioris) quadratricem. Nempe fig. [6, 7][2]. si curva 1C 2C 3C sit parabola Conica, et 1D 2D 3D Cubica, ejusdem parametri, erit tertia pars rectae 1B 1D aequ. spatio M 1B 1CM per parametrum diviso per Coroll. 1. At in fig. [8][3] si curva 1D 2D sit Hyperbola Conica et 1C 2C Hyperboloides proxime altior rationalis scilicet et ejusdem parametri erit 1G 2D aequal. spatio infinito M 1G 1CM per parametrum diviso per Coroll. 2. Haec cum prop. 40. de triangulo Arithmetico et harmonico non inutiliter conferentur. Usum hujus corollarii vide ad prop. [44, schol.][4].

[1] asymptoto *L ändert Hrsg.*
[2] 6, 7 *erg. Hrsg.*
[3] 8 *erg. Hrsg.*
[4] 43 *L ändert Hrsg.*

Wenn der Parameter als 1 und die Abszisse AG als x (Fig. 8) gesetzt wird, und die Ordinate GC als

$\frac{1}{x^2}$ $\frac{1}{x^3}$ $\frac{1}{x^4}$ etc.

erscheint, wird bei der

Antiparabel kub. Antipar. quadratoq. Antipar. die der Länge nach unendliche Fläche MGCM

$\frac{1}{1x}$ $\frac{1}{2x^2}$ $\frac{1}{3x^3}$ etc. sein.

Daher ist auch klar, dass die gesamte auf beiden Seiten asymptotische Fläche einer gewissen einfachen rationalen Hyperboloide des vorgestellten Satzes (z. B. derjenigen, deren Ordinate $\frac{1}{x^2}$ ist) gleich der Ordinate der Hyperbel oder der nächst niedrigeren Hyperboloide (nämlich $\frac{1}{x}$ in diesem Beispiel) ist, die durch den um die Einheit verminderten vorgegebenen Exponenten (d. h. durch 1 an dieser Stelle) dividiert und mit dem Parameter multipliziert ist; und allgemein, dass (wie ich zu sprechen pflege) eine beliebige rationale Hyperboloide gerade so wie eine Paraboloide von der höheren (wie eine Paraboloide von der niedrigeren) die Quadratrix ist. Wenn nämlich in Fig. 6, 7 die Kurve 1C 2C 3C eine Kegelschnittparabel und 1D 2D 3D eine kubische mit demselben Parameter ist, wird der dritte Teil der Geraden 1B 1D gleich der durch den Parameter geteilten Fläche M 1B 1CM nach Korollar 1 sein. Wenn aber in Fig. 8 die Kurve 1D 2D eine Kegelschnitthyperbel und 1C 2C die nächsthöhere rationale Hyperboloide ist, und zwar mit demselben Parameter, wird 1G 2D gleich der durch den Parameter geteilten unendlichen Fläche M 1G 1CM nach Korollar 2 sein. Diese Dinge werden mit Satz 40 über das arithmetische und harmonische Dreieck äußerst nutzbringend verglichen werden. Die Anwendung dieses Korollars siehe bei Satz 44, Scholium.

PROPOSITIO XXVI.[1]

Maximus terminus progressionis Geometricae in infinitum decrescentis, est proportione medius inter (maximam) summam et maximam differentiam, vel quod idem est summa progressionis Geometricae in infinitum decrescentis est ad terminum primum, ut terminus primus ad differentiam primi a secundo.

Variae huius theorematis demonstrationes*[28] haberi possunt, ex quibus illam selegi, quae rem quodammodo oculis subjicit. Rectae 1A 2A etc. C ad angulos rectos insistat, 1A 1B quae sit progressionis cujusdam geometricae in infinitum decrescentis terminus maximus sive primus, et ex puncto 1B ducatur recta 1B 2A angulo 1A 1B 2A semirecto; rursusque ex 2A erigatur normaliter 2A 2B progressionis ejusdem terminus a maximo secundus. Juncta [1B 2B][2] producatur, dum ipsi 1A 2A productae occurrat in C.

Ducantur 2B 3A, 3A 3B, 3B 4A, 4A 4B, 4B 5A, 5A 5B, etc. ita ut 2B 3A, 3B 4A, 4B 5A etc. sint parallelae ipsi 1B 2A; et rursus 3A 3B, 4A 4B, 5A 5B etc. parallelae ipsi 1A 1B. Ob angulos 1A 1B 2A, 2A 2B 3A, etc. semirectos, ipsi 1A 2A aequatur 1A 1B, et ipsi 2A 3A aequatur 2A 2B, et ita reliquae jacentes erectis. Denique iisdem jacentibus parallelae et aequales ducantur 1D 2B, 2D 3B, 3D 4B etc. Iam ob triangula similia, 1B 1AC, 2B 2AC, 3B 3AC etc.; itemque ob triangula iisdem et inter se similia, 1B 1D 2B, 2B 2D 3B, 3B 3D 4B etc. erunt ipsae 1D 2B, 2D 3B, 3D 4B, etc.
sive 1A 2A, 2A 3A, 3A 4A, etc.
proportionales ipsis 1AC, 2AC, 3AC, etc.
differentiae scilicet quantitatum, ipsis quantitatibus, patet enim inter 1AC et 2AC differentiam esse 1A 2A, et inter 2AC et 3AC differentiam esse 2A 3A, et ita porro. Si qua autem in serie differentiae sint ipsis quantitatibus proportionales constat seriem tam quantitatum quam differentiarum esse progressionis geometricae, quare

ipsae	1A 2A,	2A 3A,	3A 4A etc.	} erunt progressionis Geometricae in
vel ipsae	1A 1B,	2A 2B,	3A 3B etc.	

infinitum decrescentis. Porro omnium 1A 2A, 2A 3A, 3A 4A, etc. summa est tota 1AC. nam semper quodlibet punctum, ut 4A. 5A. etc. cadit citra C. quia angulus ut 3A 3B 4A, vel 4A 4B 5A etc. est minor angulo 3A 3BC, vel 4A 4BC etc. nec ullum tamen punctum intra

[1] *Zur ursprünglichen Reihenfolge der Sätze XXVI, XXVII bemerkt L*: NB. Il faut transposer ces propositions et mettre la suivante à la place de celle cy, et celle cy, à la place de la suivante.
[2] 1B 2C *L ändert Hrsg.*

Satz XXVI.[1]

Der größte Term einer bis ins Unendliche abnehmenden geometrischen Progression ist die mittlere Proportionale zwischen der (größten) Summe und der größten Differenz, oder, was dasselbe ist, die Summe einer bis ins Unendliche abnehmenden geometrischen Folge verhält sich zum ersten Term wie der erste Term zur Differenz zwischen dem ersten und zweiten.

Es können verschiedene Beweise dieses Theorems erbracht werden, von denen ich jenen ausgewählt habe, der den Sachverhalt gewissermaßen vor Augen führt. Auf der Geraden 1A 2A etc. C möge bei den rechten Winkeln die Quantität 1A 1B stehen, die der größte bzw. erste Term einer gewissen bis ins Unendliche abnehmenden geometrischen Progression sei, und vom Punkt 1B möge unter dem halben rechten Winkel 1A 1B 2A die Gerade 1B 2A gezogen werden; und wiederum werde von 2A aus der zweitgrößte Term 2A 2B derselben Folge senkrecht errichtet. Die Verbindungsgerade 1B 2B werde verlängert, bis sie die verlängerte Gerade 1A 2A selbst in C trifft.

Es mögen 2B 3A, 3A 3B, 3B 4A, 4A 4B, 4B 5A, 5A 5B etc. so gezogen werden, dass 2B 3A, 3B 4A, 4B 5A etc. zu 1B 2A parallel und andererseits 3A 3B, 4A 4B, 5A 5B etc. zu 1A 1B parallel sind. Wegen der halben rechten Winkel 1A 1B 2A, 2A 2B 3A etc. ist 1A 1B gleich 1A 2A, und 2A 2B ist gleich 2A 3A und in der Weise die übrigen liegenden den errichteten Geraden. Schließlich mögen zu denselben liegenden Geraden parallele und gleiche 1D 2B, 2D 3B, 3D 4B etc. gezogen werden. Nunmehr werden wegen der ähnlichen Dreiecke 1B 1A C, 2B 2A C, 3B 3A C etc., und ebenso wegen der denselben und untereinander ähnlichen Dreiecke 1B 1D 2B, 2B 2D 3B, 3B 3D 4B etc.
die 1D 2B, 2D 3B, 3D 4B, etc.
bzw. 1A 2A, 2A 3A, 3A 4A, etc.
zu den 1AC, 2AC, 3AC, etc. proportional sein,
nämlich die Differenzen der Quantitäten zu den Quantitäten selbst; denn es ist klar, dass 1A 2A die Differenz zwischen 1A C und 2A C ist, und dass 2A 3A die Differenz zwischen 2A C und 3A C ist, und so weiter. Wenn aber in irgendeiner Reihe die Differenzen zu den Quantitäten selbst proportional sind, steht fest, dass die Reihe der Quantitäten ebenso wie die der Differenzen zu einer geometrischen Progression gehören. Deshalb werden
die 1A 2A, 2A 3A, 3A 4A etc. } zu einer bis ins Unendliche
oder die 1A 1B, 2A 2B, 3A 3B etc. }
abnehmenden geometrischen Progression gehören. Ferner ist die Summe aller 1A 2A, 2A 3A, 3A 4A etc. die ganze [Strecke] 1A C, denn ein beliebiger Punkt wie 4A, 5A etc. fällt immer vor C, weil der Winkel wie 3A 3B 4A oder 4A 4B 5A etc. kleiner als der Winkel 3A 3B C oder 4A

[1] *Zur ursprünglichen Reihenfolge der Sätze XXVI, XXVII bemerkt L*: NB. Man muss diese Sätze umstellen und den folgenden an die Stelle von diesem und diesen an die Stelle des folgenden setzen.

1A et C assignari potest, ultra quod versus C non cadat aliquod ex ipsis 3A. 4A. 5A, etc. in infinitum continuatis, quoniam ipsae C 4A, C 5A etc. quippe geometrice decrescentes tandem quantitate qualibet fiunt minores: adeoque si quis dicat puncta A, in infinitum continuata non desinere in ipsum C, intervallo tamen ab eo aberunt infinite parvo, sive error quovis assignabili errore minor erit; recta ergo 1AC, summa est omnium 1A 2A, 2A 3A, 3A 4A, etc. vel omnium 1A 1B, 2A 2B, 3A 3B etc. geometrice decrescentium. Est autem haec summa, 1AC ad 1A 1B terminum maximum sive primum, ut 1D 2B idem terminus maximus ad 1D 1B, differentiam maximam seu differentiam inter 1A 1B, et 2A 2B, terminum primum et secundum; terminus igitur maximus inter summam et differentiam maximam proportione medius erit. Q. E. D.

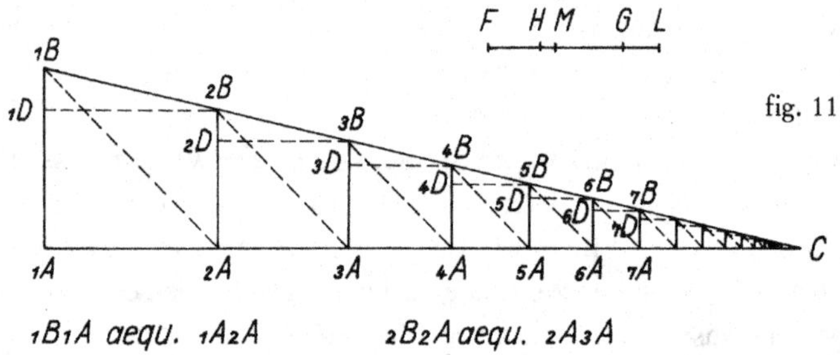

fig. 11

4B C etc. ist, und es kann dennoch kein Punkt innerhalb von 1A und C zugewiesen werden, über den hinaus in Richtung C nicht irgendeiner von den bis ins Unendliche fortgesetzten 3A, 4A, 5A etc. fallen könnte, da ja die C 4A, C 5A etc., die nämlich geometrisch abnehmen, letztlich kleiner als eine beliebige Quantität werden. Und wenn deshalb jemand sagt, dass die bis ins Unendliche fortgesetzten Punkte A nicht bei C aufhören, werden sie trotzdem davon durch ein unendlich kleines Intervall entfernt sein, bzw. der Fehler wird kleiner als ein beliebiger zuweisbarer Fehler sein. Die Gerade 1A C ist also die Summe aller 1A 2A, 2A 3A, 3A 4A etc. oder aller geometrisch abnehmenden 1A 1B, 2A 2B, 3A 3B etc. Diese Summe 1A C verhält sich aber zum größten bzw. ersten Term 1A 1B wie derselbe größte Term 1D 2B zur größten Differenz 1D 1B bzw. der Differenz zwischen dem ersten und zweiten Term, 1A 1B und 2A 2B; folglich wird der größte Term die mittlere Proportionale zwischen der Summe und der größten Differenz sein. Das war zu beweisen.

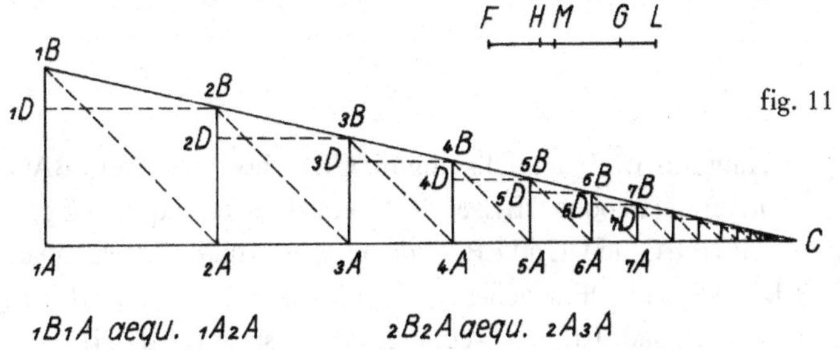

fig. 11

PROPOSITIO XXVII.

Diameter HB Circuli est ad BE, vel FG sinum versum arcus BOD in duplicata ratione AC secantis arcus dimidii BO, ad ejus tangentem BC.

Sive si describatur centro A, radio AB semicirculus BDH, et ex puncto quolibet D in circuli circumferentia sumto ducatur DC ipsi tangenti verticis BC occurrens in C et producatur sinus rectus DE usque in G hac conditione, ut EG sit aequalis ipsi CB; idemque in singulis circumferentiae circuli punctis praestando exurgat curva BGL; dico naturam hujus curvae, quae figuram segmentorum circuli facit talem quoque esse, ut Quadratum ab AC habeat eandem rationem ad quadratum a BC, quam habet diameter HB ad FG ordinatam Trilinei BFGB, quod figurae segmentorum circuli BEGB complemento est, seu ad ordinatam ipsi figurae segmentorum conjugatam.

Propter parallelas CB. DE. angulus BDE aequalis angulo CBD, hoc est angulo BAC, unde cum DEB et ABC recti sint, reliqui quoque DBE, et BCA aequantur, eruntque triangula DEB, ABC similia; eritque ut AB ad BC sic DE ad EB. unde quoque ut quad. AB. ad quad. BC. sic quad. DE. ad quad. EB. Sed quad. DE aequale rectangulo HEB. Ergo ut quad. AB. ad quad. BC. sic rectang. HEB. ad quad. EB. Sed rectang. HEB est ad quad. EB (cum habeant eandem altitudinem EB) ut HE ad EB. Unde denuo erit ut quad. AB, ad quad. BC. sic HE ad EB. et componendo ut

$$\underbrace{\text{quad. AB.} + \text{quad. BC.}}_{\text{quad. AC}}\ \text{ad quad. BC. sic}\ \underbrace{\text{HE} + \text{EB}}_{\text{seu HB seu FG}}\ \text{ad EB. Q. E. D.}$$

Satz XXVII.

Der Durchmesser HB eines Kreises steht zum *sinus versus* BE oder FG des Bogens BOD im verdoppelten Verhältnis des *secans* AC vom halben Bogen BO zu seiner Tangente BC.

Bzw. wenn der Halbkreis BDH (Fig. 9, Satz 10) mit dem Mittelpunkt A und dem Radius AB aufgezeichnet wird, und von einem beliebigen auf dem Umkreis gewählten Punkt D die [Tangente] DC gezogen wird, die die Tangente BC des Scheitels in C trifft, und der *sinus rectus* DE bis nach G unter der Bedingung verlängert wird, dass EG gleich CB ist, und durch die Ausführung desselben bei jedem einzelnen Punkt des Umkreises die Kurve BGL entsteht, sage ich, dass die Natur dieser Kurve, die die Segmentfigur des Kreises erzeugt, auch so beschaffen ist, dass das Quadrat von AC dasselbe Verhältnis zum Quadrat von BC hat, das der Durchmesser HB zur Ordinate FG des Trilineums BFGB, – das für die Segmentfigur des Kreises BEGB das Komplement ist –, bzw. zur für die Segmentfigur selbst konjugierten Ordinate hat.

Wegen der Parallelen CB, DE ist der Winkel BDE gleich dem Winkel CBD, dieser dem Winkel BAC, weshalb, weil DEB und ABC rechte sind, auch die übrigen DBE und BCA gleich sind, und es werden die Dreiecke DEB und ABC ähnlich sein; und es wird sich wie AB zu BC so DE zu EB verhalten, daher auch wie das Quadrat von AB zum Quadrat von BC so das Quadrat von DE zum Quadrat von EB. Aber das Quadrat von DE ist gleich dem Rechteck HEB. Also verhält sich wie das Quadrat von AB zum Quadrat von BC so das Rechteck HEB zum Quadrat von EB. Aber das Rechteck HEB verhält sich zum Quadrat von EB (weil sie dieselbe Höhe EB haben) wie HE zu EB. Daher wird sich von neuem wie das Quadrat von AB zum Quadrat von BC so HE zu EB verhalten, und durch Zusammensetzung

$$\text{wie}\quad \underbrace{\text{Quadr. AB. + Quadr. BC.}}_{\text{Quadr. AC}}\quad \text{zum Quadr. BC}\quad \underset{\text{bzw.}}{\text{so}}\quad \underbrace{\text{HE + EB}}_{\text{HB}}\quad \underset{\text{bzw. FG}}{\text{zu EB.}}$$

Das war zu beweisen.

PROPOSITIO XXVIII.

Iisdem quae prop. 27. positis rectae FG dimidiatae valor erit
$\frac{BF^2}{AB^1} - \frac{BF^4}{AB^3} + \frac{BF^6}{AB^5} - \frac{BF^8}{AB^7}$ etc.
Oportet autem AB non esse minorem quam BF.

Vel recta FG. ordinata conjugata figurae segmentorum circuli aequalis est duplo summae ex rectis numero infinitis ts. rq. pa. etc. posito Ft, Fs, Fr, Fq, Fp, Fa etc. esse ordinatas a parte [convexa][1] ad curvas, BtM parabolam quadraticam seu gradus secundi, et BsM quadrato-quadraticam seu gradus quarti, et BrM quadrato-cubicam seu gradus sexti, et BqM, gradus octavi, et BpM gradus decimi, et BaM gradus duodecimi etc. quae latere recto AB vel BN intra quadratum BNM describuntur.

(1) Nam ex naturis harum Paraboloidum supra explicatis prop. 24. quantitas,

$$+ \text{Ft} - \text{Fs} + \text{Fr} - \text{Fq} + \text{Fp} - \text{Fa} \quad \text{etc. idem est quod}$$

$$\underbrace{+ \frac{BF^2}{AB^1} - \frac{BF^4}{AB^3}}_{\text{sive } + \text{ts}} \underbrace{+ \frac{BF^6}{AB^5} - \frac{BF^8}{AB^7}}_{+\text{rq}} \underbrace{+ \frac{BF^{10}}{AB^9} - \frac{BF^{12}}{AB^{11}}}_{+\text{pa}} \quad \text{etc.}$$

Variante 1747f. Unde patet ts, rq, pa, etc. esse progressionis Geometricae, et ts ad rq, esse ut rq ad pa, etc. nempe in ratione AB^4 ad BF^4 decrescente quia AB major quam BF. Ergo per prop. 26 erit summa omnium, seu ts + rq + pa [+ etc.][2] quam vocabimus Σ ad maximum terminum ts, ut ts ad ts – rq. id est ut AB^4 ad $AB^4 - BF^4$, quoniam ts ad rq ut AB^4 ad BF^4, ut diximus. Est autem differentia quadrato quadratorum ab AB, et a BF, idem quod factum ex summa quadratorum ab iisdem, ducta in eorundem quadratorum differentiam. Cum ergo sit ts. ad Σ, vel ts in AB ad Σ in AB, ut $AB^4 - BF^4$ ad AB^4, erit in composita ratione ex his duabus $AB^2 + BF^2$ ad AB^2 et $AB^2 - BF^2$ ad AB^2. Ipsum autem rectangulum sub ts in AB est ad BF^2 etiam ut $AB^2 - BF^2$ ad AB^2. Erit ergo rectang. sub ts in AB ad rectang. sub Σ in AB in composita ratione ex ratione $AB^2 + BF^2$ ad AB^2, et ratione rectanguli sub ts in AB ad BF^2.

(2) ts est ad rq ut AB^4 ad BF^4
nam valor ipsius ts artic. 1. multiplicatus per BF^4, divisus per AB^4 dat valorem ipsius rq.

(3) rq est ad pa etiam ut AB^4 ad BF^4
eandem ob rationem, idemque est in caeteris.

(4) Ergo ts est ad rq ut rq ad pa per artic. 2. 3. idemque est in caeteris sequentibus.

[1] concava *L ändert Hrsg.*
[2] + etc. *erg. Hrsg.*

Satz XXVIII.

Unter denselben Voraussetzungen wie in Satz 27 wird der Wert der halbierten Geraden FG
$\frac{BF^2}{AB^1} - \frac{BF^4}{AB^3} + \frac{BF^6}{AB^5} - \frac{BF^8}{AB^7}$ etc. sein.
Es ist aber nötig, dass AB nicht kleiner als BF ist.

Oder die Gerade FG als konjugierte Ordinate der Segmentfigur des Kreises ist gleich dem Doppelten der Summe aus den unendlich vielen Geraden ts, rq, pa etc., vorausgesetzt, dass Ft, Fs, Fr, Fq, Fp, Fa etc. die Ordinaten auf der konvexen Seite an die Kurven BtM, die quadratische bzw. die Parabel zweiten Grades, und BsM, die quadratoquadratische bzw. vierten Grades, und BrM, die quadratokubische bzw. sechsten Grades, und BqM, die achten Grades, und BpM, die zehnten Grades, und BaM, die zwölften Grades etc. sind, die mit dem *latus rectum* AB oder BN innerhalb des Quadrats BNM gezeichnet werden.

(1) Denn aufgrund der oben in Satz 24 erklärten Naturen dieser Paraboloide ist die Quantität

$$+ \;Ft - Fs + Fr - Fq + Fp - Fa \text{ etc.}$$

$$+ \underbrace{\frac{BF^2}{AB^1} - \frac{BF^4}{AB^3}}_{\text{bzw. } + ts} + \underbrace{\frac{BF^6}{AB^5} - \frac{BF^8}{AB^7}}_{+rq} + \underbrace{\frac{BF^{10}}{AB^9} - \frac{BF^{12}}{AB^{11}}}_{+pa} \text{ etc.}$$

Variante 1747f. Daher ist klar, dass die ts, rq, pa etc. zu einer geometrischen Progression gehören, und dass sich ts zu rq wie rq zu pa etc. verhält. Sie stehen nämlich im abnehmenden Verhältnis AB^4 zu BF^4, weil AB größer als BF ist. Also wird sich nach Satz 26 die Summe von allen bzw. ts + rq + pa [etc.], die wir Σ nennen werden, zum größten Term ts wie ts zu ts − rq verhalten, d. h. wie AB^4 zu $AB^4 - BF^4$, da sich ja, wie wir sagten, ts zu rq wie AB^4 zu BF^4 verhält. Die Differenz zwischen den Quadratoquadraten von AB und BF ist aber dasselbe wie das Produkt aus der Summe der Quadrate von denselben multipliziert mit der Differenz derselben Quadrate. Weil sich also ts zu Σ oder ts mal AB zu Σ mal AB wie $AB^4 - BF^4$ zu AB^4 verhält, wird es in einem zusammengesetzten Verhältnis stehen, und zwar aus diesen beiden $AB^2 + BF^2$ zu AB^2 und $AB^2 - BF^2$ zu AB^2. Dasselbe Rechteck unter ts mal AB verhält sich aber zu BF^2 auch wie $AB^2 - BF^2$ zu AB^2. Es wird also das Rechteck unter ts mal AB zum Rechteck unter Σ mal AB in einem zusammengesetzten Verhältnis stehen, und zwar aus dem Verhältnis $AB^2 + BF^2$ zu AB^2 und dem Verhältnis des Rechtecks unter ts mal AB zu BF^2.

(2) ts verhält sich zu rq wie AB^4 zu BF^4,
denn der mit BF^4 multiplizierte und durch AB^4 dividierte Wert von ts ergibt nach Absatz 1 den Wert von rq.

(3) Wegen desselben Verhältnisses verhält sich rq zu pa auch wie AB^4 zu BF^4, und dasselbe gilt bei den übrigen Termen.

(4) Also verhält sich nach Absatz 2, 3 ts zu rq wie rq zu pa, und dasselbe gilt bei den übrigen folgenden Termen.

(5) Ergo series ts. rq. pa. etc. est progressionis Geometricae, et quidem decrescentis, quoniam per artic. 2. 3. est in ratione AB^4 ad BF^4, quae est decrescens, quia AB est major quam BF.

(6) Summa hujus seriei, seu ts + rq + pa, etc. vocetur Σ.

(7) Ergo per prop. 26. Σ est ad ts ut ts ad ts − rq.

(8) ts − rq est ad ts ut $AB^4 - BF^4$ ad AB^4
quia per artic. 2. ts est ad rq ut AB^4 ad BF^4.

(9) Ratio $AB^4 - BF^4$ ad AB^4 composita est ex ratione $AB^2 + BF^2$ ad AB^2, et ex ratione $AB^2 - BF^2$ ad AB^2 quia differentia quadratoquadratorum est factum ex summa quadratorum in differentiam, ut notum est; et AB^4 est factum ex AB^2 in AB^2, quod adhuc notius est.

(10) Ergo ratio ts ad Σ, vel ts in AB ad Σ in AB etiam ex ratione $AB^2 + BF^2$ ad AB^2 et ex ratione $AB^2 - BF^2$ ad AB^2 composita erit per artic. 7. 8. 9.

(11) Porro rectangulum sub ts in AB est ad BF^2, in ratione $AB^2 - BF^2$ ad AB^2
ut patet ex valore ipsius ts artic. 1.

(12) Ergo ratio rectanguli sub ts in AB ad rectang. sub Σ in AB composita est ex rationibus duabus $AB^2 - BF^2$ ad AB^2, et BF^2 ad rectang. sub Σ in AB.
At eadem ratio per artic. 10. composita est ex rationibus $AB^2 - BF^2$ ad AB^2, et $AB^2 + BF^2$ ad AB^2. Demta ergo utrinque communi ratione $AB^2 - BF^2$ ad AB^2,

(13) erunt rationes, BF^2 ad Σ in AB, et $AB^2 + BF^2$ ad AB^2, aequales[,]

(14) ergo Σ ad AB, vel dupla Σ ad BH ut BF^2 ad $AB^2 + BF^2$ vel (quia ex constructione BF aequalis ipsi BC,) ut BC^2 ad AC^2.
Sed per prop. 27. FG est etiam ad BH, ut BC^2 ad AC^2.

(15) Ergo FG aequalis est duplae Σ seu dimidia FG aequalis ipsi Σ, sive per artic. 6. summae rectarum ts + rq + pa [etc.][1], adeoque et valori earum ex artic. 1.

$$\underbrace{\frac{BF^2}{AB^1} - \frac{BF^4}{AB^3}}_{} + \underbrace{\frac{BF^6}{AB^5} - \frac{BF^8}{AB^7}}_{} \text{ etc. aequal. FG dimidiae. Q. E. D.}$$

seu ts + rq etc.

[1] etc. *erg. Hrsg.*

(5) Also gehört die Reihe ts, ra, pa etc. zu einer geometrischen und zwar abnehmenden Progression, da sie ja nach Absatz 2, 3 im Verhältnis von AB^4 zu BF^4 steht, das ein abnehmendes ist, weil AB größer als BF ist.

(6) Die Summe dieser Reihe bzw. ts + rq + pa etc. möge Σ genannt werden.

(7) Also verhält sich nach Satz 26 Σ zu ts wie ts zu ts - rq.

(8) ts - rq verhält sich zu ts wie AB^4 - BF^4 zu AB^4,
weil sich nach Absatz 2 ts zu rq wie AB^4 zu BF^4 verhält.

(9) Das Verhältnis $AB^4 - BF^4$ zu AB^4 ist aus dem Verhältnis $AB^2 + BF^2$ zu AB^2 und dem Verhältnis $AB^2 - BF^2$ zu AB^2 zusammengesetzt, weil die Differenz der Quadratoquadrate bekanntlich das Produkt aus der Summe und der Differenz der Quadrate ist und AB^4 das Produkt aus AB^2 und AB^2 ist, was noch bekannter ist.

(10) Also wird das Verhältnis ts zu Σ oder ts mal AB zu Σ mal AB auch aus dem Verhältnis $AB^2 + BF^2$ zu AB^2 und aus dem Verhältnis $AB^2 - BF^2$ zu AB^2 zusammengesetzt sein, nach Artikel 7, 8, 9.

(11) Ferner steht das Rechteck unter ts mal AB zu BF^2 im Verhältnis $AB^2 - BF^2$ zu AB^2 wie es aufgrund des Wertes von ts in Absatz 1 klar ist.

(12) Also ist das Verhältnis des Rechtecks unter ts mal AB zum Rechteck unter Σ mal AB aus den beiden Verhältnissen $AB^2 - BF^2$ zu AB^2 und BF^2 zum Rechteck unter Σ mal AB zusammengesetzt.
Aber dasselbe Verhältnis ist nach Absatz 10 aus den Verhältnissen $AB^2 - BF^2$ zu AB^2 und $AB^2 + BF^2$ zu AB^2 zusammengesetzt. Wenn also auf beiden Seiten das gemeinsame Verhältnis $AB^2 - BF^2$ zu AB^2 weggenommen wird,

(13) werden die Verhältnisse BF^2 zu Σ mal AB und $AB^2 + BF^2$ zu AB^2 gleich sein,

(14) also Σ zu AB oder das doppelte Σ zu BH wie BF^2 zu $AB^2 + BF^2$ oder (weil aufgrund der Konstruktion BF gleich BC ist) BC^2 zu AC^2.
Aber nach Satz 27 verhält sich auch FG zu BH wie BC^2 zu AC^2.

(15) Also ist FG gleich dem doppelten Σ, bzw. die Hälfte von FG ist gleich Σ, bzw. ist nach Absatz 6 die Hälfte von FG gleich der Summe der Geraden ts + rq + pa etc. und deshalb auch deren Wert von Absatz 1 her

$$\underbrace{\frac{BF^2}{AB^1} - \frac{BF^4}{AB^3}}_{\text{ts}} + \underbrace{\frac{BF^6}{AB^5} - \frac{BF^8}{AB^7}}_{\text{rq}} \quad \text{etc.}$$

Das war zu beweisen.

bzw. ts + rq etc.

PROPOSITIO XXIX.

Spatii BFGB (seu trilinei quod BEGB figurae segmentorum circuli complemento est,) dimidium; sive huic dimidio aequale per prop. 10. trilineum Circulare DCBOD aequale est summae hujus seriei infinitae decrescentis

$\frac{BC^3}{3AB^1} - \frac{BC^5}{5AB^3} + \frac{BC^7}{7AB^5} - \frac{BC^9}{9AB^7}$ etc.

Oportet autem AB non esse minorem quam BC.

Nam FG dimidia aequalis, per prop. 28.

Ft - Fs + Fr - Fq etc.

et (F) (G) dimidia aequalis est, per eundem

(F) (t) - (F) (s) + (F) (r) - (F) (q) etc.[1]

Ergo dimidia summa omnium FG, (F) (G) etc., usque ad B, seu dimidium spatium BFG(G)B aequale summae omnium

$$\left.\begin{matrix} +\,Ft & - & Fs & + & Fr & - & Fq \\ (F)(t) & & (F)(s) & & (F)(r) & & (F)(q) \\ \text{etc.} & & \text{etc.} & & \text{etc.} & & \text{etc.} \end{matrix}\right\}\text{etc.}$$

seu spatiis Paraboloidum

+ BFt(t)B – BFs(s)B + BFr(r)B – BFq(q)B etc.

Jam horum spatiorum ultimae ordinatae assumtae seu bases,

Ft – Fs + Fr – Fq etc. (aequal. $\frac{1}{2}$FG)

per prop. 24. 27. valent

$\frac{BF^2}{AB^1} - \frac{BF^4}{AB^3} + \frac{BF^6}{AB^5} - \frac{BF^8}{AB^7}$ etc.

Ergo per prop. 25. eorum summae seu spatia paraboloidum valebunt

$\frac{BF^3}{3AB^1} - \frac{BF^5}{5AB^3} + \frac{BF^7}{7AB^5} - \frac{BF^9}{9AB^7}$ etc.

Ergo et summa omnium $\frac{1}{2}$FG, seu spatium dimidium BFG(G) B quod his paraboloidum spatiis alternatim affirmatis negatisque id est additis et subtractis aequale ostensum est; ejusdem valoris erit adeoque pro BF ponendo ipsi aequalem BC, spatium dimidium dictum, seriei in propositione enuntiatae aequabitur. Q. E. D.

Scholium

Quod ope progressionis Geometricae demonstravimus, poteramus et demonstrare per divisiones in infinitum continuatas pulcherrimo Nic. Mercatoris*[29] Holsati e Societate Regia Britannica invento. Quod ita non ineleganter ostendetur ope aequationum, nempe sit quantitas $\frac{a}{b+c}$. ea erit: aeq. $\frac{a}{b} - \frac{ac}{b^2+bc}$ (ut patebit reducendo has duas fractiones ad unum

---

[1] *Am Rande, gestrichen*: Sive posita BC vel BF, aequ. t. et AB aequ. 1. fiet aequ. $\frac{t^3}{3} - \frac{t^5}{5} + \frac{t^7}{7} - \frac{t^9}{9}$ etc. modo sit t minor quam 1. Sin sit t major quam 1, utilis erit mutatis mutandis series $\frac{t}{1} - \frac{1}{1t} + \frac{1}{3t^3} - \frac{1}{5t^5}$*[32] etc. quanquam ea non sit opus, cujus posterioris seriei fundamentum in scholio indicare suffecerit, priore tantum distincto in demonstrationis hic subiecto* contextu ostensa.

Satz XXIX.

Die Hälfte der Fläche BFGB (bzw. des Trilineums, das für die Segmentfigur des Kreises BEGB das Komplement ist) bzw. das dieser Hälfte nach Satz 10 gleiche Kreistrilineum DCBOD ist gleich der Summe dieser abnehmenden unendlichen Reihe
$\frac{BC^3}{3AB^1} - \frac{BC^5}{5AB^3} + \frac{BC^7}{7AB^5} - \frac{BC^9}{9AB^7}$ etc.
Es ist aber nötig, dass AB nicht kleiner als BC ist.

Denn die Hälfte von FG ist nach Satz 28 gleich
Ft - Fs + Fr - Fq etc.
und die Hälfte von (F)(G) ist nach demselben Satz gleich
(F) (t) - (F) (s) + (F) (r) - (F) (q) etc.[1]
Also ist die halbe Summe aller FG, (F)(G) etc., bis B, bzw. die halbe Fläche BFG(G)B gleich der Summe aller

$$\left.\begin{matrix} + & Ft & - & Fs & + & Fr & - & Fq \\ & (F)(t) & & (F)(s) & & (F)(r) & & (F)(q) \\ & \text{etc.} & & \text{etc.} & & \text{etc.} & & \text{etc.} \end{matrix}\right\} \text{etc.}$$

bzw. den Paraboloidenflächen
$$+ BFt(t)B - BFs(s)B + BFr(r)B - BFq(q)B \text{ etc.}$$
Nun ergeben die letzten angenommenen Ordinaten bzw. Grundlinien dieser Flächen
$$Ft \quad - Fs \quad + Fr \quad - Fq \quad \text{etc. (gleich } \tfrac{1}{2}FG)$$
nach Satz 24, 27
$$\frac{BF^2}{AB^1} - \frac{BF^4}{AB^3} + \frac{BF^6}{AB^5} - \frac{BF^8}{AB^7} \text{ etc.}$$
Also werden nach Satz 25 ihre Summen bzw. Paraboloidenflächen
$$\frac{BF^3}{3AB^1} - \frac{BF^5}{5AB^3} + \frac{BF^7}{7AB^5} - \frac{BF^9}{9AB^7} \text{ etc. ergeben.}$$
Also wird auch die Summe aller $\frac{1}{2}$FG bzw. die Hälfte der Fläche BFG(G)B, von der gezeigt wurde, dass sie gleich diesen abwechselnd positiven und negativen, d. h. addierten und subtrahierten Paraboloidenflächen ist, denselben Wert haben, und deshalb wird, wenn für BF das ihm gleiche BC gesetzt wird, die besagte halbe Fläche gleich der in diesem Satz ausgedrückten Reihe sein. Das war zu beweisen.

Scholium

Was wir mit Hilfe der geometrischen Reihe bewiesen haben, hätten wir auch durch bis ins Unendliche fortgesetzte Divisionen mittels der schönsten Entdeckung des Holsteiners Nik. Mercator von der englischen Royal Society beweisen können. Das wird folgendermaßen höchst elegant mit Hilfe von Gleichungen gezeigt werden: es sei die Quantität nämlich $\frac{a}{b+c}$,

[1] *Am Rande, gestrichen*: Bzw. wenn BC oder BF gleich t und AB gleich 1 gesetzt wird, wird es [das Kreistrilineum DCBOD] gleich $\frac{t^3}{3} - \frac{t^5}{5} + \frac{t^7}{7} - \frac{t^9}{9}$ etc. werden, sofern nur t kleiner als 1 ist. Wenn aber t größer als 1 ist, wird mit den nötigen Änderungen die Reihe $\frac{t}{1} + \frac{1}{1t} - \frac{1}{3t^3} + \frac{1}{5t^5}$ etc. nützlich sein, obwohl sie nicht notwendig ist; es mag ausreichen, die Grundlage dieser zweiten Reihe im Scholium anzugeben, wobei nur die erste in einem gesonderten, hier beigefügten Zusammenhang eines Beweises gezeigt wird.

denominatorem).

Jam ponamus ac aequ. (a) et b^2 aequ. (b) et bc aequ. (c) fiet $\frac{a}{b+c}$ aequ. $\frac{a}{b} - \frac{(a)}{(b)+(c)}$. et quia $\frac{(a)}{(b)+(c)}$ eodem modo componitur quo $\frac{a}{b+c}$[,] erit et $\frac{(a)}{(b)+(c)}$ aequ. $\frac{(a)}{(b)} - \frac{(ac)}{(b^2)+(bc)}$. est autem $\frac{(a)}{(b)}$ aequ. $\frac{ac}{b^2}$. ergo $\frac{a}{b+c}$ erit aequ. $\frac{a}{b} - \frac{ac}{b^2} + \frac{(ac)}{(b^2)+(bc)}$ et ponendo rursus (ac) aequ. ((a)) et (b^2) aequ. ((b)) et (bc) aequ. ((c)) fiet $\frac{(ac)}{(b^2)+(bc)}$ aequ. $\frac{((a))}{((b))+((c))}$ sive aequal. $\frac{((a))}{((b))} - \frac{((ac))}{((b^2))+((bc))}$. est autem $\frac{((a))}{((b))}$ aequ. $\frac{(ac)}{(b^2)}$ aequ. $\frac{acbc}{b^4}$ aequ. $\frac{ac^2}{b^3}$ et fiet $\frac{a}{b+c}$ aequ. $\frac{a}{b} - \frac{ac}{b^2} + \frac{ac^2}{b^3} - \frac{((ac))}{((b^2))+((bc))}$ et hanc residuam fractionem quantumlibet decrescentem eodem prorsus modo resolvendo in infinitum habebitur
$\frac{a}{b+c}$ aequ. $\frac{a}{b} - \frac{ac}{b^2} + \frac{ac^2}{b^3} - \frac{ac^3}{b^4}$ etc.

Ergo si ponamus, $-\gamma$ aequ. c. tunc mutatis signis imparium dimensionum ipsius c, fiet
$\frac{a}{b-\gamma}$ aequ. $\frac{a}{b} + \frac{a\gamma}{b^2} + \frac{a\gamma^2}{b^3} + \frac{a\gamma^3}{b^4}$ etc.
quod coincidit cum prop. 26. Si ponamus a aequ. BF^2 et c aequ. BF^2 et b aequ. AB^2 sive si loco $\frac{a}{b+c}$ proponatur $\frac{BF^2}{AB^2+BF^2}$, fiet: $\left[\frac{BF^2}{AB^2} - \frac{BF^4}{AB^4} + \frac{BF^6}{AB^6}\right]$[1] etc. prorsus ut expressimus ac demonstravimus prop. 28. Oportet autem series istas esse decrescentes. Simile quiddam ad radicum purarum vel affectarum extractiones accommodari potest in numeris literisve, nam et in illis divisio quaedam locum habet, quod jam dudum exemplis quibusdam expertus sum, (ob eos qui ex illa circuli expressione sequi putabant circulum esse quadrato diametri commensurabilem) etiam quantitates irrationales, e.g. diagonalem in quadrato per infinitam seriem rationalium numerorum efferri posse.

Sed haec clarissimum virum Isaacum Neutonum ingeniose ac feliciter prosecutum, nuper accepi*30, a quo praeclara multa theoremata expectari possunt. Porro si contra ponatur c aequ. AB^2 et b aequ. BF^2, manente a aequ. BF^2 fiet $\frac{a}{b+c}$ aequ. $\frac{BF^2}{BF^2+[AB^2]}$ aequ. $1 - \frac{AB^2}{BF^2} + \frac{AB^4}{BF^4}$ etc.
quemadmodum ante aequ. $\frac{BF^2}{AB^2} - \frac{BF^4}{AB^4} + \frac{BF^6}{AB^6}$ etc. sive ponendo AB constantem sive parametrum aequ. 1 et BF vel BC aequ. t. tunc priore modo supra posito $\frac{FG}{2}$ sive $\frac{t^2}{1+t^2}$ fiet aequ. $t^2 - t^4 + t^6$ etc. secundum prop. 28. et summa omnium $\frac{FG}{2}$ sive area dimidii spatii BFGB erit $\frac{t^3}{3} - \frac{t^5}{5} + \frac{t^7}{7}$ et ad summam omnium $\frac{FG}{2}$ seu aream spatii dimidii BFGB mutatis mutandis serviet series $\frac{t}{1} - \frac{1}{1t} + \frac{1}{3t^3}$*31 etc. ut probari poterit ex coroll. 2. prop. 25. Ex quibus expressionibus prior serviet cum t minor quam 1, posterior servit cum major est 1, quanquam sufficiet prior sola quoniam si arcus B[D]M[2] fig. 9. sit major quadrante sufficit considerari excessum [D]M[3].

[1] $\frac{BF^2}{AB} - \frac{BF^4}{AB^3} + \frac{BF^6}{AB^5}$ *L ändert Hrsg.*
[2] E *L ändert Hrsg.*
[3] E *L ändert Hrsg.*

sie wird gleich $\frac{a}{b} - \frac{ac}{b^2+bc}$ sein (wie es durch Zurückführung dieser beiden Brüche auf einen einzigen Nenner klar sein wird).

Nunmehr mögen wir ac = (a) und b^2 = (b) und bc = (c) setzen, es wird $\frac{a}{b+c} = \frac{a}{b} - \frac{(a)}{(b)+(c)}$ werden;
und weil $\frac{(a)}{(b)+(c)}$ auf dieselbe Art wie $\frac{a}{b+c}$ zusammengesetzt wird, wird auch $\frac{(a)}{(b)+(c)} = \frac{(a)}{(b)} - \frac{(ac)}{(b^2)+(bc)}$ sein. Aber es ist $\frac{(a)}{(b)} = \frac{ac}{b^2}$. Also wird $\frac{a}{b+c} = \frac{a}{b} - \frac{ac}{b^2} + \frac{(ac)}{(b^2)+(bc)}$ sein, und indem man wiederum (ac) = ((a)) und (b^2) = ((b)) und (bc) = ((c)) setzt, wird $\frac{(ac)}{(b^2)+(bc)} = \frac{((a))}{((b))+((c))}$ bzw. gleich $\frac{((a))}{((b))} - \frac{((ac))}{((b^2))+((bc))}$ werden. Es ist aber $\frac{((a))}{((b))} = \frac{(ac)}{(b^2)} = \frac{acbc}{b^4} = \frac{ac^2}{b^3}$ und es wird $\frac{a}{b+c} = \frac{a}{b} - \frac{ac}{b^2} + \frac{ac^2}{b^3} - \frac{((ac))}{((b^2))+((bc))}$ werden, und indem dieser beliebig abnehmende Restbruch auf genau dieselbe Art bis ins Unendliche aufgelöst wird, wird man $\frac{a}{b+c} = \frac{a}{b} - \frac{ac}{b^2} + \frac{ac^2}{b^3} - \frac{ac^3}{b^4}$ etc. erhalten.

Wenn wir also $-\gamma$ = c setzen, dann wird durch die veränderten Vorzeichen der ungeraden Potenzen von c $\frac{a}{b-\gamma} = \frac{a}{b} + \frac{a\gamma}{b^2} + \frac{a\gamma^2}{b^3} + \frac{a\gamma^3}{b^4}$ etc. werden,
was mit Satz 26 übereinstimmt. Wenn wir a = BF^2 und c = BF^2 und b = AB^2 setzen, bzw. wenn anstelle von $\frac{a}{b+c}$ $\frac{BF^2}{AB^2+BF^2}$ vorausgesetzt wird, wird $\frac{BF^2}{AB} - \frac{BF^4}{AB^3} + \frac{BF^6}{AB^5}$ etc. entstehen, gerade so wie wir es in Satz 28 ausgedrückt und bewiesen haben. Es ist aber notwendig, dass jene Reihen abnehmen. Etwas Ähnliches kann zu den Ausziehungen von reinen und affizierten Wurzeln bei Zahlen oder Buchstaben verwendet werden, denn auch bei jenen hat eine gewisse Division Gültigkeit, was ich schon längst mit einigen Beispielen erprobte, (wegen derjenigen, die meinten, aus jenem Ausdruck für den Kreis folge, dass der Kreis mit dem Quadrat des Durchmessers kommensurabel sei), so dass sogar irrationale Quantitäten, z. B. die Diagonale im Quadrat, durch eine unendliche Reihe rationaler Zahlen ausgedrückt werden können.

Dass aber der hochberühmte Mann Isaac Newton, vom dem viele glänzende Sätze erwartet werden können, dies scharfsinnig und glücklich verfolgt hat, vernahm ich unlängst. Wenn dagegen ferner c = AB^2 und b = BF^2 gesetzt wird, a = BF^2 bleibt, wird $\frac{a}{b+c} = \frac{BF^2}{BF^2+AB^2} = 1 - \frac{AB^2}{BF^2} + \frac{AB^4}{BF^4}$ etc. wie vorher $= \frac{BF^2}{AB^2} - \frac{BF^4}{AB^4} + \frac{BF^6}{AB^6}$ etc. werden, bzw. indem die Konstante bzw. der Parameter AB = 1 und BF oder BC gleich t gesetzt wird, dann wird durch die erste oben gesetzte Art $\frac{FG}{2}$ bzw. $\frac{t^2}{1+t^2}$ gleich $t^2 - t^4 + t^6$ etc. gemäß Satz 28 werden, und die Summe aller $\frac{FG}{2}$ bzw. der Flächeninhalt der halben Fläche von BFGB wird $\frac{t^3}{3} - \frac{t^5}{5} + \frac{t^7}{7}$ etc. sein, auch wird zur Summe aller $\frac{FG}{2}$ bzw. zum Flächeninhalt der halben Fläche von BFGB mit den notwendigen Änderungen die Reihe $\frac{t}{1} + \frac{1}{1t} - \frac{1}{3t^3}$ etc. dienen, wie man es aufgrund von Korollar 2 von Satz 25 beweisen können wird. Von diesen Ausdrücken wird der erste dienen, wenn t kleiner als 1 ist, der zweite wird dienen, wenn t größer als 1 ist, obwohl der erste allein ausreichen wird, da es ja ausreicht, den Überschuss DM zu betrachten, wenn der Bogen BDM in Fig. 9 größer als der Viertelkreis ist.

PROPOSITIO XXX.

Si a dimidio Rectangulo CBE sub BE sinu verso arcus integri BOD et tangente BC semiarcus BO, auferatur series decrescens
$\frac{BC^3}{3AB^1} - \frac{BC^5}{5AB^3} + \frac{BC^7}{7AB^5} - \frac{BC^9}{9AB^7}$ etc.
restabit segmentum circuli arcu integro ejusque subtensa contentum. Oportet autem arcum BOD non esse quadrante majorem.

Nam in figura eadem, 9, si a dimidio rectangulo BEG vel CBE, id est a triangulo DCB auferatur trilineum DCBO, id est per praecedentem, summa seriei in propositione hac enuntiatae, restabit utique segmentum DBOD. Oportet autem arcum BOD non esse majorem quadrante [B(D)][1], quoniam alioqui BC tangens semiarcus, major foret quam AB radius. Quod propositione 28. 29. vetitum est. Si D cadat in [(D)][2], seu si BOD et [B(D)][3] aequales, sive si ipse arcus sit quadrans, patet fore B(C) aequalem [A(D)][4], seu AB.

Scholium

Servit haec propositio ad portiones a circulo ejusve segmento abscindendas earumque magnitudinem calculandam. Sunt tamen in eo negotio compendia quaedam quae hoc loco exponere nimis prolixum foret. Adde infra prop. 48. cor. 3.

1 BE *L ändert Hrsg.*, siehe Fig. 9
2 E *L ändert Hrsg.*
3 BE *L ändert Hrsg.*
4 AE *L ändert Hrsg.*

Satz XXX.

Wenn vom halben Rechteck CBE unter dem *sinus versus* BE des ganzen Bogens BOD und der Tangente BC des Halbbogens BO die abnehmende Reihe
$\frac{BC^3}{3AB^1} - \frac{BC^5}{5AB^3} + \frac{BC^7}{7AB^5} - \frac{BC^9}{9AB^7}$ etc.
abgezogen wird, wird das Kreissegment übrig bleiben, das vom ganzen Bogen und seiner Sehne umspannt ist. Es ist aber nötig, dass der Bogen BOD nicht größer als der Viertelkreis ist.

Wenn nämlich in derselben Figur 9 vom halben Rechteck BEG oder CBE, d. h. vom Dreieck DCB das Trilineum DCBO, d. h. nach dem Vorhergehenden die Summe der in diesem Satz ausgedrückten Reihe abgezogen wird, wird jedenfalls das Segment DBOD übrig bleiben. Es ist aber nötig, dass der Bogen BOD nicht größer als der Viertelkreis B(D) ist, da ja anderenfalls der *tangens* BC des Halbbogens größer als der Radius AB wäre. Das ist in Satz 28, 29 verboten. Wenn D auf (D) fällt bzw. wenn BOD und BO(D) gleich sind bzw. wenn der Bogen der Viertelkreis selbst ist, ist klar, dass B(C) gleich A(D) bzw. AB sein wird.

Scholium

Dieser Satz dient dazu, Teile vom Kreis oder von einem Segment von ihm abzuschneiden und deren Größe zu berechnen. Es gibt bei dieser Aufgabe jedoch einige Abkürzungen, sie an dieser Stelle auszuführen wäre zu langwierig. Füge unten das Korollar 3 von Satz 48 hinzu.

PROPOSITIO XXXI.

Si radius circuli sit AB et arcus propositi semiquadrante minoris, BO, sit tangens BC, erit magnitudo arcus ipsius
$\frac{BC^1}{1AB^0} - \frac{BC^3}{3AB^2} + \frac{BC^5}{5AB^4} - \frac{BC^7}{7AB^6} + \frac{BC^9}{9AB^8} - \frac{BC^{11}}{11AB^{10}}$ etc.

BC^1 idem est quod BC, dignitas scilicet prima a recta BC, cum secunda sit BC^2, seu quadratum a BC. At AB^0 idem est quod 1. dignitas scilicet nulla a AB seu dignitas cujus exponens est 0. Quod ex hoc schemate intelligetur:

exponentes	0	1	2	3	4
dignitates	1	2	4	8	16
vel	1	3	9	27	81
vel	1	latus	quad.	cub.	qquad.

Itaque $\frac{BC^1}{1AB^0}$ idem est quod BC. Scribere tamen priore modo maluimus, ut seriei progressio magis appareret. Sensus ergo est: si a tangente arcus semiquadrante minoris auferatur triens cubi tangentis divisus per quadratum radii; residuo addatur quinta pars surdesolidi seu quintae dignitatis tangentis divisa per quadrato-quadratum radii; summae rursus detrahatur septima pars septimae dignitatis tangentis divisa per sextam dignitatem radii; idemque perpetuo factum intelligatur, proveniet magnitudo arcus. Demonstratio haec est:

A trapezio circumscripto, ADCB (circumscripto inquam sectori ADOB, super arcu DOB qui dati BO duplus est;) id est a rectangulo ABC sub radio et tangente, auferatur trilineum DCBO restabit sector, ADOB qui ad radium applicatus seu per radium divisus, dabit (ex Archimede*[33]) dimidium arcum DOB, seu arcum BO. Ex area autem trilinei prop. 29. inventa, patet rectangulum sub AB radio, et BC tangente, trilineo minutum, seu sectorem ADOB esse AB in BC, $-\frac{BC^3}{3AB^1} + \frac{BC^5}{5AB^3} - \frac{BC^7}{7AB^5}$ etc.

Quo valore per AB diviso prodibit valor arcus BO,
$BC - \frac{{}^1[BC]^3}{3AB^2} + \frac{BC^5}{5AB^4} - \frac{BC^7}{7AB^6}$ etc. Q. E. D.

Scholium

Hoc theorema totius tractationis nostrae palmarium est: ejusque causa reliqua scripsimus. Series longitudine infinitas, magnitudine finitas, esse quantitates veras, multis exemplis ostendi potest: imprimis vero manifeste exemplo progressionum Geometricarum, de quibus

[1] AB *L ändert Hrsg.*

Satz XXXI.

> Wenn der Kreisradius AB und die Tangente des Bogens BO, der kleiner als der Achtelkreis vorausgesetzt ist, BC ist, wird die Größe des Bogens selbst $\frac{BC^1}{1AB^0} - \frac{BC^3}{3AB^2} + \frac{BC^5}{5AB^4} - \frac{BC^7}{7AB^6} + \frac{BC^9}{9AB^8} - \frac{BC^{11}}{11AB^{10}}$ etc. sein

BC^1 ist dasselbe wie BC, nämlich die erste Potenz von der Geraden BC, während die zweite bzw. das Quadrat von BC BC^2 ist. Dagegen ist AB^0 dasselbe wie 1, nämlich keine Potenz von AB bzw. eine Potenz, deren Exponent 0 ist. Das wird man aufgrund dieses Schemas verstehen:

Exponenten	0	1	2	3	4
Potenzen	1	2	4	8	16
oder	1	3	9	27	81
oder	1	Seite	Quadr.	Kubus	Biquadr.

Deshalb ist $\frac{BC^1}{1AB^0}$ dasselbe wie BC. Trotzdem wollten wir es lieber auf die erste Art schreiben, damit das Fortschreiten der Reihe sichtbarer werde. Die Bedeutung ist also: Wenn von der Tangente des Bogens, der kleiner als der Achtelkreis ist, das durch das Quadrat des Radius' geteilte Drittel des Kubus der Tangente abgezogen wird, zum Rest der durch das Biquadrat des Radius' geteilte fünfte Teil des *surdesolidum* bzw. der fünften Potenz der Tangente addiert wird, der Summe wiederum der durch die sechste Potenz des Radius' dividierte siebente Teil der siebenten Potenz der Tangente abgezogen wird, und dasselbe fortlaufend getan gedacht wird, wird die Größe des Bogens herauskommen. Dieses ist der Beweis:

Wenn man vom umschriebenen Trapez ADCB (ich betone, das dem Sektor ADOB über dem Bogen DOB, der das Doppelte des gegebenen BO ist, umschrieben ist), d. h. vom Rechteck ABC unter dem Radius und der Tangente das Trilineum DCBO abzieht, wird der Sektor ADOB übrig bleiben, der an den Radius angelegt bzw. durch den Radius geteilt (nach Archimedes) den halben Bogen von DOB bzw. den Bogen BO ergeben wird. Aufgrund des in Satz 29 gefundenen Flächeninhaltes des Trilineums ist aber klar, dass das um das Trilineum verminderte Rechteck unter dem Radius AB und der Tangente BC bzw. der Sektor ADOB $AB \cdot BC - \frac{BC^3}{3AB^1} + \frac{BC^5}{5AB^3} - \frac{BC^7}{7AB^5}$ etc. ist.

Wenn dieser Wert durch AB geteilt ist, wird der Wert des Bogens BO $BC - \frac{BC^3}{3AB^2} + \frac{BC^5}{5AB^4} - \frac{BC^7}{7AB^6}$ etc. herauskommen. Das war zu beweisen.

Scholium

Dieses Theorem ist das Hauptstück unserer gesamten Abhandlung, und um dessentwillen haben wir das Übrige geschrieben. Dass die der Länge nach unendlichen, der Größe nach endlichen Reihen wahre Quantitäten sind, kann anhand vieler Beispiele, vor allem aber offensichtlich am Beispiel der oben erwähnten geometrischen Progression gezeigt werden.

supra. Progressionibus autem geometricis et nostrae nituntur. At inquies magnitudo quaesita sic non potest exhiberi, quoniam in nostra potestate non est progredi in infinitum. Fateor: neque enim eam constructione quadam geometrica exhibere promitto, sed expressione Arithmetica sive analytica. Seriei enim, licet infinitae, natura intelligi potest, paucis licet terminis tantum intellectis, donec progressionis ratio appareat. Qua semel inventa frustra progredimur, quoties de mente potius illustranda, quam de operatione quadam mechanica perficienda agitur.

Itaque si quis veram relationem analyticam generalem quaerit quae inter arcum et tangentem intercedit, is quidem in hac propositione habet, quicquid ab homine fieri potest ut infra demonstrabo[*34]. Habet enim aequationem simplicissimi generis quae incognitae quantitatis magnitudinem exprimit cum hactenus apud geometras appropinquationes tantum, non vero aequationes pro arcu circuli demonstratae extent. Ut taceam ne appropinquationes rationales cuilibet arcui aut portioni circulari communes a quoquam fuisse datas. Quare nunc primum hujus aequationis ope arcus circulares, et anguli instar linearum rectarum analytico calculo tractari possunt: et si quando contemplationem ad praxin referre licebit, operationes trigonometricae, ingenti geometricae miraculo sine tabulis perfici poterunt, errore quantumlibet parvo.

Auf die geometrischen Folgen stützen sich aber auch unsere. Aber, so wird man sagen, die gesuchte Größe kann so nicht dargestellt werden, da es ja nicht in unserer Macht liegt, bis ins Unendliche fortzuschreiten. Das gebe ich zu, denn ich verspreche auch nicht, sie durch eine gewisse geometrische Konstruktion darzustellen, sondern durch einen arithmetischen bzw. analytischen Ausdruck. Denn die Natur einer selbst unendlichen Reihe kann verstanden werden, auch wenn nur wenige Terme verstanden wurden, bis das Bildungsgesetz sichtbar wird. Wenn dieses einmal gefunden ist, schreiten wir immer dann vergeblich voran, wenn es eher um die Erhellung des Verstandes als um die Ausführung einer gewissen mechanischen Operation geht.

Wenn jemand daher die wahre, allgemeine analytische Beziehung sucht, die zwischen dem Bogen und der Tangente besteht, der jedenfalls hat in diesem Satz das, was auch immer vom Menschen getan werden kann, wie ich unten beweisen werde. Er hat nämlich eine Gleichung von einfachster Art, die die Größe einer unbekannten Quantität ausdrückt, während bei den Geometern bisher nur Annäherungen, aber keine für den Bogen des Kreises bewiesene Gleichungen vorhanden sind. Um davon zu schweigen, dass von niemandem für einen beliebigen Kreisbogen oder -teil gemeinsame rationale Annäherungen gegeben worden sind. Deshalb können nun zum ersten Mal mit Hilfe dieser Gleichung Kreisbögen und Winkel so gut wie gerade Linien mit einem analytischen Kalkül behandelt werden; und wenn man einmal die Betrachtung auf die Praxis beziehen will, so wird man die trigonometrischen Operationen durch ein gewaltiges Wunder der Geometrie ohne Tafeln mit einem beliebig kleinen Fehler ausführen können.

PROPOSITIO XXXII.

Circulus est ad Quadratum circumscriptum, sive arcus Quadrantis ad Diametrum, ut $\frac{1}{1} - \frac{1}{3} + \frac{1}{5} - \frac{1}{7} + \frac{1}{9} - \frac{1}{11}$ etc. ad unitatem.

Sit arcus BO octava pars circumferentiae circuli, erit tangens ejus BC aequalis radio [AB][1] vel [AD][2]. Ergo in prop. 31. pro BC ponendo AB, arcus BO erit: $\frac{AB}{1} - \frac{AB}{3} + \frac{AB}{5} - \frac{AB}{7} + \frac{AB}{9} - \frac{AB}{11}$ etc. Ergo $\frac{1}{1} - \frac{1}{3} + \frac{1}{5} - \frac{1}{7} + \frac{1}{9} - \frac{1}{11}$ etc. est ad 1. ut arcus semiquadrantis BO est ad radium AB, vel ut integer arcus quadrantis BE est ad diametrum BH, sive (ex inventis Archimedeis*35) ut circulus EBNH est ad CM quadratum circumscriptum. Q. E. D.

Scholium

Ecce veram tandem in numeris Circuli Quadraturam, qua nescio an simplicior dari possit, quaeque mentem afficiat magis. Hactenus appropinquationes tantum proditae sunt, verus autem valor nemini quod sciam visus nec a quoquam aequatione exacta comprehensus est, quam hoc loco damus, licet infinitam, satis tamen cognitam, quoniam simplicissima progressione constantem uno velut ictu mens pervadit. Equidem posteritati sine certa demonstratione praejudicare non licet. Sunt tamen egregii viri*36 qui de meliore desperant ex quo hanc videre: alii ita judicant, si qua sperari possit quadratura Geometrica plena, aditum ad eam hinc apertum videri, praesertim cum aliarum serierum huic simillimarum summa absolute haberi possit, ut infra dicam prop. 42.

Variante 1945-47: Ego aliquid amplius adjicio, compertam mihi rationem per quam aut inveniri hujus seriei summa possit, aut demonstrari impossibilitas inveniendi. Sed calculi analytici ingentes, quibus praeparanda materia est, hactenus me deterruere.

[1] AE *L ändert Hrsg.*
[2] AE *L ändert Hrsg.*

Satz XXXII.

Der Kreis verhält sich zum umschriebenen Quadrat bzw. der Bogen des Viertelkreises zum Durchmesser wie $\frac{1}{1} - \frac{1}{3} + \frac{1}{5} - \frac{1}{7} + \frac{1}{9} - \frac{1}{11}$ etc. zu Eins.

Der Bogen BO sei der achte Teil des Kreisumfanges, seine Tangente BC wird gleich dem Radius AB oder AD sein. Indem wir also in Satz 31 AB für BC setzen, wird der Bogen BO $\frac{AB}{1} - \frac{AB}{3} + \frac{AB}{5} - \frac{AB}{7} + \frac{AB}{9} - \frac{AB}{11}$ etc. sein. Also verhält sich $\frac{1}{1} - \frac{1}{3} + \frac{1}{5} - \frac{1}{7} + \frac{1}{9} - \frac{1}{11}$ etc. zu 1 wie der Bogen des Achtelkreises BO zum Radius AB, oder wie sich der ganze Bogen BE des Viertelkreises zum Durchmesser BH verhält bzw. (nach den archimedischen Entdeckungen) wie sich der Kreis EBNH zum umschriebenen Quadrat CM verhält. Das war zu beweisen.

Scholium

Da ist doch endlich in Zahlen die wahre Quadratur des Kreises; ich weiß nicht, ob eine einfachere und den Geist anregendere als diese gegeben werden kann. Bisher wurden nur Annäherungen hervorgebracht, aber der wahre Wert zeigte sich, soviel ich weiß, niemandem und wurde von niemandem durch eine exakte Gleichung erfaßt, die wir an dieser Stelle geben, eine wenn auch unendliche, jedoch hinreichend erkannte, da der Geist die aus einer einfachsten Progression bestehende wie mit einem einzigen Schlag durchdringt. Man darf allerdings für die Zukunft nicht ohne einen sicheren Beweis im Voraus urteilen. Es gibt aber dennoch hervorragende Männer, die die Hoffnung auf eine bessere aufgeben, seitdem sie diese gesehen haben. Andere urteilen so, dass, wenn irgendwie die volle geometrische Quadratur erwartet werden kann, der Zugang zu ihr von hier aus geöffnet erscheint, vor allem, weil man die Summe anderer Reihen, die dieser sehr ähnlich sind, in vollkommener Weise erhalten kann, wie ich unten in Satz 42 sagen werde.

Variante 1945-47: [Ich füge etwas Weiteres hinzu, dass ich eine Methode gefunden habe, durch die die Summe dieser Reihe entweder gefunden oder die Unmöglichkeit sie zu finden bewiesen werden kann. Aber die ungeheuren analytischen Berechnungen, mit denen das Thema vorbereitet werden muss, schreckten mich bisher ab.]

PROPOSITIO XXXIII.

Series fractionum quarum numerator est constans, nominatores vero progressionis arithmeticae sunt; est progressionis harmonicae.

Sint tres termini quilibet talis seriei, $\frac{c}{a}$. $\frac{c}{a+b}$. $\frac{c}{a+2b}$ [,] ajo eos esse progressionis harmonicae, seu differentiam inter primum et secundum, seu $\frac{c}{a} - \frac{c}{a+b}$ esse ad differentiam inter [secundum] et tertium seu $\frac{c}{a+b} - \frac{c}{a+2b}$, ut est primus ad tertium, seu $\frac{c}{a}$ ad $\frac{c}{a+2b}$. Nam $\frac{c}{a} - \frac{c}{a+b}$ est $\frac{cb}{\overline{a \text{ in } a+b}}$ et eodem modo $\frac{c}{a+b} - \frac{c}{a+2b}$ est $\frac{cb}{\overline{a+b \text{ in } a+2b}}$, est autem $\frac{cb}{\overline{a \text{ in } a+b}}$ ad $\frac{cb}{\overline{a+b \text{ in } a+2b}}$ (dividendo utrumque per $\frac{b}{a+b}$) ut $\frac{c}{a}$ ad $\frac{c}{a+2b}$, seu ut terminus primus ad ultimum. Quod asserebatur. Hinc series $\frac{1}{1}$. $\frac{1}{2}$. $\frac{1}{3}$. $\frac{1}{4}$ etc. vel $\frac{1}{1}$. $\frac{1}{5}$. $\frac{1}{9}$. $\frac{1}{13}$ etc. vel $\frac{1}{3}$. $\frac{1}{7}$. $\frac{1}{11}$. $\frac{1}{15}$ etc. aliaeve similes progressionis harmonicae sunt. Ut $\frac{1}{5}$. $\frac{1}{9}$. $\frac{1}{13}$, sunt tres termini harmonice proportionales, quia coincidunt cum his: $\frac{c}{a}$. $\frac{c}{a+b}$. $\frac{c}{a+2b}$. posito c esse 1, a esse 5, et b esse 4. Idem in tribus aliis continuis quibuscunque sumtis ostendi potest.

Satz XXXIII.

Eine Reihe von Brüchen, deren Zähler konstant ist, deren Nenner aber zu einer arithmetischen Progression gehören, gehört zu einer harmonischen Folge.

Drei beliebige Terme einer solchen Reihe seien $\frac{c}{a}$, $\frac{c}{a+b}$, $\frac{c}{a+2b}$, ich behaupte, dass sie zu einer harmonischen Progression gehören, bzw. dass sich die Differenz zwischen dem ersten und dem zweiten Term bzw. $\frac{c}{a} - \frac{c}{a+b}$ zur Differenz zwischen dem zweiten und dritten bzw. $\frac{c}{a+b} - \frac{c}{a+2b}$ verhält wie sich der erste zum dritten bzw. $\frac{c}{a}$ zu $\frac{c}{a+2b}$ verhält. Denn $\frac{c}{a} - \frac{c}{a+b}$ ist $\frac{cb}{a(a+b)}$, und $\frac{c}{a+b} - \frac{c}{a+2b}$ ist auf dieselbe Weise $\frac{cb}{(a+b)(a+2b)}$. Es verhält sich aber $\frac{cb}{a(a+b)}$ zu $\frac{cb}{(a+b)(a+2b)}$ (indem jeder der beiden Terme durch $\frac{b}{a+b}$ geteilt wird) wie $\frac{c}{a}$ zu $\frac{c}{a+2b}$ bzw. wie der erste Term zum letzten. Das wurde behauptet. Daher gehören die Reihen $\frac{1}{1}$, $\frac{1}{2}$, $\frac{1}{3}$, $\frac{1}{4}$ etc. oder $\frac{1}{5}$, $\frac{1}{9}$, $\frac{1}{13}$ etc. oder $\frac{1}{3}$, $\frac{1}{7}$, $\frac{1}{11}$, $\frac{1}{15}$ etc. oder andere ähnliche zu einer harmonischen Folge. Z. B. sind die drei Terme $\frac{1}{5}$, $\frac{1}{9}$, $\frac{1}{13}$ harmonisch proportional, weil sie mit diesen übereinstimmen: $\frac{c}{a}$, $\frac{c}{a+b}$, $\frac{c}{a+2b}$, vorausgesetzt, dass $c = 1$, $a = 5$ und $b = 4$ ist. Dasselbe kann bei drei anderen aufeinander folgenden, beliebig gewählten Termen gezeigt werden.

PROPOSITIO XXXIV.

Posito Quadrato Diametri 1. Circulus est differentia duarum serierum progressionis harmonicae, $\frac{1}{1} + \frac{1}{5} + \frac{1}{9} + \frac{1}{13}$ etc., et $\frac{1}{3} + \frac{1}{7} + \frac{1}{11} + \frac{1}{15}$ etc.

Quoniam enim posito Quadrato 1. Circulus est $\frac{1}{1} - \frac{1}{3} + \frac{1}{5} - \frac{1}{7} + \frac{1}{9} - \frac{1}{11} + \frac{1}{13} - \frac{1}{15}$ etc. per prop. 32, erit utique idem cum differentia harum duarum serierum, $\frac{1}{1} + \frac{1}{5} + \frac{1}{9} + \frac{1}{13}$ etc. $\frac{1}{3} + \frac{1}{7} + \frac{1}{11} + \frac{1}{15}$ etc., unaquaeque autem harum duarum serierum progressionis harmonicae est per prop. 33. Circulus ergo duarum serierum harmonicarum differentia erit.

Satz XXXIV.

Das Quadrat des Durchmessers sei 1 gesetzt. Der Kreis ist die Differenz zweier Reihen einer harmonischen Progression[1] $\frac{1}{1} + \frac{1}{5} + \frac{1}{9} + \frac{1}{13}$ etc., und $\frac{1}{3} + \frac{1}{7} + \frac{1}{11} + \frac{1}{15}$ etc.

Da nämlich, falls das Quadrat 1 gesetzt ist, der Kreis nach Satz 32 $\frac{1}{1} - \frac{1}{3} + \frac{1}{5} - \frac{1}{7} + \frac{1}{9} - \frac{1}{11} + \frac{1}{13} - \frac{1}{15}$ etc. ist, wird er jedenfalls dasselbe wie die Differenz dieser beiden Reihen $\frac{1}{1} + \frac{1}{5} + \frac{1}{9} + \frac{1}{13}$ etc. $\frac{1}{3} + \frac{1}{7} + \frac{1}{11} + \frac{1}{15}$ etc. sein, aber jede einzelne dieser beiden Reihen gehört nach Satz 33 zu einer harmonischen Progression. Also wird der Kreis die Differenz der beiden harmonischen Reihen sein.

[1] *series progressionis harmonicae* – Reihe mit harmonischer Progression

PROPOSITIO XXXV.

Circulus est ad Quadratum inscriptum sive arcus quadrantis est ad radium ut

$\frac{1}{3} + \frac{1}{35} + \frac{1}{99} + \frac{1}{195}$ etc. ad $\frac{1}{4}$

seu ut fractiones a quadratis duplorum imparium unitate minutis: ad fractionem quadrati duplorum imparium primi

$\frac{1}{4-1} + \frac{1}{36-1} + \frac{1}{100-1} + \frac{1}{196-1}$ etc. ad $\frac{1}{4}$ seu ut

$\frac{1}{4,1,,-1} + \frac{1}{4,9,,-1} + \frac{1}{4,25,,-1} + \frac{1}{4,49,,-1}$ etc. ad $\frac{1}{4}$ seu ut

$\frac{1}{1-\frac{1}{4}} + \frac{1}{9-\frac{1}{4}} + \frac{1}{25-\frac{1}{4}} + \frac{1}{49-\frac{1}{4}}$ etc. ad 1.

(1) Circulus enim est ad Quadratum circumscriptum,

ut $\frac{1}{1} - \frac{1}{3} + \frac{1}{5} - \frac{1}{7} + \frac{1}{9} - \frac{1}{11}$ etc. ad 1. Ergo ad ejus dimidium, seu inscriptum

ut $\frac{2}{3} + \frac{2}{35} + \frac{2}{99}$ etc. ad $\frac{1}{2}$, sive

ut $\frac{1}{3} + \frac{1}{35} + \frac{1}{99}$ etc. ad $\frac{1}{4}$.

Nominatores autem provenientes 3.35.99. etc. esse quadratos duplorum imparium unitate minutos sic ostendetur:

(2) Numeros ipsos ordine sumtos

vocemus N, nempe 0 vel 1 vel 2 vel 3 vel 4 etc.

Ergo pares 2N, nempe 0 vel 2 vel 4 vel 6 vel 8 etc.

Et impares 2N + 1[:] 1 vel 3 vel 5 vel 7 vel 9 etc.

Et duplos parium auctos unitate,

seu 4N + 1: 1 vel 5 vel 9 vel 13 vel 17 etc.

Et duplos imparium auctos unitate,

seu 4N + 3: 3 vel 7 vel 11 vel 15 vel 19 etc.

Ergo $\frac{1}{4N+1} - \frac{1}{4N+3}$ erit $\frac{1}{1} - \frac{1}{3}$ vel $\frac{1}{5} - \frac{1}{7}$ vel $\frac{1}{9} - \frac{1}{11}$ etc.

sive $\frac{2}{3}$ vel $\frac{2}{35}$ vel $\frac{2}{99}$ etc.

Est autem $\frac{1}{4N+1} - \frac{1}{4N+3}$ idem quod $\frac{4N+3-4N-1}{4N+1, \text{ in, } 4N+3}$ vel $\frac{2}{16N^2+16N+3}$ vel $\frac{2}{16N^2+16N+4,-1}$ id est $\frac{2}{3}$ vel $\frac{2}{35}$ vel $\frac{2}{99}$ etc. Ergo $16N^2+16N+4,-1$ est 3 vel 35 vel 99 etc. Est autem $16N^2+16N+4$ quadratum a 4N + 2, id est ab impare 2N + 1. duplicato. Et $16N^2 + 16N + 4, - 1$ est quadratum ab impare duplicato unitate minutum. Ergo et numeri, 3.35.99. etc. erunt quadrati duplorum imparium minuti unitate, quod asserebatur.

Satz XXXV.

Der Kreis verhält sich zum einbeschriebenen Quadrat, bzw. der Bogen des Viertelkreises verhält sich zum Radius wie

$\frac{1}{3} + \frac{1}{35} + \frac{1}{99} + \frac{1}{195}$ etc. zu $\frac{1}{4}$

bzw. wie die Brüche von den um die Eins verminderten Quadraten der doppelten ungeraden Zahlen zum Bruch des ersten Quadrates der doppelten ungeraden Zahlen

$\frac{1}{4-1} + \frac{1}{36-1} + \frac{1}{100-1} + \frac{1}{196-1}$ etc. zu $\frac{1}{4}$ bzw. wie

$\frac{1}{4\cdot 1-1} + \frac{1}{4\cdot 9-1} + \frac{1}{4\cdot 25-1} + \frac{1}{4\cdot 49-1}$ etc. zu $\frac{1}{4}$ bzw. wie

$\frac{1}{1-\frac{1}{4}} + \frac{1}{9-\frac{1}{4}} + \frac{1}{25-\frac{1}{4}} + \frac{1}{49-\frac{1}{4}}$ etc. zu 1.

(1) Der Kreis verhält sich nämlich zum umbeschriebenen Quadrat wie $\underbrace{\frac{1}{1} - \frac{1}{3}} + \underbrace{\frac{1}{5} - \frac{1}{7}} + \underbrace{\frac{1}{9} - \frac{1}{11}}$ etc. zu 1. Also zu seiner Hälfte bzw. zum einbeschriebenen Quadrat

wie $\frac{2}{3} + \frac{2}{35} + \frac{2}{99}$ etc. zu $\frac{1}{2}$, bzw.

wie $\frac{1}{3} + \frac{1}{35} + \frac{1}{99}$ etc. zu $\frac{1}{4}$.

Dass aber die sich ergebenden Nenner 3, 35, 99 etc. um Eins verminderte Quadrate der doppelten ungeraden Zahlen sind, wird so gezeigt werden:

(2) Die der Reihe nach genommenen Zahlen selbst wollen wir N nennen, nämlich 0 oder 1 oder 2 oder 3 oder 4 etc.

Also die geraden 2N, nämlich 0 oder 2 oder 4 oder 6 oder 8 etc.

Und die ungeraden 2N + 1: 1 oder 3 oder 5 oder 7 oder 9 etc.

Und die um Eins vergrößerten doppelten der geraden bzw. 4N + 1: 1 oder 5 oder 9 oder 13 oder 17 etc.

Und die um Eins vergrößerten doppelten der ungeraden bzw. 4N + 3: 3 oder 7 oder 11 oder 15 oder 19 etc.

Also wird $\frac{1}{4N+1} - \frac{1}{4N+3}$ $\frac{1}{1} - \frac{1}{3}$ oder $\frac{1}{5} - \frac{1}{7}$ oder $\frac{1}{9} - \frac{1}{11}$ etc. bzw. $\frac{2}{3}$ oder $\frac{2}{35}$ oder $\frac{2}{99}$ etc. sein.

$\frac{1}{4N+1} - \frac{1}{4N+3}$ ist aber dasselbe wie $\frac{4N+3-4N-1}{(4N+1)(4N+3)}$ oder $\frac{2}{16N^2+16N+3}$ oder $\frac{2}{(16N^2+16N+4)-1}$ d.h. $\frac{2}{3}$ oder $\frac{2}{35}$ oder $\frac{2}{99}$ etc. Also ist $(16N^2 + 16N + 4) - 1$ 3 oder 35 oder 99 etc. $16N^2 + 16N + 4$ ist aber das Quadrat von $4N + 2$, d.h. von der verdoppelten ungeraden Zahl $2N + 1$. Und $(16N^2 + 16N + 4) - 1$ ist das um Eins verminderte Quadrat von einer verdoppelten ungeraden Zahl. Also werden auch die Zahlen 3, 35, 99 etc. die um Eins verminderten Quadrate der doppelten ungeraden sein, was behauptet wurde.

PROPOSITIO XXXVI.

Summa seriei infinitae $\frac{1}{3}+\frac{1}{15}+\frac{1}{35}+\frac{1}{63}+\frac{1}{99}$ etc. est $\frac{1}{2}$.
Numeri autem 3. 15. 35. 63. 99. sunt quadrati parium, unitate minuti.

Series	$\frac{1}{1}+\frac{1}{3}+\frac{1}{5}+\frac{1}{7}$	etc. sit A.
	$\frac{1}{3}+\frac{1}{15}+\frac{1}{35}+\frac{1}{63}$	etc. sit B[,]
et	$\frac{2}{3}+\frac{2}{15}+\frac{2}{35}+\frac{2}{63}$	etc. erit 2B.

A serie A auferatur series 2B singuli scilicet termini a singulis respondentibus, residuum erit $A-2B$. Ut si ab $\frac{1}{1}$ auferas $\frac{2}{3}$ restabit $\frac{1}{3}$. Si ab $\frac{1}{3}$ auferas $\frac{2}{15}$ restabit $\frac{1}{5}$; si ab $\frac{1}{5}$ auferas $\frac{2}{35}$ restabit $\frac{1}{7}$ etc. Quod si continues, experieris semper futurum ut termini seriei A, ordine redeant; quemadmodum nullo negotio demonstrari generaliter potest, ad modum propositionis praecedentis, sed in re clara verbis parco.

Ergo $\frac{1}{3}+\frac{1}{5}+\frac{1}{7}+\frac{1}{9}$ etc. erit $A-2B$.
Sed $\frac{1}{3}+\frac{1}{5}+\frac{1}{7}+\frac{1}{9}$ etc. etiam $A-1$.

Habetur ergo aequalitas inter $A-2B$ et $A-1$. sive (sublato utrinque A,[)][1] inter 2B et 1 vel inter B et $\frac{1}{2}$. Q.E.D.

[1]) *erg. Hrsg.*

Satz XXXVI.

Die Summe der unendlichen Reihe $\frac{1}{3} + \frac{1}{15} + \frac{1}{35} + \frac{1}{63} + \frac{1}{99}$ etc. ist $\frac{1}{2}$.
Die Zahlen 3, 15, 35, 63, 99 sind aber die um die Einheit verminderten Quadrate der geraden.

Die Reihe	$\frac{1}{1} + \frac{1}{3} + \frac{1}{5} + \frac{1}{7}$	etc. sei A.
	$\frac{1}{3} + \frac{1}{15} + \frac{1}{35} + \frac{1}{63}$	etc. sei B,
und es wird	$\frac{2}{3} + \frac{2}{15} + \frac{2}{35} + \frac{2}{63}$	etc. 2B sein.

Von der Reihe A werde die Reihe 2B abgezogen, und zwar jeder einzelne Term von den einzelnen entsprechenden, der Rest wird A – 2B sein. Wenn man z. B. $\frac{2}{3}$ von $\frac{1}{1}$ abzieht, wird $\frac{1}{3}$ übrig bleiben. Wenn man $\frac{2}{15}$ von $\frac{1}{3}$ abzieht, wird $\frac{1}{5}$ übrig bleiben; wenn man $\frac{2}{35}$ von $\frac{1}{5}$ abzieht, wird $\frac{1}{7}$ übrig bleiben etc. Wenn man das fortsetzt, wird man erfahren, dass es immer so sein wird, dass die Terme der Reihe A der Reihe nach wiederkehren, wie es mühelos nach Art des vorhergehenden Satzes allgemein bewiesen werden kann; aber in einer klaren Sache spare ich mir die Worte.
Also wird $\frac{1}{3} + \frac{1}{5} + \frac{1}{7} + \frac{1}{9}$ etc. A – 2B sein.
Aber $\frac{1}{3} + \frac{1}{5} + \frac{1}{7} + \frac{1}{9}$ etc. ist auch A – 1.
Man erhält also eine Gleichheit zwischen A – 2B und A – 1 bzw. (wenn auf beiden Seiten A abgezogen ist) zwischen 2B und 1 oder zwischen B und $\frac{1}{2}$. Das war zu beweisen.

PROPOSITIO XXXVII.

Si $\frac{1}{2}$ vel quod idem est series $\frac{1}{3}+\frac{1}{15}+\frac{1}{35}+\frac{1}{63}+\frac{1}{99}+\frac{1}{143}$ [etc.][1] repraesentet Quadratum circumscriptum, tunc series $\frac{1}{3}+\frac{1}{35}+\frac{1}{99}$ etc. e priore excerpta per saltus, una quantitate semper omissa, repraesentabit circulum inscriptum.

Nam si Quadratum inscriptum sit $\frac{1}{4}$, circulus erit $\frac{1}{3}+\frac{1}{35}+\frac{1}{99}$ etc. per prop. 35. Quadratum autem circumscriptum quippe inscripti duplum erit $\frac{1}{2}$. Sed $\frac{1}{2}$ idem est quod summa hujus seriei $\frac{1}{3}+\frac{1}{15}+\frac{1}{35}+\frac{1}{63}+\frac{1}{99}$ etc. per prop. 36. Quare si haec series repraesentet Quadratum circumscriptum, excerpta ex illa, ut dixi, repraesentabit circulum. Q. E. D.

[1] etc. *erg. Hrsg.*

Satz XXXVII.

Wenn $\frac{1}{2}$ oder, was dasselbe ist, die Reihe $\frac{1}{3}+\frac{1}{15}+\frac{1}{35}+\frac{1}{63}+\frac{1}{99}+\frac{1}{143}$ etc. das umschriebene Quadrat darstellt, dann wird die Reihe $\frac{1}{3}+\frac{1}{35}+\frac{1}{99}$ etc., die aus der ersten durch Sprünge entnommen ist, indem immer eine Quantität ausgelassen ist, den einbeschriebenen Kreis darstellen.

Wenn nämlich das einbeschriebene Quadrat $\frac{1}{4}$ ist, wird nach Satz 35 der Kreis $\frac{1}{3}+\frac{1}{35}+\frac{1}{99}$ etc. sein. Das umschriebene Quadrat aber, das ja das Doppelte des einbeschriebenen ist, wird $\frac{1}{2}$ sein. Aber $\frac{1}{2}$ ist nach Satz 36 dasselbe wie die Summe dieser Reihe $\frac{1}{3}+\frac{1}{15}+\frac{1}{35}+\frac{1}{63}+\frac{1}{99}$ etc. Wenn deshalb diese Reihe das umschriebene Quadrat darstellt, wird die aus ihr, wie ich es sagte, herausgenommene den Kreis darstellen. Das war zu beweisen.

PROPOSITIO XXXVIII.

Si Quadratum radii valeat $\frac{1}{2}$. Quadrans ei inscriptus ABOE valebit $\frac{1}{3} + \frac{1}{35} + \frac{1}{99}$ etc. et Trilineum CBOE, quod quadranti complemento est valebit $\frac{1}{15} + \frac{1}{63} + \frac{1}{143}$.

Nam Quadrans est ad quadratum radii ut circulus ad quadratum diametri; id est per prop. 37. ut $\frac{1}{3} + \frac{1}{35} + \frac{1}{99}$ etc. ad $\frac{1}{2}$, vel per prop. 36. ut $\frac{1}{3} + \frac{1}{35} + \frac{1}{99}$ etc. ad $\frac{1}{3} + \frac{1}{15} + \frac{1}{35} + \frac{1}{63} + \frac{1}{99} + \frac{1}{143}$ etc. Quare si quadratum radii sit $\frac{1}{2}$, sive $\frac{1}{3} + \frac{1}{15} + \frac{1}{35} + \frac{1}{63} + \frac{1}{99} + \frac{1}{143}$ etc. tunc quadrans erit $\frac{1}{3} + \frac{1}{35} + \frac{1}{99}$ etc. Auferatur hic valor a priore restabit $\frac{1}{15} + \frac{1}{63} + \left[\frac{1}{143}\right]$[1] etc. Valor Trilinei CBOE, quod etiam restat sublato quadrante ABOE, a quadrato radii circumscripto BAEC.

[1] $\frac{1}{99}$ *L ändert Hrsg.*

Satz XXXVIII.

Wenn das Quadrat des Radius' den Wert $\frac{1}{2}$ hat, wird der ihm einbeschriebene Viertelkreis ABOE den Wert $\frac{1}{3}+\frac{1}{35}+\frac{1}{99}$ etc. haben, und das Trilineum CBOE, das für den Viertelkreis das Komplement ist, wird den Wert $\frac{1}{15}+\frac{1}{63}+\frac{1}{143}$ haben.

Denn der Viertelkreis verhält sich zum Quadrat des Radius' wie der Kreis zum Quadrat des Durchmessers; d. h. nach Satz 37 wie $\frac{1}{3}+\frac{1}{35}+\frac{1}{99}$ etc. zu $\frac{1}{2}$, oder nach Satz 36 wie $\frac{1}{3}+\frac{1}{35}+\frac{1}{99}$ etc. zu $\frac{1}{3}+\frac{1}{15}+\frac{1}{35}+\frac{1}{63}+\frac{1}{99}+\frac{1}{143}$ etc. Wenn deshalb das Quadrat des Radius' $\frac{1}{2}$ bzw. $\frac{1}{3}+\frac{1}{15}+\frac{1}{35}+\frac{1}{63}+\frac{1}{99}+\frac{1}{143}$ etc. ist, dann wird der Viertelkreis $\frac{1}{3}+\frac{1}{35}+\frac{1}{99}$ etc. sein. Dieser Wert werde vom ersten abgezogen, es wird $\frac{1}{15}+\frac{1}{63}+\frac{1}{143}$ übrig bleiben, der Wert des Trilineums CBOE, das auch übrig bleibt, wenn der Viertelkreis ABOE vom umschriebenen Quadrat BAEC des Radius' abgezogen ist.

PROPOSITIO XXXIX.

Summa seriei infinitae $\frac{1}{1} + \frac{1}{3} + \frac{1}{6} + \frac{1}{10} + \frac{1}{15} + \frac{1}{21}$ etc. est 2[,] numeri autem 1. 3. 6. 10. 15. 21. etc. sunt trigonales.

Series	$\frac{1}{1}$	+	$\frac{1}{2}$	+	$\frac{1}{3}$	+	$\frac{1}{4}$	etc. sit A
	$\frac{1}{1}$	+	$\frac{1}{3}$	+	$\frac{1}{6}$	+	$\frac{1}{10}$	etc. sit $\frac{2}{1}$B
	$\frac{1}{2}$	+	$\frac{1}{6}$	+	$\frac{1}{12}$	+	$\frac{1}{20}$	etc. erit B

A serie A auferatur series B singuli termini a singulis respondentibus restabit series A – B, ut si ab 1. auferas $\frac{1}{2}$ restabit $\frac{1}{2}$. Si ab $\frac{1}{2}$ auferas $\frac{1}{6}$ restabit $\frac{1}{3}$. Si ab $\frac{1}{3}$ auferas $\frac{1}{12}$ restabit $\frac{1}{4}$. Idemque semper futurum est ut numeri seriei A ordine redeant, quemadmodum generaliter demonstrari posset ad modum propositionis 34. Sed in re clara verbis parco.

Ergo $\frac{1}{2} + \frac{1}{3} + \frac{1}{4} + \frac{1}{5}$ etc. erit A – B.

Sed eadem series $\frac{1}{2} + \frac{1}{3} + \frac{1}{4} + \frac{1}{5}$ etc. etiam A – 1.

Habetur ergo aequalitas inter A – B, et A – 1, sive inter B et 1, sive inter 2B et 2. Ergo 2B sive $\frac{1}{1} + \frac{1}{3} + \frac{1}{6}$ etc. valebit 2. Q.E.D.

Satz XXXIX.

Die Summe der unendlichen Reihe $\frac{1}{1}+\frac{1}{3}+\frac{1}{6}+\frac{1}{10}+\frac{1}{15}+\frac{1}{21}$ etc. ist 2, die Zahlen 1, 3, 6, 10, 15, 21 etc. aber sind die Dreieckszahlen.

Die Reihe $\frac{1}{1}+\frac{1}{2}+\frac{1}{3}+\frac{1}{4}$ etc. sei A

$\frac{1}{1}+\frac{1}{3}+\frac{1}{6}+\frac{1}{10}$ etc. sei $\frac{2}{1}$ B

$\frac{1}{2}+\frac{1}{6}+\frac{1}{12}+\frac{1}{20}$ etc. wird B sein.

Von der Reihe A werde die Reihe B abgezogen, jeder einzelne Term von den einzelnen entsprechenden, es wird die Reihe A – B übrig bleiben; wenn man z. B. von 1 $\frac{1}{2}$ abzieht wird $\frac{1}{2}$ übrig bleiben. Wenn man von $\frac{1}{2}$ $\frac{1}{6}$ abzieht, wird $\frac{1}{3}$ übrig bleiben. Wenn man von $\frac{1}{3}$ $\frac{1}{12}$ abzieht, wird $\frac{1}{4}$ übrig bleiben. Und dasselbe wird immer geschehen, so dass die Zahlen der Reihe A der Reihe nach wiederkehren, wie es nach Art des Satzes 34 allgemein bewiesen werden könnte. Aber in einer klaren Sache spare ich mir die Worte.

Also wird $\frac{1}{2}+\frac{1}{3}+\frac{1}{4}+\frac{1}{5}$ etc. A - B sein.

Aber dieselbe Reihe $\frac{1}{2}+\frac{1}{3}+\frac{1}{4}+\frac{1}{5}$ etc. ist auch A - 1.

Man erhält also eine Gleichheit zwischen A – B und A – 1 bzw. zwischen B und 1 bzw. zwischen 2B und 2. Also wird 2B bzw. $\frac{1}{1}+\frac{1}{3}+\frac{1}{6}$ etc. den Wert 2 haben. Das war zu beweisen.

PROPOSITIO XL.

Sit Triangulum Harmonicum, sive cujus numeri sint reciproci numerorum trianguli Arithmetici a Pascalio*[37] editi.

TRIANGULUM ARITHMETICUM

Numeri naturales	Trigonales	Pyramidales	Trigono-trigonales	Trigono-pyramidales	Pyramido-pyramidales	Trigono-trigono-trigonales
1	1	1	1	1	1	etc.
2	3	4	5	6	etc.	
3	6	10	15	etc.		
4	10	20	etc.			
5	15	etc.				
6	etc.					
etc.						

TRIANGULUM HARMONICUM

Naturalium	Trigonalium	Pyramidalium	Trigono-trigonalium	Trigono-pyramidalium	Pyramido-pyramidalium	RECIPROCI
$\frac{1}{1}$	$\frac{1}{1}$	$\frac{1}{1}$	$\frac{1}{1}$	$\frac{1}{1}$	$\frac{1}{1}$	etc.
$\frac{1}{2}$	$\frac{1}{3}$	$\frac{1}{4}$	$\frac{1}{5}$	$\frac{1}{6}$	etc.	
$\frac{1}{3}$	$\frac{1}{6}$	$\frac{1}{10}$	$\frac{1}{15}$	etc.		
$\frac{1}{4}$	$\frac{1}{10}$	$\frac{1}{20}$	etc.			
$\frac{1}{5}$	$\frac{1}{15}$	etc.				
$\frac{1}{6}$	etc.					
etc.						

Erunt serierum trianguli Harmonici in infinitum decrescentium summae:

$$\frac{1}{0} \quad \frac{2}{1} \quad \frac{3}{2} \quad \frac{4}{3} \quad \frac{5}{4} \quad \frac{6}{5} \quad \text{etc.}$$

Satz XL.

Es sei das harmonische Dreieck bzw. es seien davon die Zahlen die reziproken der Zahlen des von Pascal veröffentlichten arithmetischen Dreiecks:

ARITHMETISCHES DREIECK

natürliche Zahlen	Dreieckszahlen	Pyramidalzahlen	Trigono-trigonalzahlen	Trigono-pyramidalzahlen	Pyramido-pyramidalzahlen	Trigono-trigono-trigonalzahlen
1	1	1	1	1	1	etc.
2	3	4	5	6	etc.	
3	6	10	15	etc.		
4	10	20	etc.			
5	15	etc.				
6	etc.					
etc.						

HARMONISCHES DREIECK

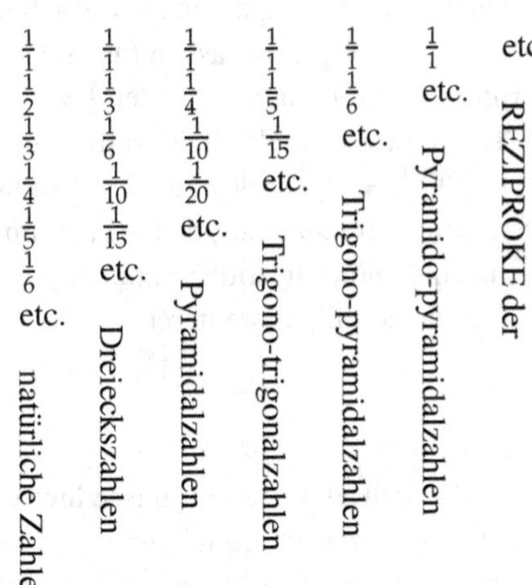

natürliche Zahlen	Dreieckszahlen	Pyramidalzahlen	Trigono-trigonalzahlen	Trigono-pyramidalzahlen	Pyramido-pyramidalzahlen	REZIPROKE der
$\frac{1}{1}$	$\frac{1}{1}$	$\frac{1}{1}$	$\frac{1}{1}$	$\frac{1}{1}$	$\frac{1}{1}$	etc.
$\frac{1}{2}$	$\frac{1}{3}$	$\frac{1}{4}$	$\frac{1}{5}$	$\frac{1}{6}$	etc.	
$\frac{1}{3}$	$\frac{1}{6}$	$\frac{1}{10}$	$\frac{1}{15}$	etc.		
$\frac{1}{4}$	$\frac{1}{10}$	$\frac{1}{20}$	etc.			
$\frac{1}{5}$	$\frac{1}{15}$	etc.				
$\frac{1}{6}$	etc.					
etc.						

Die Summen der bis ins Unendliche abnehmenden Reihen des harmonischen Dreiecks werden

$$\frac{1}{0} \quad \frac{2}{1} \quad \frac{3}{2} \quad \frac{4}{3} \quad \frac{5}{4} \quad \frac{6}{5} \quad \text{etc.}$$

Demonstrabitur ad modum propositionis praecedentis, nam quemadmodum ostendimus $\frac{1}{1}+\frac{1}{3}+\frac{1}{6}+\frac{1}{10}+\frac{1}{15}$ etc. esse $\frac{2}{1}$. ita demonstrabitur $\frac{1}{1}+\frac{1}{4}+\frac{1}{10}+\frac{1}{20}$ etc. esse $\frac{3}{2}$.
Nam series proxime praecedens $\frac{1}{1}+\frac{1}{3}+\frac{1}{6}+\frac{1}{10}+\frac{1}{15}$ etc. sit A
et series proposita $\frac{1}{1}+\frac{1}{4}+\frac{1}{10}+\frac{1}{20}+\frac{1}{35}$ etc. sit $\frac{3}{2}$ B.
Ergo $\frac{2}{3}+\frac{2}{12}+\frac{2}{30}+\frac{2}{60}+\frac{2}{105}$ etc. erit B.
Auferantur a singulis quantitatibus seriei A, singulae respondentes seriei B; residui erunt termini sequentes ejusdem seriei A, ut $\frac{1}{1}-\frac{2}{3}$ dat $\frac{1}{3}$, et $\frac{1}{3}-\frac{2}{12}$ dat $\frac{1}{6}$, et $\frac{1}{6}-\frac{2}{30}$ dat $\frac{1}{10}$, et ita porro quod semper futurum generaliter ostendere non difficile est.

Ergo $\frac{1}{3}+\frac{1}{6}+\frac{1}{10}+\frac{1}{15}+\frac{1}{21}$ etc. erit A – B.
At $\frac{1}{3}+\frac{1}{6}+\frac{1}{10}+\frac{1}{15}+\frac{1}{21}$ etc. est etiam A – 1.
Ergo aequabuntur A – B, et A – 1. sive B et 1. et $\frac{3}{2}$ B id est series $\frac{1}{1}+\frac{1}{4}+\frac{1}{10}+\frac{1}{20}+\frac{1}{35}$ etc. erit $\frac{3}{2}$. Idem in caeteris fieri et generaliter eventurum demonstrari non difficulter potest.

Scholium

Hinc etiam facile demonstrari potest, quotcunque terminorum etiam numero finitorum, seriei cujusdam trianguli harmonici posse inveniri summam. Sint scilicet termini quotcunque continui ex aliqua serie ut trigonalium vel pyramidalium etc. Reciprocorum, sumti; ut $\frac{1}{3}+\frac{1}{6}+\frac{1}{10}+\frac{1}{15}$ quorum quatuor terminorum quaeritur summa. Sumantur ex serie praecedenti termini duo, unus $\frac{1}{2}$ aeque altus ac $\frac{1}{3}$ primus assumtus; alter $\frac{1}{6}$ proxime inferior ipso $\frac{1}{15}$ novissime assumto. Horum duorum numerorum $\frac{1}{2}$ et $\frac{1}{6}$ per $\frac{2}{1}$ numerum seriei infinitae summam exprimentem, sive indicem, multiplicatorum differentia $\frac{2}{3}$ aequatur summae assumtorum quatuor $\frac{1}{3}+\frac{1}{6}+\frac{1}{10}+\frac{1}{15}$. Eodem modo et centeni termini ex una aliqua harem serierum sumti se continuo insequentes, duabus tantum brevissimis operationibus una scilicet subtractione, unaque multiplicatione in unum possunt addi, quod alioqui vix multarum horarum spatio, et incredibili labore fieret.

Nec tabula opus est hic adscripta ad numeros qui a se invicem subtrahendi sunt inveniendos; nota est enim ratio fractionum nostrarum denominatores, id est numeros figuratos ut quidam vocant, sive numeros trianguli Arithmetici, sine tabula inveniendi. Quae omnia distincte exponi merentur; usus enim habent ingentes. Sed quoniam non nisi obiter attingere volui, suffecerit aditum aperuisse.

Porro Triangulum hoc voco Harmonicum quemadmodum clarissimus quondam Geometra Blasius Pascalius*38 suum vocabat Arithmeticum, qui et libellum de eo editum sic inscripsit. Utrumque iisdem constat numeris, Pascalianum integris, nostrum fractis. Utque

Er wird nach Art des vorhergehenden Satzes bewiesen werden, denn wie wir gezeigt haben, dass die Reihe $\frac{1}{1}+\frac{1}{3}+\frac{1}{6}+\frac{1}{10}+\frac{1}{15}$ etc. $\frac{2}{1}$ ist, so wird bewiesen werden, dass $\frac{1}{1}+\frac{1}{4}+\frac{1}{10}+\frac{1}{20}$ etc. $\frac{3}{2}$ ist.

Denn die nächstvorhergehende Reihe $\frac{1}{1}+\frac{1}{3}+\frac{1}{6}+\frac{1}{10}+\frac{1}{15}$ etc. sei A
und die vorausgesetzte Reihe $\frac{1}{1}+\frac{1}{4}+\frac{1}{10}+\frac{1}{20}+\frac{1}{35}$ etc. sei $\frac{3}{2}$ B.
Also wird $\frac{2}{3}+\frac{2}{12}+\frac{2}{30}+\frac{2}{60}+\frac{2}{105}$ etc. B sein.

Von den einzelnen Quantitäten der Reihe A mögen die einzelnen entsprechenden der Reihe B abgezogen werden; es werden die aufeinanderfolgenden Terme derselben Reihe A übrig bleiben, z. B. $\frac{1}{1}-\frac{2}{3}$ ergibt $\frac{1}{3}$, und $\frac{1}{3}-\frac{2}{12}$ ergibt $\frac{1}{6}$, und $\frac{1}{6}-\frac{2}{30}$ ergibt $\frac{1}{10}$, und so weiter; es ist nicht schwierig, allgemein zu zeigen, dass dies immer so sein wird.

Also wird $\frac{1}{3}+\frac{1}{6}+\frac{1}{10}+\frac{1}{15}+\frac{1}{21}$ etc. A − B sein.
Aber $\frac{1}{3}+\frac{1}{6}+\frac{1}{10}+\frac{1}{15}+\frac{1}{21}$ etc. ist auch A − 1.

Also werden A − B und A − 1 bzw. B und 1 gleich sein und $\frac{3}{2}$ B, d. h. die Reihe $\frac{1}{1}+\frac{1}{4}+\frac{1}{10}+\frac{1}{20}+\frac{1}{35}$ etc. wird $\frac{3}{2}$ sein. Dass dasselbe bei den übrigen geschieht und allgemein herauskommen wird, kann unschwer bewiesen werden.

Scholium

Von hier aus kann auch leicht bewiesen werden, dass die Summe beliebig vieler, der Anzahl nach sogar endlich vieler Terme einer bestimmten Reihe des harmonischen Dreiecks gefunden werden kann. Es seien nämlich aus irgendeiner Reihe z. B. der reziproken Dreiecks- oder Pyramidalzahlen etc. beliebig viele aufeinanderfolgende Terme genommen, z. B. $\frac{1}{3}+\frac{1}{6}+\frac{1}{10}+\frac{1}{15}$; von diesen vier Termen wird die Summe gesucht. Aus der vorhergehenden Reihe mögen zwei Terme genommen werden, der eine $\frac{1}{2}$, der gleich hohe wie der als erster angenommene $\frac{1}{3}$, der andere $\frac{1}{6}$, der nächst tiefere als der zuletzt angenommene $\frac{1}{15}$. Von diesen beiden mit der Zahl $\frac{2}{1}$, die die Summe der unendlichen Reihe bzw. den Index ausdrückt, multiplizierten Zahlen $\frac{1}{2}$ und $\frac{1}{6}$ ist die Differenz $\frac{2}{3}$ gleich der Summe der angenommenen vier $\frac{1}{3}+\frac{1}{6}+\frac{1}{10}+\frac{1}{15}$. In derselben Weise können auch je hundert Terme, die aus irgendeiner einzigen dieser Reihen genommen wurden und unmittelbar aufeinanderfolgen, durch nur zwei kürzeste Operationen, nämlich eine einzige Subtraktion und eine einzige Multiplikation, zu einem addiert werden, was sonst mit Mühe im Zeitraum vieler Stunden und mit unglaublichem Arbeitsaufwand geschehen würde.

Und hier ist keine dazugeschriebene Tafel nötig, um die Zahlen zu finden, die voneinander subtrahiert werden müssen; bekannt ist nämlich die Methode, die Nenner unserer Brüche, d. h. die figurierten Zahlen, wie einige sie nennen, bzw. die Zahlen des arithmetischen Dreiecks ohne eine Tafel zu finden. All diese Dinge verdienen deutlich herausgestellt zu werden, denn sie haben ungeheure Nutzen. Da ich es aber lediglich nebenbei berühren wollte, mag es ausreichen, einen Zugang geöffnet zu haben.

Ferner nenne ich dieses Dreieck harmonisch so wie einst der hochberühmte Geometer Blaise Pascal seines arithmetisch nannte, der auch ein darüber herausgegebenes Büchlein so betitelte. Jedes von beiden besteht aus denselben Zahlen, das pascalsche aus ganzen,

series prima apud ipsum est numerorum progressionis Arithmeticae, 1. 2. 3. 4. 5. etc. ita prima series nostra quae illi reciproca est, $\frac{1}{1}$. $\frac{1}{2}$. $\frac{1}{3}$. $\frac{1}{4}$. $\frac{1}{5}$. etc. progressionis est harmonicae, quemadmodum etiam ostendimus prop. 33.

Et quemadmodum Numeri Arithmetici sive naturales continuo replicati per additionem faciunt triangulares; et hi eodem modo replicati pyramidales; et ita porro: ita Harmonici sive arithmeticorum reciproci continuo [replicati per subtractionem][1] faciunt triangularium reciprocos, et hi eodem modo reciprocos pyramidalium etc. In Triangulo Arithmetico Pascalii ope seriei sequentis inveniri potest summa terminorum quotcunque seriei antecedentis; in nostro harmonico ope seriei praecedentis invenitur summa sequentis. Adde prop. 25. coroll. 2.

Series Pascalianae crescunt nostrae decrescunt in infinitum. Hinc in Pascalii triangulo nullius seriei in infinitum productae summa dari potest finita; in nostro omnium serierum in infinitum productarum summa dari potest finita excepta prima. Nam ut infra demonstrabitur prop. [45][2]. ea est quantitas infinita ideo hoc loco exprimitur per $\frac{1}{0}$.

Pascalii Triangulum cum in integris consistat longe nostro tractabilius videri posset. At fractiones in nostro non minus proprietatum esse plenas, et simplicium usque adeo legum capaces, res profecto mira est. Quantae enim alioquin operae sit multas diversorum denominatorum fractiones in unam addere summam, norunt qui aliquem calculi usum habent. Exempli causa: $\frac{1}{1} + \frac{1}{4} + \frac{1}{10} + \frac{1}{20} + \frac{1}{35} + \frac{1}{56} + \frac{1}{84}$ facit: $\frac{1}{1} - \frac{1}{36}$, in $\frac{3}{2}$; seu $\frac{35}{24}$. cujus veritatem qui experiri volet sentiet quam difficulter fractiones tractentur. Porro multae hic et praeclarae de triangulo harmonico propositiones condi possent, quae facile materiam justi tractatus darent, si scripturirem. Late enim patet ejus usus, et ad quadraturas, et calculum ejus quod interest in se replicati, et ad combinationes et ad aleam, et quas vocant partitiones porrigitur.

Vir celeberrimus Christianus Hugenius*39 cum circa aleam et incerti aestimationes versaretur, deprehendit seriem reciprocorum trigonalium seu $\frac{1}{1} + \frac{1}{3} + \frac{1}{6} + \frac{1}{10} + \frac{1}{15}$ etc. esse $\frac{2}{1}$. Observavit enim hanc seriem singulari quadam ratione ex progressione geometrica dupla, $\frac{1}{1}$. $\frac{1}{2}$. $\frac{1}{4}$. $\frac{1}{8}$. $\frac{1}{16}$. $\frac{1}{32}$ etc. posse conflari. Cujus summa cum sit $\frac{2}{1}$ utique et summam prioris esse $\frac{2}{1}$ consequebatur. Et credo viam aliquam esse qua idem ratiocinandi modus ad caeteras Trianguli Harmonici series extendi possit, et Pyramidales fractiones $\frac{1}{1} + \frac{1}{4} + \frac{1}{10} + \frac{1}{20}$ etc. conflari ex fractionibus, progressionis geometricae triplae, nempe $\frac{1}{1}$. $\frac{1}{3}$. $\frac{1}{9}$. $\frac{1}{27}$ etc.

[1] per subtractionem replicati *L ändert Hrsg.*
[2] 44 *L ändert Hrsg.*

das unsere aus gebrochenen. Und wie bei ihm eben die erste Reihe 1, 2, 3, 4, 5 etc. eine von Zahlen mit einer arithmetischen Progression ist, so ist unsere erste Reihe $\frac{1}{1}$, $\frac{1}{2}$, $\frac{1}{3}$, $\frac{1}{4}$, $\frac{1}{5}$ etc., die zu jener reziprok ist, eine mit einer harmonischen Folge, wie wir auch in Satz 33 zeigten.

Und wie die fortlaufend entfalteten arithmetischen bzw. natürlichen Zahlen durch Addition die Dreieckszahlen bilden und diese entfalteten (Zahlen) auf dieselbe Art die Pyramidalzahlen, und so weiter, so erzeugen die fortlaufend entfalteten harmonischen bzw. reziproken der arithmetischen durch Subtraktion die reziproken der Dreieckszahlen, und diese auf dieselbe Art die reziproken der Pyramidalzahlen etc. In Pascals arithmetischem Dreieck kann mit Hilfe der folgenden Reihe die Summe beliebig vieler Terme der vorhergehenden Reihe gefunden werden; in unserem harmonischen wird mit Hilfe der vorhergehenden Reihe die Summe der folgenden gefunden. Füge Korollar 2 von Satz 25 hinzu.

Die pascalschen Reihen wachsen, unsere nehmen ab, bis ins Unendliche. Daher kann in Pascals Dreieck von keiner bis ins Unendliche fortgeführten Reihe eine endliche Summe angegeben werden; in unserem kann von allen bis ins Unendliche fortgeführten Reihen eine endliche Summe angegeben werden, mit Ausnahme der ersten. Denn wie unten in Satz 45 bewiesen werden wird, ist sie eine unendliche Quantität und wird deshalb an dieser Stelle durch $\frac{1}{0}$ ausgedrückt.

Weil es aus ganzen Zahlen besteht, könnte Pascals Dreieck bei weitem handlicher als unseres erscheinen. Dass aber die Brüche in unserem nicht weniger voll von Eigenschaften und dermaßen einfacher Gesetze teilhaftig sind, ist wirklich eine erstaunliche Sache. Denn wie mühsam es sonst ist, viele Brüche mit verschiedenen Nennern zu einer Summe zu addieren, wissen diejenigen, die irgendeine Erfahrung im Rechnen haben. Z. B.: $\frac{1}{1} + \frac{1}{4} + \frac{1}{10} + \frac{1}{20} + \frac{1}{35} + \frac{1}{56} + \frac{1}{84}$ ergibt $(\frac{1}{1} - \frac{1}{36}) \cdot \frac{3}{2}$ bzw. $\frac{35}{24}$. Wer die Wahrheit davon erfahren will, wird bemerken, wie mühsam Brüche behandelt werden. Ferner könnten hier viele glänzende Sätze über das harmonische Dreieck aufgestellt werden, die leicht den Stoff für eine gebührende Abhandlung geben würden, wenn ich sie ausarbeiten würde. Denn seine Anwendung ist weitreichend und erstreckt sich sowohl auf Quadraturen als auch auf die Berechnung dessen, was das Interesse ist und in sich entfaltet ist, und auf Kombinationen und aufs Würfelspiel und auf die so genannten Partitionen.

Als sich der hochberühmte Mann Christiaan Huygens mit dem Würfelspiel und der Wahrscheinlichkeitsrechnung beschäftigte, entdeckte er, dass die Reihe der reziproken Dreieckszahlen bzw. $\frac{1}{1} + \frac{1}{3} + \frac{1}{6} + \frac{1}{10} + \frac{1}{15}$ etc. $\frac{2}{1}$ ist. Er beobachtete nämlich, dass diese Reihe durch eine gewisse besondere Methode aus der doppelten geometrischen Progression $\frac{1}{1}$, $\frac{1}{2}$, $\frac{1}{4}$, $\frac{1}{8}$, $\frac{1}{16}$, $\frac{1}{32}$ etc. erzeugt werden kann. Weil deren Summe $\frac{2}{1}$ ist, folgte auf jeden Fall, dass die Summe der ersten auch $\frac{2}{1}$ ist. Und ich glaube, dass es einen Weg gibt, auf dem dieselbe Art des Berechnens auf die übrigen Reihen des harmonischen Dreiecks ausgedehnt werden kann, und dass die Pyramidalbrüche $\frac{1}{1} + \frac{1}{4} + \frac{1}{10} + \frac{1}{20}$ etc. aus den Brüchen der dreifachen

utriusque enim seriei summam reperi*40 esse etiam, $\frac{3}{2}$; et Trigono-trigonales ex Geometricis quadruplis, nam seriei $\frac{1}{1}$. $\frac{1}{5}$. $\frac{1}{15}$. $\frac{1}{35}$ etc. aeque ac seriei $\frac{1}{1}$. $\frac{1}{4}$. $\frac{1}{16}$. $\frac{1}{64}$ etc. summam reperi esse $\frac{4}{3}$ et ita porro. Id vero ita esse alia plane methodo deprehendi*41; cum enim seriei reciprocorum trigonalium $\frac{1}{1} + \frac{1}{3} + \frac{1}{6} + \frac{1}{10}$ etc. summam a se inventam mihi investigandam proposuisset Hugenius, felici inquisitione usus non hujus tantum sed et caeterarum hic propositarum omnium summam regula generalissima pariter ac simplicissima hic expressam, inveni.

geometrischen Folge, nämlich $\frac{1}{1}$, $\frac{1}{3}$, $\frac{1}{9}$, $\frac{1}{27}$ etc. erzeugt werden, denn ich fand heraus, dass die Summe jeder der beiden Reihen $\frac{3}{2}$ ist, und die Trigonotrigonalbrüche aus den vierfachen geometrischen, denn ich fand heraus, dass die Summe der Reihe $\frac{1}{1}$, $\frac{1}{5}$, $\frac{1}{15}$, $\frac{1}{35}$ etc. ebenso wie die der Reihe $\frac{1}{1}$, $\frac{1}{4}$, $\frac{1}{16}$, $\frac{1}{64}$ etc. $\frac{4}{3}$ ist, und so weiter. Dass sich dies aber so verhält, habe ich durch eine völlig andere Methode entdeckt: nachdem nämlich Huygens vorgeschlagen hatte, ich solle von der Reihe der reziproken Dreieckszahlen $\frac{1}{1} + \frac{1}{3} + \frac{1}{6} + \frac{1}{10}$ etc. die von ihm gefundene Summe ausfindig machen, führte ich eine erfolgreiche Untersuchung durch und fand nicht nur von dieser Reihe, sondern auch von allen übrigen hier vorgestellten die Summe, die durch eine ebenso allgemeinste wie einfachste Regel hier ausgedrückt ist.

PROPOSITIO XLI.

Summa seriei infinitae $\frac{1}{8} + \frac{1}{24} + \frac{1}{48} + \frac{1}{80} + \frac{1}{120}$ etc. est $\frac{1}{4}$.
Summa seriei infinitae $\frac{1}{3} + \frac{1}{8} + \frac{1}{15} + \frac{1}{24} + \frac{1}{35} + \frac{1}{48} + \frac{1}{63} + \frac{1}{80} + \frac{1}{99} + \frac{1}{120}$ etc. est $\frac{3}{4}$. Sunt autem numeri 8. 24. 48. 80. etc. quadrati imparium unitate minuti; et numeri 3. 8. 15. 24. 35. 48. 63. 80. etc. quadrati omnium numerorum tam parium quam imparium eadem unitate minuti.

Nam $\frac{1}{1} + \frac{1}{3} + \frac{1}{6} + \frac{1}{10} + \frac{1}{15}$ etc. erit 2. per prop. 39.
Ergo $\frac{1}{8} + \frac{1}{24} + \frac{1}{48} + \frac{1}{80} + \frac{1}{120}$ etc. est $\frac{1}{4}$. divisis omnibus per 8.
Quae est propositionis pars prior.
Jam $\frac{1}{3} + \frac{1}{15} + \frac{1}{35} + \frac{1}{63} + \frac{1}{99} + \frac{1}{143}$ etc. est $\frac{2}{4}$. per prop. 36.
Ergo $\frac{1}{3} + \frac{1}{8} + \frac{1}{15} + \frac{1}{24} + \frac{1}{35} + \frac{1}{48} + \frac{1}{63} + \frac{1}{80} + \frac{1}{99} + \frac{1}{120} + \frac{1}{143}$ etc. erit $\frac{3}{4}$. summa scilicet utriusque. Quae est pars propositionis posterior.

Satz XLI.

Die Summe der unendlichen Reihe $\frac{1}{8} + \frac{1}{24} + \frac{1}{48} + \frac{1}{80} + \frac{1}{120}$ etc. ist $\frac{1}{4}$.
Die Summe der unendlichen Reihe $\frac{1}{3} + \frac{1}{8} + \frac{1}{15} + \frac{1}{24} + \frac{1}{35} + \frac{1}{48} + \frac{1}{63} + \frac{1}{80} + \frac{1}{99} + \frac{1}{120}$ etc. ist $\frac{3}{4}$. Die Zahlen 8, 24, 48, 80 etc. sind aber die um die Einheit verminderten Quadrate der ungeraden Zahlen; und die Zahlen 3, 8, 15, 24, 35, 48, 63, 80 etc. sind die um dieselbe Einheit verminderten Quadrate ebenso aller geraden wie ungeraden Zahlen.

Denn $\frac{1}{1} + \frac{1}{3} + \frac{1}{6} + \frac{1}{10} + \frac{1}{15}$ etc. wird 2 nach Satz 39 sein.
Also ist $\frac{1}{8} + \frac{1}{24} + \frac{1}{48} + \frac{1}{80} + \frac{1}{120}$ etc. $\frac{1}{4}$, nachdem alle Terme durch 8 geteilt wurden. Dieses ist der erste Teil des Satzes.
Nunmehr ist $\frac{1}{3} + \frac{1}{15} + \frac{1}{35} + \frac{1}{63} + \frac{1}{99} + \frac{1}{143}$ etc. $\frac{2}{4}$ nach Satz 36.
Also wird $\frac{1}{3} + \frac{1}{8} + \frac{1}{15} + \frac{1}{24} + \frac{1}{35} + \frac{1}{48} + \frac{1}{63} + \frac{1}{80} + \frac{1}{99} + \frac{1}{120} + \frac{1}{143}$ etc. $\frac{3}{4}$ sein, nämlich die Summe jeder der beiden Reihen. Dieses ist der zweite Teil des Satzes.

PROPOSITIO XLII.

[Quadratura Hyperbolae ejusque partium varia; et cum circulo symbolismus]

I $\frac{1}{3}+\frac{1}{8}+\frac{1}{15}+\frac{1}{24}+\frac{1}{35}+\frac{1}{48}+\frac{1}{63}+\frac{1}{80}+\frac{1}{99}+\frac{1}{120}$ etc.
II $\frac{1}{3}\cdot\frac{1}{15}\cdot\frac{1}{63}\cdot\frac{1}{99}\cdot$ etc.
III $\cdot\frac{1}{8}\cdot\frac{1}{24}\cdot\frac{1}{48}\cdot\frac{1}{80}\cdot\frac{1}{120}$ etc.
} aequal. { $\frac{3}{4}$ per prop. 41; $\frac{2}{4}$ per prop. 36; $\frac{1}{4}$ per prop. 41

IV $\frac{1}{3}\ldots\frac{1}{35}\ldots\frac{1}{99}\cdot$ etc.
V. $\frac{1}{8}\ldots\frac{1}{48}\ldots\frac{1}{120}$ etc.
} exprimit aream { circuli prop. 35. Hyperbolae primariae } cujus Quadratum inscriptum est $\frac{1}{4}$.

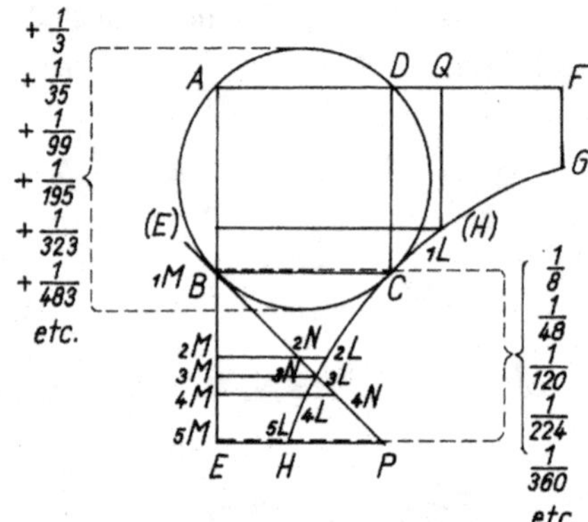

fig. 10

1	2	3	4	5	6	7	8	9	10	11	12	13	14	15	16	17	18	19	20
1	4	9	16	25	36	49	64	81	100	121	144	169	196	225	256	289	324	361	400
0	3	8	15	24	35	48	63	80	99	120	143	168	195	224	255	288	323	360	399

$\frac{1}{3}\ \frac{1}{8}\ \frac{1}{15}\ \frac{1}{24}\ \frac{1}{35}\ \frac{1}{48}\ \frac{1}{63}\ \frac{1}{80}\ \frac{1}{99}\ \frac{1}{120}\ \frac{1}{143}\ \frac{1}{168}\ \frac{1}{195}\ \frac{1}{224}\ \frac{1}{255}\ \frac{1}{288}\ \frac{1}{323}\ \frac{1}{360}\ \frac{1}{399}$ etc.
$\frac{1}{3}\cdot\frac{1}{15}\cdot\frac{1}{35}\cdot\frac{1}{63}\cdot\frac{1}{99}\cdot\frac{1}{143}\cdot\frac{1}{195}\cdot\frac{1}{255}\cdot\frac{1}{323}\cdot\frac{1}{399}$ etc.
$\cdot\frac{1}{8}\cdot\frac{1}{24}\cdot\frac{1}{48}\cdot\frac{1}{80}\cdot\frac{1}{120}\cdot\frac{1}{168}\cdot\frac{1}{224}\cdot\frac{1}{288}\cdot\frac{1}{360}\cdot$ etc.
} aequal. { $\frac{3}{4}$; $\frac{2}{4}$; $\frac{1}{4}$

$\frac{1}{3}\cdot\cdot\cdot\frac{1}{35}\cdot\cdot\cdot\frac{1}{99}\cdot\cdot\cdot\frac{1}{195}\cdot\cdot\cdot\frac{1}{323}\cdot\cdot$ etc. exprimit
$\cdot\frac{1}{8}\cdot\cdot\cdot\frac{1}{48}\cdot\cdot\cdot\frac{1}{120}\cdot\cdot\cdot\frac{1}{224}\cdot\cdot\cdot\frac{1}{360}\cdot$ etc. aream
} { circuli AC; Hyperbolae CBEHC } $\frac{1}{4}$ habentis, pro area Quadrati inscripti ABCD

Satz XLII.

[Verschiedenartige Quadratur der Hyperbel und deren Teile und der Symbolismus mit dem Kreis]

$$\left.\begin{array}{l}\text{I } \frac{1}{3}+\frac{1}{8}+\frac{1}{15}+\frac{1}{24}+\frac{1}{35}+\frac{1}{48}+\frac{1}{63}+\frac{1}{80}+\frac{1}{99}+\frac{1}{120} \text{ etc.}\\ \text{II } \frac{1}{3}\cdot\frac{1}{15}\cdot\frac{1}{63}\cdot\frac{1}{99}\cdot \text{ etc.}\\ \text{III } \cdot\frac{1}{8}\cdot\frac{1}{24}\cdot\frac{1}{48}\cdot\frac{1}{80}\cdot\frac{1}{120} \text{ etc.}\end{array}\right\}\text{gleich}\left\{\begin{array}{l}\frac{3}{4} \text{ nach Satz 41}\\ \frac{2}{4} \text{ nach Satz 36}\\ \frac{1}{4} \text{ nach Satz 41}\end{array}\right.$$

$$\left.\begin{array}{l}\text{IV } \frac{1}{3}\ldots\frac{1}{35}\ldots\frac{1}{99}\cdot \text{ etc.}\\ \text{V. } \frac{1}{8}\ldots\frac{1}{48}\ldots\frac{1}{120} \text{ etc.}\end{array}\right\}\begin{array}{l}\text{drückt}\\ \text{den Flächen-}\\ \text{inhalt aus}\end{array}\left\{\begin{array}{c}\text{des Kreises, Satz 35}\\ \text{der ausgezeichneten}\\ \text{Hyperbel}\end{array}\right\}\begin{array}{l}\text{wovon das einbe-}\\ \text{schriebene Qua-}\\ \text{drat } \frac{1}{4} \text{ ist.}\end{array}$$

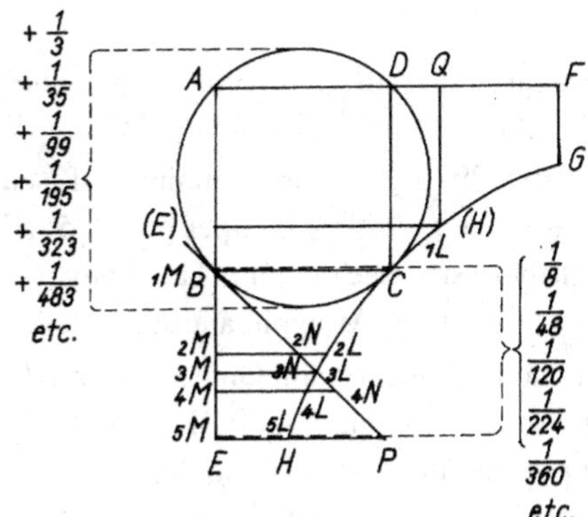

fig. 10

AB aequ. BC aequ. BE aequ. EP

$$\begin{array}{cccccccccccccccccccc}1&2&3&4&5&6&7&8&9&10&11&12&13&14&15&16&17&18&19&20\\ 1&4&9&16&25&36&49&64&81&100&121&144&169&196&225&256&289&324&361&400\\ 0&3&8&15&24&35&48&63&80&99&120&143&168&195&224&255&288&323&360&399\end{array}$$

$$\left.\begin{array}{l}\frac{1}{3}\ \frac{1}{8}\ \frac{1}{15}\ \frac{1}{24}\ \frac{1}{35}\ \frac{1}{48}\ \frac{1}{63}\ \frac{1}{80}\ \frac{1}{99}\ \frac{1}{120}\ \frac{1}{143}\ \frac{1}{168}\ \frac{1}{195}\ \frac{1}{224}\ \frac{1}{255}\ \frac{1}{288}\ \frac{1}{323}\ \frac{1}{360}\ \frac{1}{399} \text{ etc.}\\ \frac{1}{3}\cdot\frac{1}{15}\cdot\frac{1}{35}\cdot\frac{1}{63}\cdot\frac{1}{99}\cdot\frac{1}{143}\cdot\frac{1}{195}\cdot\frac{1}{255}\cdot\frac{1}{323}\cdot\frac{1}{399} \text{ etc.}\\ \cdot\frac{1}{8}\cdot\frac{1}{24}\cdot\frac{1}{48}\cdot\frac{1}{80}\cdot\frac{1}{120}\cdot\frac{1}{168}\cdot\frac{1}{224}\cdot\frac{1}{288}\cdot\frac{1}{360}\cdot \text{ etc.}\end{array}\right\}\text{aequal.}\left\{\begin{array}{l}\frac{3}{4}\\ \frac{2}{4}\\ \frac{1}{4}\end{array}\right.$$

$$\left.\begin{array}{l}\frac{1}{3}\cdot\cdot\cdot\frac{1}{35}\cdot\cdot\cdot\frac{1}{99}\cdot\cdot\cdot\frac{1}{195}\cdot\cdot\cdot\frac{1}{323}\cdot\cdot \text{ etc. exprimit}\\ \cdot\frac{1}{8}\cdot\cdot\cdot\frac{1}{48}\cdot\cdot\cdot\frac{1}{120}\cdot\cdot\cdot\frac{1}{224}\cdot\cdot\cdot\frac{1}{360}\cdot \text{ etc. aream}\end{array}\right\}$$

$$\left\{\begin{array}{l}\text{circuli AC}\\ \text{Hyperbolae CBEHC}\end{array}\right\}\begin{array}{l}\frac{1}{4} \text{ habentis, pro area}\\ \text{Quadrati inscripti ABCD}\end{array}$$

Restat tantum probanda pars ultima de Hyperbola. Ut vero symbolismus sane memorabilis clarius appareat, schema adhibeamus. Sit Hyperbola aequilatera vel primaria GCH, cujus centrum A. vertex C potentia seu quadratum inscriptum ABCD. circa quod etiam circulus describatur. Hoc Quadratum circulo Hyperbolaeve inscriptum ponatur esse $\frac{1}{4}$. erit circulus, $\frac{1}{3}+\frac{1}{35}+\frac{1}{99}$ etc. per prop. 35. Porro circulo quodammodo respondet spatium Hyperbolicum CBEHC. posito angulum FAE asymptotorum AF, AE esse rectum, et BC, EH parallelas asymptoto AF, ac denique BC aequalem ipsi BE; ita enim etiam BE ipsi AB, et BC ipsi AD aequalis erit; neque aliud spatium (circa asymptotos) quod circulo melius respondeat, aut magis determinatum sit prae caeteris; assignari potest inprimis cum logarithmum binarii contineat, ut infra patebit. Hujus autem spatii Quadrilinei aream esse $\frac{1}{8}+\frac{1}{48}+\frac{1}{120}$ etc. sic ostendo.

AM est AB + BM, et AML rectangulum aequale quadrato ABCD ex natura Hyperbolae. Ergo ML est $\frac{\text{Quad.AB}}{\text{AM}}$. vel $\frac{\text{Quad. AB}}{\text{AB+BM}}$ sive ML aequal. $\text{AB} - \text{BM} + \frac{\text{BM}^2}{\text{AB}} - \frac{\text{BM}^3}{\text{AB}^2} + \frac{\text{BM}^4}{\text{AB}^3} - \frac{\text{BM}^5}{\text{AB}^4}$ etc. per prop. 26. ad modum prop. 28. vel schol. prop. 29. Ergo summa omnium ML seu spatium CBEHC erit AB in $\text{BE} - \frac{\text{BE}^2}{2} + \frac{\text{BE}^3}{3\text{AB}} - \frac{\text{BE}^4}{4\text{AB}^2} + \frac{\text{BE}^5}{5\text{AB}^3} - \frac{\text{BE}^6}{6\text{AB}^4}$ etc. per prop. 25. ad modum prop. 29. Summa scilicet omnium ML aequabitur summae omnium AB, et omnium $\frac{\text{BM}^2}{\text{AB}}$ et omnium $\frac{\text{BM}^4}{\text{AB}^3}$ etc. ad BE ordine normaliter in punctis M applicatarum[,] demta summa omnium BM, et omnium $\frac{\text{BM}^3}{\text{AB}^2}$, etc. eodem modo applicatarum. Omnes autem AB, quia semper eadem, applicatae semper in punctis M, dant rectangulum ABE vel CBE, id est quadratum ab AB. et omnes BM vel MN applicatae in M dant triangulum BEP vel semiquadratum a BE, sive $\frac{\text{BE}^2}{2}$. et ita porro. Est autem BE hic aequal. AB. Ergo erit spatium CBEHC

$$\text{aequal.}\quad \underbrace{\frac{\text{AB}^2}{1} - \frac{\text{AB}^2}{2}} + \underbrace{\frac{\text{AB}^2}{3} - \frac{\text{AB}^2}{4}} + \underbrace{\frac{\text{AB}^2}{5} - \frac{\text{AB}^2}{6}} \quad \text{etc.}$$

$$\text{sive}\quad \frac{\text{AB}^2}{2} + \frac{\text{AB}^2}{12} + \frac{\text{AB}^2}{30} \quad \text{etc.}$$

sive (quia posuimus AB^2 aequal. $\frac{1}{4}$ erit spatium Hyperbolicum

$$\text{CBEHC}\quad \frac{1}{8} + \frac{1}{48} + \frac{1}{120} \quad \text{etc. Q.E.D.}$$

Hos spatii Hyperbolici CBEHC numeros jam ex invento vicecomitis Brounkeri*[42] Societatis Regiae Anglicae Praesidis inter primos nostri temporis Geometras censendi sumere licet; subtilissimi autem viri Nicolai Mercatoris*[43] ex eadem Regia Societate Methodus non tantum eosdem numeros exhibet, sed et, si BE ipsa AB minor sit, nihilo minus formulam,

$$\frac{\text{BE}}{1} - \frac{\text{BE}^2}{2} + \frac{\text{BE}^3}{3} - \frac{\text{BE}^4}{4} + \frac{\text{BE}^5}{5} - \frac{\text{BE}^6}{6} \text{ etc. (posito AB, vel AB}^2 \text{ esse 1.)}$$

spatio CBEHC. aequalem praebet. Sed et si recta (E) (H) in alteram partem inter BC et Asymptoton AF cadat, eodem modo area spatii CB(E) (H)C invenietur, tantum signis – in

Es bleibt nur übrig, den letzten Teil über die Hyperbel zu beweisen. Damit aber der fürwahr erwähnenswerte Symbolismus klarer erscheint, wollen wir das Schema hinzuziehen. Die gleichseitige oder erste Hyperbel sei GCH, deren Zentrum A, Scheitel C, Potenz bzw. einbeschriebenes Quadrat ABCD ist, um das auch ein Kreis beschrieben werde. Es sei vorausgesetzt, dass dieses dem Kreis oder der Hyperbel einbeschriebene Quadrat $\frac{1}{4}$ ist. Nach Satz 35 wird der Kreis $\frac{1}{3} + \frac{1}{35} + \frac{1}{99}$ etc. sein. Ferner entspricht gewissermaßen dem Kreis die hyperbolische Fläche CBEHC, – vorausgesetzt, dass der Winkel FAE der Asymptoten AF, AE ein rechter ist und BC, EH zur Asymptote AF parallel sind und schließlich BC gleich BE ist; denn so wird auch BE gleich AB und BC gleich AD sein; – und keine andere Fläche (bzgl. der Asymptoten) kann zugewiesen werden, die dem Kreis besser entsprechen oder gegenüber den übrigen mehr abgegrenzt sein könnte, vor allem, weil sie den Logarithmus von 2 enthält, wie es unten klar werden wird. Dass aber der Flächeninhalt dieser vierlinigen Fläche $\frac{1}{8} + \frac{1}{48} + \frac{1}{120}$ etc. ist, zeige ich so:

AM ist gleich AB + BM und das Rechteck AML ist aufgrund der Hyperbelnatur gleich dem Quadrat ABCD. Also ist ML gleich $\frac{AB^2}{AM}$ oder $\frac{AB^2}{AB+BM}$, bzw. ML ist nach Satz 26 gemäß dem Satz 28 oder dem Scholium von Satz 29 gleich $AB - BM + \frac{BM^2}{AB} - \frac{BM^3}{AB^2} + \frac{BM^4}{AB^3} - \frac{BM^5}{AB^4}$ etc. Also wird die Summe aller ML bzw. die Fläche CBEHC nach Satz 25 gemäß Satz 29 $AB \cdot BE - \frac{BE^2}{2} + \frac{BE^3}{3AB} - \frac{BE^4}{4AB^2} + \frac{BE^5}{5AB^3} - \frac{BE^6}{6AB^4}$ etc. sein. Die Summe aller ML wird nämlich gleich der Summe aller AB und aller $\frac{BM^2}{AB}$ und aller $\frac{BM^4}{AB^3}$ etc. sein, die an BE der Reihe nach senkrecht in den Punkten M angelegt sind, nachdem die Summe aller auf dieselbe Art angelegten BM und aller $\frac{BM^3}{AB^2}$ etc. weggenommen wurde. Alle AB aber, weil es immer dieselbe [Strecke] ist und immer in den Punkten M angelegt sind, ergeben das Rechteck ABE oder CBE, d. h. das Quadrat von AB. Und alle in M angelegten BM oder MN ergeben das Dreieck BEP oder das Semiquadrat von BE bzw. $\frac{BE^2}{2}$, und so weiter. BE ist hier aber gleich AB. Also wird die Fläche CBEHC gleich

$$\underbrace{\frac{AB^2}{1} - \frac{AB^2}{2}} + \underbrace{\frac{AB^2}{3} - \frac{AB^2}{4}} + \underbrace{\frac{AB^2}{5} - \frac{AB^2}{6}} \quad \text{etc.}$$

bzw. $\quad \frac{AB^2}{2} + \frac{AB^2}{12} + \frac{AB^2}{30}$ etc. sein,

bzw. (weil wir AB^2 gleich $\frac{1}{4}$ vorausgesetzt haben) wird die hyperbolische Fläche CBEHC $\quad \frac{1}{8} + \frac{1}{48} + \frac{1}{120}$ etc. sein. Das war zu beweisen.

Man kann diese Zahlen der hyperbolischen Fläche CBEHC bereits der Entdeckung des Viscount Brouncker entnehmen, des Präsidenten der englischen Royal Society, der unter die ersten Geometer unserer Zeit zu zählen ist; die Methode des sehr scharfsinnigen Mannes Nikolaus Mercator von derselben Royal Society aber liefert nicht nur dieselben Zahlen, sondern bietet auch, wenn BE kleiner als AB ist, nichtsdestoweniger die Formel

$$\frac{BE}{1} - \frac{BE^2}{2} + \frac{BE^3}{3} - \frac{BE^4}{4} + \frac{BE^5}{5} - \frac{BE^6}{6} \text{ etc. (vorausgesetzt, dass AB oder } AB^2 \text{ 1 ist)}$$

die gleich der Fläche CBEHC ist. Aber auch wenn die Gerade (E)(H) auf die andere Seite zwischen BC und die Asymptote AF fällt, wird auf dieselbe Art der Flächeninhalt der

+ mutatis, quia est

[(E)(H)][1] aequal. $\frac{AB^2}{AB-B(E)}$ eritque
CB(E) (H)C aequal. $\frac{BE}{1}+\frac{BE^2}{2}+\frac{BE^3}{3}+\frac{BE^4}{4}+\frac{BE^5}{5}+\frac{BE^6}{6}$ etc. posito AB esse 1. et area spatii infiniti CBAF etc. G(H)C erit summa numerorum progressionis harmonicae in infinitum decrescentium, $\frac{1}{1}+\frac{1}{2}+\frac{1}{3}+\frac{1}{4}+\frac{1}{5}+\frac{1}{6}$ etc. posito quadratum AB^2 seu rectam AB, esse 1.

Caeterum quia per prop. 18. zona Hyperbolica quaelibet ut [CB(E)(H)C][2], zonae conjugatae [CDQ(H)C][3] aequalis est, hinc patet ejusdem spatii hyperbolici valorem bis obtineri sive duobus modis exprimi posse, uno per signa + et − alternantia, altero per sola signa affirmantia. Potest etiam pro AB vel AD. alia quaelibet assumi ut AQ. ut ponendo AF aeq. AQ + QF. erit FG aequal. $\frac{AB^2}{AQ+QF}$. et rectangulum FG in AQ. erit ad quadratum AB^2, ut $\frac{1}{1}-\frac{QF}{AQ}+\frac{QF^2}{AQ^2}-\frac{QF^3}{AQ^3}$ etc. est ad $\frac{1}{1}$[,] et spatium Hyperbolicum (H)QFG(H) erit ad

quadratum AB^2, ut $\frac{QF}{1AQ}-\frac{QF^2}{2AQ^2}+\frac{QF^3}{3AQ^3}-\frac{QF^4}{4AQ^4}$ etc. est ad 1.

Unde jam habetur res mira, nimirum Quadratura ejusdem spatii Hyperbolici, infinitis modis, et saepius quidem.

Ut spatium CDFG(H) est ad AB^2 ut $\frac{DF}{1AD}-\frac{DF^2}{2AD^2}+\frac{DF^3}{3AD^3}-\frac{DF^4}{4AD^4}$ etc. est ad 1. at idem spatium rursus est ad AB^2,

ut $\left\{\begin{array}{ll} \frac{QF}{1AQ}-\frac{QF^2}{2AQ^2}+\frac{QF^3}{3AQ^3}-\frac{QF^4}{4AQ^4} \text{ etc.} & \text{ratio spatii [(H)QFG(H)]}^{4} \text{ ad } AB^2 \\ \frac{DQ}{1AQ}+\frac{DQ^2}{2AQ^2}+\frac{DQ^3}{3AQ^3}+\frac{DQ^4}{4AQ^4} \text{ etc.} & \text{ratio spatii CDQ(H)C ad } AB^2 \end{array}\right\}$ est ad 1.

Quod pro dato spatio infinitis fieri potest modis, datis enim licet punctis D. C. F. G. adhuc puncta Q. [(H)][5]. pro arbitrio assumi possunt. Hinc jam mirabilis nascitur aequatio infinita, scilicet series

[1] B(H) *L ändert Hrsg.*
[2] CBEHC *L ändert Hrsg.*
[3] CDQHC *L ändert Hrsg.*
[4] (H)QFGH *L ändert Hrsg.*
[5] H *L ändert Hrsg.*

Fläche CB(E)(H)C gefunden werden, nachdem nur die Vorzeichen von − in + geändert wurden, weil

(E)(H) gleich $\frac{AB^2}{AB-B(E)}$ ist, und es wird
CB(E) (H)C gleich $\frac{BE}{1} + \frac{BE^2}{2} + \frac{BE^3}{3} + \frac{BE^4}{4} + \frac{BE^5}{5} + \frac{BE^6}{6}$ etc. sein, vorausgesetzt, dass AB 1 ist. Und der Flächeninhalt der unendlichen Fläche CBAF etc. G(H)C wird die Summe der bis ins Unendliche abnehmenden Zahlen der harmonischen Progression $\frac{1}{1} + \frac{1}{2} + \frac{1}{3} + \frac{1}{4} + \frac{1}{5} + \frac{1}{6}$ etc. sein, vorausgesetzt das Quadrat AB^2 bzw. die Gerade AB ist 1.

Übrigens, weil nach Satz 18 eine beliebige hyperbolische Zone wie CB(E) (H)C gleich der konjugierten Zone CDQ(H)C ist, ist von hier aus klar, dass der Wert derselben hyperbolischen Fläche zweimal erhalten bzw. auf zwei Arten ausgedrückt werden kann, zum einen durch die alternierenden Vorzeichen + und −, zum anderen durch die positiven Vorzeichen allein. Es kann sogar für AB oder AD auch eine beliebige andere Gerade wie AQ angenommen werden, wobei man z. B. AF = AQ + QF setzt. Es wird FG gleich $\frac{AB^2}{AQ+QF}$ sein, und das Rechteck FG · AQ wird sich zum zum Quadrat AB^2 verhalten wie sich $\frac{1}{1} - \frac{QF}{AQ} + \frac{QF^2}{AQ^2} - \frac{QF^3}{AQ^3}$ etc. zu $\frac{1}{1}$ verhält, und die hyperbolische Fläche (H)QFG(H) wird sich zum

Quadrat AB^2 verhalten, wie sich $\frac{QF}{1AQ} - \frac{QF^2}{2AQ^2} + \frac{QF^3}{3AQ^3} - \frac{QF^4}{4AQ^4}$ etc. etc. zu 1 verhält.

Daher hat man nun eine erstaunliche Sache, nämlich die Quadratur derselben hyperbolischen Fläche auf unendlich viele Arten und eben öfter.

Z. B. verhält sich die Fläche CDFG(H) zu AB^2 wie sich $\frac{DF}{1AD} - \frac{DF^2}{2AD^2} + \frac{DF^3}{3AD^3} - \frac{DF^4}{4AD^4}$ etc. zu 1 verhält.
Aber dieselbe Fläche verhält sich wiederum zu AB^2

$$\text{wie sich} \left\{ \begin{array}{ll} \frac{QF}{1AQ} - \frac{QF^2}{2AQ^2} + \frac{QF^3}{3AQ^3} - \frac{QF^4}{4AQ^4}\text{etc.} & \text{Verhältnis der Fläche} \\ & \text{(H)QFG(H) zu } AB^2 \\ \frac{DQ}{1AQ} + \frac{DQ^2}{2AQ^2} + \frac{DQ^3}{3AQ^3} + \frac{DQ^4}{4AQ^4}\text{etc.} & \text{Verhältnis der Fläche} \end{array} \right\} \text{zu 1 verhält}$$
$$\text{CDQ(H)C zu } AB^2$$

Das kann für die gegebene Fläche auf unendlich viele Arten geschehen, denn, auch wenn die Punkte D, C, F, G gegeben sind, können die Punkte Q, (H) noch nach Belieben angenommen werden.
Daher entsteht nunmehr eine wunderbare unendliche Gleichung, nämlich die Reihe

$\frac{DF}{1AD} - \frac{DF^2}{2AD^2} + \frac{DF^3}{3AD^3} - \frac{DF^4}{4AD^4}$ etc. aequalis est reliquarum duarum summae $\frac{DQ+QF}{1AQ} + \frac{DQ^2-QF^2}{2AQ^2} + \frac{DQ^3+QF^3}{3AQ^3} + \frac{DQ^4-QF^4}{4AQ^4}$ etc. posita DF aeq. DQ + QF. et posita AQ aeq. AD + DQ et puncto Q. pro arbitrio sumto. Unde una aequationis parte divisa per DF, altera per DQ + QF fiet:

$$\frac{1}{1AD} - \frac{DF}{2AD^2} + \frac{DF^2}{3AD^3} - \frac{DF^3}{4AD^4} \text{ etc. aeq. } \frac{1}{1AQ} + \frac{DQ-QF}{2AQ^2} + \frac{DQ^2,\overline{-DQ \text{ in } QF},+[QF^2]}{3AQ^3}$$ [1]

$$+ \frac{DQ^3-\overline{DQ^2 \text{ in } QF}+\overline{DQ \text{ in } QF^2}-QF^3}{4AQ^4} + \frac{DQ^4-\overline{DQ^3 \text{ in } QF}+\overline{DQ^2 \text{ in } QF^2}-\overline{DQ \text{ in } QF^3}+QF^4}{5AQ^5} \text{ etc.}$$

Quorum specimen ideo adjeci, ut quibus otium est in aliis seriebus idem tentent, multa enim miranda sub his latere arbitror theoremata, quae dies deteget; nec de usu dubitandum est quoniam Logarithmi includuntur. De quo mox superest ut aliam adhuc subjiciam Quadraturam Hyperbolae, ab hac plane diversam, sed quae ex eodem quo nostra Circuli Quadratura fonte fluxit, et circulo, Hyperbolae atque Ellipsi communis est; secundum quam Hyperbola non ad Asymptoton ut hactenus sed axem refertur.

[1] $+DF^2$ *L ändert Hrsg.*

$\frac{DF}{1AD} - \frac{DF^2}{2AD^2} + \frac{DF^3}{3AD^3} - \frac{DF^4}{4AD^4}$ etc. ist gleich der Summe der beiden übrigen $\frac{DQ+QF}{1AQ} + \frac{DQ^2-QF^2}{2AQ^2} + \frac{DQ^3+QF^3}{3AQ^3} + \frac{DQ^4-QF^4}{4AQ^4}$ etc., wenn $DF = DQ + QF$ gesetzt und $AQ = AD + DQ$ gesetzt und der Punkt Q nach Belieben gewählt ist.

Wenn daher die eine Seite der Gleichung durch DF, die andere durch DQ + QF geteilt ist, wird

$$\frac{1}{1AD} - \frac{DF}{2AD^2} + \frac{DF^2}{3AD^3} - \frac{DF^3}{4AD^4} \text{ etc. gleich } \frac{1}{1AQ} + \frac{DQ-QF}{2AQ^2} + \frac{DQ^2-DQ\cdot QF+QF^2}{3AQ^3} + \frac{DQ^3-DQ^2\cdot QF+DQ\cdot QF^2-QF^3}{4AQ^4} + \frac{DQ^4-DQ^3\cdot QF+DQ^2\cdot QF^2-DQ\cdot QF^3+QF^4}{5AQ^5} \text{ etc. werden.}$$

Davon habe ich deshalb ein Beispiel angefügt, damit diejenigen, die die Muße haben, bei anderen Reihen dasselbe versuchen, denn ich meine, dass unter diesen Dingen viele bewundernswerte Theoreme verborgen sind, die der Tag aufdecken wird; auch darf am Nutzen nicht gezweifelt werden, da ja die Logarithmen eingeschlossen sind. Diesbezüglich bleibt sogleich noch übrig, dass ich noch eine andere Hyperbelquadratur hinzufüge, die von dieser völlig verschieden ist, die aber aus derselben Quelle wie unsere Kreisquadratur floss und dem Kreis, der Hyperbel und der Ellipse gemeinsam ist; gemäß dieser wird die Hyperbel nicht wie bisher auf die Asymptote sondern auf die Achse bezogen.

PROPOSITIO XLIII.

Quadratura generalis Sectionis Conicae centrum, E, assignabile habentis, sive sectoris EAGC Circuli, Ellipseos aut Hyperbolae cujuscunque cujus vertex A, axis AB. Regula autem haec est, si AT resecta ex AL tangente verticis, per CT tangentem alterius puncti extremi C, vocetur t, rectangulum autem sub semi-latere transverso in semilatus rectum, ponatur esse unitas; sive si recta aliqua AH, quae hoc rectangulum potest, (ut supponam) sit 1. Erit sector EAGC aequalis rectangulo sub EA semilatere transverso, et recta, cujus longitudo sit $+\frac{t}{1} \pm \left[\frac{t^3}{3}\right]$[1] $+\frac{t^5}{5} \pm \frac{t^7}{7} + \frac{t^9}{9} \pm \frac{t^{11}}{11}$ etc. modo t non sit major quam 1. posito signum ambiguum (±) valere + in Hyperbola, – in Circulo et Ellipsi.

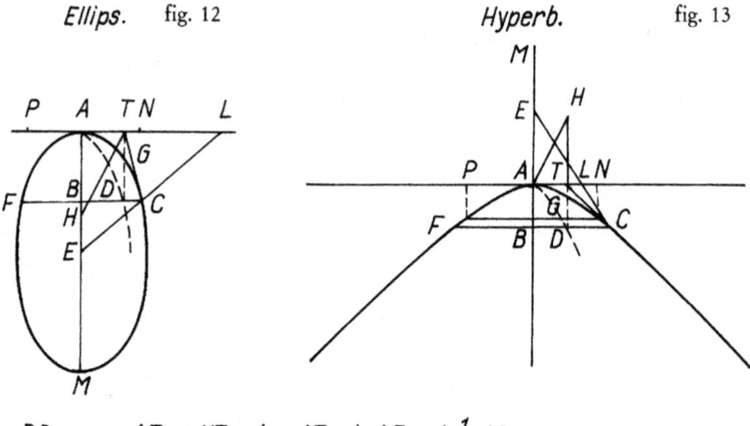

BD aequ. AT. $\square$HT ad $\square$AT ut AE ad $\frac{1}{2}$AB

EM aequ. EA et AM latus transversum
AN aequ. AP et NP latus rectum } $\square$AH aequ. $\square$PAE

TL ad AT ut EA ad EB. TL : AB :: EA·AN : EB·BC

AT ad NP ut AB ad FC EATC = EA in AT

Hoc si distincte ac minutim ostendere vellem, repetenda essent pleraque quae in Circulo speciatim diximus, tantumque generalius enuntianda; sed quoniam id lectori pariter ac mihi taediosum foret, fontes indicasse suffecerit. Quadraturam autem hic non nisi earum coni sectionum exhibeo quae centrum habent; quoniam quae centrum E non habent nec sectorem

[1] $\frac{t^3}{1}$ *L ändert Hrsg.*

Satz XLIII.

Allgemeine Quadratur eines Kegelschnitts, der ein zuweisbares Zentrum E hat bzw. eines beliebigen Sektors EAGC des Kreises, der Ellipse oder der Hyperbel, dessen Scheitel A und Achse AB ist. Die Regel ist aber diese: wenn die Resekte AT – von der Scheiteltangente AL mittels der Tangente des anderen äußersten Punktes C – t genannt wird, das Rechteck unter dem *semilatus transversum* multipliziert mit dem *semilatus rectum* aber als Einheit gesetzt wird, bzw. wenn irgendeine Gerade AH, deren Quadrat gleich dem Rechteck ist (wie ich es voraussetzen werde), 1 ist, wird der Sektor EAGC gleich dem Rechteck unter dem *semilatus transversum* EA und der Geraden sein, deren Länge $+\frac{t}{1} \pm \frac{t^3}{3} + \frac{t^5}{5} \pm \frac{t^7}{7} + \frac{t^9}{9} \pm \frac{t^{11}}{11}$ etc. sei, wenn nur t nicht größer als 1 ist. Es sei vorausgesetzt, dass das zweiwertige Zeichen ± bei der Hyperbel +, beim Kreis und der Ellipse – bedeutet.

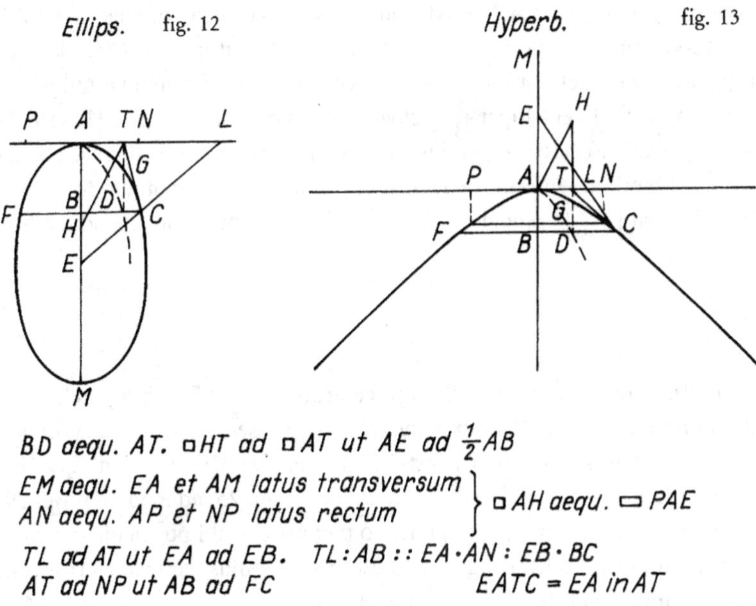

Wenn ich dies genau und in kleinen Schritten zeigen wollte, müßte das meiste, was wir im besonderen beim Kreis gesagt haben, wiederholt und nur allgemeiner ausgesprochen werden. Aber weil nun das für den Leser ebenso wie für mich langweilig wäre, mag es ausreichen, die Quellen angegeben zu haben. Hier stelle ich aber lediglich die Quadratur derjenigen Kegelschnitte dar, die ein Zentrum haben, da ja die, die kein Zentrum E haben,

EAGC habere possunt ad centrum consistentem. Et vero earum quae centro assignabili carent, trianguli scilicet et parabolae quadratura aliunde non analytice tantum per seriem infinitam, sed absoluta constructione, per linearum ductus habetur.

Centrum autem assignabile desidero, quoniam etsi in Parabola quoque centrum fingere liceat, id tamen infinito abhinc abest intervallo. His positis ita ratiocinor. In omni sectione conica resecta AT est ad latus rectum NP, ut abscissa seu sagitta AB, ad [duplam][1] ordinatam seu chordam FC (ut facile ostendi potest) et in omni sectione conica centrum ac proinde et latus transversum habente MB est ad AM, latus transversum, ut quad. BC (vel rectang. FBC) ad [duplum][2] rectang. NAB.

Unde ostendetur porro, quod sumta AH, tali ut possit rectangulum EAN sub semilatere recto AN in semi-latus transversum EA et posita AH. unitate constructionis, erit sagitta AB ad AM latus transversum, vel dimidia AB ad AE semilatus transversum, ut quadratum AT ad quadratum HT (quod coincidit in circulo cum prop. 27.), seu ut t^2 ad $1 \mp t^2$, id est ut t^2 ad $1 + t^2$ in Ellipsi et Circulo, et ut t^2 ad $1 - t^2$ in Hyperbola. Nam signum ambiguum, $\mp$, in Hyperbola est $-$, in Circulo et Ellipsi $+$, quemadmodum contrarium, $\pm$ in Hyperbola est $+$ [,] in Ellipsi et Circulo $-$. Unde semper cum in sequentibus ejusmodi signa ambigua occurrent, superius de Hyperbola, inferius de Ellipsi et Circulo interpretabimur. Erit ergo: $\left[\frac{AB}{2AE}\right]$[3] aequal. $\frac{t^2}{1 \mp t^2}$. sive erit $\left[\frac{AB}{2AE}\right]$[4] aequal. $+t^2 \pm t^4 + t^6 \pm t^8$ etc. per prop. 26. ad modum propositionis 28.

Ergo (vide prop. 29.) summa omnium $\frac{AB}{2}$ applicatarum ipsis AT in punctis T. sive omnium $\frac{TD}{2}$ seu dimidium ipsius ATDA complementi figurae resectarum ABDA (vel hoc loco figurae segmentorum conicae sectionis), id est denique per prop. 10. trilineum CTAGC, aequabitur summae omnium $+t^2 \pm t^4 + t^6 \pm t^8$ etc. Id est per prop. 25. ad modum prop. 29. (pro BC quae ibi enuntiata reperitur prop. 29. ponendo t. et pro AB ibi posita hic ponendo 1. sive AH. quod in circulo ipsi AB illius figurae, id est ipsi AE hujus, coincidit) trilineum CTAGC aequabitur rectangulo sub recta, $\frac{t^3}{3} \pm \frac{t^5}{5} + \frac{t^7}{7} \pm \frac{t^9}{9}$ etc. semilatere transverso EA.

Porro AL est ad EA seu rectangulum EAL est ad quadratum ab EA ut BC ad EB, ut patet, et recta TL est ad ipsam TD vel AB, ut quadratum ab AH, seu EAN rectangulum sub semilatere recto in semilatus transversum est ad rectangulum EBC; [vel TL est ad AT ut EA ad

[1] duplam *erg. Hrsg.*
[2] duplum *erg. Hrsg.*
[3] $\frac{AB}{2}$ *L ändert Hrsg.*
[4] $\frac{AB}{2}$ *L ändert Hrsg.*

auch keinen Sektor EAGC haben können, der bei einem Zentrum endet. Doch auch für diejenigen, die kein zuweisbares Zentrum besitzen, nämlich für das Dreieck und die Parabel, hat man anderswoher eine Quadratur, – nicht analytisch nur durch eine unendliche Reihe, sondern mittels einer vollkommenen Konstruktion durch Ziehen von Linien.

Ich verlange aber ein zuweisbares Zentrum, da ja, auch wenn man sich ebenfalls bei der Parabel ein Zentrum ausdenken kann, dieses dennoch durch ein unendliches Intervall von hier entfernt ist. Unter diesen Voraussetzungen argumentiere ich folgendermaßen: Bei jedem Kegelschnitt verhält sich die Resekte AT zum *latus rectum* NP wie die Abszisse bzw. der Pfeil AB zur doppelten Ordinate bzw. zur Sehne FC (wie man leicht zeigen kann), und bei jedem Kegelschnitt, der ein Zentrum und daher auch ein *latus transversum* hat, verhält sich MB zum *latus transversum* AM, wie das Quadrat von BC (oder das Rechteck FBC) zum doppelten Rechteck NAB.

Daher wird ferner gezeigt werden, dass, – wenn die Gerade AH so gewählt ist, dass ihr Quadrat gleich dem Rechteck EAN unter dem *semilatus rectum* AN multipliziert mit dem *semilatus transversum* EA ist, und wenn AH als Einheit der Konstruktion gesetzt ist –, sich der Pfeil AB zum *latus transversum* AM oder sich die Hälfte von AB zum *semilatus transversum* AE verhalten wird wie das Quadrat von AT zum Quadrat von HT (was beim Kreis mit Satz 27 übereinstimmt) bzw. wie t^2 zu $1 \mp t^2$, d. h. wie t^2 zu $1 + t^2$ bei der Ellipse und dem Kreis und wie t^2 zu $1 - t^2$ bei der Hyperbel. Das zweiwertige Vorzeichen $\mp$ ist nämlich bei der Hyperbel $-$, beim Kreis und der Ellipse $+$ wie das entgegengesetzte $\pm$ bei der Hyperbel $+$, bei der Ellipse und dem Kreis $-$ ist. Wenn im folgenden derartige zweiwertige Vorzeichen auftreten werden, werden wir daher immer das obere bezüglich der Hyperbel und das untere bezüglich der Ellipse und des Kreises deuten. Es wird also $\frac{AB}{2AE}$ gleich $\frac{t^2}{1\mp t^2}$ sein, bzw. nach Satz 26 gemäß Satz 28 wird $\frac{AB}{2AE}$ gleich $+t^2 \pm t^4 + t^6 \pm t^8$ etc. sein.

Also (siehe Satz 29) wird die Summe aller an die AT in den Punkten T gelegten $\frac{AB}{2}$ bzw. aller $\frac{TD}{2}$, bzw. die Hälfte des Komplements ATDA der Resektenfigur ABDA (oder, an dieser Stelle, der Segmentfigur des Kegelschnitts), d. h. schließlich nach Satz 10 das Trilineum CTAGC gleich der Summe aller $+t^2 \pm t^4 + t^6 \pm t^8$ etc. sein. D. h. nach Satz 25 gemäß Satz 29 (indem man anstelle der Geraden BC, wie sie dort in Satz 29 ausgedrückt erscheint, t setzt, und indem man anstelle des dort gesetzten AB hier 1 bzw. AH setzt, was beim Kreis mit AB jener, d. h. mit AE dieser Figur übereinstimmt), das Trilineum CTAGC wird gleich dem Rechteck unter der Geraden $\frac{t^3}{3} \pm \frac{t^5}{5} + \frac{t^7}{7} \pm \frac{t^9}{9}$ etc. und dem *semilatus transversum* EA sein.

Ferner verhält sich offensichtlich AL zu EA bzw. das Rechteck EAL zum Quadrat von EA wie BC zu EB, und die Gerade TL verhält sich zu TD oder AB, wie sich das Quadrat von AH bzw. das Rechteck EAN unter dem *semilatus rectum* multipliziert mit

EB][1]. Unde tandem comperietur: Triang. EAL ± Triang. CTL seu trapezium EATC, sectori EAGC inscriptum in Hyperbola, circumscriptum in Circulo aut Ellipsi aequari rectangulo EAT, sub semilatere transverso EA, et resecta AT, vel t cui si addatur in Hyperbola, dematur in Circulo vel Ellipsi Trilineum CTAGC, id est rectangulum sub EA, et $\frac{t^3}{3} \pm \frac{t^5}{5} + \frac{t^7}{7} \pm \frac{t^9}{9}$ etc. fiet sector EAGC, aequalis rectangulo sub EA, et recta $\frac{t}{1} \pm \frac{t^3}{3} + \frac{t^5}{5} \pm \frac{t^7}{7} + \frac{t^9}{9} \pm \frac{t^{11}}{11}$ etc. Q. E. D.

Scholium

Haec propositio videtur Quadraturae Conicae generalis fastigium obtinere: nescio equidem an haberi possit simplicior, illud tamen scio, et infra demonstrabo*[44], impossibilem esse quae salva generalitate alterius sit generis simplicioris, id est quae non sit transcendens nec per series infinitas, et tamen cuilibet circuli sectori (idem est de Hyperbola et Ellipsi) indistincte competat; et relationem arcus ad suum sinum aut tangentem, vel logarithmi ad numerum generaliter exprimat. Admissis autem seriebus infinitis, uti certe admittendae sunt cum solae supersint, nescio an possibile sit reperiri simpliciores. Propositiones conicas universales varias quas ad ejus demonstrationem attuli, paucis verbis indigitari satis putavi, id enim Geometrae ad inveniendam facile earum veritatem sufficit, et materiam forte exercitii non inutilis, dabit.

Definitio

Si quantitatibus a. b. c. d. e. f. subscribantur
quantitates m. n. l. p. q. r.
et posito factum ex $\overline{\text{a in b}}$ esse c, sit m + n aequalis l, et posito $\overline{\text{a in c}}$ esse e, sit m + l aequ. q, et posito $\overline{\text{a in e}}$ aequ. f, sit m + q aequ r, idemque semper fiat, tunc series superior dicetur esse numerorum, inferior Logarithmorum. Unde aliae LOGARITHMORUM proprietates consequuntur, ut exempli causa si a. b. c. etc. sint progressionis Geometricae, ipsas m. n. l. etc. progressionis arithmeticae fore patet.

Unde illud quoque constat pro eadem serie numerorum aliam atque aliam seriem assumi posse Logarithmorum.[2]

---

[1] eckige Klammern von Leibniz
[2] *Am Rande, gestrichen:* ♃ An series semper proportionalis, erunt tantum differentiae semper proportionales, potest una series esse crescens altera decrescens.

dem *semilatus transversum* zum Rechteck EBC verhält; oder TL verhält sich zu AT wie EA zu EB. Daher wird man endlich erfahren: Dreieck EAL ± Dreieck CTL bzw. das Trapez EATC, das dem Sektor EAGC bei der Hyperbel einbeschrieben, beim Kreis und bei der Ellipse umschrieben ist, ist gleich dem Rechteck EAT unter dem *semilatus transversum* EA und der Resekte AT oder t; wenn diesem das Trilineum CTAGC bei der Hyperbel hinzugegeben, beim Kreis und der Ellipse weggenommen wird, d. h. das Rechteck unter EA und $\frac{t^3}{3} \pm \frac{t^5}{5} + \frac{t^7}{7} \pm \frac{t^9}{9}$ etc., wird der Sektor EAGC gleich dem Rechteck unter EA und der Geraden $\frac{t}{1} \pm \frac{t^3}{3} + \frac{t^5}{5} \pm \frac{t^7}{7} + \frac{t^9}{9} \pm \frac{t^{11}}{11}$ etc. werden. Das war zu beweisen.

Scholium

Dieser Satz scheint den Gipfel der allgemeinen Kegelschnittquadratur einzunehmen. Freilich weiß ich nicht, ob man eine einfachere haben kann, jedoch jenes weiß ich und werde es unten beweisen, dass eine unmöglich ist, die bei unverletzter Allgemeinheit von anderer, einfacherer Art ist, d. h. die nicht transzendent ist und nicht durch unendliche Reihen geschieht und trotzdem auf einen beliebigen Kreissektor (dasselbe gilt bezüglich der Hyperbel und der Ellipse) ohne Unterschied zutrifft und die Beziehung des Bogens zu seinem *sinus* oder der Tangente, oder die des Logarithmus zur Zahl allgemein ausdrückt. Nachdem aber die unendlichen Reihen zugelassen wurden, wie sie denn gewiss zugelassen werden müssen, weil sie allein übrig bleiben, weiß ich nicht, ob es möglich ist, einfachere zu finden. Ich meinte, dass die verschiedenen allgemeinen Kegelschnittsätze, die ich zum Beweis dafür vorbrachte, mit wenigen Worten ausreichend aufgezeigt werden, denn das reicht für einen Geometer aus, um deren Wahrheit leicht zu finden und wird vielleicht den Stoff einer nicht unnützlichen Übung bieten.

Definition

Wenn unter die Quantitäten a, b, c, d, e, f
die Quantitäten m, n, l, p, q, r geschrieben werden
und, – vorausgesetzt, das Produkt $a \cdot b$ ist c –, $m + n = l$ ist und, – vorausgesetzt, $a \cdot c$ ist e –, $m + l = q$ ist und, – vorausgesetzt, $a \cdot e = f$ –, $m + q = r$ ist und dasselbe immer geschieht, dann wird die obere Reihe Zahlenreihe, die untere Logarithmenreihe heißen. Hieraus folgen andere Eigenschaften der LOGARITHMEN wie z. B.: wenn a, b, c etc. zu einer geometrischen Progression gehören ist klar, dass m, n, l etc. zu einer arithmetischen Progression gehören werden.

Daher steht auch jenes fest, dass für dieselbe Zahlenreihe bald diese, bald jene Logarithmenreihe angenommen werden kann.[1]

[1] *Am Rande, gestrichen*: Ob eine Reihe immer proportional ist? Es werden nur die Differenzen immer proportional sein, die eine Reihe kann wachsend, die andere abnehmend sein.

	qq.	cub.	quad.	lat.	unitas	latus	quad.	cub.	qq.	
Sint numeri,	$\frac{1}{16}$	$\frac{1}{8}$	$\frac{1}{4}$	$\frac{1}{2}$	$\frac{1}{1}$	2	4	8	16	A
erunt Logarithmi seu exponentes:	−4	−3	−2	−1	0	+1	+2	+3	+4	B
	−8	−6	−4	−2	0	+2	+4	+6	+8	C
	+0	+1	+2	+3	+4	+5	+6	+7	+8	D

Ubi prima series A est progressionis Geometricae, reliquae tres B, C, D progressionis Arithmeticae, et patet quamlibet ex ipsis praestare effectum desideratum. Nam in serie B summa ex −4 et +1 facit −3, quia in serie A productum $\frac{1}{16}$ in 2 facit $\frac{1}{8}$ et −2 + 2 facit 0, quia [$\frac{1}{4}$ in 4][1] facit 1. Et 1 + 3 facit 4, quia [2 in 8 facit 16][2]. Et in serie C − 6 − 2 facit −8, quia in serie A $\frac{1}{8}$ in $\frac{1}{2}$ facit $\frac{1}{16}$.

Constat quoque aliquem terminorum, in qualibet harum serierum B. C. D. esse 0. quaeras an possit fieri series talis ut nullus logarithmus sit 0[,] ut si seriei C terminis ubique addatur 3, fiet enim: −5. −3. −1. +1. +3. +5. +7. +9. +11 sed sciendum est infinitis aliis interpositis necessario incidi et in 0. effectum autem desideratum tum demum praestari, cum Logarithmus unitatis ad Logarithmum alterius numeri rationem infinite parvam aut infinitam habet. Unde illud quoque apparet in lineis, cum in arbitrio sit quamnam assumere velimus unitatem, etiam in arbitrio fore, cuinam assignare velimus Logarithmum 0. Patet etiam hoc modo et dividi posse et tertias mediasque proportionales inveniri, ut si a 3, auferas 2, in serie B restabit 1. quia in serie A si 8 dividas per 4, prodit 2. et si in serie B a 3 auferas −1. habebis 4. quia si in serie A, 8 dividas per $\frac{1}{2}$ habebis 16. Denique si mediam proportione quaeras in serie A inter $\frac{1}{4}$ et 1. sume −2. logarithmum ab $\frac{1}{4}$. ejus dimidium −1. dabit tibi logarithmum ab $\frac{1}{2}$. medio quaesito.

In lineis (quemadmodum jam a pluribus*[45] ostensum est) si inter CA et βT parallele positas quaerantur quotcunque mediae proportionales υR, φS, eaeque ipsi rectae cuicunque Cβ, in totidem partes aequales sectae in punctis υ. φ. ordine applicentur, idque et inter duas proximas υR, φS rursus aliae mediae quaerantur eodemque modo applicentur, idemque sine fine factum intelligatur, curva ARST per omnium mediarum extrema transiens erit Logarithmica, quae a parte minoris numeri βT. seu versus T. continuata nunquam tamen occurret rectae Cβ utcunque productae.

1 $\frac{1}{2}$ in 2 *L ändert Hrsg.*
2 2 in 4 facit 8 *L ändert Hrsg.*

	Biq.	Kub.	Quad.	*latus*	Einh.	*latus*	Quad.	Kub.	Biq.	
Die Zahlen seien	$\frac{1}{16}$	$\frac{1}{8}$	$\frac{1}{4}$	$\frac{1}{2}$	$\frac{1}{1}$	2	4	8	16	A
die Logarithmen bzw. Exponenten werden	−4	−3	−2	−1	0	+1	+2	+3	+4	B
	−8	−6	−4	−2	0	+2	+4	+6	+8	C
	+0	+1	+2	+3	+4	+5	+6	+7	+8	D sein.

Hier gehört die erste Reihe A zu einer geometrischen Progression, die übrigen drei B, C, D gehören zu einer arithmetischen Progression, und es ist klar, dass eine beliebige von ihnen die gewünschten Wirkung zeigt. Denn in der Reihe B ergibt die Summe von −4 und +1 −3, weil in der Reihe A das Produkt $\frac{1}{16} \cdot 2$ $\frac{1}{8}$ ergibt, und $-2 + 2$ ergibt 0, weil $\frac{1}{4} \cdot 4$ 1 ergibt. Und 1 + 3 ergibt 4, weil $2 \cdot 8$ 16 ergibt. Und in der Reihe C ergibt −6 − 2 −8, weil in der Reihe A $\frac{1}{8} \cdot \frac{1}{2}$ $\frac{1}{16}$ ergibt.

Es steht auch fest, dass irgendeiner der Terme in einer beliebigen dieser Reihen B, C, D 0 ist. Man fragt vielleicht, ob eine Reihe derartig entstehen kann, dass kein Logarithmus 0 ist; wenn man z. B. zu den Termen der Reihe C überall 3 addiert, wird nämlich −5, −3, −1, +1, +3, +5, +7, +9, +11 entstehen; aber man muss wissen, dass notwendigerweise auch 0 getroffen wird, wenn unendlich viele andere [Terme] eingeschoben werden, dass sich die gewünschte Wirkung aber erst dann zeigt, wenn der Logarithmus der Einheit zum Logarithmus einer anderen Zahl entweder ein unendlich kleines oder ein unendliches Verhältnis hat. Daher zeigt sich jenes auch bei den Linien, dass es auch im freien Ermessen liegen wird, welcher wir denn den Logarithmus 0 zuweisen wollen, weil es im freien Ermessen liegt, welche wir denn als Einheit annehmen wollen. Es ist auch klar, dass man auf diese Art sowohl teilen als auch die dritten und mittleren Proportionalen finden kann; wenn man z. B. von 3 2 abzieht, wird in Reihe B 1 übrig bleiben, weil in Reihe A, wenn man 8 durch 4 teilt, 2 herauskommt, und wenn man in Reihe B von 3 −1 abzieht, wird man 4 haben, weil man, wenn man in Reihe A 8 durch $\frac{1}{2}$ teilt, 16 haben wird. Wenn man schließlich in Reihe A die mittlere Proportionale zwischen $\frac{1}{4}$ und 1 sucht, nehme man −2, den Logarithmus von $\frac{1}{4}$; seine Hälfte −1 wird einem den Logarithmus von dem gesuchten Mittel $\frac{1}{2}$ geben.

Wenn bei den Linien (wie es schon von mehreren gezeigt wurde) zwischen den parallel gelegenen CA und βT beliebig viele mittlere Proportionale υR, φS gesucht werden und diese an eine in ebenso viele gleiche Teile geteilte beliebige Gerade Cβ in den Punkten υ, φ der Reihe nach angelegt werden, und dazu auch noch zwischen zwei benachbarten υR, φS wiederum andere mittlere gesucht und auf dieselbe Art angelegt werden, und dasselbe ohne Ende getan gedacht wird, wird die durch die äußersten [Punkte] aller mittleren Proportionalen gehende Kurve ARST die logarithmische sein, die auf der Seite der kleineren Zahl βT oder in Richtung T fortgesetzt jedoch niemals die wie auch immer verlängerte Gerade Cβ treffen wird.

fig. 14

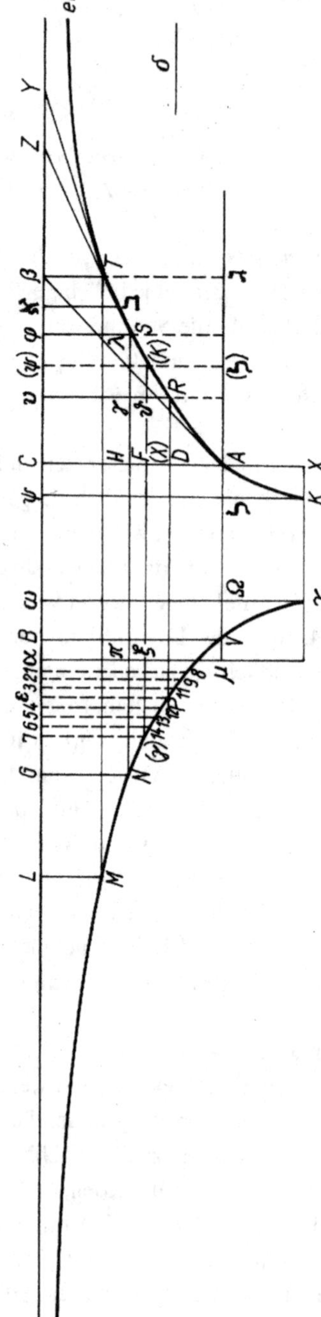

MV Hyperbola φZ aequ. βY $A\mu$ aequ. AC DR ad FS ut PA ad NA DR ad HT ut PA ad MA.
Deberet $C\beta$ vel βY aequale esse CA, positis $A\beta$ tangente in A, SZ tangente in S, et TY tangente in T.

fig. 14

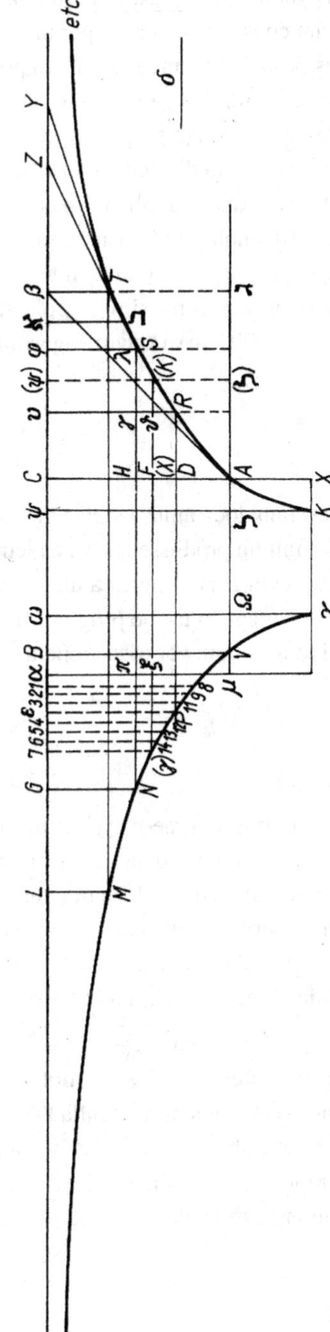

MV Hyperbola φZ aequ. βY $\quad A\mu$ aequ. AC $\quad DR$ ad FS ut PA ad NA $\quad DR$ ad HT ut PA ad MA.
Deberet $C\beta$ vel βY aequale esse CA, positis $A\beta$ tangente in A, SZ tangente in S,
et TY tangente in T.

Eruntque numeri CA; CD vel υR; CF vel φS; CH vel βT, at Logarithmi erunt 0; Cυ vel DR; Cφ vel FS; Cβ vel HT. Commodissime autem fiet constructio curvae per meras unius mediae inventiones, ut si inter βT et ψK inveniamus proportione mediam quam ponamus esse υR eamque rectae $\psi\beta$ in puncto υ inter ψ et β medio ordinatim applicemus et inter βT et υR, item inter υR et ψK, rursus quaeramus medias, φS mediam proportione inter βT et υR[,] quam ordinatim applicabimus in puncto φ inter β et υ medio seu a β et υ aequaliter distante[,] et CA mediam proportione inter υR[1] et ψK[,] quam applicabimus in puncto C medio inter υ et ψ, seu a υ et ψ aequaliter distante (quanquam id fortasse in schemate non ita sit expressum) et rectarum inter duo puncta rectae $\psi\beta$ proxima interceptarum bisectionem ac mediarum proportionalium inter duas ordinatas proximas applicationem semper continuando aut continuatam intelligendo, prodibit curva quam logarithmicam vocare solet.

Si quis loco bisectionis adhibuisset trisectionem, et simul loco unius mediae inventionem duarum perpetuo applicandarum, ei continuando in infinitum prodiisset curva eadem, quod apparebit etiam si aliquando desistat, tametsi enim puncta curvae inventa unam mediam nunquam coincident punctis inventis per trisectionem, tamen eo usque progredi licebit, ut appareat quantumlibet parvo distare intervallo punctum inventum per trisectionem a puncto ordine respondente per bisectionem invento.

Sive curva uno modo descripta per puncta, ita congruet curvae per alterum modum punctatim descriptae, ut distantia earum reddi possit minor quavis data. Idem futurum est etiamsi tres aut quatuor proportione mediae inveniantur aut etiamsi plurium pauciorumve mediarum inventio misceatur, modo illud semper observetur, ut datis in curva tribus ordinatis βT, υR, CA, sit ratio βT ad CA in tantum multiplicata rationis υR ad CA[,] in quantum recta βC est multipla rectae υC. Verbi gratia si recta βC sit dupla (tripla) rectae υC, erit ratio $\frac{\beta T}{CA}$ duplicata (vel triplicata) rationis $\frac{[\upsilon R]}{CA}$[2] id est, aequ. $\frac{\upsilon R^2}{CA^2}$ (vel $\frac{\upsilon R^3}{CA^3}$) seu βT ad CA ut υR^2 ad CA^2 (vel ut υR^3 ad CA^3). Unde generaliter si ordinatae quotcunque ad curvam ducantur βT, φS, υR, CA, aequidistantes inter se, ita ut sint intervalla $\beta\varphi$, $\varphi\upsilon$, υC aequalia[,] erunt ordinatae continue proportionales, sive si abscissae Cυ, Cφ, Cβ a puncto aliquo fixo ut C, incipientes sint progressionis arithmeticae[,] ordinatae CA, υR, φ[S][3], βT erunt progressionis geometricae, quae omnia demonstrare facile nisi apud plerosque in confesso essent.

---

[1] υA *L ändert Hrsg.*
[2] βT *L ändert Hrsg.*
[3] υ *L ändert Hrsg.*

Und die Zahlen werden CA, CD oder υR, CF oder φS, CH oder βT sein; aber die Logarithmen werden 0, Cυ oder DR, Cφ oder FS, Cβ oder HT sein. Am bequemsten wird aber die Konstruktion der Kurve durch bloßes Auffinden einer einzigen mittleren Proportionalen geschehen; wenn wir z. B. die mittlere Proportionale zwischen βT und ψK finden, die wir als υR setzen wollen, und sie an die Gerade $\psi\beta$ im Punkt υ in der Mitte zwischen ψ und β ordinatenmäßig anlegen, und wenn wir zwischen βT und υR, ebenso zwischen υR und ψK wiederum die mittleren suchen, – nämlich die mittlere Proportionale φS zwischen βT und υR, die wir ordinatenmäßig im Punkt φ, der in der Mitte zwischen β und υ liegt bzw. von β und υ gleich weit entfernt ist, anlegen werden, und die mittlere Proportionale CA zwischen υR und ψK, die wir im Punkt C, der in der Mitte zwischen υ und ψ liegt bzw. von υ und ψ gleich weit entfernt ist (obwohl das vielleicht im Schema so nicht ausgedrückt ist), anlegen werden –, und indem man die Zweiteilung der zwischen zwei benachbarten Punkten der Geraden $\psi\beta$ liegenden Geraden sowie das Anlegen der mittleren Proportionalen zwischen zwei benachbarten Ordinaten immer fortsetzt oder fortgesetzt denkt, wird eine Kurve herauskommen, die man die logarithmische zu nennen pflegt.

Wenn jemand anstelle der Zweiteilung eine Dreiteilung und zugleich anstelle einer mittleren Proportionalen das Auffinden zweier fortlaufend anzulegender Proportionalen angewendet hätte, wäre für ihn durch das Fortsetzen bis ins Unendliche dieselbe Kurve hervorgegangen, was sich zeigen wird, auch wenn sie irgendwann aufhört; denn obgleich die bezüglich einer einzigen mittleren Proportionalen gefundenen Punkte der Kurve niemals mit den durch die Dreiteilung gefundenen Punkten übereinstimmen werden, wird es dennoch erlaubt sein soweit fortzuschreiten, dass sich zeigt, dass ein durch Dreiteilung gefundener Punkt durch ein beliebig kleines Interval von einem Punkt entfernt ist, der bei der entsprechenden Anordnung durch Zweiteilung gefunden wurde.

Bzw. die auf die eine Art durch Punkte beschriebe Kurve wird mit der durch die andere Art punktweise beschriebenen Kurve in der Weise übereinstimmen, dass deren Abstand kleiner gemacht werden kann als ein beliebiger gegebener. Dasselbe wird gelten, auch wenn drei oder vier mittlere Proportionale gefunden werden oder auch, wenn das Finden von mehr oder weniger mittleren gemischt wird; nur jenes möge man immer beachten, dass für drei an der Kurve gegebene Ordinaten βT, υR, CA das Verhältnis βT zu CA um soviel ein vervielfachtes des Verhältnisses υR zu CA ist, um wie viel die Gerade βC eine vielfache der Geraden υC ist. Wenn z. B. die Gerade βC die doppelte (dreifache) der Geraden υC ist, wird das Verhältnis $\frac{\beta T}{CA}$ das verdoppelte (oder verdreifachte) des Verhältnisses $\frac{\upsilon R}{CA}$ d. h. gleich $\frac{\upsilon R^2}{CA^2}$ (oder $\frac{\upsilon R^3}{CA^3}$) bzw. βT zu CA wie υR^2 zu CA^2 (oder wie υR^3 zu CA^3) sein. Wenn daher allgemein beliebig viele untereinander abstandsgleiche Ordinaten βT, φS, υR, CA an die Kurve gezogen werden, so dass die Zwischenräume $\beta\varphi$, $\varphi\upsilon$, υC gleich sind, werden die Ordinaten fortlaufend proportional sein, bzw. wenn die von irgendeinem festen Punkt wie C beginnenden Abszissen Cυ, Cφ, Cβzu einer arithmetischen Progression gehören, werden die Ordinaten CA, υR, φS, βT zu einer geometrischen Progression gehören; dies alles wäre leicht zu beweisen, wenn es nicht für die meisten unzweifelhaft wäre.

Intelligi autem ex his potest modum quo logarithmica describitur per puncta affinem esse modo quo describitur quadratrix. Nam ad logarithmicam opus est inventione mediarum proportionalium sive sectione rationis; ad quadratricem sectione anguli: et utrobique nil refert bisectio an trisectio adhibeatur. Semper enim eadem prodibit curva.

Poterit linea curva in infinitum continuari in utramque partem inventione tertiarum proportionalium, ut si ipsis υR, CA, inveniatur tertia ψK. Unde eadem plane prodiisset curva, si pro CA, βT sumsissemus υR et βT, iisdem punctis υ, β applicatas, et inter eas medias invenissemus, et Logarithmi fuissent $\upsilon\varphi$ (sive ϑS), $\upsilon\beta$ (sive γT).[1]

Quomodo ergo in eadem curva alii atque alii assumi possunt Logarithmi? nunc enim exempli causa numeri φS Logarithmus fit ϑS, vel $\upsilon\varphi$, cum antea fuerit FS vel $C\varphi$. Respondeo Logarithmos rem esse relatione quadam constantem, nimirum si inter υR et βT mediam invenire velimus, nihil proprii constantisque dicimus, si logarithmum aliquem dicimus debere bisecari, sed dicendum est rectam $\upsilon\beta$ esse bisecandam, in puncto φ, indeque educendam ordinatam φS, occurrentem curvae (quae jam constructa supponitur) in S, quae sit futura media quaesita.

Quodsi vero omnino dicere velimus logarithmum esse bisecandum, tunc ut dicere liceat $\upsilon\beta$ esse logarithmum, dicendum erit υR habere pro Logarithmo 0. tunc enim logarithmus ipsius βT erit $\upsilon\beta$ vel γT, adeoque medii geometrici φS logarithmus erit medium arithmeticum prioris $\upsilon\varphi$ vel ϑS. Idem est si alteri βT dedissemus pro Logarithmo 0. Unde patet in nostra esse potestate, quemlibet Numerum, seu quamlibet rectam, ut CA, vel υR, vel βT, sumere pro axe, si CA sumamus pro axe curvae Logarithmicae, Logarithmi erunt ordinatae ex curva ad ipsam ductae, quarum prima ex A est 0. quia ibi curva Axi occurrit, ex R est DR, Logarithmus ipsius υR, ex supposito axe CA. Ordinata ex S est SF, logarithmus ipsius φS, et ita porro; at ordinata ex K, est Aל vel KX, logarithmus ipsius ψK, ubi notandum quoque si exprimendi sint valores horum logarithmorum, seu harum ordinatarum, tunc si logarithmi ab una parte axis exprimantur per +, ab altera parte exprimendos esse per, −, ut Analytices perito constat.

[1] *Den auf Bl.* 28^r *begonnenen Einschub schließt L. auf Blatt* 28^v *mit den Worten*: Poterit linea curva in infinitum continuari etc. etc. vide reliqua vertendo retro signo ⊗. *Dieses Zeichen steht bei dieser Zeile 2413.*

Hieraus kann man aber verstehen, dass die Art, nach der die logarithmische Kurve durch Punkte beschrieben wird, verwandt ist mit der Art, nach der die Quadratrix beschrieben wird. Denn bei der logarithmischen Kurve ist das Auffinden der mittleren Proportionalen bzw. die Teilung eines Verhältnisses nötig, bei der Quadratrix die Teilung eines Winkels; und in beiden Fällen kommt es nicht darauf an, ob eine Zwei- oder Dreiteilung angewendet wird. Es wird nämlich immer dieselbe Kurve herauskommen.

Die krumme Linie wird in jeder der beiden Richtungen bis ins Unendliche durch das Auffinden von dritten Proportionalen fortgesetzt werden können, wenn man z. B. für υR, CA die dritte ψK findet. Daher wäre ganz dieselbe Kurve herausgekommen, wenn wir anstatt CA, βT υR und βT genommen hätten, die an denselben Punkten υ, β angelegt sind, und wir zwischen ihnen die mittleren Proportionalen gefunden hätten und die Logarithmen υφ (oder ϑS), υβ (oder γT) gewesen wären.[1]

Wie können also bei derselben Kurve bald diese, bald jene Logarithmen angenommen werden? Denn nun wird zum Beispiel von der Zahl φS der Logarithmus ϑS oder υφ, während er vorher FS oder Cφ gewesen ist. Ich erwidere, dass die Logarithmen in gewisser Beziehung eine konstante Sache sind; wenn wir zwischen υR und βT die mittlere Proportionale finden wollen, nennen wir allerdings nichts charakteristisches und konstantes, wenn wir sagen, dass irgendein Logarithmus zweigeteilt werden soll, sondern es muss gesagt werden, dass die Gerade υβ im Punkt φ zweigeteilt und von dort aus die die Kurve (die als bereits konstruiert vorausgesetzt wird) in S treffende Ordinate φS gezogen werden soll, welche dann die gesuchte mittlere Proportionale sein möge.

Wenn wir nun aber durchaus sagen wollen, dass ein Logarithmus zweigeteilt werden soll, so wird man sagen müssen – damit es erlaubt ist zu sagen, dass υβ ein Logarithmus ist –, dass υR 0 als Logarithmus hat; dann wird nämlich der Logarithmus von βT υβ oder γT sein, und deshalb wird der Logarithmus des geometrischen Mittels φS das arithmetische Mittel υφ oder ϑS des ersteren sein. Dasselbe gilt, wenn wir der anderen Zahl βT 0 als Logarithmus gegeben hätten. Daher ist klar, dass es in unserer Macht liegt, eine beliebige Zahl bzw. eine beliebige Gerade wie CA oder υR oder βT als Achse zu wählen; wenn wir CA als Achse der logarithmischen Kurve wählen, werden die Logarithmen die von der Kurve ab zu ihr gezogenen Ordinaten sein, von denen die erste von A ab 0 ist, weil dort die Kurve die Achse trifft; von R ab ist sie DR, der Logarithmus von υR, aufgrund der vorausgesetzten Achse CA. Die Ordinate von S ab ist SF, der Logarithmus von φS, u.s.w.; aber die Ordinate von K ab ist Aל oder KX, der Logarithmus von ψK, wo auch zu bemerken ist, dass dann, wenn die Werte dieser Logarithmen bzw. dieser Ordinaten ausgedrückt werden sollen, wenn die Logarithmen auf der einen Seite der Achse durch + ausgedrückt werden, sie auf der anderen Seite durch – ausgedrückt werden müssen, wie es für einen in der Analytik Erfahrenen feststeht.

[1] *Den auf Bl.* 28r *begonnenen Einschub schließt L. auf Blatt* 28v *mit den Worten*: Man wird die krumme Linie bis ins Unendliche fortsetzen können usw. usw.; siehe das übrige durch Zurückblättern beim Zeichen ⊗. *Dieses Zeichen steht bei dieser Zeile 2413.*

Unde si rectae Aל vel KX ponatur mole aequalis quantitas 1 et rectae Aא vel DR, quantitas, a, et rectae Aב vel FS quantitas b, et ipsi HT vel Aג quantitas g. denique numerus ψK, sit p, CA sit c, υR sit s, φS sit f, [βT][1] sit t, tunc

ex axe CA vel unitate, c,	erunt numerorum	{ψK p.	CA c.	υR s.	φS f.	βT t.}
	Logarithmi	−1	0	+ a	+ b	+ g
ex axe υR vel unitate, s,	Logarithmi	−1 − a	-a	0	+b [- a]	+ g [- a][2]
ex axe φS vel unitate, f,	....	[−1 − b	−b	−b + a	0	+ g - b][3]
ex axe βT vel unitate, t,	....	[−1 − g	−g	−g + a	-g + b][4]	0
ex axe ψK vel unitate, p,	....	0	+1	+1+a	[+1+b	+1 + g][5]

Eademque signa + vel − etiam inverti possunt, si non ut in hac tabula a parte dextra axium, signa, +, et a sinistra signa, −, sumantur; sed contrarium fiat: id enim in nostro arbitrio est.

Si iisdem sumtis numeris vel quantitatibus ut CA, βT, aliam assumsissemus distantiam Cβ, patet partes quoque lineae Cβ, sive logarithmos proportione majores minoresve fore prout ipsa linea major minorve assumta est; unde omnes lineae logarithmicae erunt quodammodo similes inter se, seu habebunt ordinatas earundem abscissarum proportionales, quemadmodum omnia triangula et Hyperbolae omnes aequilaterae ordinatis ad asymptotos normales sumtis.

Et ex his quidem naturam Logarithmorum et curvae Logarithmicae intelligi arbitror. Nam positis quotcunque curvae Logarithmicae ordinatis ex curva ad asymptoton, demissis, sive numeris, CA, υR, φS, βT, et ad aliquem ex his numeris pro axe sumtum, ut CA demissis ex iisdem curvae punctis, A, R, S, T ordinatis conjugatis, AA (quae infinite parva seu punctum est), RD, SF, TH, erit ut jam diximus, ratio φS ad CA, axem multiplicata rationis υR ad eandem CA in ratione SF ad RD. Unde si ratio SF ad RD sit dupla [tripla][6], seu si SF sit aequal. 2 RD [3 RD][6][,] erit ratio φS ad CA duplicata [triplicata][6] rationis υR ad CA. seu φS ad CA erit ut quad. a recta υR ad quad. a CA [cubus a recta υR ad cubum a CA]. Et contra per consequens quia RD subdupla seu dimidia SF, erit ratio $\frac{\upsilon R}{CA}$,

[1] BT *L ändert Hrsg.*
[2] −a *erg. Hrsg. zweimal*
[3] −1 − a − b   − a − b   − b 0   + g *L ändert Hrsg.*
[4] −1 − a − b − g   − a − b − g   − b − g   − g *L ändert Hrsg.*
[5] +1 + a + b   + 1 + a + b + g *L ändert Hrsg.*
[6] eckige Klammern von Leibniz

Wenn daher für die Gerade Aל oder KX die der Größe nach gleiche Quantität l gesetzt wird und für die Gerade Aא oder DR die Quantität a und für die Gerade Aב oder FS die Quantität b und für HT oder Aג die Quantität g, und schließlich die Zahl ψK p ist, CA c ist, υR s ist, φS f ist, βT t ist, dann werden

aufgrund der Achse CA oder der Einheit c	von den Zahlen	ψK p.	CA c.	υR s.	φS f.	βT t.	
	die Logarithmen	–l	0	+ a	+ b	+ g	sein,
aufgrund der Achse υR oder der Einheit s							
	die Logarithmen	–l – a	-a	0	+b - a	+ g - a	
aufgrund der Achse φS oder der Einheit f	....	–l – b	–b	–b + a	0	+ g - b	
aufgrund der Achse βT oder der Einheit t	....	–l – g	–g	–g + a	-g + b	0	
aufgrund der Achse ψK oder der Einheit p	....	0	+l	+l+a	+l+b	+l+g	

Und dieselben Vorzeichen + oder – können sogar umgedreht werden, wenn nicht wie in dieser Tafel auf der rechten Seite der Achsen die Vorzeichen + und auf der linken Seite die Vorzeichen – gewählt werden; sondern das Entgegengesetzte geschehe; das liegt nämlich in unserem Ermessen.

Wenn wir für dieselben genommenen Zahlen oder Quantitäten wie CA, βT einen anderen Abstand Cβ angenommen hätten, ist klar, dass auch die Teile der Linie Cβ bzw. die Logarithmen proportional größer oder kleiner wären, je nachdem die Linie selbst als größer oder kleiner angenommen wurde; daher werden alle logarithmischen Linien untereinander in gewisser Weise ähnlich sein, bzw. werden sie proportionale Ordinaten von denselben Abszissen haben, wie alle gleichseitigen Dreiecke und alle gleichseitigen Hyperbeln, wenn die Ordinaten zu den senkrecht aufeinander stehenden Asymptoten hin genommen sind.

Ich meine, dass hieraus in der Tat die Natur der Logarithmen und der logarithmischen Kurve verstanden wird. Denn nachdem beliebig viele von der Kurve ab zur Asymptote gezogene Ordinaten der logarithmischen Kurve bzw. Zahlen CA, υR, φS, βT gesetzt wurden und nachdem von diesen Zahlen zu irgendeiner als Achse gewählten wie CA von denselben Punkten A, R, S, T der Kurve die konjugierten Ordinaten AA (die unendlich klein bzw. ein Punkt ist), RD, SF, TH gezogen wurden, wird, wie wir schon sagten, das Verhältnis φS zur Achse CA ein im Verhältnis SF zu RD vervielfachtes des Verhältnisses υR zum selben CA sein. Wenn daher das Verhältnis SF zu RD ein doppeltes [dreifaches] ist bzw. wenn SF = 2RD [3RD] ist, wird das Verhältnis φS zu CA ein verdoppeltes [verdreifachtes] des Verhältnisses υR zu CA sein bzw. wird φS zu CA wie das Quadrat von der Geraden υR zum Quadrat von CA [der Kubus von der Geraden υR zum Kubus von CA] sein. Auch wird umgekehrt folglich, weil RD das Subdoppelte bzw. die Hälfte von SF ist, das Verhältnis

subduplicata rationis $\frac{\varphi S}{CA}$ seu υR ad CA ut radix quadratica a φS, ad radicem quadraticam a CA, seu $\sqrt{\frac{\varphi S}{CA}}$ aequal. $\frac{\upsilon R}{CA}$. Eodem modo si KX ad DR sit ut 2 ad 3[,] erit ψK ad CA, ut radix cubica ex quadrato ab υR ad radicem cubicam ex quadrato a CA, considerando lineas ut numeros, sive quod eodem redit, si legem homogeneorum servare velimus, et magis geometrice loqui erit ψK ad CA ut latus cubi aequalis parallelepipedo sub quadrato ab υR ducto in altitudinem datam pro unitate assumtam, ad latus cubi aequalis parallelepipedo sub quadrato a CA ducto in eandem altitudinem sumtam pro unitate[,] sive omissa unitate si sit $\frac{KX}{DR}$ aequ. $\frac{2}{3}$ erit $\frac{\psi K}{CA}$ aequalis his formulis:

$\frac{\sqrt[3]{\upsilon R^2}}{\sqrt[3]{CA^2}}$ aequ. $\sqrt[3]{\frac{\upsilon R^2}{CA^2}}$ aequal. $\sqrt[\frac{3}{2}]{\frac{\upsilon R}{CA}}$ aequal. $\boxed{\frac{2}{3}}\,\frac{\upsilon R}{CA}$ [,]

sive ratio CA ad ψK erit multiplicata rationis CA ad υR in ratione [2 ad 3][1]. Notae quibus utor faciles sunt. Nam quadratum ab υR notare soleo $\boxed{2}\,\upsilon R$, vel $\overline{\upsilon R^2}$ et cubum ab υR, $\boxed{3}\,\upsilon R$, vel $\overline{\upsilon R^3}$ et radicem quadratam ab υR, $\sqrt[2]{\upsilon R}$, vel $\boxed{\frac{1}{2}}\,\upsilon R$ vel $\upsilon R^{\frac{1}{2}}$, quemadmodum et quadratum ab υR notari potest $\sqrt[\frac{1}{2}]{\upsilon R}$. Unde radix cubica ex quadrato ab υR notabitur vel $\sqrt[3]{\upsilon R^2}$ vel $\sqrt[\frac{1}{2}]{\upsilon R^{\frac{1}{3}}}$ vel $\sqrt[\frac{3}{2}]{\upsilon R}$, vel $\upsilon R^{\frac{2}{3}}$ vel $\boxed{\frac{2}{3}}\,\upsilon R$ adeoque $\frac{\upsilon R^{\frac{2}{3}}}{CA^{\frac{2}{3}}}$ aequal. $\boxed{\frac{2}{3}}\,\frac{\upsilon R}{CA}$. Unde ut generali expressione analytica naturam curvae designemus[,] si sit $\frac{KX \text{ vel } \psi C}{DR \text{ vel } C\upsilon}\,\frac{a}{b}$, erit $\frac{\psi K \text{ vel } CX}{CA}$ aequal. $\boxed{\frac{a}{b}}\,\frac{\upsilon R \text{ vel } CD}{CA}$ eruntque

Numeri	ψK	vel CX	CA	υR	vel CD	[,]
Logarithmi KX vel	a	vel ψC	0	DR	vel b	vel $C\upsilon$

sive (phrasi magis geometrica), si sit curva aliqua RAK, axis CDAX ordinatae sint: RD, KX sitque ratio CX ad CA multiplicata (vel submultiplicata) rationis CD ad CA in ratione KX ad RD curva dicetur Logarithmica.

Unde facile intelligi potest rationum quoque compositionem eadem methodo fieri. Quemadmodum enim multiplicatio rationum nihil aliud quam aequalium rationum compositio est, ita et inaequales rationes componi nil prohibet. Est enim composita ratio ex aliis duabus (pluribusve)[,] cum termini compositae sunt facti ex terminis duarum primarum, ut ratio $\frac{ab}{cd}$ est composita ex $\frac{a}{c}$ et $\frac{b}{d}$. Ergo rationem rationi componere, sive rationem in rationem ducere velimus et praestabimus additione intervallorum. Et primum ponamus rationum componendarum terminum consequentem esse eundem CA, eumque esse unitatem, cujus

[1] 3 ad 2 *L ändert Hrsg.*

$\frac{\upsilon R}{CA}$ ein subverdoppeltes des Verhältnisses $\frac{\varphi S}{CA}$ bzw. υR zu CA wie die Quadratwurzel von φS zur Quadratwurzel von CA bzw. $\sqrt{\frac{\varphi S}{CA}} = \frac{\upsilon R}{CA}$ sein. Wenn KX zu DR wie 2 zu 3 ist, wird auf dieselbe Weise ψK zu CA wie die Kubikwurzel aus dem Quadrat von υR zur Kubikwurzel aus dem Quadrat von CA sein, wobei Linien wie Zahlen betrachtet werden, bzw., was auf dasselbe hinausläuft, wenn wir das Homogenitätsgesetz aufrechterhalten und geometrischer reden wollen, wird sich ψK zu CA wie die Seite des Kubus, der gleich dem Parallelepiped unter dem Quadrat von υR multipliziert mit der gegebenen als Einheit angenommenen Höhe ist, zu der Seite des Kubus verhalten, der gleich dem Parallelepiped unter dem Quadrat von CA multipliziert mit derselben als Einheit genommenen Höhe, bzw. unter Vernachlässigung der Einheit, wenn $\frac{KX}{DR}$ gleich $\frac{2}{3}$ ist, wird $\frac{\psi K}{CA}$ gleich diesen Formeln sein:

$$\frac{\sqrt[3]{\upsilon R^2}}{\sqrt[3]{CA^2}} = \sqrt[3]{\frac{\upsilon R^2}{CA^2}} = \sqrt[\frac{3}{2}]{\frac{\upsilon R}{CA}} = \boxed{\frac{2}{3}}\, \frac{\upsilon R}{CA},$$

bzw. das Verhältnis CA zu ψK wird ein im Verhältnis 2 zu 3 vervielfachtes des Verhältnisses CA zu υR sein. Die Bezeichnungen, die ich benutze, sind bequem. Denn das Quadrat von υR pflege ich mit $\boxed{2}\,\upsilon R$ oder $\overline{\upsilon R^2}$ und den Kubus von υR mit $\boxed{3}\,\upsilon R$ oder $\overline{\upsilon R^3}$ und die Quadratwurzel von υR mit $\sqrt[2]{\upsilon R}$ oder $\boxed{\frac{1}{2}}\,\upsilon R$ oder $\upsilon R^{\frac{1}{2}}$ zu bezeichnen, wie auch das Quadrat von υR mit $\sqrt[\frac{1}{2}]{\upsilon R}$ bezeichnet werden kann. Daher wird die kubische Wurzel aus dem Quadrat von υR mit $\sqrt[3]{\upsilon R^2}$ oder $\sqrt[\frac{1}{2}]{\upsilon R^{\frac{1}{3}}}$ oder $\sqrt[\frac{3}{2}]{\upsilon R}$ oder $\upsilon R^{\frac{2}{3}}$ oder $\boxed{\frac{2}{3}}\,\upsilon R$ bezeichnet werden, und deshalb ist $\frac{\upsilon R^{\frac{2}{3}}}{CA^{\frac{2}{3}}}$ gleich $\boxed{\frac{2}{3}}\,\frac{\upsilon R}{CA}$. Wenn daher, um durch einen allgemeinen analytischen Ausdruck die Natur der Kurve bestimmen, $\frac{\text{KX oder } \psi\text{C}}{\text{DR oder C}\upsilon}$ $\frac{a}{b}$ ist, wird $\frac{\psi\text{K oder CX}}{\text{CA}} = \boxed{\frac{a}{b}}\,\frac{\upsilon\text{R oder CD}}{\text{CA}}$ sein,

und es werden die Zahlen ψK oder CX CA υR oder CD,
die Logarithmen KX oder a oder ψC 0 DR oder b oder Cυ sein,

bzw. (in der mehr geometrischen Redeweise) wenn RAK irgendeine Kurve, CDAX die Achse ist, RD, KX die Ordinaten sind und das Verhältnis CX zu CA ein im Verhältnis KX zu RD vervielfachtes (subvervielfachtes) des Verhältnisses CD zu CA ist, wird die Kurve logarithmisch genannt werden.

Daher kann man leicht verstehen, dass auch eine Zusammensetzung von Verhältnissen nach derselben Methode geschieht. Denn wie die Vervielfachung von Verhältnissen nichts anderes als eine Zusammensetzung gleicher Verhältnisse ist, so hindert nichts daran, dass auch ungleiche Verhältnisse zusammengesetzt werden. Ein Verhältnis ist nämlich aus zwei anderen (oder mehreren) zusammengesetzt, wenn die Terme des zusammengesetzten aus den Termen der beiden ersten gebildet sind, wie das Verhältnis $\frac{ab}{cd}$ aus $\frac{a}{c}$ und $\frac{b}{d}$ zusammengesetzt ist. Wollen wir also ein Verhältnis mit einem Verhältnis zusammenbringen bzw. ein Verhältnis mit einem Verhältnis multiplizieren, werden wir das auch durch Addition von Intervallen leisten. Und wir wollen zuerst voraussetzen, dass ein fortlaufender Term der zusammenzusetzenden Verhältnisse derselbe CA ist, und dass er die Einheit ist, dessen

logarithmus suppositus sit 0. Tunc intervalla illa coincident cum logarithmis, nempe sit ratio $\frac{\beta T}{CA}$ composita ex rationibus $\frac{\varphi S}{CA}$ et $\frac{\upsilon R}{CA}$, seu si sit $\frac{\beta T}{CA}$ aequal. $\frac{\varphi S, \upsilon R}{CA^2}$, seu sit βT in CA aequ. φS in υR[,] erit TH (qui est logarithmus rationis $\frac{\beta T}{CA}$ posito CA esse unitatem cujus logarithmus sit 0) aequalis SF + RD (logarithmis duarum reliquarum), quia RD aequ. λT (si sint ex constructione Cυ vel DR, $\upsilon\varphi$ vel ϑS, $\varphi\beta$ vel λT aequales). Est autem utique TH aequ. SF + λT.

Contra: divisio fit subtractione, ut si sit $\frac{\upsilon R}{CA}$ aequal. $\frac{\beta T}{CA}$ divis. per $\frac{\varphi S}{CA}$ seu aequal. $\frac{\beta T}{\varphi S}$, erit RD (Logarithm. $\frac{\upsilon R}{CA}$) differentia SF, TH, (logarithmorum duarum reliquarum). Tantum notandum est, si rationes a diversis axis lateribus sumtae sint, logarithmos ab alterutra parte esse quantitates negativas ut supra dixi, ideo si ponamus rationem $\frac{\varphi S}{CA}$ componi cum ratione $\frac{\psi K}{CA}$, et fieri rationem $\frac{\upsilon R}{CA}$. ponamus jam logarithmos omnes a parte axis dextra seu numerorum unitate CA minorum esse quantitates negativas, et logarithmo rationis $\frac{\psi K}{CA}$, seu ipsi −KX addi logarithmum rationis $\frac{\varphi S}{CA}$, seu ipsam +SF, fiet −KX + SF, id est −RD, posito RD esse differentiam inter KX et SF, et $\frac{\upsilon R}{CA}$ ratio (cujus logarithmus est RD) erit quaesita.

Si quis haec omnia in numeris explicare velit, potest fingere quod ratio בא ad βT et φS ad בא et (ψ) (K) ad φS et υR ad (ψ) (K) et ψK ad CA sit semper eadem, quae 5 ad 4. et CA ad υR sit quae 25 ad 16. Hinc posito CA aequ. 1. erit ψK aequ. $\frac{5}{4}$. et υR aequ. $\left[\frac{16}{25}\right]$. et ($\psi$) (K) aequ. $\left[\frac{64}{125}\right]$. et φS aequ. $\left[\frac{256}{625}\right]$. et בא, $\left[\frac{1024}{3125}\right]$ et βT, $\left[\frac{4096}{15625}\right]$.[1]

Si vero terminus homologus rationis utriusque non sit semper idem ut hoc loco CA, sed sint diversae rectae aut adsit unitas nihilominus Logarithmi adhiberi possunt. Tunc enim tantum addemus rationum componendarum intervalla, ut ratio ψK ad υR est composita ex rationibus φS ad βT et φS [ad] בא, quia $\psi\upsilon$ aequ. $\varphi\beta$+ φא. Facile autem dantur intervalla numerorum inter se ex datis eorum logarithmis seu intervallis ab unitate. Sed ut omnia melius intelligantur, ideo plures etiam compositionis terminos sumemus.

Nimirum quia in curvae logarithmicae asymptoto Cβ, sumtae sunt υ (ψ). (ψ) φ. φא. אβ. aequales et demissae in curvam, ordinatae υR. (ψ) (K). φS. בא. βT. erunt ipsae continue proportionales. Si vero non sint puncta aequidistantia nec ordinatae sint proportionales, nihilominus locum habebunt Logarithmorum et intervallorum proprietates, ut si sint puncta υ. φ. א. β. et ordinatae υR. φS. בא. βT. quae quatuor rectae non sunt continue proportionales;

[1] $\frac{25}{16}$, $\frac{125}{64}$, $\frac{625}{256}$, $\frac{3125}{1024}$, $\frac{15625}{4096}$ *L ändert Hrsg.*

Logarithmus als 0 vorausgesetzt sei. Dann werden jene Intervalle mit den Logarithmen übereinstimmen; wenn nämlich das Verhältnis $\frac{\beta T}{CA}$ aus den Verhältnissen $\frac{\varphi S}{CA}$ und $\frac{\upsilon R}{CA}$ zusammengesetzt bzw. wenn $\frac{\beta T}{CA}$ gleich $\frac{\varphi S \cdot \upsilon R}{CA^2}$ ist bzw. $\beta T \cdot CA$ gleich $\varphi S \cdot \upsilon R$ ist, wird der Logarithmus TH (der der Logarithmus des Verhältnisses $\frac{\beta T}{CA}$ ist, vorausgesetzt, CA ist die Einheit, deren Logarithmus 0 ist) gleich SF + RD (den Logarithmen der beiden übrigen) sein, weil RD = λT ist (wenn aufgrund der Konstruktion Cυ oder DR, $\upsilon\varphi$ oder ϑS, $\varphi\beta$ oder λT gleich sind). Es ist aber jedenfalls TH = SF + λT.

Andererseits: die Teilung geschieht durch Subtraktion; wenn z. B. $\frac{\upsilon R}{CA}$ gleich $\frac{\beta T}{CA}$ geteilt durch $\frac{\varphi S}{CA}$ bzw. gleich $\frac{\beta T}{\varphi S}$ ist, wird RD (der Logarithmus von $\frac{\upsilon R}{CA}$) die Differenz von SF und TH (von den Logarithmen der beiden übrigen) sein. Nur muss bemerkt werden, dass, wenn die Verhältnisse von verschiedenen Seiten der Achse genommen sind, die Logarithmen auf einer der zwei Seiten negative Quantitäten sind, wie wir oben sagten; wenn wir daher voraussetzen, dass das Verhältnis $\frac{\varphi S}{CA}$ mit dem Verhältnis $\frac{\psi K}{CA}$ zusammengebracht wird und das Verhältnis $\frac{\upsilon R}{CA}$ entsteht, wollen wir nunmehr festlegen, dass alle Logarithmen auf der rechten Seite der Achse bzw. der Zahlen, die kleiner als die Einheit CA sind, negative Quantitäten sind, und dass zum Logarithmus des Verhältnisses $\frac{\psi K}{CA}$ bzw. zu $-$KX der Logarithmus des Verhältnisses $\frac{\varphi S}{CA}$ bzw. +SF addiert wird; es wird $-$KX + SF entstehen, d. h. $-$RD, vorausgesetzt, RD ist die Differenz zwischen KX und SF, und das Verhältnis $\frac{\upsilon R}{CA}$ (dessen Logarithmus RD ist) wird das gesuchte sein.

Wenn jemand dies alles in Zahlen erklären will, kann er sich vorstellen, dass das Verhältnis בא zu βT und φS zu בא und (ψ)(K) zu φS und υR zu (ψ)(K) und ψK zu CA immer dasselbe wie 5 zu 4 sei und CA zu υR wie 25 zu 16 sei. Daher wird unter der Voraussetzung CA = 1 $\psi K = \frac{5}{4}$ und $\upsilon R = \frac{16}{25}$ und $(\psi)(K) = \frac{64}{125}$ und $\varphi S = \frac{256}{625}$ und בא= $\frac{1024}{3125}$ und $\beta T = \frac{4096}{15625}$ sein.

Wenn aber der homologe Term von jedem der beiden Verhältnisse entweder nicht immer derselbe – wie an dieser Stelle CA – ist, sondern die Geraden verschieden sind oder keine Einheit anwesend ist, können nichtsdestoweniger die Logarithmen dargestellt werden. Dann werden wir nämlich nur die Intervalle der zusammenzusetzenden Verhältnisse addieren; z. B. ist das Verhältnis ψK zu υR aus den Verhältnissen φS zu βT und φS zu בא zusammengesetzt, weil $\psi\upsilon = \varphi\beta + \varphi$א ist. Die Intervalle der Zahlen untereinander ergeben sich aber leicht aus ihren gegebenen Logarithmen bzw. den Intervallen von der Einheit ab. Aber damit alles besser verstanden wird, werden wir deshalb auch mehrere Terme für die Zusammensetzung wählen.

Freilich, weil auf der Asymptote Cβ der logarithmischen Kurve $\upsilon(\psi)$, $(\psi)\varphi$, φא, אβ als gleich gewählt sind, werden auch die zur Kurve hin gezogenen Ordinaten υR, (ψ)(K), φS, בא, βT selbst fortlaufend proportional sein. Wenn aber die Punkte nicht abstandsgleich und die Ordinaten nicht proportional sind, werden nichtsdestoweniger die Eigenschaften der Logarithmen und Intervalle gelten; wenn z. B. υ, φ, א, β die Punkte sind und υR, φS, בא, βT die Ordinaten, die keine vier aufeinanderfolgende proportionale Geraden sind, wenn

si tamen sumatur ratio υR ad βT et quaeratur quomodo sit multiplicata vel submultiplicata rationis φS ad בא, dicemus esse ejus multiplicatam in ratione υβ ad φא. seu 4 ad 1. sive esse ejus quadruplicatam. Similiter ratio υR ad בא erit multiplicata vel submultiplicata rationis φS ad βT in ratione υא ad φβ seu 3 ad 2, quam vulgo vocant sesquialteram, ego hoc loco vocare malo: triplam subduplam, et erit ratio υR ad בא triplicata subduplicata rationis φS ad βT. Jam cum ratio υR ad βT possit composita intelligi ex rationibus υR ad φS. φS ad בא. בא ad βT. constabit etiam distantia extremarum, υβ ex distantiis intermediarum υφ. φא. אβ. etsi sint plures tribus. Nec refert etsi ordo perturbetur.

Nam possumus intelligere rationem φS ad βT componi ex rationibus φS ad υR et υR ad βT. Erit enim φβ aequ. −φυ + υβ. ubi quidem ipsi φυ praefigitur signum −[,] quia ratio φS ad υR est minoris ad majus. Eadem locum habent in compositione rationum non – continua[,] exempli gratia sit ratio (ψ) (K) ad φS componenda cum ratione υR ad בא, et quaeratur recta aliqua ad quam sit υR in hujusmodi ratione composita. Addatur (ψ) φ ad υא[,] fiet υβ[,] erit βT quaesita. Si quaesita esse deberet in ratione quam diximus non ad υR sed ad CA, tunc posito (ψ) φ+ υא esse aequalem C φ[,] erit φS quaesita. Unde contra patet contrarium compositionis rationum, seu partitionem rationum subtractione fieri, nam si ratio υR ad βT dividenda sit per rationem υR ad בא et quaeratur recta ad quam sit (ψ) (K) in ejusmodi ratione composita; ea erit φS[,] nam +υβ − υא aequ. (ψ) φ.

Denique cum in omni multiplicatione sit productus ad unitatem in composita ratione ex rationibus producentium ad unitatem, hinc posita unitate CA si velimus numerum ut βT (cujus logarithmus est −βC. quia ipse numerus minor unitate CA vel quia ratio βT ad CA est minoris ad majus) multiplicare per numerum ψK (cujus logarithmus est + ψC), hinc tantum addendi erunt logarithmi −βC et +ψC et fiet −אC (si fingamus ψC aequ. אβ) et productus erit בא.

Contra si velimus dividere בא per ψK (id est posita CA unitate si velimus rationem בא ad CA, partiri per rationem ψK ad CA), tantum a −אC subtrahatur +ψC[,] fiet −βC et βT erit proveniens. Hinc et regula proportionum seu aurea facile constat. Sit υR ad בא ut est (ψ) (K) ad quaesitum, ex puncto (ψ) sumatur (ψ)β aequal. υא ab eadem parte, id est quia א a dextra υ, erit β a dextra (ψ) et βT erit quaesit[um].

trotzdem das Verhältnis υR zu βT genommen und gefragt wird, auf welche Art es ein vervielfachtes oder subvervielfachtes des Verhältnisses φS zu בא ist, werden wir sagen, dass es ein im Verhältnis $\upsilon\beta$ zu φא bzw. 4 zu 1 vervielfachtes von ihm ist, bzw. dass es ein vervierfachtes von ihm ist. Ähnlich wird das Verhältnis υR zu בא ein vervielfachtes oder subvervielfachtes des Verhältnisses φS zu βT im Verhältnis υא zu $\varphi\beta$ bzw. 3 zu 2 sein, das man gewöhnlich *[ratio] sesquialtera* nennt, – ich will es an dieser Stelle lieber dreifach-subzweifach nennen, und es wird das Verhältnis υR zu בא ein verdreifachtes-subverdoppeltes des Verhältnisses φS zu βT sein. Weil nun das Verhältnis υR zu βT aus den Verhältnissen υR zu φS, φS zu בא, בא zu βT zusammengesetzt gedacht werden kann, wird auch der Abstand $\upsilon\beta$ der äußersten [Ordinaten] aufgrund der Abstände $\upsilon\varphi$, φא, אβ der dazwischenliegenden feststehen, auch wenn es mehr als drei sind. Und es tut auch nichts zur Sache, wenn die Reihenfolge gestört wird.

Wir können nämlich denken, dass das Verhältnis φS zu βT aus den Verhältnissen φS zu υR und υR zu βT zusammengesetzt ist. Denn es wird $\varphi\beta = -\varphi\upsilon + \upsilon\beta$ sein, sobald eben dem $\varphi\upsilon$ das Zeichen – vorn angeheftet wird, weil φS zu υR ein Verhältnis eines Kleineren zu einem Größeren ist. Dieselben Dinge gelten bei einer nicht aufeinander folgenden Zusammensetzung von Verhältnissen; es sei z. B. das Verhältnis $(\psi)(K)$ zu φS mit dem Verhältnis υR zu בא zusammenzusetzen und es möge irgendeine Gerade gesucht werden, zu der υR in einem derartigen zusammengesetzten Verhältnis steht. $(\psi)\varphi$ werde zu υא addiert, es wird $\upsilon\beta$ entstehen, βT wird die gesuchte sein. Wenn die gesuchte Gerade nicht zu υR sondern zu CA in dem Verhältnis stehen sollte, das wir nannten, dann wird unter der Voraussetzung, dass $(\psi)\ \varphi+ \upsilon$א gleich $C\varphi$ ist, φS die gesuchte sein. Daher ist andererseits klar, dass das Gegenteil der Zusammensetzung von Verhältnissen bzw. die Teilung von Verhältnissen durch Subtraktion geschieht, wenn nämlich das Verhältnis von υR zu βT durch das Verhältnis υR zu בא dividiert werden soll und eine Gerade gesucht wird, zu der $(\psi)(K)$ in einem derartigen zusammengesetzten Verhältnis stehen möge; diese wird φS sein, denn $+\upsilon\beta - \upsilon$א ist gleich $(\psi)\ \varphi$.

Weil schließlich bei jeder Multiplikation das Produkt zur Einheit in einem aus den Verhältnissen der Faktoren zur Einheit zusammengesetzten Verhältnis steht, wird man, – nachdem deshalb CA als Einheit gesetzt wurde –, wenn wir eine Zahl wie βT (deren Logarithmus $-\beta C$ ist, weil die Zahl selbst kleiner als die Einheit CA ist oder weil das Verhältnis βT zu CA das eines kleineren zu einem größeren ist) mit einer Zahl ψK (deren Logarithmus $+\psi C$ ist) multiplizieren wollen, deshalb nur die Logarithmen $-\beta C$ und $+\psi C$ addieren müssen, und es wird $-$אC entstehen (wenn wir uns $\psi C =$ אβ vorstellen), und das Produkt wird בא sein.

Wenn wir dagegen בא durch ψK dividieren wollen (d. h., – nachdem CA als Einheit gesetzt wurde –, wenn wir das Verhältnis בא zu CA durch das Verhältnis ψK zu CA teilen wollen), ist nur von $-$אC ψC abzuziehen, es wird $-\beta C$ entstehen und βT wird herauskommen. Daher steht auch die Regel der Proportionen bzw. die goldene leicht fest. Es möge sich υR zu בא wie $(\psi)(K)$ zu einer gesuchten [Zahl] verhalten, vom Punkt (ψ) aus werde $(\psi)\beta = \upsilon$א auf derselben Seite genommen, d. h., weil א rechts von υ ist, wird β rechts von (ψ) sein, und es wird βT die gesuchte sein.

PROPOSITIO XLIV.

Si sint quantitates quotcunque b + n et b − (n) et b − ((n)) etc. sitque l. logarithmus rationis b + n ad b, et (l) logarithmus rationis b − (n) ad b, et ((l)) logarithmus rationis b − ((n)) ad b[,] erunt

$$\left.\begin{array}{l} \text{l} \\ \text{(l)} \\ \text{((l))} \\ \text{etc.} \end{array}\right\} \begin{array}{l} \\ \text{ut series} \\ \text{decrescentes} \\ \\ \end{array} \left\{\begin{array}{l} \frac{n}{1} - \frac{n^2}{2b} + \frac{n^3}{3b^2} - \frac{n^4}{4b^3} \text{ etc.} \\ \frac{(n)}{1} + \frac{(n)^2}{2b} + \frac{(n)^3}{3b^2} + \frac{(n)^4}{4b^3} \text{ etc.} \\ \frac{((n))}{1} + \frac{((n))^2}{2b} + \frac{((n))^3}{3b^2} + \frac{((n))^4}{4b^3} \text{ etc.} \\ \text{etc.} \end{array}\right.$$

Posita scilicet b semper constante, et ipsis n. vel (n) vel ((n)) utcunque variantibus.

Id est si asymptoto Cυβ etc. intervalloque Cβ, inter duas ordinatas CA, βT, describatur curva Logarithmica ARST etc. (modo in definitione praecedenti explicato) et CA sit b. et

AX sit n[,] A(X) (n)[,] AF ((n)).

Et rationes sint CX seu b + n vel C(X) seu b − (n) vel CF seu b − ((n)) ad CA et logarithmi,

sint KX seu l (K)(X) seu (l) SF seu ((l)).

Erunt l. (l). ((l)). aliique quotcunque inter se quemadmodum diximus in propositione, et generaliter si ratio sit b ± n ad b. seu ut CA ± AX (id est CX) ad CA, erit $\frac{n}{1} \mp \frac{n^2}{2b} + \frac{n^3}{3b^2} \mp \frac{n^4}{4b^3}$ ut ejus Logarithmus KX. Demonstratio ita habebitur: centro C Asymptotis CBL. CA describatur Hyperbola MNPVγ, cujus ordinatae Xγ, AV, DP, FN, HM, etc. (quae ipsis XK, [AA][1], RD, SF, TH respondentibus logarithmicae curvae ordinatis seu logarithmis in directum jacent). Patet ex P. Gregorii a S. Vincentio[*46] libro de Hyperbola prop. 129. spatia VγXAV, VPDAV, VNFAV, VMHAV, esse proportionalia Logarithmis, XK, RD, SF, TH rationum CX ad CA, CD ad CA, CF ad CA, CH ad CA, at eadem spatia[,] verbi gratia VγXAV, VNFAV, (positis CA, b; AF, ((n)), et ideo CF, b − ((n)); et positis AX, n, et CX, b+n,) sunt inter se, ut $\frac{n}{1} - \frac{n^2}{2b} + \frac{n^3}{3b^2} - \frac{n^4}{4b^3}$ etc.[,] $\frac{((n))}{1} + \frac{((n))^2}{2b} + \frac{((n))^3}{3b^2} + \frac{((n))^4}{4b^3}$ etc. per dicta prop. 42. Idemque est in caeteris. Ergo dicti logarithmi inter se eodem erunt modo. Q. E. D.

[1] A ϟ L *ändert Hrsg.*

Satz XLIV.

Wenn b + n und b – (n) und b – ((n)) etc. beliebig viele Quantitäten sind und l der Logarithmus des Verhältnisses b + n zu b und (l) der Logarithmus des Verhältnisses b – (n) zu b und ((l)) der Logarithmus des Verhältnisses b – ((n)) zu b ist, werden sich

$$\left.\begin{matrix} l \\ (l) \\ ((l)) \\ \text{etc.} \end{matrix}\right\} \text{ wie die abnehmenden Reihen } \left\{\begin{matrix} \frac{n}{1} - \frac{n^2}{2b} + \frac{n^3}{3b^2} - \frac{n^4}{4b^3} \text{ etc.} \\ \frac{(n)}{1} + \frac{(n)^2}{2b} + \frac{(n)^3}{3b^2} + \frac{(n)^4}{4b^3} \text{ etc.} \\ \frac{((n))}{1} + \frac{((n))^2}{2b} + \frac{((n))^3}{3b^2} + \frac{((n))^4}{4b^3} \text{ etc.} \\ \text{etc.} \end{matrix}\right.$$

verhalten.
b ist allerdings immer als konstant vorausgesetzt, und die n oder (n) oder ((n)) ändern sich beliebig.

D. h., wenn durch die Asymptote C$\upsilon\beta$ etc. und durch das Intervall Cβ zwischen den zwei Ordinaten CA, βT die logarithmische Kurve ARST etc. (nach der in der vorangehenden Definition erklärten Art) beschrieben wird und CA b ist und

AX n, A(X) (n), AF ((n)) ist,

und die Verhältnisse

CX bzw. b+n oder C(X) bzw. b – (n) oder CF bzw. b – ((n)) zu CA sind

und die Logarithmen

KX bzw. l (K)(X) bzw. (l) SF bzw. ((l)) sind,

werden sich l, (l), ((l)) und beliebig viele andere untereinander so verhalten, wie wir es im Satz sagten, und wenn allgemein das Verhältnis b ± n zu b ist, bzw. wie CA ± AX (d. h. CX) zu CA, wird sich $\frac{n}{1} \mp \frac{n^2}{2b} + \frac{n^3}{3b^2} \mp \frac{n^4}{4b^3}$ wie sein Logarithmus KX verhalten. Den Beweis wird man folgendermaßen erhalten: durch das Zentrum C, die Asymptoten CBL, CA werde die Hyperbel MNPVγ beschrieben, deren Ordinaten Xγ, AV, DP, FN, HM etc. sind (welche in gerader Richtung zu den XK, AA, RD, SF, TH liegen, die den Ordinaten der logarithmischen Kurve bzw. den Logarithmen entsprechen). Aufgrund des Buches über die Hyperbel, Satz 129, des Paters Grégoire de St. Vincent ist klar, dass die Flächen VγXAV, VPDAV, VNFAV, VMHAV proportional zu den Logarithmen XK, RD, SF, TH der Verhältnisse CX zu CA, CD zu CA, CF zu CA, CH zu CA sind; aber dieselben Flächen, z. B. VγXAV, VNFAV (nachdem CA = b, AF = ((n)) und deshalb CF = b – ((n)) gesetzt wurde, und nachdem AX = n und CX = b + n gesetzt wurde) verhalten sich untereinander wie $\frac{n}{1} - \frac{n^2}{2b} + \frac{n^3}{3b^2} - \frac{n^4}{4b^3}$ etc., $\frac{((n))}{1} + \frac{((n))^2}{2b} + \frac{((n))^3}{3b^2} + \frac{((n))^4}{4b^3}$ etc. nach dem in Satz 42 Gesagten. Und dasselbe gilt in den übrigen Fällen. Also werden sich die besagten Logarithmen untereinander auf dieselbe Art verhalten. Das war zu beweisen.

Scholium

Imo absolute dici poterit, si Logarithmi KX, sive (K)(X) sive (l) sint tales ut rectang. sub AV aequ. a in KX vel in (K)(X), id est al vel a(l) aequetur spatio VAXγV vel VA(X)(γ)V, fore l vel (l) non tantum ut $\frac{n}{1} - [\frac{n^2}{2b}]$[1] etc. vel $\frac{(n)}{1} + [\frac{(n^2)}{2b}]$ etc.[,] sed fore omnino l aequ. $\frac{n}{1} - [\frac{n^2}{2b}]$ etc. et (l) aequ. $\frac{(n)}{1} + [\frac{(n^2)}{2b}]$ etc. Nam Xγ aequ. $\frac{ab}{b+n}$ seu rectang. CAV, quod est potentia Hyperbolae divisum per CX. Ergo Xγ erit $\frac{a}{1} - \frac{an}{b} + \frac{an^2}{b^2} - \frac{an^3}{b^3}$ etc. per prop. 26.[,] adde schol. prop. 29. Unde area spatii VAXγV erit $\frac{an}{1} - \frac{an^2}{2b} + \frac{an^3}{3b^2} - \frac{an^4}{4b^3}$ etc. (per prop. 25. et prop. 25. cor. 1. ad modum prop. 29). At eadem area aequal. al seu rectang. AV in KX. Ergo dividendo utrobique per a erit l aequal. $\frac{n}{1} - \frac{n^2}{2b} + \frac{n^3}{3b^2}$ etc. Eodem modo probabitur fore (l) aequ. $\frac{(n)}{1}$[+][2] $\frac{(n^2)}{2b}$ etc., quia (X)(γ) aequ. $\frac{ab}{b-(n)}$. ergo erit [(X)(γ)][3] aequ. $\frac{a}{1} + \frac{a(n)}{b} + \frac{a(n^2)}{b^2}$ etc. per prop. 26. et spatium VA(X)(γ)V vel a(l) aequ. $\frac{a(n)}{1} + \frac{a(n^2)}{2b} + \frac{a(n^3)}{3b^2}$ etc. per prop. 25. ad modum prop. 29. et dividendo per a. erit [(l)][4] aequ. $\frac{(n)}{1} + \frac{(n^2)}{2b}$ etc.

---

[1] *hier und im Folgenden:* $\frac{n^2}{b}$ bzw. $\frac{(n^2)}{b}$ *L ändert Hrsg.*

[2] – *L ändert Hrsg.*

[3] Xγ *L ändert Hrsg.*

[4] l *L ändert Hrsg.*

Scholium

Ja, man wird sogar absolut sagen können: wenn die Logarithmen KX bzw. (K)(X) bzw. (l) so beschaffen sind wie das Rechteck unter AV = a mal KX oder mal (K)(X), – d. h., $a \cdot l$ oder $a \cdot (l)$ möge gleich der Fläche VAXγV oder VA(X)(γ)V sein –, würde sich l oder (l) nicht nur wie $\frac{n}{1} - \frac{n^2}{2b}$ etc. oder $\frac{(n)}{1} + \frac{(n)^2}{2b}$[1] etc. verhalten, sondern es wäre überhaupt $l = \frac{n}{1} - \frac{n^2}{2b}$ etc. und $(l) = \frac{(n)}{1} + \frac{(n)^2}{2b}$ etc. Denn Xγ ist gleich $\frac{ab}{b+n}$ bzw. dem durch CX geteilten Rechteck CAV, das die Potenz der Hyperbel ist. Xγ wird also $\frac{a}{1} - \frac{an}{b} + \frac{an^2}{b^2} - \frac{an^3}{b^3}$ etc. nach Satz 26 sein; füge das Scholium von Satz 29 hinzu. Daher wird der Flächeninhalt der Fläche VAXγV $\frac{an}{1} - \frac{an^2}{2b} + \frac{an^3}{3b^2} - \frac{an^4}{4b^3}$ etc. sein (nach Satz 25 und Korollar 1 von Satz 25 nach Art des Satzes 29). Aber derselbe Flächeninhalt ist gleich $a \cdot l$ bzw. dem Rechteck AV · KX. Indem man in beiden Fällen durch a teilt, wird also $l = \frac{n}{1} - \frac{n^2}{2b}$ etc. sein. Auf dieselbe Art wird bewiesen werden, dass $(l) = \frac{(n)}{1} + \frac{(n)^2}{2b}$ etc. sein wird, weil $(X)(\gamma) = \frac{ab}{b-(n)}$ ist. Also wird nach Satz 26 $(X)(\gamma) = \frac{a}{1} + \frac{a(n)}{b} + \frac{a(n)^2}{b^2}$ etc. und nach Satz 25 nach Art des Satzes 29 die Fläche VA(X)(γ)V oder a(l) gleich $\frac{a(n)}{1} + \frac{a(n)^2}{2b} + \frac{a(n)^3}{3b^2}$ etc. sein, und indem man durch a teilt, wird $(l) = \frac{(n)}{1} + \frac{(n)^2}{2b}$ etc. sein.

---

[1] L. schreibt hier und im Folgenden (n^2), (n^3). Im dt. Text steht in Übereinstimmung mit Satz XLIV durchgehend $(n)^2$, $(n)^3$.

PROPOSITIO [XLV][1].

Spatium Hyperbolae conicae infinite longum, VACQ etc. MV, etiam area infinitum est, sive majus plano quovis assignabili; ac proinde summa seriei numerorum progressionis harmonicae in infinitum decrescentium, $\frac{1}{1} + \frac{1}{2} + \frac{1}{3} + \frac{1}{4} + \frac{1}{5}$ etc. quae hujus spatii aream exprimit (per dicta prop. 42.) etiam infinita est.

Quoniam enim spatia Hyperbolica VADPV, VAFNV, VAHMV etc. sunt proportionalia rectis Logarithmis RD, SF, TH etc. per dicta ad prop. praecedentem[,] erit spatium Hyperbolicum (infinite longum) proportionale ipsi asymptoto sive infinitae rectae, Cβ etc. Nempe spatium VACQ etc. MV longitudine infinitum, erit ad spatium finitum verbi gratia VADPV, ut recta infinita Cβ etc. (sive Logarithmus ipsius 0. infinite parvi) ad rectam finitam RD, logarithmum ipsius CD. adeoque spatii hujus Hyperbolici longitudine infiniti etiam area infinita erit. Superest tantum ut ostendamus rectam Cβ etc. esse asymptoton seu non nisi infinito abhinc intervallo occurrere posse curvae Logarithmicae, ARST etc. Id vero facile est.

Sumta enim qualibet recta ordinata RD, potest inter RD, et Cβ alia interponi quae data recta alia quacunque major sit. Sit enim alia recta δ, major quam recta data, et sit recta δ ad rectam RD in ratione quacunque; poterit aliqua intelligi recta ut CF (vel φS)[,] cujus ratio ad CA, sit multiplicata rationis CD (vel υR) ad CA in ratione δ ad RD, ergo δ erit Logarithmus rationis CF ad CA, (ut RD est logarithmus rationis CD ad [CA][2]) adeoque FS e puncto F educta curvae Logarithmicae occurrens erit ipsi δ aequalis, adeoque data recta major. Ergo ordinata ad curvam Logarithmicam inter DR et Cβ potest fieri major recta quavis data, adeoque omnium maxima Cβ etc. asymptotos sive infinita. Quare et area spatii Hyperbolici (longitudine infiniti,) VACQ etc. MV quae huic infinitae Cβ etc. proportione respondet, infinitae erit areae, ut ostendimus. Q.E.D.

Scholium

Saepe hactenus, etiam a Geometris, dubitatum scio, num forte spatium Hyperbolicum longitudine infinitum, area finitum sit; quemadmodum id de aliis multis spatiis compertum

[1] XLIV *L ändert Hrsg.*
[2] DA *L ändert Hrsg.*

Satz XLV.

Die unendlich lange Fläche VACQ etc. MV der Kegelschnitthyperbel ist auch dem Flächeninhalt nach unendlich bzw. größer als eine beliebige zuweisbare Ebene; und deshalb ist von den bis ins Unendliche abnehmenden Zahlen der harmonischen Progression die Summe der Reihe $\frac{1}{1} + \frac{1}{2} + \frac{1}{3} + \frac{1}{4} + \frac{1}{5}$ etc., die den Flächeninhalt dieser Fläche ausdrückt (nach dem in Satz 42 Gesagten), auch unendlich.

Da ja nämlich die hyperbolischen Flächen VADPV, VAFNV, VAHMV etc. zu den Geraden als Logarithmen RD, SF, TH proportional sind, nach dem zum vorhergehenden Satz Gesagten, wird die (unendlich lange) hyperbolische Fläche zur Asymptote selbst bzw. zur unendlichen Geraden Cβ etc. proportional sein. Die der Länge nach unendliche Fläche VACQ etc. MV wird sich nämlich zu einer endlichen Fläche z. B. VADPV wie die unendliche Gerade Cβ etc. (bzw. der Logarithmus von 0, vom unendlich Kleinen) zur endlichen Geraden RD, dem Logarithmus von CD, verhalten. Und deshalb wird auch der Flächeninhalt dieser der Länge nach unendlichen hyperbolischen Fläche unendlich sein. Es bleibt für uns nur übrig zu zeigen, dass die Gerade Cβ etc. eine Asymptote ist, bzw. dass sie die logarithmische Kurve ARST etc. lediglich in einem von hier unendlichen Intervall treffen kann. Das ist aber leicht.

Denn nachdem eine beliebige Gerade als Ordinate RD gewählt wurde, kann zwischen RD und Cβ eine andere gelegt werden, die größer sei als eine andere wie auch immer gegebene Gerade. Die andere Gerade sei nämlich δ[1], die größer als die gegebene Gerade ist, und die Gerade δ stehe zur Geraden RD in einem beliebigen Verhältnis; man wird irgendeine Gerade wie CF (oder φS) denken können, deren Verhältnis zu CA ein im Verhältnis δ zu RD vervielfachtes des Verhältnisses CD (oder υR) zu CA sei; also wird δ der Logarithmus des Verhältnisses CF zu CA sein (wie RD der Logarithmus des Verhältnisses CD zu CA ist), und deshalb wird die vom Punkt F aus gezogene und die logarithmische Kurve treffende [Gerade] FS gleich δ sein und deshalb größer als die gegebene Gerade. Also kann die Ordinate an die logarithmische Kurve zwischen DR und Cβ größer als eine beliebige gegebene Gerade gemacht werden, und deshalb ist von allen die größte die Asymptote Cβ etc., bzw. unendlich. Deswegen wird auch der Flächeninhalt der (der Länge nach unendlichen) hyperbolischen Fläche VACQ etc. MV, der dieser unendlichen Geraden C etc. proportional entspricht, zu einem unendlichen Flächeninhalt gehören, wie wir zeigten. Das war zu beweisen.

Scholium

Ich weiß, dass bis jetzt, auch von Geometern, oft erwogen wurde, ob vielleicht die der Länge nach unendliche hyperbolische Fläche dem Flächeninhalt nach endlich sei, wie man das

[1] L. verwendet *recta* sowohl als Gerade durch zwei Punkte als auch Strecke zwischen zwei Punkten

est. Equidem recte asseruerat Wallisius*[47] infinitum esse; sed quoniam ejus sententia conjectura tantum, licet ingeniosa, conjectura tamen, nitebatur, multis dubitandi causae superfuere. Quas liquidissima demonstratione tollere, operae pretium visum est.

über viele andere Flächen erfahren hat. Wallis hatte freilich mit Recht behauptet, dass sie unendlich ist; da sich nun aber seine Meinung nur auf eine Vermutung stützte, wenn auch auf eine scharfsinnige, dennoch auf eine Vermutung, sind bei Vielen Gründe des Zweifels übrig geblieben. Diese durch einen sehr klaren Beweis zu beseitigen, schien der Mühe wert.

PROPOSITIO [XLVI][1].

Quadratura figurae Logarithmicae totius pariter infinitae, ac portionum finitarum; per numeros sive per ordinatas ex curva in asymptoton ductas absectarum. Est autem haec Quadratura absolute Geometrica nec Logarithmorum constructionem supponit, sed tantum notitiam Hyperbolae ex qua orti sunt.

Data Hyperbola MNPVγ cujus centrum C. asymptoti CQ, CX, CA abscissa, VA ordinata descripta; intelligatur curva Logarithmica ARST etc. ejus scilicet naturae, ut ductis ordinatis ad ipsam pariter et Hyperbolicam, γKX, VלA, PDR, NFS, MHT, (quae ipsam CAX secant in punctis X, A, D, F, H,) usque ad Asymptoton communem QCβ etc. Sint zonae VADPV, VAFN, VAHM, aequales rectis, RD, SF[,] TH in rectam constantem AV ductis; appellabimus CA, numerum primarium, et determinatam habebimus speciem Logarithmicae. Area enim zonae alicujus VAHMV divisa per AV, recta proveniens HT, vel Cβ. Serviet distantia numerorum CA, βT (vel CH) < inter >quos medias proportionales interponendo (modo supra in definitione explicato) curva describetur.

His positis rectangulum πHX sub πH vel CA numero primario, cujus logarithmus scilicet sumtus est, 0, sive CA axe, et sub HX duorum numerorum extremorum ψK, βT, differentia, comprehensum, aequatur spatio quadrilineo sive zonae TβψKAT duobus numeris extremis, βT, ψK, portione asymptoti, βψ (logarithmorum a duobus numeris nunc summa, nunc differentia) et curva Logarithmica KAT, comprehenso. Quod spatium inveniri patet, etiamsi curva non sit constructa.

Demonstratio haec est, quoniam ita Logarithmi sunt zonis proportionales, ut ex constructione, sit rectangulum sub AV et sub Logarithmo RD, aequale zonae Hyperbolicae VADPV; et eodem modo rectangulum, sub AV, et FS aequale zonae hyperbolicae VAFNV et ita porro; manifestum est differentias zonarum, seu quadrilinea exigua, PDFNP, NFHMN etc. aequari differentiis Logarithmorum in AV ductis, seu ϑS in AV, λT in AV, etc. Ponatur jam rectas DF, FH, adeoque et rectas ϑS, λT infinite parvas esse; erunt utique et quadrilinea exigua, infinite parva. Constat autem pro quadrilineis ejusmodi infinite parvis DN, FM, assumi posse rectangula, FDP, HFN. Ergo rectangula haec differentiis logarithmorum in AV ductis, aequantur, exempli causa rectangulum FDP, rectangulo VA in ϑS.

[1] XLV *L ändert Hrsg.*

Satz XLVI.

Quadratur der gesamten unendlichen logarithmischen Figur ebenso wie der endlichen Teile, die durch Zahlen bzw. durch die von der Kurve zur Asymptote gezogenen Ordinaten abgeschnitten sind. Diese Quadratur ist aber vollkommen geometrisch und setzt nicht die Konstruktion der Logarithmen voraus, sondern nur die Kenntnis der Hyperbel, aus der sie entstanden sind.

Gegeben sei die Hyperbel MNPVγ, deren Zentrum C ist, deren Asymptoten CQ, CX sind, die durch die Abszisse CA, die Ordinate VA beschrieben ist. Man denke sich die logarithmische Kurve ARST etc. und zwar derart, dass nach Ziehen der Ordinaten, ebenso zu ihr wie auch zur hyperbolischen Kurve, γKX, VלA, PDR, NFS, MHT (die CAX in den Punkten X, A, D, F, H schneiden) bis hin zur gemeinsamen Asymptote QCβ etc. die Zonen VADPV, VAFN, VAHM gleich den mit der konstanten Geraden AV multiplizierten Geraden RD, SF, TH sind; wir werden CA den *numerus primarius* nennen und eine bestimmte Gestalt der logarithmischen Kurve erhalten. Der durch AV geteilte Flächeninhalt irgendeiner Zone VAHMV kommt nämlich als die Gerade HT oder Cβ heraus. Sie wird als Abstand der Zahlen CA, βT (oder CH) dienen, zwischen denen durch Dazwischenlegen von mittleren Proportionalen (nach der oben in der Definition erklärten Art) die Kurve beschrieben werden wird.

Unter diesen Voraussetzungen ist das Rechteck πHX, das unter πH – oder dem *numerus primarius* CA, dessen Logarithmus ja als 0 gewählt ist, bzw. der Achse CA – und unter der Differenz HX der beiden äußersten Zahlen ψK, βT eingeschlossen ist, gleich der vierlinigen Fläche bzw. der Zone T$\beta\psi$KAT, die von den beiden äußersten Zahlen βT, ψK, dem Teil $\beta\psi$ der Asymptote (bald die Summe, bald die Differenz der Logarithmen von zwei Zahlen) und der logarithmischen Kurve KAT eingeschlossen ist. Es ist klar, dass diese Fläche gefunden wird, selbst wenn die Kurve nicht konstruiert worden ist.

Dies ist der Beweis: weil nun die Logarithmen in der Weise zu den Zonen proportional sind, dass nach Konstruktion das Rechteck unter AV und unter dem Logarithmus RD gleich der hyperbolischen Zone VADPV ist und auf dieselbe Art das Rechteck unter AV und FS gleich der hyperbolischen Zone VAFNV und so weiter, ist es offenbar, dass die Differenzen der Zonen bzw. die schmalen Quadrilinea PDFNP, NFHMN etc. gleich den mit AV multiplizierten Differenzen der Logarithmen bzw. $\vartheta S \cdot AV$, $\lambda T \cdot AV$ etc. sind. Es sei nun vorausgesetzt, dass die Geraden DF, FH und deshalb auch die Geraden ϑS, λT unendlich klein sind; dann werden jedenfalls auch die schmalen Quadrilinea unendlich klein sein. Es steht aber fest, dass anstelle derartiger unendlich kleiner Quadrilinea DN, FM die Rechtecke FDP, HFN angenommen werden können. Also sind diese Rechtecke gleich den mit AV multiplizierten Differenzen der Logarithmen, z. B. das Rechteck FDP dem Rechteck $VA \cdot \vartheta S$.

Est autem rectangulum FDP aequale ordinatae Hyperbolicae DP in DF (differentiam numerorum CD, CF) et ordinata Hyperbolica DP producitur ut constat, potentiam Hyperbolae, seu rectangulum CAV, dividendo per abscissam CD. Ergo erit DP aequal. $\frac{\text{CA in AV}}{\text{CD}}$, et rectangul. FDP aequal. $\frac{\text{CA in AV, in DF}}{\text{CD}}$. At idem rectang. FDP, aequale rectangulo AV in ϑS, ergo tollendo communem altitudinem AV, erit $\frac{\text{CA in DF}}{\text{CD}}$ aequ. ϑS. vel CA in DF aequal. ϑS in CD. vel (quoniam DF infinite parva est, adeoque CD a CF assignabiliter non differt,) erit CA in DF, aequale ϑS in CF, vel rectangulo φSϑ.

Eodem modo ostendetur CA in FH aequale rectangulo βTλ, et quoniam ex rectangulis infinite parvis ut βTλ, φSϑ, componitur spatium [T$\beta\upsilon$RT][1] et ex rectangulis πHF, ξFD, seu CA in FH, CA in DF (posito πH, vel ξF aequal. CA) componitur rectangulum πHD, ideo spatium [T$\beta\upsilon$RT][1] aequabitur rectangulo πHD. et quoniam idem fit perpetuo, ideo si in AV producta, si opus est, sumatur Aμ aequal. CA, et per puncta, π. ξ. μ. etc. ducatur ipsi CA parallela et aequalis $\mu\alpha$, et πH, vel ξF, vel μA sint ipsi CA aequales, erit perpetuo rectangulum, ut πHX, aequale quadrilineo Logarithmico T$\beta\psi$KAT. Quod erat demonstrandum.

Hinc patet Rectangulum μAC, id est quadratum a CA, (numero primario) aequari spatio infinito AC etc. TA. Si vero non AV fuisset constans assumta, sed alia ut δ. fuissetque rectangulum sub δ et RD aequale zonae VADPV[,] habuissemus $\frac{\text{CA in AV}}{\delta}$ in DF, aequal. ϑS in CF, seu rectangulo φSϑ. et ita in caeteris quoque: eritque area hujus figurae logarithmicae, ad aream prioris ut AV ad δ. seu in reciproca altitudinum logarithmos zonis aequantium ratione.

Si vero alia quaecunque figura Logarithmica assumta aut constructa intelligatur, cujus origo ex Hyperbola nota non sit, tunc Geometrice sive supposita Logarithmi alicujus saltem constructione, expediri non potest. Sufficit autem unus tantum. Quoniam enim omnes Logarithmi earundem rationum ad eandem CA inter se sunt proportionales (ut patet ex dictis ad Definitionem Logarithmi), erunt quoque eorum differentiae, ut λT, ϑS, in una pariter et in alia figura (quam appingere necesse non putavi) proportionales, ergo et rectangula βTλ, φSϑ sub iisdem in qualibet figura logarithmica numeris, βT, φS, et rectis proportionalibus λT, ϑS, erunt proportionalia, ergo et horum rectangulorum summae, seu area in una figura logarithmica, erit ad aream intra eosdem numeros βT, φS contentam in alia figura logarithmica, ut hae differentiae respondentes seu ut Logarithmi respondentes seu ut $\upsilon\beta$ intervallum duorum numerorum in una, est ad intervallum eorundem numerorum

[1] TβSRT *L ändert Hrsg.*

Das Rechteck FDP ist aber gleich der Hyperbelordinate DP multiplizert mit DF (der Differenz der Zahlen CD, CF), und die Hyperbelordinate DP ergibt sich, wie feststeht, indem man die Potenz der Hyperbel bzw. das Rechteck CAV durch die Abszisse CD teilt. Also wird DP = $\frac{CA \cdot AV}{CD}$ und das Rechteck FDP = $\frac{CA \cdot AV \cdot DF}{CD}$ sein. Aber dasselbe Rechteck FDP ist gleich dem Rechteck AV · ϑS, also wird durch Entfernen der gemeinsamen Höhe AV $\frac{CA \cdot DF}{CD} = \vartheta S$ oder $CA \cdot DF = \vartheta S \cdot CD$ sein, oder (da ja DF unendlich klein ist und sich deshalb CD von CF nicht zuweisbar unterscheidet) CA · DF wird gleich ϑS · CF oder dem Rechteck φSϑ sein.

Auf dieselbe Art wird gezeigt werden, dass CA · FH gleich dem Rechteck βTλ ist; und weil nun aus den unendlich kleinen Rechtecken wie βTλ, φSϑ die Fläche TβυRT zusammengesetzt wird und aus den Rechtecken πHF, ξFD bzw. CA · FH, CA · DF (vorausgesetzt, πH oder ξF ist gleich CA) das Rechteck πHD zusammengesetzt wird, wird deshalb die Fläche TβυRT gleich dem Rechteck πHD sein. Und weil nun dasselbe fortlaufend geschieht, wird, – wenn auf der notfalls verlängerten Geraden AV Aμ = CA genommen wird und durch die Punkte π, ξ, μ etc. eine [Strecke] gezogen wird, die parallel zu CA und gleich μα ist, und πH oder ξF oder μA gleich CA sind –, daher fortlaufend ein Rechteck wie πHX gleich dem logarithmischen Quadrilineum TβψKAT sein. Das war zu beweisen.

Daher ist klar, dass das Rechteck μAC, d. h. das Quadrat von CA (vom *numerus primarius*) gleich der unendlichen Fläche AC etc. TA ist. Wenn aber nicht AV als Konstante angenommen gewesen wäre, sondern eine andere [Strecke] wie δ, und das Rechteck unter δ und RD gleich der Zone VADPV gewesen wäre, hätten wir $\frac{CA \cdot AV}{\delta} \cdot DF$ gleich ϑS · CF bzw. dem Rechteck φSϑ gehabt, und so auch in den übrigen Fällen; und der Flächeninhalt dieser logarithmischen Figur wird sich zum Flächeninhalt der ersten wie AV zu δ verhalten bzw. in einem reziproken Verhältnis der Höhen stehen, die bezüglich der Logarithmen[1] gleich den Zonen sind.

Wenn aber eine andere beliebige logarithmische Figur angenommen oder konstruiert gedacht wird, deren Ursprung aus einer Hyperbel nicht bekannt ist, dann kann sie geometrisch, bzw. wenn die Konstruktion [nicht] wenigstens irgendeines Logarithmus vorausgesetzt ist, nicht ausfindig gemacht werden. Es reicht aber nur einer aus. Denn weil alle Logarithmen derselben Verhältnisse zu demselben CA untereinander proportional sind (wie es aufgrund des zur Definition des Logarithmus Gesagten klar ist), werden auch ihre Differenzen wie λT, ϑS bei der einen ebenso wie bei der anderen Figur (die dazuzumalen ich nicht für notwendig hielt) proportional sein, also auch die Rechtecke βTλ, φSϑ unter denselben Zahlen βT, φS in einer beliebigen logarithmischen Figur, und sie werden zu den proportionalen Geraden λT, ϑS proportional sein, also auch die Summen dieser Rechtecke, bzw. der Flächeninhalt bei der einen logarithmischen Figur wird sich zum Flächeninhalt, der bei der anderen logarithmischen Figur innerhalb derselben Zahlen βT, φS enthalten ist, verhalten wie diese entsprechenden Differenzen bzw. wie die entsprechenden Logarithmen, bzw. wie sich das Intervall υβ zweier Zahlen bei der einen zum Intervall derselben Zahlen bei der

[1] d. h. mit den Logarithmen multipliziert

in alia; vel etiam ut TH logarithmus rationis βT ad CA in una est ad logarithmum ejusdem rationis in alia.

Quare ut ex quadratura unius figurae Logarithmicae derivetur quadratura alterius figurae logarithmicae, (ignotae originis ex Hyperbola) opus est ejusdem rationis logarithmum, bis, in una scilicet pariter ac in altera notum esse.

Scholium

Magnus est consensus inter dimensionem figurae numerorum ad Logarithmos applicatorum seu Logarithmicae, et figurae sinuum ad arcus applicatorum. Utriusque enim area perpetuo rectangulo sub recta quadam constante ducta in altitudinem; quae recta constans hic est Numerus primarius; in figura sinuum vero radius circuli generatoris. Caeterum figuram Logarithmicam hactenus quod sciam quadravit nemo; nec alioquin pro dignitate tractavit. Possem multa singularia circa tanti momenti curvam annotare, nisi ad rem tantum pertinentia dicere constituissem.

Nam abstinuissem hac quoque propositione, utcunque pulcra, nisi ad sequentia demonstranda, et regulam Logarithmorum inversam, id est inventionem numeri ex dato Logarithmo demonstrandam conferre animadvertissem. Tantum de tangentibus ejus obiter annotabo proprietatem omnium maxime admirabilem; nempe si ex quibuscunque curvae punctis T. S. etc. educantur tangentes TY, SZ, fore interceptas in asymptoto inter tangentem et ordinatam, βY, φZ, etc. semper aequales rectae constanti CA seu numero primario, ac proinde et aequales inter se.

Id vero facile ex his quae diximus demonstrari potest. Incidi autem in hanc proprietatem methodo tangentium inversa, (qua saepe cum successu utor) et cum mihi hujusmodi curvam investigandam proposuissem inveni esse Logarithmicam. Cujus occasio meretur edisseri. Cum nuper tertium tomum Epistolarum Cartesii*[48] volverem, incidi in Epistolam 71. quam ad Beaunium scripsit in qua curvam hujusmodi quaerere instituit, Beaunio proponente quaestionem. Equidem motus quosdam ad eam describendam comminiscitur; sed irregulares, nec nisi forte in angeli cujusdam potestate existentes; unde imperfectionem solutionis ipse agnoscit, fassus (quod non solet, nisi cum difficultatem nulli alii superabilem putat) nihil a se melius afferri posse ad naturam lineae definiendam, quoniam ex analyticarum numero non sit.

anderen [Figur] verhält; oder sogar wie sich der Logarithmus TH des Verhältnisses βT zu CA bei der einen zum Logarithmus desselben Verhältnisses bei der anderen verhält.

Damit aus der Quadratur der einen logarithmischen Figur die Quadratur der anderen logarithmischen Figur (von unbekanntem Ursprung aus einer Hyperbel) abgeleitet wird, ist es daher nötig, dass der Logarithmus desselben Verhältnisses zweimal – bei der einen nämlich ebenso wie bei der anderen – bekannt ist.

Scholium

Groß ist die Übereinstimmung zwischen der Ausmessung der Figur der an die Logarithmen angelegten Zahlen, bzw. der logarithmischen, und der Figur der an die Bögen angelegten Sinusse. Denn von jeder der beiden ist der Flächeninhalt für das fortlaufende Rechteck das Produkt aus einer gewissen konstanten Geraden und einer Höhe; diese konstante Gerade ist hier der *numerus primarius*, bei der Sinusfigur aber der Radius des Erzeugerkreises. Die logarithmische Figur hat übrigens bis jetzt, soweit ich weiß, niemand quadriert; auch sonst hat sie niemand angemessen behandelt. Ich könnte viele Besonderheiten bezüglich einer Kurve von so großer Wichtigkeit anmerken, wenn ich nicht beschlossen hätte, nur auf die Sache Bezogenes zu sagen.

Ich hätte mich nämlich auch dieses Satzes enthalten, wie schön er auch immer ist, wenn ich nicht gesehen hätte, dass er zum Beweis der folgenden Dinge, auch zum Beweis der umgekehrten Logarithmenregel, d. h. des Auffindens der Zahl aus einem gegebenen Logarithmus, beiträgt. Nur bezüglich ihrer Tangenten werde ich nebenbei die von allen am meisten bewundernswerte Eigenschaft anmerken; wenn nämlich von beliebigen Punkten T, S etc. der Kurve die Tangenten TY, SZ gezogen werden, werden die auf der Asymptote zwischen der Tangente und der Ordinate gelegenen [Abschnitte] βY, φZ etc. immer gleich der konstanten Geraden CA bzw. dem *numerus primarius* und daher untereinander gleich sein.

Das kann in der Tat leicht aus dem, was wir sagten, bewiesen werden. Ich stieß aber auf diese Eigenschaft durch die umgekehrte Tangentenmethode (die ich oft mit Erfolg benutze), und als ich mir vorgenommen hatte, eine derartige Kurve aufzuspüren, fand ich heraus, dass es die logarithmische ist. Der Anlass dazu verdient ausführlich erörtert zu werden. Als ich unlängst den dritten Band der Briefe von Descartes wälzte, stieß ich auf Brief 71, den er an Debeaune geschrieben hat, in welchem er sich vornahm, eine derartige Kurve zu suchen, wobei Debeaune die Frage vorgeschlagen hatte. In der Tat ersinnt er zu ihrer Beschreibung einige Bewegungen, die aber unregelmäßig sind und vielleicht nur in der Macht eines gewissen Engels vorhanden sind, weshalb er selbst die Unvollkommenheit der Lösung anerkennt und zugibt (was er nicht zu tun pflegt, außer wenn er meint, dass die Schwierigkeit für keinen anderen überwindbar ist), dass er von sich aus nichts Besseres beitragen kann, um die Natur der Linie zu definieren, da sie ja nicht zur Anzahl der analytischen gehört.

Haec, fateor, confessio, tanti geometrae excitavit curiositatem meam. Nec mora semihorulae spatio, admotis quibusdam machinis, analysi quadam mea usus, quae Cartesio certe nota non fuit, Logarithmicam eduxi*[49]. Cujus rei testis amicus esse potest, qui cum librum mihi retulisset, et quaestionem notasset, postero die a me solutionem habuit. Inter Cartesii figuram pag. 413 et meam hic expressam hoc tantum interest, quod ille angulum ABP, axis ad asymptoton sumsit obliquum[,] ego rectum; quoniam Logarithmicae ordinatas facilitatis causa normales assumere soleo quanquam angulus quantum ad hanc tangentis proprietatem nihil ad rem faciat.

Fateor tamen hanc Quaestionem, quae tantum negotii Cartesio frustra fecit, esse unam ex methodi tangentium inversae facillimis, et pluribus modis ad ejus solutionem posse perveniri. Unde clare video methodum quandam certam et analyticam in hoc argumento nondum vel Cartesio vel quod sciam aliis, fuisse exploratam. Ejus vero semina quaedam in his quae diximus hac propositione diligens scrutator facile deprehendet.

Dieses Geständnis eines so großen Geometers, ich gebe es zu, erregte meine Neugier. Und sehr bald, innerhalb eines halben Stündchens, nachdem einige Kunstgriffe angewendet wurden, benutzte ich meine gewisse Analysis, die Descartes jedenfalls nicht bekannt gewesen ist, und leitete die logarithmische Kurve ab. Ein Zeuge dieser Angelegenheit kann ein Freund sein, der, als er mir das Buch zurückgebracht und auf die Frage angespielt hatte, am folgenden Tag von mir die Lösung hatte. Zwischen Descartes' Figur auf Seite 413 und meiner hier ausgedrückten liegt ein Unterschied nur darin, dass jener den Winkel ABP der Achse zur Asymptote als einen schiefen wählte, ich als einen rechten, da ich ja gewohnt bin, die Ordinaten der logarithmischen Kurve wegen der Leichtigkeit als Senkrechte anzunehmen, obwohl der Winkel, soweit es diese Eigenschaft der Tangente betrifft, nichts zur Sache tut.

Ich gebe dennoch zu, dass diese Frage, die Descartes vergeblich so große Mühe machte, eine von den leichtesten der inversen Tangentenmethode ist, und dass man auf mehrere Arten zu ihrer Lösung gelangen kann. Daher sehe ich deutlich, dass eine gewisse sichere und analytische Methode bei diesem Gegenstand von Descartes oder, soweit ich weiß, von anderen noch nicht erforscht worden ist. Aber einige Samen davon wird ein sorgfältiger Forscher in dem, was wir in diesem Satz sagten, leicht entdecken.

PROPOSITIO [XLVII][1].

Si sint quantitates seu numeri b + n, et b – (n), et b – ((n)), sitque l logarithmus rationis b + n ad b; et (l) logarithmus rationis b – (n) ad b, et ((l)) logarithmus rationis b – ((n)) ad b, erunt

$$\left.\begin{array}{l} n \\ (n) \\ ((n)) \end{array}\right\} \begin{array}{l} \text{ut series} \\ \text{decre-} \\ \text{scentes} \end{array} \left\{\begin{array}{l} \frac{l}{1} + \frac{l^2}{1{,}2b} + \frac{l^3}{1{,}2{,}3b^2} + \frac{l^4}{1{,}2{,}3{,}4b^3} \text{ etc.} \\ \frac{(l)}{1} - \frac{(l)^2}{1{,}2b} + \frac{(l)^3}{1{,}2{,}3b^2} - \frac{(l)^4}{1{,}2{,}3{,}4b^3} \text{ etc.} \\ \frac{((l))}{1} - \frac{((l))^2}{1{,}2b} + \frac{((l))^3}{1{,}2{,}3b^2} - \frac{((l))^4}{1{,}2{,}3{,}4b^3} \text{ etc.} \end{array}\right.$$

posito b esse numerum primarium [1, 2. id est 1 in 2 seu 2. et 1, 2, 3. id est 1 in 2 in 3 seu 6. et 1, 2, 3, 4. id est 24. etc.[2]

Id est si curva Logarithmica ex Hyperbola modo in propositionis [46.][3] explicatione tradito, derivetur ac describatur, ut habeatur numerus primarius AC vel b. literaeque ac lineae eodem modo ut ad prop. [44.][4] sumantur, AX posita n. et A(X) posita (n) vel AF posito ((n)). Ac CX posita [b + n][5], C(X)[,] b – (n) et CF, b – ((n)), denique KX posito l, (K)(X), (l), et SF, ((l)), erunt inter se n. (n). ((n)). ex datis l. (l). ((l)). quemadmodum propositio enuntiat. Quod ita demonstrabitur:

Ponamus datam esse curvam ejusmodi KAR, in qua abscissis Aל vel KX positis l, ordinatis לK vel AX positis n, et recta constante seu parametro b aequ. CA, sit

$$n \text{ aequ. } \frac{l}{1} + \frac{l^2}{1{,}2\,b} + \frac{l^3}{1{,}2{,}3\,b^2} + \frac{l^4}{1{,}2{,}3{,}4\,b^3} \text{ etc.}$$

ajo curvam quae huic aequationi satisfaciat esse Logarithmicam qualem diximus.

Hoc ita demonstro; quoniam n vel לK ordinata ultima spatii AלKA est aequalis seriei decrescenti $\frac{l}{1} + \frac{l^2}{1{,}2b} + \frac{l^3}{1{,}2{,}3b^2} + \frac{l^4}{1{,}2{,}3{,}4b^3}$ etc. erit summa omnium aliarum ordinatarum, inter verticem A, et basin לK comprehensarum, seu area spatii AלKA, aequalis seriei decrescenti, $\frac{l^2}{1{,}2} + \frac{l^3}{1{,}2{,}3b} + \frac{l^4}{1{,}2{,}3{,}4b^2} + \frac{l^5}{1{,}2{,}3{,}4{,}5b^3}$ etc. quemadmodum demonstratur ex prop. 25. ad modum propositionis 29. et AלKA spatium divisum per CA sive b, erit $\frac{l^2}{1{,}2b} + \frac{l^3}{1{,}2{,}3b^2} + \frac{l^4}{1{,}2{,}3{,}4b^3} + \frac{l^5}{1{,}2{,}3{,}4{,}5b^4}$ etc. Ergo $\frac{A\text{ל}KA}{b} + \frac{l}{1}$ aequal. $\frac{l}{1} + \frac{l^2}{1{,}2b} + \frac{l^3}{1{,}2{,}3b^2} + \frac{l^4}{1{,}2{,}3{,}4b^3}$ etc. at eadem series aequal. לK. ex constructione, ergo ex natura curvae, erit $\frac{A\text{ל}KA}{b}$ + l aequal. לK. sive AלKA + lb aequal. לK in b. Est autem lb factum ex l in b. seu ex Aל in CA, seu rectang. CAל, et לK, aequal. AX. et μA ponatur aequal. CA, vel b. erit לK in b aequal. rectang. μAX. Ergo fiet spatium ACψ KA compositum ex spatio AלKA, et rectangulo (lb id est) CAל,

[1] XLVI *L ändert Hrsg.*

[2] *Am Rande*: 1,2 est 2. et 1,2,3 est 6. et 1,2,3,4 est 24; eckige Klammer von Leibniz

[3] 45 *L ändert Hrsg.*

[4] 43 *L ändert Hrsg.*

[5] c + b *L ändert Hrsg.*

Satz XLVII.

Wenn die Quantitäten bzw. die Zahlen b + n und b − (n) und b − ((n)) sind und l der Logarithmus des Verhältnisses b + n zu b und (l) der Logarithmus des Verhältnisses b − (n) zu b und ((l)) der Logarithmus des Verhältnisses b − ((n)) zu b ist, werden sich

$$\left.\begin{array}{l} n \\ (n) \\ ((n)) \end{array}\right\} \begin{array}{l} \text{wie die ab-} \\ \text{nehmenden} \\ \text{Reihen} \end{array} \left\{\begin{array}{l} \frac{l}{1} + \frac{l^2}{1\cdot 2b} + \frac{l^3}{1\cdot 2\cdot 3b^2} + \frac{l^4}{1\cdot 2\cdot 3\cdot 4b^3} \text{ etc.} \\ \frac{(l)}{1} - \frac{(l)^2}{1\cdot 2b} + \frac{(l)^3}{1\cdot 2\cdot 3b^2} - \frac{(l)^4}{1\cdot 2\cdot 3\cdot 4b^3} \text{ etc.} \\ \frac{((l))}{1} - \frac{((l))^2}{1\cdot 2b} + \frac{((l))^3}{1\cdot 2\cdot 3b^2} - \frac{((l))^4}{1\cdot 2\cdot 3\cdot 4b^3} \text{ etc. verhalten,} \end{array}\right.$$

vorausgesetzt, dass b der *numerus primarius* ist 1, 2, d. h. 1 · 2 bzw. 2; 1,2,3, d. h. 1 · 2 · 3 bzw. 6 und 1, 2, 3, 4, d. h. 24 etc.

D. h., wenn die logarithmische Kurve aus der Hyperbel nach der in der Erklärung des Satzes 46 mitgeteilten Art abgeleitet und beschrieben wird, so dass man einen *numerus primarius* AC oder b hat, und die Buchstaben und Linien auf dieselbe Art wie beim Satz 44 gewählt sind, – wenn AX als n und A(X) als (n) oder AF als ((n)) gesetzt ist und CX als b + n, C(X) als b − (n) und CF als b − ((n)) gesetzt ist und schließlich KX als l, (K)(X) als (l) und SF als ((l)) gesetzt ist –, werden sich n, (n), ((n)) aus den gegebenen l, (l), ((l)) untereinander so verhalten, wie es der Satz ausspricht. Das wird folgendermaßen bewiesen werden:

Wir wollen voraussetzen, dass eine Kurve KAR von der Art gegeben ist, bei der, wenn die Abszissen Aל oder KX als l und die Ordinaten לK oder AX als n gesetzt sind und die konstante Gerade bzw. der Parameter b gleich CA ist,

$$n = \frac{l}{1} + \frac{l^2}{1\cdot 2\,b} + \frac{l^3}{1\cdot 2\cdot 3\,b^2} + \frac{l^4}{1\cdot 2\cdot 3\cdot 4\,b^3} \text{ etc. sei.}$$

Ich behaupte, dass die Kurve, die dieser Gleichung genügt, die logarithmische ist, wie wir sie nannten.

Das beweise ich so: weil nun die letzte Ordinate n oder לK der Fläche AלKA gleich der abnehmenden Reihe $\frac{l}{1} + \frac{l^2}{1\cdot 2b} + \frac{l^3}{1\cdot 2\cdot 3b^2} + \frac{l^4}{1\cdot 2\cdot 3\cdot 4b^3}$ etc. ist, wird die Summe aller anderen Ordinaten, die zwischen dem Scheitel A und der Grundlinie לK eingeschlossen sind, bzw. der Flächeninhalt der Fläche AלKA gleich der abnehmenden Reihe $\frac{l^2}{1\cdot 2} + \frac{l^3}{1\cdot 2\cdot 3b} + \frac{l^4}{1\cdot 2\cdot 3\cdot 4b^2} + \frac{l^5}{1\cdot 2\cdot 3\cdot 4\cdot 5b^3}$ etc. sein, wie es aufgrund von Satz 25 nach Art des Satzes 29 bewiesen wird, und die durch CA oder b geteilte Fläche AלKA wird $\frac{l^2}{1\cdot 2b} + \frac{l^3}{1\cdot 2\cdot 3b^2} + \frac{l^4}{1\cdot 2\cdot 3\cdot 4b^3} + \frac{l^5}{1\cdot 2\cdot 3\cdot 4\cdot 5b^4}$ etc. sein. Also ist $\frac{\text{AלKA}}{b} + \frac{l}{1}$ gleich $\frac{l}{1} + \frac{l^2}{1\cdot 2b} + \frac{l^3}{1\cdot 2\cdot 3b^2} + \frac{l^4}{1\cdot 2\cdot 3\cdot 4b^3}$ etc. Aber dieselbe Reihe ist aufgrund der Konstruktion gleich לK, also wird aufgrund der Kurvennatur $\frac{\text{AלKA}}{b}$ + l gleich לK bzw. AלKA + lb gleich לK · b sein. Aber lb ist das Produkt aus l mal b bzw. aus Aל mal CA bzw. das Rechteck CAל, und לK möge gleich AX und μA gleich CA oder b gesetzt werden; es wird לK · b gleich dem Rechteck μAX sein. Also wird die Fläche ACψKA, die

aequale rectangulo μAX. Id vero quocunque in curva sumto puncto K, infra A contingere proprietas est curvae Logarithmicae, quemadmodum demonstratum est in Quadratura ejus, propositione praecedenti exhibita.[1]

Curva ergo KAR proposita est logarithmica, et KX seu l est logarithmus rationis numeri CX, (seu CA + AX) seu b + n ad CA seu b. Posito scilicet numerum primarium esse CA sive b. qui scilicet originem curvae logarithmicae ex hyperbola sua ostendit modo ad prop. [46][2]. initium explicato; et perpetuo aequatur portioni asymptotae intra ordinatam et tangentem interceptae, quemadmodum sub finem scholii dictae prop. [46][2]. diximus.

Eadem demonstratio est si punctum curvae (K) fuisset supra A, mutatis tantum signis. Quia enim posita [A(ל)][3], (l) et A(X), (n)[,] ipsa A(X) vel (n) ex hypothesi in curva proposita aequal. seriei decrescenti $\frac{(l)}{1} - \frac{(l^2)}{1,2b} + \frac{(l^3)}{1,2,3b^2} - \frac{l^4}{1,2,3,4b^3}$ [etc.,][4] erit area spatii A(ל)(K)A aequal. $\frac{(l^2)}{1,2} - \frac{(l^3)}{1,2,3b} + \frac{(l^4)}{1,2,3,4b^2} - \frac{(l^5)}{1,2,3,4,5b^3}$ etc. et $\frac{\text{A(ל)(K)A}}{b}$ aequal. $\frac{(l^2)}{1,2b} - \frac{(l^3)}{1,2,3b^2} + \frac{(l^4)}{1,2,3,4b^3} - \frac{(l^5)}{1,2,3,4,5b^4}$ etc.[5] Ergo (l) $- \frac{\text{A(ל)(K)A}}{b}$ aequal. $\frac{(l)}{1} - \frac{(l^2)}{1,2b} + \frac{(l^3)}{1,2,3b^2} - \frac{l^4}{1,2,3,4b^3}$ etc. at eadem series aequal. (n) ex hypothesi. Ergo (l)b - A(ל)(K)A aequal (n)b; est autem (l)b aequal. rectangulo CA(ל)[,] ergo (l)b - A(ל)(K)A aequal. spatio AC(ψ)(K)A[,] ergo spatium AC(ψ)(K)A aequale rectangulo (n)b, seu μA(X) quod rursus in curvae Logarithmicae proprietatem esse propositione praecedenti demonstratum est; ut dixi, patet.

Proprietas autem illa reciproca est quia non nisi una curva unius curvae nempe Hyperbolae, quadratrix tali modo esse potest, ut ordinatae ejus in aliquam datam ductae sint semper spatiis Hyperbolicis dato modo sumtis aequales. Nec nisi curva hujusmodi Hyperbolae quadratrix eam proprietatem habere potest.

Scholium

Quemadmodum propositio [44.][6] modum exhibet ex datis numeris seu rationibus inveniendi Logarithmos, assumto quodam numero primario quocunque CA, et Hyperbola etiam quacunque, cujus potentia sit rectangulum CAV, quaeque transeat per V. (qui Logarithmi

[1] *Am Rande, gestrichen, auf den gestrichenen Satz bezogen*: Dies kan ausgeleschet werden, dann es verstehet sich daß nur eine curva einer aequation genug thuet.

[2] 45 *L ändert Hrsg.*

[3] Aל *L ändert Hrsg.*

[4] etc., *erg. Hrsg.*

[5] *Am Rande, gestrichen*: Videndum hic ne sit erratum ut in compendio*[52]. Videor correxisse, nempe semper + nec oritur – nisi per accidens cum numerus est negativus.

[6] 45 *L ändert Hrsg.*

aus der Fläche AלKA und dem Rechteck (lb d. h.) CAל zusammengesetzt ist, gleich dem Rechteck μAX werden. Dass dies aber für einen beliebigen auf der Kurve gewählten Punkt K unterhalb von A zutrifft, ist eine Eigenschaft der logarithmischen Kurve, wie es bei ihrer im vorangehenden Satz dargestellten Quadratur gezeigt wurde.

Die vorgelegte Kurve KAR ist also die logarithmische, und KX bzw. l ist der Logarithmus des Verhältnisses der Zahl CX (bzw. CA + AX) bzw. b + n zu CA bzw. b. Es ist allerdings vorausgesetzt, dass der *numerus primarius* CA bzw. b ist, der ja nach der zu Anfang des Satzes 46 erklärten Art den Ursprung der logarithmischen Kurve aus seiner Hyperbel veranschaulicht und der fortwährend gleich dem Teil der Asymptote ist, der innerhalb der Ordinate und der Tangente eingeschlossen ist, wie wir im Rahmen des Scholiums zum genannten Satz 46 sagten.

Der Beweis ist derselbe, wenn der Kurvenpunkt (K) oberhalb von A gewesen wäre, nachdem nur die Vorzeichen geändert wurden. Denn weil, wenn A(ל) als (l) und A(X) als (n) gesetzt ist, A(X) selbst oder (n) aufgrund der Voraussetzung bei der vorgelegten Kurve gleich der abnehmenden Reihe[1] $\frac{(l)}{1} - \frac{(l)^2}{1 \cdot 2b} + \frac{(l)^3}{1 \cdot 2 \cdot 3b^2} - \frac{(l)^4}{1 \cdot 2 \cdot 3 \cdot 4 \cdot 5b^3}$ etc. ist, wird der Flächeninhalt der Fläche A(ל)(K)A gleich $\frac{(l)^2}{1 \cdot 2} - \frac{(l)^3}{1 \cdot 2 \cdot 3b} + \frac{(l)^4}{1 \cdot 2 \cdot 3 \cdot 4b^2} - \frac{(l)^5}{1 \cdot 2 \cdot 3 \cdot 4 \cdot 5b^3}$ etc. und $\frac{A(\text{ל})(K)A}{b}$ gleich $\frac{(l)^2}{1 \cdot 2b} - \frac{(l)^3}{1 \cdot 2 \cdot 3b^2} + \frac{(l)^4}{1 \cdot 2 \cdot 3 \cdot 4b^3} - \frac{(l)^5}{1 \cdot 2 \cdot 3 \cdot 4 \cdot 5b^4}$ etc.[2] sein. Also ist (l) – $\frac{A(\text{ל})(K)A}{b}$ gleich $\frac{(l)}{1} - \frac{(l)^2}{1 \cdot 2b} + \frac{(l)^3}{1 \cdot 2 \cdot 3b^2} - \frac{1^4}{1 \cdot 2 \cdot 3 \cdot 4 \cdot 5b^3}$ etc. aber dieselbe Reihe ist gleich (n) aufgrund der Voraussetzung. Also ist (l)b - A(ל)(K)A = (n)b; aber (l)b ist gleich dem Rechteck CA(ל), also ist (l)b – A(ל)(K)A gleich der Fläche AC(ψ)(K)A, also ist die Fläche AC(ψ)(K)A gleich dem Rechteck (n)b bzw. μA(X), was wiederum, wie im vorhergehenden Satz bewiesen wurde, eine Eigenschaft der logarithmischen Kurve ist; wie ich sagte, ist es klar.

Jene Eigenschaft aber ist reziprok, weil nur eine Kurve von einer einzigen Kurve, nämlich von der Hyperbel, die Quadratrix in der Weise sein kann, dass ihre Ordinaten mit irgendeiner gegebenen [Geraden] multipliziert immer gleich den auf eine gegebene Art genommenen hyperbolischen Flächen sind. Und als eine derartige Kurve kann nur die Quadratrix der Hyperbel diese Eigenschaft haben.

Scholium

Wie Satz 44 die Vorschrift liefert, von gegebenen Zahlen bzw. Verhältnissen die Logarithmen zu finden, nachdem ein gewisser beliebiger *numerus primarius* CA angenommen wurde, und auch eine beliebige Hyperbel, deren Potenz das Rechteck CAV sei und die durch V

---

[1] im Folgenden $(l)^k$ statt (l^k), siehe auch Anmerkung zum Scholium zu Satz XLIV.

[2] *Am Rande, gestrichen*: Man beachte, dass hier kein Fehler ist wie im Kompendium. Ich scheine ihn berichtigt zu haben; es entsteht nämlich + und nicht –, ausser in dem Fall, wenn die Zahl negativ ist.

aliis Logarithmis alio modo inventis erunt proportionales, et ad eos poterunt regula aurea reduci); ita vicissim ex dato tali Logarithmo ut KX et rectis CA, AV, adeoque et Hyperbola cognita, ex quibus ducti sunt Logarithmi, atque educendi modo, supra ad prop. [46].[1] initium explicato; poterit inveniri numerus CX aut ratio CX ad CA, quaesita, logarithmo dato respondens.

Quod ad operationes Logarithmorum sine tabulis faciendas, tabulasque ipsas perficiendas aut corrigendas sufficit. Porro methodus inveniendi Logarithmos ex datis numeris, ex duobus pendet inventis, uno Patris a S. Vincentio[*47] e Societate Jesu, qui analogiam inter Logarithmos et spatia hyerbolica ostendit primus; altero Nicolai Mercatoris[*48] Holsati qui ostendit quomodo ordinata curvae Hyperbolicae in ordinatas infinitarum parabolarum possit resolvi; quae ejus methodus et ad alias curvas rationales, et certis quoque casibus irrationalibus extendi potest.

Sed quoniam circuli curva non est hujus naturae, ideo Mercator eam non attigit; mihi ergo methodus innotuit, qua tum circulus tum alia quaelibet figura in aliam rationalem aequipollentem transmutari, ac per summas infinitas rationales exhiberi potest. Mercator modum invenit figuras rationales quadrandi per seriem infinitam, nos viam deprehendimus qua omnes figurae aequationis cujuscunque reduci possint ad rationales aequipollentes. (Quanquam aliae sint multae rationes sine hac reductione quadrandi figuras per series rationales infinitas.)

Unde orta est regula generalis quadrandi sectionem conicam centrum habentem quamlibet, prop. 43. ex qua et Hyperbolae Quadratura et Logarithmi inventio a Mercatoris expressione diversa habetur quam tamen satis fuse explicare non vacavit. Atque haec de modo inveniendi Logarithmos ex datis numeris, cujus laus prima aliis debetur, tametsi non nihil a me quoque adjectum credam. Sed quoniam ad operationem per Logarithmos sine tabulis, opus est regressu quoque, seu ut ex dato Logarithmo reperiri possit numerus, ideo non ante destiti, quam regulam hac propositione expositam, simplicitate elegantia et fructu vix alteri cessuram, reperi. Methodus autem qua ad eam perveni ex asse mea est, nec praeter notam omnibus quadraturam paraboloidum quicquam supponit. Hinc jam similem regulam pro regressu Trigonometrico, seu inventione laterum ex angulis datis, demonstrare difficile non fuit; quam nunc exponam.

[1] 45 *L ändert Hrsg.*

gehe (diese Logarithmen werden zu anderen, auf andere Art gefundenen Logarithmen proportional sein, und auf diese können sie durch die goldene Regel zurückgeführt werden), so wird man umgekehrt aus einem gegebenen derartigen Logarithmus wie KX und aus den Geraden CA, AV, und deshalb auch durch die bekannte Hyperbel, von denen aus die Logarithmen gezogen sind, und durch die oben zu Anfang von Satz 46 erklärte Art des Ausziehens die Zahl CX oder das gesuchte Verhältnis CX zu CA finden können, das dem gegebenen Logarithmus entspricht.

Das genügt zur Ausführung der Logarithmusoperationen ohne Tafeln und zur Verbesserung oder Berichtigung der Tafeln selbst. Ferner beruht die Methode des Findens von Logarithmen aus gegebenen Zahlen auf zwei Entdeckungen, der einen des Paters von Saint Vincent aus der Gesellschaft Jesu, der die Proportionalität zwischen den Logarithmen und den hyperbolischen Flächen als erster gezeigt hat, der anderen des Holsteiners Nicolaus Mercator, der gezeigt hat, wie eine Ordinate der hyperbolischen Kurve in Ordinaten von unendlich vielen Parabeln aufgelöst werden könne; diese seine Methode kann sowohl auf andere rationale Kurven als auch in bestimmten irrationalen Fällen erweitert werden.

Da nun aber die Kreiskurve nicht von dieser Natur ist, hat sich Mercator mit ihr daher nicht beschäftigt; mir ist also eine Methode bekannt geworden, nach der sowohl der Kreis als auch eine andere beliebige Figur in eine gleichwertige rationale verwandelt und durch unendliche rationale Summen dargestellt werden kann. Mercator fand ein Verfahren der Quadratur von rationalen Figuren durch eine unendliche Reihe, wir haben einen Weg entdeckt, wonach alle Figuren einer beliebigen Gleichung auf gleichwertige rationale zurückgeführt werden können. (Obwohl es ohne diese Zurückführung viele andere Methoden für das Quadrieren von Figuren durch unendliche rationale Reihen gibt.)

Daraus ergab sich eine allgemeine Regel zur Quadratur eines beliebigen Kegelschnittes mit einem Zentrum, Satz 43, woraus man sowohl die Quadratur der Hyperbel als auch das Auffinden des Logarithmus erhält, das vom Ausdruck Mercators – welchen jedoch ausführlich genug zu erklären keine Zeit war – verschieden ist. Und es ist dieser Ausdruck bezüglich des Verfahrens zum Auffinden der Logarithmen aus gegebenen Zahlen, für den das erste Lob anderen gebührt, obgleich ich glaube, dass von mir auch etwas hinzugefügt wurde. Da nun aber zu einer Operation durch Logarithmen ohne Tafeln auch eine Umkehrung nötig ist, bzw. damit aus einem gegebenen Logarithmus die Zahl gefunden werden kann, habe ich deshalb nicht aufgehört, bevor ich die in diesem Satz dargestellte Regel fand, die an Einfachheit, Eleganz und Ertrag kaum vor einer anderen weichen wird. Die Methode aber, wodurch ich zu ihr gelangt bin, gehört vollständig mir, und sie setzt nichts voraus, außer die allen bekannte Quadratur der Paraboloide. Von hier aus nun eine ähnliche Regel für die trigonometrische Umkehrung bzw. für das Auffinden der Seiten aus gegebenen Winkeln zu beweisen, ist nicht schwer gewesen; diese werde ich jetzt darstellen.

PROPOSITIO [XLVIII].

Si arcus sit a, radius r; sinus versus v; erit v aequal. $\frac{a^2}{1,2r} - \frac{a^4}{1,2,3,4r^3} + \frac{a^6}{1,2,3,4,5,6r^5} - \frac{a^8}{1,2,3,4,5,6,7,8r^7}$ etc.

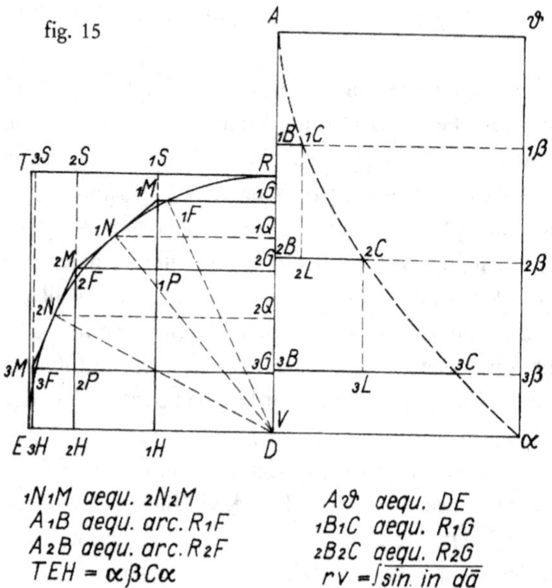

fig. 15

Sit linea curvae A 1C 2C 3C, cujus abscissae, ut AB etc. appellentur a. et ordinatae normales ut BC appellentur v. Sit parameter seu recta constans DR, quam vocabimus r, sitque aequatio curvae naturam explicans, v aequ. $\frac{a^2}{1,2r} - \frac{a^4}{1,2,3,4r^3}$ etc. qualem dixi, ajo curvam esse Lineam sinuum versorum qualem explicabo, id est si recta A 1B aequetur arcui R[1F][1] quadrantis EFR, centro D, radio DR descripti, tunc recta 1B 1C aequabitur sinui verso ejus arcus, nempe rectae R1G respondenti usque ad ultimam Vα, quae aequatur radio DR. Hoc ita demonstrabimus.

(1) Inter ordinatas 3B 3C, 2B 2C, 1B 1C, etc. differentiae designentur: 3L 3C, 2L 2C, etc. idque ponatur usque ad A continuatum esse, easque differentias esse infinite parvas; patet posita abscissarum differentia, ipsa scilicet 1B 2B, vel 2B 3B, semper constante infinite parva et appellata 1, una scilicet infinitesima parte altitudinis AB et abscissis ut dixi appellatis, a, fore differentiam ordinatarum ut, 3L 3C, $\frac{a}{r} - \frac{a^3}{1,2,3r^3} + \frac{a^5}{1,2,3,4,5r^5}$ etc.

---

[1] F *L ändert Hrsg.*

Satz XLVIII.

Wenn der Bogen a, der Radius r, der *sinus versus* v ist, wird $v = \frac{a^2}{1 \cdot 2r} - \frac{a^4}{1 \cdot 2 \cdot 3 \cdot 4r^3} + \frac{a^6}{1 \cdot 2 \cdot 3 \cdot 4 \cdot 5 \cdot 6r^5} - \frac{a^8}{1 \cdot 2 \cdot 3 \cdot 4 \cdot 5 \cdot 6 \cdot 7 \cdot 8r^7}$ etc. sein.

fig. 15

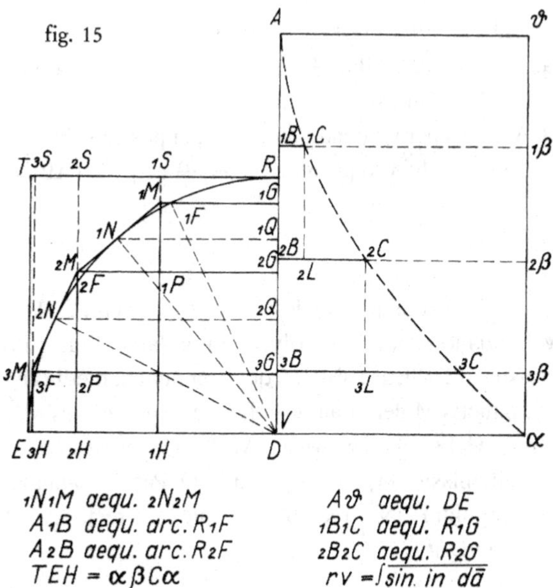

Es sei A 1C 2C 3C die Linie einer Kurve, deren Abszissen, wie AB etc., a benannt werden mögen, und die senkrechten Ordinaten, wie BC, mögen v benannt werden. DR sei der Parameter bzw. die konstante Gerade, die wir r nennen werden, und die Gleichung, die die Natur der Kurve erklärt, sei $v = \frac{a^2}{1 \cdot 2r} - \frac{a^4}{1 \cdot 2 \cdot 3 \cdot 4r^3}$ etc., wie ich sie nannte. Ich behaupte, dass die Kurve die Linie der *sinus versi* ist, wie ich sie erklären werde, d. h., wenn die Gerade A 1B gleich dem Bogen R 1F des Viertelkreises EFR ist, der durch das Zentrum D, den Radius DR beschrieben ist, dann wird die Gerade 1B 1C gleich dem *sinus versus* dieses Bogens, nämlich gleich der entsprechenden Geraden R1G, bis zur letzten Vα sein, die gleich dem Radius DR ist. Das werden wir folgendermaßen beweisen

(1) Zwischen den Ordinaten 3B 3C, 2B 2C, 1B 1C etc. mögen die Differenzen mit 3L 3C, 2L 2C etc. bezeichnet werden, und es sei vorausgesetzt, dass dies bis zu A fortgesetzt ist und diese Differenzen unendlich klein sind; wenn als Differenz der Abszissen, nämlich 1B 2B oder 2B 3B, immer eine unendlich kleine Konstante gesetzt und 1 benannt ist, nämlich ein einziger infinitesimaler Teil der Höhe AB, und wenn die Abszissen, wie ich sagte, a benannt sind, ist klar, dass die Differenz der Ordinaten wie 3L 3C $\frac{a}{r} - \frac{a^3}{1 \cdot 2 \cdot 3r^3} + \frac{a^5}{1 \cdot 2 \cdot 3 \cdot 4 \cdot 5r^5}$

[quoniam summa omnium hujusmodi differentiarum ut 3L 3C + 2L 2C + etc. dat ultimam ordinatarum, 3B 3C, et summa omnium $\frac{a}{r} - \frac{a^3}{1,2,3r^3}$ etc. reddit $\frac{a^2}{1,2r} - \frac{a^4}{1,2,3,4r^3}$ etc. etiam ultimam ordinatam assumtam 3B 3C].

(2) Summa autem omnium v, seu a BC usque ad ultimam 3B 3C, cujus [arcus][1] A 3B, sit a seu summa omnium $\frac{a^2}{1,2r} - \frac{a^4}{1,2,3,4r^3}$ etc., id est spatium ABCA dat $\left[\frac{a^3}{1,2,3r}\right]^2 - \frac{a^5}{1,2,3,4,5r^3} + \frac{a^7}{1,2,3,4,5,6,7r^5}$ etc., quae si prius divisa per r^2 auferatur postea ab $\frac{a}{r}$, sive $\frac{A\ 3B\ 2B}{r}$, arcu A 3B in unitatem 3B 2B ducto, per radium diviso, redibit: $\frac{a}{r} - \frac{a^3}{1,2,3r^3} + \frac{a^5}{1,2,3,4,5r^5}$ etc. quem supra artic. 1. hujus prop. invenimus valorem ultimae differentiae 3L 3C.
Ergo area figurae seu spatii A 3B 3CA divisa per r^2, quadratum a DR, et postea subtracta ab $\frac{A\ 3B\ 2B}{r}$, sive $\frac{a}{r}$ relinquet 3L 3C. sive generaliter loquendo: $\frac{a}{r} - \frac{ABCA}{r^2}$ aeq. $\frac{LC}{1}$ (ABCA = ar - [LC.r^2])]

(3) Nunc id ostendam fieri in linea sinuum versorum qualem descripsi. Arcu circuli R 3F in infinitas partes aequales diviso, vel, ejus loco adhibito polygono regulari infinitorum laterum, circumscripto, cujus latera sint 1M 2M, 2M 3M etc. quorum puncta media 1N, 2N. ducantur radii D 1N, D 2N, et ex punctis M demittantur in DE perpendiculares MH et in DR perpendiculares MG, in ipsis MH sumantur 1M 1P, 2M 2P, etc. aequales ipsis 1G 2G, 2G 3G; et ex punctis N, in DR, demissis perpendicularibus NQ. Patet Triangula, 1M 1P 2M et 1N 1QD esse similia (ob angulum DNM rectum) adeoque esse <u>rectang. 2M 1P in D 1N aequale rectangulo 1M 2M un D 1Q</u>.

(4) Circumscribatur rectangulum AV$\alpha\vartheta$, et ipsi rectae $\alpha\vartheta$ in punctis β occurrunt productae BC. Erunt ipsae βC sinus complementi, differentiae scilicet inter radium Vα (vel DR) et sinum versum BC, sive quia 1B 1β aequal. RD radio et 1B 1C aequal. R 1G sinui verso arcus [R 1F][3] seu A 1B[,] erit 1C 1β aequ. sinui complementi, D 1G.
Hinc jam <u>rectangulum sub 1M 2M in D 1Q, coincidit rectangulo 1C 1β 2β</u>, nam differentia inter <u>D 1Q et D 1G</u> infinite parva est adeoque <u>pro uno possunt haberi</u>, est autem <u>D 1G aequal. 1β 1C</u>, ex constructione, ergo et <u>D 1Q aequal. 1β 1C</u>. Porro <u>1M 2M</u> aequalis habetur arcui <u>1F 2F</u>, possumus enim circulum considerare, ut polygonum regulare infinitorum laterum, quorum unum est 1M 2M. Est autem <u>1F 2F aequalis 1B 2B vel 1β 2β</u> (posito A 1B aequ. R 1F et A 2B aequ. R 2F ex constructione). Ergo haberi potest <u>[1M 2M][4] pro aequali 1β 2β</u>, et proinde rectangulum 1M 2M in D 1Q coincidit rectangulo 1C 1β 2β.

[1] radius *L ändert Hrsg.*
[2] $\frac{a^3}{1,2,3r^3}$ *L ändert Hrsg.*
[3] E 1F *L ändert Hrsg.*
[4] 1M 2N *L ändert Hrsg.*

etc. sein wird, da ja die Summe aller derartigen Differenzen wie 3L 3C + 2L 2C + etc. die letzte der Ordinaten 3B 3C ergibt, und die Summe aller $\frac{a}{r} - \frac{a^3}{1\cdot2\cdot3r^3}$ etc. ergibt $\frac{a^2}{1\cdot2r} - \frac{a^4}{1\cdot2\cdot3\cdot4r^3}$ etc., auch die letzte angenommene Ordinate 3B 3C.

(2) Die Summe aller v bzw. von BC bis zur letzten Ordinate 3B 3C aber, deren Bogen A 3B a sei, bzw. die Summe aller $\frac{a^2}{1\cdot2r} - \frac{a^4}{1\cdot2\cdot3\cdot4r^3}$ etc., d. h. die Fläche ABCA, ergibt $\frac{a^3}{1\cdot2\cdot3r} - \frac{a^5}{1\cdot2\cdot3\cdot4\cdot5r^3} + \frac{a^7}{1\cdot2\cdot3\cdot4\cdot5\cdot6\cdot7r^5}$ etc. Wenn diese zuerst durch r^2 geteilt wird und dann von $\frac{a}{r}$ bzw. $\frac{\text{A 3B 2B}}{r}$, dem mit der Einheit 3B 2B multiplizierten, durch den Radius dividierten Bogen A 3B, abgezogen wird, wird wieder $\frac{a}{r} - \frac{a^3}{1\cdot2\cdot3r^3} + \frac{a^5}{1\cdot2\cdot3\cdot4\cdot5r^5}$ etc. herauskommen. Diesen [Ausdruck] fanden wir oben im Absatz 1 dieses Satzes als Wert der letzten Differenz 3L 3C. Wenn der Flächeninhalt der Figur bzw. der Fläche A 3B 3C A durch r^2, das Quadrat von DR, geteilt und danach von $\frac{\text{A 3B 2B}}{r}$ bzw. $\frac{a}{r}$ abgezogen ist, wird er also 3L 3C übrig lassen, bzw., indem man allgemein redet, $\frac{a}{r} - \frac{ABCA}{r^2}$ ist gleich $\frac{LC}{1}$ ($ABCA = ar - LC \cdot r^2$).

(3) Jetzt werde ich zeigen, dass dies bei der Linie der *sinus versi* geschieht, wie ich sie beschrieben habe. Der Kreisbogen R 3F sei in unendlich viele gleiche Teile geteilt, oder an seiner Stelle werde ein umbeschriebenes reguläres Polygon von unendlich vielen Seiten verwendet, dessen Seiten 1M 2M, 2M 3M etc., deren Mittelpunkte 1N, 2N seien. Man ziehe die Radien D 1N, D 2N, und von den Punkten M mögen auf DE die Lote MH und auf DR die Lote MG gefällt werden, auf den MH mögen 1M 1P, 2M 2P etc. gleich 1G 2G, 2G 3G genommen werden; und von den Punkten N mögen die Lote NQ auf DR gefällt werden. Es ist klar, dass die Dreiecke 1M 1P 2M und 1N 1Q D ähnlich sind (wegen des rechten Winkels DNM) und deshalb das Rechteck 2M 1P · D 1N gleich dem Rechteck 1M 2M · D 1Q ist.

(4) Das Rechteck AV$\alpha\vartheta$ werde umbeschrieben, und die verlängerten BC treffen die Gerade $\alpha\vartheta$ in den Punkten β. Die βC werden die *sinus complementi* sein, nämlich die Differenzen zwischen dem Radius Vα (oder DR) und dem *sinus versus* BC, bzw. weil 1B 1β gleich dem Radius RD und 1B 1C gleich dem *sinus versus* R 1G des Bogens R 1F bzw. A 1B ist, wird 1C 1β gleich dem *sinus complementi* D 1G sein.
Daher fällt nun das Rechteck 1M 2M · D 1Q mit dem Rechteck 1C 1β 2β zusammen, denn die Differenz zwischen D 1Q und D 1G ist unendlich klein, und deshalb können sie für Eins gehalten werden, aber es ist D 1G = 1β 1C nach Konstruktion, also auch D 1Q = 1β 1C. Ferner hat man 1M 2M gleich dem Bogen 1F 2F, denn wir können den Kreis wie ein reguläres Polygon mit unendlich vielen Seiten betrachten, von denen 1M 2M eine ist. Es ist aber 1F 2F = 1B 2B oder 1β 2β (vorausgesetzt A 1B = R 1F und A 2B = R 2F aufgrund der Konstruktion). Also kann 1M 2M für gleich 1β 2β gehalten werden, und daher fällt das Rechteck 1M 2M · D 1Q mit dem Rechteck 1C 1β 2β zusammen.

(5) Similiter rectangulum 2M 1P in D 1N, coincidit rectangulo 1S 1H 2H per artic. 3. et eodem modo, 3M 2P in D 2N rectangulo 2S 2H 3H, qualibet S 1H vel S 2H posita aequali RD, vel DN, et 1H 2H aequali [2M 1P][1] et 2H 3H aequ. 3M 2P.

(6) Quoniam ergo rectangula 1M 2M in D 1Q; 2M 1P in D 1N
coincidunt rectangulis 1C 1β 2β 1S 1H 2H
per artic. 4. 5. et vero per artic. 3. rectangula 1M 2M in D 1Q et 2M 1P in D 1N aequalia sunt, etiam rectangula 1C 1β 2β, 1S 1H 2H aequalia erunt, et quia ob infinite parvam latitudinem 1β 2β, non differt rectangulum 1C 1β 2β a quadrilineo exiguo 1C 1β 2β 2C 1C[,] erit rectang. 1S 1H 2H aequal. quadrilineo 1C 1β 2β 2C 1C, et pari jure rectangulum 2S 2H 3H aequale quadrilineo 2C 2β 3β 3C 2C. Et quoniam id semper fit erit (posita TE aequali et parallela RD) rectangulum A ϑ β et rectang. TEH aequale spatio αβCα respondenti et TE 2H aequ. spatio α 2β 2Cα et TE 1H aequ. spatio α 1β 1Cα et denique TED seu quadratum radii aequ. figurae toti αϑACα, ac proinde et rectang. RD 1H aequale spatio Aϑ 1β 1CA.

Quae est quadratura figurae sinuum dudum aliis quoque nota; et quae cum quadratura figurae logarithmicae prop. [46.][2] exhibita pulcherrime consentit, ut conferentibus patebit. Nec vero alteri quam lineae sinuum qualem explicuimus competere potest.

(7) Porro ob eadem Triangula similia [2M 2P 1M][3], et 1N 1QD artic. 3. erit rectang. sub D 1N in 1P 1M aequal. rectang., sub 1N 1Q in 1M 2M. Posuimus autem 1M 2M aequ. 1B 2B aequ. 1. seu uni infinitesimae arcus [RE][4] sive rectae AV, et 1P 1M aequ. 1G 2G aequ. 2L 2C et 1N 1Q aequ. 2M 2G (ob differentiam infinite parvam) vel 2HD. Ergo fiet rectang. D 1N vel DR in 2L 2C aequal. 2HD in 1. eodem modo DR in 3L 3C aequal. 3HD in 1. sive 3HD aequal. DR in 3L 3C sive generaliter HD aequal. LC in DR, vel rectang. RD 3H aequ 3L 3C in quad. DR.

(8) Porro RD 3H aequal. spatio A ϑ 3β 3CA artic. 6. et spatium hoc aequale residuo rectanguli A 3B 3βϑ, id est ar, (ex A 3B arcu in 3B 3β radium) demto spatio A 3B 3CA. Ergo fiet RD 3H aequal. ar − A 3B 3CA sive spatium A 3B 3CA aequal. ar − rectang. RD 3H. est autem per artic. 7. in fine D 3H aequ. DR in 3L 3C sive rectang. RD 3H, vel DR in D 3H, aequ. DR in DR in 3L 3C vel r^2 in 3L 3C; ergo erit spatium A 3B 3CA aequal. ar − r^2 in 3L 3C vel omnibus per r^2 divisis, erit 3L 3C aequal. $\frac{a}{r} - \frac{\text{A 3B 3CA}}{r^2}$ quemadmodum supra artic. 2. desiderabatur. Linea ergo sinuum versorum qualem explicuimus idem praestat quod linea [A 1C 2C] etc. cujus aequatio est v aequ. $\frac{a^2}{1{,}2r} - \frac{a^4}{1{,}2{,}3{,}4r^3}$ etc. nec vero idem ab alia praestari potest.

[1] M 1P *L ändert Hrsg.*
[2] 45 *L ändert Hrsg.*
[3] 2M 2P 1N *L ändert Hrsg.*
[4] AE *L ändert Hrsg.*

(5) Ähnlich fällt nach Absatz 3 das Rechteck 2M 1P · D 1N mit dem Rechteck 1S 1H 2H zusammen und auf dieselbe Art 3M 2P · D 2N mit dem Rechteck 2S 2H 3H, wenn eine beliebige Gerade S 1H oder S 2H gleich RD oder DN und 1H 2H gleich 2M 1P und 2H 3H gleich 3M 2P gesetzt ist.

(6) Da nun also die Rechtecke 1M 2M · D 1Q; 2M 1P · D 1N
mit den Rechtecken 1C 1β 2β 1S 1H 2H
nach Absatz 4, 5 zusammenfallen, nach Absatz 3 aber auch die Rechtecke 1M 2M · D 1Q und 2M 1P · D 1N gleich sind, werden sogar die Rechtecke 1C 1β 2β, 1S 1H 2H gleich sein, und weil wegen der unendlich kleinen Breite 1β 2β sich das Rechteck 1C 1β 2β nicht vom schmalen Quadrilineum 1C 1β 2β 2C 1C unterscheidet, wird das Rechteck 1S 1H 2H gleich dem Quadrilineum 1C 1β 2β 2C 1C sein und mit gleichem Recht das Rechteck 2S 2H 3H gleich dem Quadrilineum 2C 2β 3β 3C 2C. Und weil nun dies immer geschieht, wird (wenn TE gleich und parallel RD gesetzt ist) das Rechteck Aϑβ und das Rechteck TEH gleich der entsprechenden Fläche $\alpha\beta C\alpha$ und TE 2H gleich der Fläche α 2β 2C α und TE 1H gleich der Fläche α 1β 1Cα und schließlich TED bzw. das Quadrat des Radius' gleich der gesamten Figur $\alpha\vartheta AC\alpha$ und daher auch das Rechteck RD 1H gleich der Fläche Aϑ 1β 1CA sein.
Dies ist die auch anderen längst bekannte Quadratur der Sinusfigur; sie stimmt auch mit der in Satz 46 dargestellten Quadratur der logarithmischen Figur aufs schönste überein, wie es für diejenigen klar sein wird, die vergleichen.
Aber sie kann keiner anderen als der Linie der Sinusse, wie wir sie erklärten, zukommen.

(7) Ferner wird wegen derselben ähnlichen Dreiecke 2M 1P 1M und 1N 1QD nach Absatz 3 das Rechteck D 1N · 1P 1M gleich dem Rechteck 1N 1Q · 1M 2M sein. Wir haben aber 1M 2M = 1B 2B = 1 bzw. gleich einem infinitesimalen Teil des Bogens RE bzw. der Geraden AV und 1P 1M = 1G 2G = 2L 2C und 1N 1Q gleich 2M 2G (wegen der unendlich kleinen Differenz) oder 2HD gesetzt. Also wird das Rechteck D 1N oder DR mal 2L 2C gleich 2HD · 1 werden, auf dieselbe Art DR · 3L 3C = 3HD · 1 bzw. 3HD = DR · 3L 3C, bzw. allgemein HD = LC · DR, oder Rechteck RD · 3H = 3L 3C · Quadrat DR.

(8) Ferner ist RD 3H gleich der Fläche A ϑ 3β 3CA nach Absatz 6, und diese Fläche ist gleich dem Rest des Rechtecks A 3B 3β ϑ, d. h. ar (aus Bogen A 3B · Radius 3B 3β), nachdem die Fläche A 3B 3CA weggenommen wurde. Also wird RD 3H = ar − A 3B 3CA bzw. Fläche A 3B 3CA = ar − Rechteck RD 3H werden. Aber nach Absatz 7 am Schluss ist D 3H = DR · 3L 3C, bzw. das Rechteck RD 3H oder DR · D 3H ist gleich DR · DR · 3L 3C oder $r^2 \cdot$ 3L 3C; also wird die Fläche A 3B 3C A gleich ar − $r^2 \cdot$ 3L 3C sein, oder es wird, wenn alle Terme durch r^2 geteilt sind, 3L 3C = $\frac{a}{r} - \frac{A\ 3B\ 3CA}{r^2}$ sein, wie es oben in Absatz 2 verlangt wurde. Die Linie der *sinus versi*, wie wir sie erklärten, leistet also dasselbe wie die Linie A 1C 2C etc., deren Gleichung $v = \frac{a^2}{1\cdot 2r} - \frac{a^4}{1\cdot 2\cdot 3\cdot 4r^3}$ etc. ist, aber dasselbe kann von keiner anderen geleistet werden.

Quoniam quadratura artic. 6. exposita non nisi lineae sinuum qualem explicuimus competere potest, ut ibi diximus; ea vero ad hanc rem necessaria est, ut hic patet. Ergo linea A 1C 2C proposita, proprietatem habens explicatam linea sinuum versorum est, et sinus versus ad arcum relationem habet quam diximus in propositione. Q. E. D.

Eadem proprietas paucis mutatis ad naturam cycloidis aequatione explicandam adhiberi potest, quemadmodum et superior prop. [47.] idemque est de aliis curvis quae arcum aut quadraturam circuli, inventa supponunt.

Coroll. 1. Posito arcu R 1F, a[,] sinu complementi, D 1G posito c, radio DR, r erit c aequ. $r - \frac{a^2}{1,2r} + \frac{a^4}{1,2,3,4r^3} - \frac{a^6}{1,2,3,4,5,6r^5}$ etc.

Nam R 1G sinus versus v. aequ. $\frac{a^2}{1,2r} - \frac{a^4}{1,2,3,4r^3}$ etc. per prop. hanc. Est autem c aequ. r – v, seu D 1G aequ. DR - R 1G[,] ergo c aequ. $r - \frac{a^2}{1,2r}$ etc. quemadmodum diximus.

Coroll. 2. Posito arcu R 1F, a[,] sinu 1F 1G vel 1M 1G vel D 1H (quia puncta 1M et 1F coincidere seu infinite parvo distare intervallo ponuntur) posito s. radio DR, r. erit s aequ. $\frac{a}{1} - \frac{a^3}{1,2,3r^3} + \frac{a^5}{1,2,3,4,5r^4}$ etc.

Nam spatium A 1B 1CA aequ. $\frac{a^3}{1,2,3r} - \frac{a^5}{1,2,3,4,5r^3}$ etc. per prop. hanc, artic. 2. quod spatium A 1B 1CA aequ. rectangulo A 1B 1β϶ seu ar, (posito A 1B, aequ. arc. R 1F, aequ. a) demto quadrilineo A ϑ 1β 1CA, id est per artic. 6. prop. hujus demto rectangulo [RD 1H][1], seu DR in [D 1H][2] seu rs. ergo spat. A 1B 1 CA, aequ. ar – rs. seu s aequ. a – $\frac{A\ 1B\ 1CA}{r}$[,] id est s aequ. $\frac{a}{1} - \frac{a^3}{1,2,3r^2}$ etc. ut diximus.

Coroll. 3. Posito arcu R 1F, a, radio DR, r, erit segmentum circulare R 1FR duplicatum aequ. $\frac{a^3}{1,2,3\ r} - \frac{a^5}{1,2,3,4,5\ r^3} + \frac{a^7}{1,2,3,4,5,6,7\ r^5}$ etc.

Id est per artic. 2. erit aequal. spatio A 1B 1CA (posita A 1B aequ. arcui R 1F,) constat enim Geometris spatium A 1B 1CA, sinuum versorum arcubus applicatorum, aequari segmento R 1FR duplicato. Idem et sic demonstrari potest[,] ne longius ire necesse sit. Si segmento circulari R 1FR, addas triangulum RD 1F, fiet sector RD 1FR. Ergo si duplo segmento R 1FR addas duplum triangulum RD 1F, id est rectangulum [RD 1H][3], id est per artic. 6. quadrilin. A ϑ 1β 1CA fiet sector, RD 1FR, duplicatus, id est rectangulum sub arcu [R 1F][4] in radium,

[1] R 1DH *L ändert Hrsg.*
[2] 1DH *L ändert Hrsg.*
[3] RDH *L ändert Hrsg.*
[4] E 1F *L ändert Hrsg.*

Da nun die in Absatz 6 dargestellte Quadratur lediglich der Sinuslinie, wie wir sie erklärten, zukommen kann, wie wir dort sagten, sie aber bei dieser Sache notwendig ist, wie es hier offensichtlich ist, ist also die vorausgesetzte Linie A 1C 2C, die die erklärte Eigenschaft hat, die Linie der *sinus versi*, und der *sinus versus* hat zum Bogen die Beziehung, die wir im Satz genannt haben. Das war zu beweisen.

Dieselbe Eigenschaft – wie auch der obere Satz 47 – kann nach wenigen Änderungen für die Erklärung der Natur der Zykloide durch eine Gleichung angewendet werden, und dasselbe gilt von anderen Kurven, die den Bogen oder die Quadratur des Kreises als gefunden voraussetzen.

Korollar 1 Wenn der Bogen R 1F a, der *sinus complementi* D 1G c, der Radius DR r gesetzt ist, wird $c = r - \frac{a^2}{1\cdot 2r} + \frac{a^4}{1\cdot 2\cdot 3\cdot 4r^3} - \frac{a^6}{1\cdot 2\cdot 3\cdot 4\cdot 5\cdot 6r^5}$ etc. sein.

Denn nach diesem Satz ist R 1G der *sinus versus* $v = \frac{a^2}{1\cdot 2r} - \frac{a^4}{1\cdot 2\cdot 3\cdot 4r^3}$ etc. Es ist aber $c = r - v$ bzw. D 1G = DR − R 1G, also $c = r - \frac{a^2}{1\cdot 2r}$ etc., wie wir sagten.

Korollar 2 Wenn der Bogen R 1F a gesetzt ist, der *sinus* 1F 1G oder 1M 1G oder D 1H (weil die Punkte 1M und 1F so vorausgesetzt sind, dass sie zusammenfallen bzw. durch ein unendlich kleines Intervall entfernt sind) s, der Radius DR r gesetzt ist, wird $s = \frac{a}{1} - \frac{a^3}{1\cdot 2\cdot 3r^3} + \frac{a^5}{1\cdot 2\cdot 3\cdot 4\cdot 5r^4}$ etc. sein.

Denn es ist nach diesem Satz, Absatz 2, Fläche A 1B 1C A = $\frac{a^3}{1\cdot 2\cdot 3r} - \frac{a^5}{1\cdot 2\cdot 3\cdot 4\cdot 5r^3}$ etc. Diese Fläche A 1B 1C A ist gleich dem Rechteck A 1B 1β ϑ bzw. ar (vorausgesetzt A 1B = Bogen R 1F = a), wenn das Quadrilineum A ϑ 1β 1C A abgezogen ist, d. h., nach Absatz 6 dieses Satzes, wenn das Rechteck RD 1H bzw. DR· D 1H bzw. rs abgezogen ist. Also Fläche A 1B 1C A = ar − rs bzw. $s = a - \frac{A\,1B\,1CA}{r}$, d. h. $s = \frac{a}{1} - \frac{a^3}{1,2,3r^2}$ etc., wie wir sagten.

Korollar 3 Wenn der Bogen R 1F a, der Radius DR r gesetzt ist, wird das verdoppelte Kreissegment R 1F R gleich $\frac{a^3}{1\cdot 2\cdot 3\,r} - \frac{a^5}{1\cdot 2\cdot 3\cdot 4\cdot 5\,r^3} + \frac{a^7}{1\cdot 2\cdot 3\cdot 4\cdot 5\cdot 6\cdot 7\,r^5}$ etc. sein.

D. h., nach Absatz 2 wird es gleich der Fläche A 1B 1CA sein (A 1B sei gleich dem Bogen R 1F gesetzt), denn für die Geometer steht fest, dass die Fläche A 1B 1CA der an die Bögen gelegten *sinus versi* gleich dem verdoppelten Segment R 1FR ist. Dasselbe kann auch folgendermaßen bewiesen werden, damit es nicht nötig ist, Umwege zu machen. Wenn man zum Kreissegment R 1FR das Dreieck RD 1F addiert, wird der Sektor RD 1FR entstehen. Wenn man also zum doppelten Segment R 1FR das doppelte Dreieck RD 1F, d. h. das Rechteck RD1H, d. h. nach Absatz 6 das Quadrilineum Aϑ 1β 1CA addiert, wird der verdoppelte Sektor RD 1FR, d. h. das Rechteck Bogen R 1F · Radius, bzw. das Rechteck A

seu rectang. A 1B 1βϑ, ergo dupl. segm. R 1FR + quadrilin. A ϑ 1β 1CA, aequal. rectang. A 1B 1βϑ. Jam A 1B 1CA + quadrilin. A ϑ 1β 1CA etiam aequal. rectang. A 1B 1βϑ. Ergo duplum segm. R 1FR aequ. spat. A 1B 1CA seu seriei $\frac{a^3}{1,2,3r} - \frac{a^5}{1,2,3,4,5r^3}$.

Hinc expeditissima habetur ratio ex solis datis angulis sive arcubus, (et radio) calculandi areas segmentorum, adde supra prop. 30. schol.

1B 1βϑ entstehen; also doppeltes Segment R 1FR + Quadrilineum Aϑ 1β 1CA = Rechteck A 1B 1βϑ. Nun ist auch A 1B 1CA + Quadrilineum Aϑ 1β 1CA = Rechteck A 1B 1βϑ. Also doppeltes Segment R 1FR = Fläche A 1B 1C A bzw. = Reihe $\frac{a^3}{1\cdot 2\cdot 3r} - \frac{a^5}{1\cdot 2\cdot 3\cdot 4\cdot 5r^3}$ etc.

Von hier aus hat man eine sehr bequeme Methode, aus den gegebenen Winkeln bzw. Bögen allein (und dem Radius) die Flächeninhalte der Segmente zu berechnen. Füge das Scholium von Satz 30 oben hinzu.

PROPOSITIO XLIX.

Si sit quantitas A aequalis seriei b – c + d – e + f – g etc. ita decrescenti in infinitum, ut fiant termini tandem data quavis quantitate minores, [erit]

+b	major quam A, ita ut differentia sit minor quam c
+b – c	minor .... d
+b – c + d	major[1] .... e
+b – c + d – e	minor .... f

Et generaliter portio seriei decrescentis alternis additionibus et subtractionibus formatae terminata per additionem erit summa seriei major, terminata per subtractionem erit minor; error autem vel differentia semper erit minor termino seriei, portionem proxime sequente.

Demonstratio: c + e + g etc. est majus quam d + f + h etc. quia cum series decrescat erit d minor quam c; et f minor quam e etc. Porro ipsi b demendum est c + e + g etc. addendum d + f + h etc., ut fiat aequale ipsi A, ex hypothesi, ergo plus ei adimendum quam addendum, ut fiat aequale ipsi A. At si cui plus demendum quam addendum, ut alicui aequale fiat, id eo majus est. Ergo b majus quam A. Eodem modo demonstrabitur esse b – c + d, vel b – c + d – e + f aliaeve portiones similes maj. quam A.

Contra d + f +h etc. maj. quam e + g + l. quia d maj. quam e, et f quam g. etc. ipsi b – c addendum d + f + h etc. demendum e + g + l etc. ut fiat aequ. A[,] plus ergo ei addendum quam adimendum ut fiat A. Ergo b – c min. quam A. Eodem modo b – c + d – e, vel b – c + d – e[+f – g]. aliaeve portiones similes, min. quam A.

Hinc jam demonstro porro differentiam inter A et b. esse minorem quam c. nam b maj. quam A. et A maj. quam b – c. ergo differentia unius extremi b a medio A, erit minor differentia extremorum, b et b – c. seu ipsa c. Eodem modo demonstratur differentiam inter A et b – c. esse minorem quam d, nam b – c est minor quam A. et A min. quam b – c + d, ut ostendimus, ergo differentia extremi unius b – c a medio A, erit minor differentia extremorum b – c et b – c + d, id est ipsa d. Eademque in caeteris demonstratio est.

[1] *geändert aus*: minor

Satz XLIX.

Wenn eine Quantität A gleich einer Reihe b – c + d – e + f – g etc. ist, die in der Weise bis ins Unendliche abnimmt, dass die Terme schließlich kleiner werden als eine beliebige gegebene Quantität, wird

+b	größer als A sein, so dass die Differenz kleiner als c ist,
+b – c	kleiner .... d,
+b – c + d	größer .... e,
+b – c + d – e	kleiner .... f.

Und allgemein wird der Teil der durch abwechselnde Additionen und Subtraktionen gebildeten abnehmenden Reihe, der mit einer Addition endet, größer als die Summe der Reihe sein, der mit einer Subtraktion endet, wird kleiner sein; der Fehler aber oder die Differenz wird immer kleiner als der Term der Reihe sein, der dem Teil unmittelbar folgt.

Beweis: c + e + g etc. ist größer als d + f + h etc., weil d kleiner als c und f kleiner als e etc. sein wird, wenn die Reihe abnimmt. Ferner ist dem b c + e + g etc. wegzunehmen, d + f + h etc. hinzuzufügen, damit nach Voraussetzung ein dem A Gleiches entsteht; also ist ihm mehr wegzunehmen als hinzuzufügen, damit ein dem A Gleiches entsteht. Wenn aber irgendeiner [Quantität] mehr wegzunehmen als hinzuzufügen ist, damit ein zu irgendetwas Gleiches entsteht, ist dieses größer als jenes. Also ist b größer als A. Auf dieselbe Art wird bewiesen werden, dass b – c + d oder b – c + d – e + f oder andere ähnliche Teile größer als A sind.

Dagegen ist d + f + h etc. größer als e + g + l etc., weil d größer als e und f größer als g etc. ist. Dem b – c ist d + f + h etc. hinzuzufügen und e + g + l etc. wegzunehmen, damit ein dem A Gleiches entsteht, also ist ihm mehr hinzuzufügen als wegzunehmen, damit A entsteht. Also ist b – c kleiner als A. Auf dieselbe Art: b – c + d – e oder b – c + d – e + f – g oder andere ähnliche Teile kleiner als A.

Von hier aus beweise ich nunmehr weiter, dass die Differenz zwischen A und b kleiner als c ist, denn b ist größer als A und A ist größer als b – c, also wird die Differenz zwischen dem einen äußersten Term b und dem mittleren A kleiner als die Differenz der äußersten b und b – c bzw. c selbst sein. Auf dieselbe Art wird bewiesen, dass die Differenz zwischen A und b – c kleiner als d ist, denn b – c ist kleiner als A und A ist kleiner als b – c + d, wie wir zeigten; also wird die Differenz zwischen dem einen äußersten Term b – c und dem mittleren A kleiner als die Differenz der äußersten b – c und b – c + d, d. h. d selbst sein. Und derselbe Beweis gilt in den übrigen [Fällen].

PROPOSITIO L.

Ex datis trianguli rectanguli angulis latera, et ex lateribus angulos; item ex data ratione Logarithmum, ex dato Logarithmo rationem invenire; in numeris aut Lineis, ita ut error sit minor quovis errore assignabili; operatione brevi et exacta: Unde habetur Trigonometria, quantum licet perfecta, et sequitur Tabulis Canonis Mathematici si res ita postulet careri posse. Quoniam non est in potestate nostra libros aut instrumenta per terras et maria circumgestare; regulas autem breves ac simplices quisque facile animo circumferet.

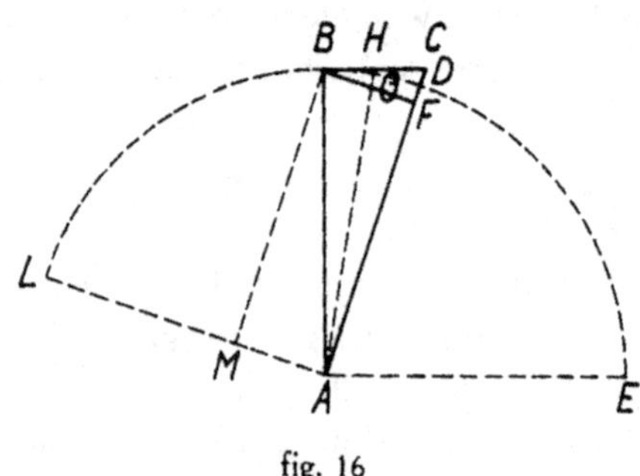

fig. 16

(1) Hoc problema ex praecedentibus propositionibus collectis formatur. Si arcus sit a, tangens t. radius 1. erit a aequal. $\frac{t}{1} - \frac{t^3}{3} + \frac{t^5}{5} - \frac{t^7}{7} + \frac{t^9}{9} - \frac{t^{11}}{11}$ etc. per prop. 31. pro AB dictae propositionis ponendo 1. pro BC, t. Oportet autem t esse minorem radio, 1, seu esse fractionem, quia hoc modo fractionum potestates decrescunt; adeoque tandem fiunt quovis assignabili quantitate minores. Hinc ducimus si pro arcu sumas

$\frac{t}{1}$	fore justo majorem, errorem vero minorem quam	$\frac{t^3}{3}$
$\frac{t}{1} - \frac{t^3}{3}$	...... minorem	$\frac{t^5}{5}$
$\frac{t}{1} - \frac{t^3}{3} + \frac{t^5}{5}$	...... majorem	$\frac{t^7}{7}$
$\frac{t}{1} - \frac{t^3}{3} + \frac{t^5}{5} - \frac{t^7}{7}$	...... minorem	$\frac{t^9}{9}$

idque per prop. 49. quia series $\frac{t}{1} - \frac{t^3}{3}$ etc. est in infinitum decrescens alternatim affirmata et negata. Quod jam ad Trigonometriam Canonicam applicemus, et quoniam Triangula obliquangula revocari possunt ad rectangula, satis erit triangula rectangula resolvi. Ostendam ergo hanc regulam servire ad inveniendos trianguli rectanguli angulos omnes, ex datis lateribus et angulo uno scilicet recto.

Satz L.

Man finde aus den gegebenen Winkeln eines rechtwinkligen Dreiecks die Seiten und aus den Seiten die Winkel, ebenso aus einem gegebenen Verhältnis den Logarithmus, aus einem gegebenen Logarithmus das Verhältnis in Zahlen oder Linien in der Weise durch eine kurze und genaue Operation, dass der Fehler kleiner ist als ein beliebiger zuweisbarer Fehler. Hieraus erhält man eine soweit wie möglich vollkommene Trigonometrie, und es folgt, dass auf die Tafeln des *canon mathematicus*, wenn die Sache es so erfordert, verzichtet werden kann, da es ja nicht in unserer Macht liegt, Bücher oder Instrumente über Länder und Meere herumzutragen; die kurzen und einfachen Regeln aber wird jeder leicht bei sich im Geiste führen.

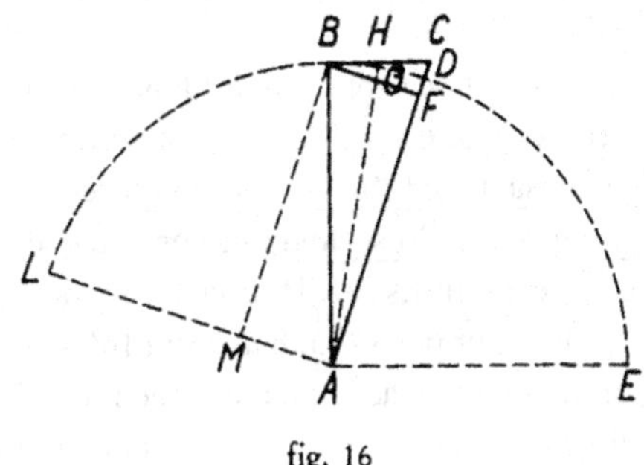

fig. 16

(1) Diese Aufgabe wird gemäß den gesammelten vorhergehenden Sätzen gestaltet. Wenn der Bogen a, die Tangente t, der Radius 1 ist, wird nach Satz 31 $a = \frac{t}{1} - \frac{t^3}{3} + \frac{t^5}{5} - \frac{t^7}{7} + \frac{t^9}{9} - \frac{t^{11}}{11}$ etc. sein, indem für AB des besagten Satzes 1, für BC t gesetzt wird. Es ist aber nötig, dass t kleiner als der Radius, 1, bzw. ein Bruch ist, weil auf diese Weise die Potenzen der Brüche abnehmen, und sie deshalb schließlich kleiner werden als eine beliebige zuweisbare Quantität. Von hier aus folgern wir: wählt man anstelle des Bogens

$\frac{t}{1}$,	wird er größer als der wahre, der Fehler aber kleiner als	$\frac{t^3}{3}$
$\frac{t}{1} - \frac{t^3}{3}$	...... kleiner	$\frac{t^5}{5}$
$\frac{t}{1} - \frac{t^3}{3} + \frac{t^5}{5}$	...... größer	$\frac{t^7}{7}$
$\frac{t}{1} - \frac{t^3}{3} + \frac{t^5}{5} - \frac{t^7}{7}$	...... kleiner	$\frac{t^9}{9}$ sein,

und zwar nach Satz 49, weil $\frac{t}{1} - \frac{t^3}{3}$ etc. eine bis ins Unendliche abnehmende, abwechselnd positive und negative Reihe ist. Das wollen wir nun auf die kanonische Trigonometrie anwenden, und da ja schrägwinklige Dreiecke auf rechtwinklige zurückgeführt werden können, wird es genügen, die rechtwinkligen Dreiecke zu lösen. Ich werde also zeigen, dass diese Regel dazu dient, alle Winkel eines rechtwinkligen Dreiecks aus den gegebenen Seiten und dem einen, selbstverständlich rechten Winkel zu finden.

Sit fig. [16.][1] triangulum ABC cujus dantur latera, et angulus B. rectus. Quoniam ergo dantur trianguli latera, dabuntur ejus latera circa rectum AB, BC. Centro A, (altero extremo majoris lateris AB) describatur quadrans circuli BDE secans hypothenusam AC in D. Patet arcus BD sive anguli BAD vel BAC, fore AB radium, BC tangentem. Ponatur exempli causa BC esse $\frac{1}{3}$ AB. Ergo AB posito 1. erit BC, $\frac{1}{3}$, et arcus BD sive a. erit $\frac{1}{1{,}3} - \frac{1}{3{,}27} + \frac{1}{5{,}243} - \frac{1}{7{,}2187}$ etc. quoniam $\frac{1}{27}$ est cubus ab $\frac{1}{3}$, et $\frac{1}{243}$ est surdesolid. seu Quinta dignitas ab $\frac{1}{3}$. et $\frac{1}{2187}$ est septima dignitas ab $\frac{1}{3}$. Jam 3,27, seu 3 in 27. est 81. et 5,243 est 1215. et 7,2187 est 15309. Sumtis ergo tribus tantum primis seriei valorem arcus BD exprimentis terminis fiet arcus BD aequal. $\frac{1}{3} - \frac{1}{81} + \frac{1}{1215}$, sive $\frac{405-15+1}{1215}$, vel $\frac{391}{1215}$ vel $\frac{[32181]^2}{100000}$. Qui valor quidem justo major erit, sed error erit minor quam pars 15309ma radii ac per consequens minor quam pars 90000ma peripheriae, sive nondum quarta parte minuti.

Posito autem radio 1. peripheria est $\frac{628318}{100000}$. Contra vero hoc supposito, Radius est paulo [minor][3] quam [206265][4], partium qualium peripheria est 1296000, sive scrupulorum secundorum, id est peripheria in rectum extensa, tunc [206265][5] scrupuli secundi constituent radium tam propinque, ut error sit uno scrupulo secundo minor. Quae expressio Radii per secundos scrupulos in hac praxi perutilis est. Hoc facto, numerus [206265][6] multiplicetur per 391. et productum dividatur per 1215, habebitur [66378][7] circiter, qui numerus est secundorum scrupulorum arcum quaesitum constituentium, id est 18 grad. 26 minut. et [18][8] secundorum. Ubi cum error major quam 15 secundorum esse non possit, concludemus arcum quaesitum inter 18 grad. 26 minut. et [3][9] vel [18][10] secund. consistere quod certe praxi facillima obtinuimus. Sin BC sit $\frac{1}{5}$ AB, tunc eadem praxi error longe infra scrupulum secundum consistere reperietur; sed adhibitis tantum duobus prioribus terminis $\frac{t}{1} - \frac{t^3}{3}$ eo casu quo BC est $\frac{1}{5}$ AB error erit minor quam quarta

[1] 16. *erg. Hrsg.*
[2] 31255 *L ändert Hrsg.*
[3] major *L ändert Hrsg.*
[4] 206275 *L ändert Hrsg.*
[5] 206275 *L ändert Hrsg.*
[6] 206275 *L ändert Hrsg.*
[7] 66381 *L ändert Hrsg.*
[8] 21 *L ändert Hrsg.*
[9] 6 *L ändert Hrsg.*
[10] 21 *L ändert Hrsg.*

In Fig. 16 sei ABC ein Dreieck, dessen Seiten und rechter Winkel B gegeben sind. Da nun also Seiten des Dreiecks gegeben sind, werden seine Seiten AB, BC am rechten Winkel gegeben. Mit dem Zentrum A (dem einen der beiden äußersten [Punkte] der größeren Seite AB) werde der Viertelkreis BDE beschrieben, der die Hypotenuse AC in D schneidet. Es ist klar, dass vom Bogen BD bzw. vom Winkel BAD oder BAC AB der Radius, BC die Tangente sein wird. Es sei vorausgesetzt, dass z. B. BC $\frac{1}{3}$ AB ist. Also wird, wenn AB 1 gesetzt ist, BC $\frac{1}{3}$ sein, und der Bogen BD bzw. a wird $\frac{1}{1\cdot 3} - \frac{1}{3\cdot 27} + \frac{1}{5\cdot 243} - \frac{1}{7\cdot 2187}$ etc. sein, da ja $\frac{1}{27}$ der Kubus von $\frac{1}{3}$ und $\frac{1}{243}$ das *surdesolidum* bzw. die fünfte Potenz von $\frac{1}{3}$ ist, und $\frac{1}{2187}$ die siebte Potenz von $\frac{1}{3}$ ist. Nun ist 3,27 bzw. $3 \cdot 27$ 81 und 5,243 ist 1215 und 7,2187 ist 15309. Wenn also nur die drei ersten Terme der Reihe, die den Wert des Bogens BD ausdrückt, genommen werden, wird der Bogen BD gleich $\frac{1}{3} - \frac{1}{81} + \frac{1}{1215}$ oder $\frac{405-15+1}{1215}$ oder $\frac{391}{1215}$ oder $\frac{32181}{100000}$ werden. Dieser Wert wird jedenfalls größer als der wahre sein, aber der Fehler wird kleiner als der 15309-ste Teil des Radius und folglich kleiner als der 90000-ste Teil des Umkreises bzw. nicht einmal der 4-te Teil einer Minute sein.

Wenn der Radius 1 gesetzt ist, ist der Umkreis $\frac{628318}{100000}$. Ist aber umgekehrt dieses vorausgesetzt, ist der Radius ein wenig kleiner als 206265 von den Teilen, von denen die Peripherie 1296000 hat bzw. von den Bogensekunden, d. h., wenn der Umkreis zu einer Geraden ausgestreckt ist, dann werden 206265 Bogensekunden den Radius so genau bestimmen, dass der Fehler kleiner als eine Sekunde ist. Dieser Ausdruck des Radius' durch Bogensekunden ist bei diesem Verfahren sehr nützlich. Wenn das gemacht ist, möge die Zahl 206265 mit 391 multipliziert und das Produkt durch 1215 dividiert werden, man wird ungefähr 66378 erhalten. Das ist die Anzahl der Bogensekunden, die den gesuchten Bogen bestimmen, d. h. 18 Grad, 26 Minuten und 18 Sekunden.

Daher, weil der Fehler nicht größer als 15 Sekunden sein kann, werden wir schließen, dass der gesuchte Bogen zwischen 18 Grad 26 Minuten und 3 oder 18 Sekunden liegt, was wir sicherlich durch ein sehr leichtes Verfahren erhalten haben. Wenn BC aber $\frac{1}{5}$ AB ist, dann wird mit demselben Verfahren ein Fehler ermittelt werden, der weit unterhalb einer Bogensekunde liegt; wurden aber nur die zwei ersten Terme $\frac{t}{1} - \frac{t^3}{3}$ verwendet, wird in dem Fall, dass BC $\frac{1}{5}$ AB ist, der Fehler kleiner als der vierte Teil einer Minute sein. Wenn BC ungefähr gleich AB ist, dann muss der Winkel zweimal

pars minuti. Si BC fere aequetur ipsi AB. tunc si duobus aut tribus tantum terminis uti velimus angulus bis bisecandus est; quod semper ex datis lateribus fieri potest, quoniam semper regula habetur per quam data qualibet tangente BC, arcu BD, facile B[H][1] tangens arcus sive anguli dimidii BG inveniri potest[,] tametsi anguli quantitas non detur.

Alias caeteris casibus ubi exigua est ratio ipsius BC ad ipsam BA semel tantum aut nunquam bisecandus est angulus, prout duobus tribusve terminis utimur. Quae omnia distincte exponere locus non patitur; demonstratio ex prop. 49. sumta statim limites praescribet, ex quibus ante calculum praevideri possit magnitudo erroris. Compendia etiam praxis ostendet. Quorum nonnulla indicare, et alias quoque regulas pro certis casibus componere possem, per quas omnem anguli bisectionem evitare liceret. Sed haec in alium locum commodius rejicientur.

(2) Ex datis arcubus sinus vel latera hoc modo inveniemus. Radio AB iterum posito 1. arcu BD autem (modo radio minor sit) posito a, sinus complementi AF, erit $\frac{1}{1} - \frac{a^2}{1,2} + \frac{a^4}{1,2,3,4} - \frac{a^6}{1,2,3,4,5,6}$ etc. per prop. 48. vel quod idem est sinus versus DF, erit $\frac{a^2}{1,2} - \frac{a^4}{1,2,3,4} + \frac{a^6}{1,2,3,4,5,6}$ etc. Quodsi non sinum complementi, sed sinum rectum BF immediate velimus, (mediate enim uno dato constat alterum haberi) dicemus per prop. [48].[2] iisdem positis fore BF aequal. $\frac{a}{1} - \frac{a^3}{1,2,3} + \frac{a^5}{1,2,3,4,5} - \frac{a^7}{1,2,3,4,5,6,7}$ etc.

Sed sinus complementi vel versi expressio utilius adhibebitur, quoniam citius appropinquat et ut mox dicam universalis est, atque utramque simul trigonometriae praxin directam et inversam, una continet. Poterit tamen investigatio sinus pariter et sinus complementi altera ad alterius examen inservire, quoniam diversa plane methodo in idem desinere debent. Hinc jam utilissima Trigonometricae praxeos pars pendet, ex datis angulis et latere uno in Triangulo rectangulo (hoc enim nunc quidem utimur, ut generalius loqui liceat, tametsi et obliquangulis praxes peculiares accommodari possent) invenire latera reliqua.

Latus in triangulo proposita datum vel est hypotenusa, vel alterutrum latus circa rectum. Si sit hypotenusa, tunc nihil mutandum; et hypotenusa pro radio erit, ut in triangulo rectangulo AFB, datis angulis et hypotenusa AB, quaeruntur latera. Centro A radio AB describemus quadrantem BDE et latus AF producemus in D. Patet AF fore sinum

[1] F *L ändert Hrsg.*
[2] 47 *L ändert Hrsg.*

zweigeteilt werden, wenn wir nur zwei oder drei Terme benutzen wollen; das kann von den gegebenen Seiten her immer gemacht werden, da man ja immer eine Regel hat, durch die mit einer gegebenen beliebigen Tangente BC und dem Bogen BD leicht die Tangente BH des halben Bogens bzw. Winkels BG gefunden werden kann, auch wenn die Quantität des Winkels nicht gegeben ist.

Sonst muss in den übrigen Fällen, wo das Verhältnis BC zu BA klein ist, der Winkel nur einmal oder niemals zweigeteilt werden, je nachdem wir zwei oder drei Terme benutzen. Dies alles genau herauszustellen, gestattet der Platz nicht; der aus Satz 49 genommene Beweis wird sofort die Grenzen vorschreiben, von denen her vor der Rechnung die Größe des Fehlers vorhergesehen werden kann. Abkürzungen wird auch die Praxis zeigen. Einige davon könnte ich angeben und auch andere Regeln für bestimmte Fälle aufstellen, wodurch man jede Zweiteilung eines Winkels vermeiden könnte. Aber diese Dinge werden günstiger an eine andere Stelle verwiesen werden.

(2) Aus den gegebenen Bögen werden wir die Sinusse oder die Seiten auf folgende Art finden: Der Radius AB werde wieder 1 gesetzt, der Bogen BD aber (wenn er nur kleiner als der Radius ist) werde a gesetzt, der *sinus complementi* AF wird $\frac{1}{1} - \frac{a^2}{1 \cdot 2} + \frac{a^4}{1 \cdot 2 \cdot 3 \cdot 4} - \frac{a^6}{1 \cdot 2 \cdot 3 \cdot 4 \cdot 5 \cdot 6}$ etc. sein nach Satz 48, oder, was dasselbe ist, der *sinus versus* DF wird $\frac{a^2}{1 \cdot 2} - \frac{a^4}{1 \cdot 2 \cdot 3 \cdot 4} + \frac{a^6}{1 \cdot 2 \cdot 3 \cdot 4 \cdot 5 \cdot 6}$ etc. sein.

Wenn wir nun nicht den *sinus complementi*, sondern den *sinus rectus* BF unmittelbar wollen (es steht fest, dass man nämlich mittelbar den anderen durch den einen gegebenen hat), werden wir nach Satz 48 unter denselben Voraussetzungen sagen, dass BF = $\frac{a}{1} - \frac{a^3}{1 \cdot 2 \cdot 3} + \frac{a^5}{1 \cdot 2 \cdot 3 \cdot 4 \cdot 5} - \frac{a^7}{1 \cdot 2 \cdot 3 \cdot 4 \cdot 5 \cdot 6 \cdot 7}$ etc. sein wird.

Aber man wird vorteilhafter den Ausdruck des *sinus complementi* oder *versus* anwenden, da er sich ja schneller nähert und, wie ich bald sagen werde, umfassend ist und zugleich jedes der beiden Verfahren der Trigonometrie, das direkte und das inverse, zusammen enthält. Trotzdem wird die eine der beiden Ermittlungen – die des *sinus* ebenso wie die des *sinus complementi* – zur Prüfung der anderen dienen können, da sie ja durch eine völlig verschiedene Methode in dasselbe übergehen müssen. Daher beruht nun der nützlichste Teil des trigonometrischen Verfahrens darauf, aus gegebenen Winkeln und einer einzigen Seite beim rechtwinkligen Dreieck (dieses benutzen wir jedenfalls jetzt, damit man allgemeiner sprechen kann, obgleich auch den schrägwinkligen die besonderen Verfahren angepasst werden könnten) die übrigen Seiten zu finden.

Die gegebene Seite beim vorausgesetzten Dreieck ist entweder die Hypotenuse oder eine der beiden Seiten am rechten [Winkel]. Wenn sie die Hypotenuse ist, dann muss nichts geändert werden und die Hypotenuse wird als Radius gelten, wie beim rechtwinkligen Dreieck AFB; mit den gegebenen Winkeln und der Hypotenuse AB werden die Seiten gesucht. Durch das Zentrum A, den Radius AB werden wir den Viertelkreis BDE beschreiben und die Seite AF nach D verlängern. Es ist klar, dass AF der *sinus*

complementi arcus dati [BD][1], FD sinum versum, BF sinum rectum, unde alterutra regularum adhiberi potest.
Si vero latus datum sit non hypotenusa, sed alterutrum circa rectum, ut si in triangulo ABC. dentur anguli et latus AB; tunc huic triangulo aliud aequiangulum constituemus AFB, in quo latus AB jam hypotenusa erit. Atque posteriore resoluto, ejusque lateribus repertis, latera prioris, quippe illis proportionalia etiam habebuntur. Praxin ad imitationem eorum quae diximus artic. 1. hujus prop. mutatis mutandis quivis experiri potest: est autem valde commoda exactaque, praesertim si sinubus complementi utamur.
Inde enim habetur regula generalis pro Trigonometria directa pariter et inversa, id est investigandis arcubus ex lateribus, quam solam memoria retineri sufficit. Nimirum radio AB posito 1. arcu BD minore quam 1. posito a, et [AF][2] sinu complementi appellato c, erit c aequ. $1 - \frac{a^2}{1,2} + \frac{a^4}{1,2,3,4} - \frac{a^6}{1,2,3,4,5,6}$, etc. ubi si tribus tantum minoribus terminis utamur erit c paulo minor quam pars 720ma sextae potentiae ipsius a, seu fractionis unitate sive radio minoris, arcum exprimentis, constat autem quo minor fractio est, hoc magis ejus potentias decrescere. Jam in omni triangulo resolvendo semper erit a, seu arcus assumendus minor quam 1 radius.
Nam triangulum rectangulum propositum AFB, aut est isosceles aut scalenum, si isosceles est, id est si AF, et FB latera circa rectum aequalia sunt, hinc etiam anguli A. B. erunt aequales, et uterque 45 graduum. Arcus ergo BD erit octava pars periφeriae, qui minorem habet rationem ad radium, quam 4 ad 5 seu minor est quam $\frac{4}{5}$ radii seu unitatis. Ergo ejus sexta potentia minor est quam $\frac{1}{3}$ adeoque $\frac{a^6}{720}$ [major][3] non erit quam $\frac{1}{2160}$ radii, vel $\frac{1}{12960}$ periφeriae, sed nondum duorum minutorum.
Nam quando Triangulum AFB non est isosceles tunc minorem angulum ut BAF eligendo pro c patet eum fore minorem, quam 45 grad. ergo et error multo minor erit. Sumendo ergo c aequ. $1 - \frac{a^2}{2} + \frac{a^4}{24}$ pro aequatione vera, non tantum ejus ope inveniemus c, sinum complementi ex dato arcu a, sed et contra posito c esse cognitum et quaeri a, id est ex lateribus quaeri angulos poterit inveniri valor ipsius a sive radix hujus aequationis, quia a in ea non habet alias potestates quam quadratum a^2[,] unde aequatio est plana et radix ejus sola extractione radicis quadraticae inveniri potest. Reducta nimirum aequatione fiet: $a^4 - 12a^2 + 24$ aequ. 24c, sive $a^4 - 12a^2 + 36$ aequ. + [12][4] + 24 c. sive $a^4 - 12a^2 + 36$

[1] AF *L ändert Hrsg.*
[2] BD *L ändert Hrsg.*
[3] minor *L ändert Hrsg.*
[4] 36 *L ändert Hrsg.*

complementi des gegebenen Bogens BD sein wird, FD der *sinus versus*, BF der *sinus rectus*, weshalb eine der beiden Regeln angewendet werden kann.

Wenn aber die gegebene Seite nicht die Hypotenuse, sondern eine der beiden am rechten Winkel ist, wenn z. B. beim Dreieck ABC die Winkel und die Seite AB gegeben sind, dann werden wir ein anderes, zu diesem Dreieck gleichwinkliges AFB einrichten, bei dem die Seite AB nunmehr die Hypotenuse sein wird. Und wenn das zweite gelöst ist und seine Seiten gefunden sind, wird man auch die Seiten des ersten erhalten, die ja zu jenen proportional sind. Unter Nachahmung dessen, was wir im Absatz 1 dieses Satzes sagten, kann jeder beliebige das Verfahren nach den nötigen Veränderungen erproben; es ist aber sehr bequem und genau, vor allem, wenn wir die *sinus complementi* benutzen. Von dort erhält man nämlich eine allgemeine Regel für die direkte ebenso wie für die umgekehrte Trigonometrie, d. h. für das Aufspüren der Bögen aus den Seiten; diese allein im Gedächtnis zu behalten ist ausreichend. Der Radius AB werde allerdings 1 gesetzt, der Bogen BD, der kleiner als 1 sei, werde a gesetzt und der *sinus complementi* AF c benannt; es wird $c = 1 - \frac{a^2}{1 \cdot 2} + \frac{a^4}{1 \cdot 2 \cdot 3 \cdot 4} - \frac{a^6}{1 \cdot 2 \cdot 3 \cdot 4 \cdot 5 \cdot 6}$ etc. sein. Wenn wir daher nur die drei kleineren Terme benutzen, wird [die Abweichung von] c um ein wenig kleiner sein als der 720-ste Teil der sechsten Potenz von a bzw. vom Bruch, der kleiner als die Einheit bzw. als der Radius ist und den Bogen ausdrückt; es steht aber fest: je kleiner ein Bruch ist, desto mehr nehmen seine Potenzen ab. Nun wird bei jedem zu lösenden Dreieck a bzw. der Bogen immer kleiner als der Radius 1 anzunehmen sein.

Das vorausgesetzte Dreieck AFB ist nämlich entweder gleichschenklig oder ungleichseitig. Wenn es gleichschenklig ist, d. h., wenn die Seiten AF und FB am rechten Winkel gleich sind, werden daher auch die Winkel A, B gleich und jeder von beiden 45 Grad sein. Der Bogen BD wird also der achte Teil des Umkreises sein, der zum Radius ein kleineres Verhältnis als 4 zu 5 hat, bzw. der kleiner als $\frac{4}{5}$ des Radius bzw. der Einheit ist. Also ist seine sechste Potenz kleiner als $\frac{1}{3}$, und deshalb wird $\frac{a^6}{720}$ nicht größer als $\frac{1}{2160}$ des Radius' oder $\frac{1}{12960}$ des Umkreises sein, aber nicht einmal zwei Minuten sein.

Wenn nämlich das Dreieck AFB nicht gleichschenklig ist, dann ist mit der Wahl des kleineren Winkels wie BAF für c klar, dass er kleiner als 45 Grad sein wird, also wird auch der Fehler viel kleiner sein. Indem man also anstelle der wahren Gleichung $c = 1 - \frac{a^2}{2} + \frac{a^4}{24}$ nimmt, werden wir mit Hilfe dieser nicht nur c, den *sinus complementi* aus einem gegebenen Bogen a finden, sondern man wird auch umgekehrt – unter der Voraussetzung, dass c bekannt ist und a gesucht wird, d. h., dass aus den Seiten die Winkel gesucht werden – den Wert von a bzw. die Wurzel dieser Gleichung finden können, weil a in ihr keine anderen Potenzen als das Quadrat a^2 hat, weshalb die Gleichung eine ebene ist und ihre Wurzel durch alleiniges Ausziehen der Quadratwurzel gefunden werden kann. Nach Reduktion der Gleichung wird ohne Zweifel $a^4 - 12a^2 + 24 = 24c$

(quad. ab, $\pm a^2 \mp 6$) aequ. 12 + 24c. Ergo extrahendo ubique radicem quadraticam, fiet $\pm a^2 \mp 6$ aequ. $\sqrt{12+24c}$, sive a^2 aequ. $6 \pm \sqrt{12+24c}$ id est a^2, duos habet valores, unum $6 + \sqrt{12+24c}$[,] alterum $6 - \sqrt{12+24c}$[,] uterque enim aequationem primam restituet. Ex his duobus valoribus eligendus est minor qui est, a^2 aequ. $6 - \sqrt{12+24c}$: quod statim ita evincitur: is valor eligi debet qui exhibet arcum et sic omnibus quidem casibus. At hic posterior exhibet arcum in casu in quo prior non exhibet, minorum in casu quo arcus fit nullus sive evanescit, id est cum sinus complementi c aequ. radio, 1. Tunc enim fit a^2 aequ. $6 - \sqrt{12+24c}$ sive a^2 aequ. $6 - \sqrt{36}$[,] id est a^2 aequ. $6 - 6$, sive a aequ. 0. Ex proposita ergo serie infinita habemus aequationes duas[,] unam c aequ. $1 - \frac{a^2}{2} + \frac{a^4}{24}$[,] quae ex arcu dat sinum complementi, seu ex datis angulis et uno latere trianguli rectanguli, exhibet latera reliqua[,] alteram a aequ. $\sqrt{6 - \sqrt{12+24c}}$ quae ex dato sinu complementi exhibet arcum, seu quae ex datis lateribus trianguli rectanguli exhibet angulos.

Itaque hanc unicam seriem utique simplicissimam et retentu facillimam in animo haberi sufficit: c aequ. $1 - \frac{a^2}{1,2} + \frac{a^4}{1,2,3,4}$ etc. Inde enim quivis extractionem tantum radicum ex aequationibus planis edoctus, facile inversam quoque, seu ipsius a tantum ex data c valorem vicissim modo praescripto deducet. Sin contra regulam hanc a, aequ. $+\sqrt{6 - \sqrt{12+24c}}$ retinuerit[,] facile ex ea sublatis irrationalibus inveniet valorem ipsius c. nempe quadrando utrobique fiet 12 + 24c aequ. $36 - 12a^2 + a^4$ sive 24 c aequ. $24 - 12a^2 + a^4$ et denique c aequ. $1 - \frac{a^2}{2} + \frac{a^4}{24}$.

Haec series ergo circa c aequ. $1 - \frac{a^2}{1,2} + \frac{a^4}{1,2,3,4}$ etc. universalissima et omnium quas norim ad usum publicum aptissima est, ut mechanicis, ingeniariis, Architectis (quos vocant) geodaetis vel Nautis nihil in eam rem melius optandum videatur. Ad exactissimos quoque Astronomicorum calculos plerumque sufficiet, imo semper, si modo certis casibus angulum semel aut aliquando bis ad summum ante operationem bisecemus.

(3) Quod attinet ad Logarithmos, dixi prop. [44][1]. (ubi adde Scholium) logarithmum rationis b + n ad b. appellando l, fore: l aequ. $\frac{n}{1} - \frac{n^2}{2b} + \frac{n^3}{3b^2} - \frac{n^4}{4b^3}$ etc. et contra fore per prop. [47][2]. n aequ. $\frac{l}{1} + \frac{l^2}{1,2b} + \frac{l^3}{1,2,3b^2} + \frac{l^4}{1,2,3,4b^3}$ etc.

b. semper manente, et modo quaerendo l, ex n, per aequationem priorem, modo n ex l per aequationem posteriorem. Eodem modo si logarithmus rationis b − m ad b vocetur (l), erit

[1] 41 *L ändert Hrsg.*

[2] 46 *L ändert Hrsg.*

entstehen bzw. $a^4 - 12a^2 + 36 = 12 + 24c$ bzw. $a^4 - 12a^2 + 36$ (das Quadrat von $\pm a^2 \mp 6) = 12 + 24c$. Indem man auf beiden Seiten die Quadratwurzel zieht, wird also $\pm a^2 \mp 6 = \sqrt{12 + 24c}$ bzw. $a^2 = 6 \pm \sqrt{12 + 24c}$ entstehen, d. h., a^2 hat zwei Werte, den einen $6 + \sqrt{12 + 24c}$, den anderen $6 - \sqrt{12 + 24c}$, denn jeder der beiden wird die erste Gleichung erfüllen. Von diesen beiden Werten muss der kleinere ausgewählt werden, der $a^2 = 6 - \sqrt{12 + 24c}$ ist, was sofort folgendermaßen klargelegt wird: derjenige Wert muss ausgewählt werden, der den Bogen auch so in eben allen Fällen darstellt. Aber dieser zweite stellt den Bogen in dem Fall dar, in dem der erste ihn nicht darstellt, im Fall nämlich, wo der Bogen Null wird bzw. verschwindet, d. h., wenn der *sinus complementi* c gleich dem Radius 1 ist. Denn dann wird $a^2 = 6 - \sqrt{12 + 24c}$ bzw. $a^2 = 6 - \sqrt{36}$, d. h. $a^2 = 6 - 6$ bzw. $a = 0$. Aufgrund der vorausgesetzten unendlichen Reihe haben wir also zwei Gleichungen, die eine $c = 1 - \frac{a^2}{2} + \frac{a^4}{24}$, die aus dem Bogen den *sinus complementi* gibt bzw. aus den gegebenen Winkeln und einer Seite eines rechtwinkligen Dreiecks die übrigen Seiten darstellt, die andere $a = \sqrt{6 - \sqrt{12 + 24c}}$, die aus dem gegebenen *sinus complementi* den Bogen darstellt, bzw. die aus den gegebenen Seiten eines rechtwinkligen Dreiecks die Winkel darstellt.

Deshalb genügt es, diese einzigartige, jedenfalls sehr einfache und sehr leicht zu behaltende Reihe im Gedächtnis zu haben: $c = 1 - \frac{a^2}{1 \cdot 2} + \frac{a^4}{1 \cdot 2 \cdot 3 \cdot 4}$ etc. Hieraus wird nämlich jeder, der im Ausziehen von Wurzeln nur aus ebenen Gleichungen genau unterrichtet ist, auch leicht die umgekehrte [Gleichung] bzw. andererseits den Wert von a nur aus dem gegebenen c nach der vorgeschriebenen Art ableiten. Wenn er aber dagegen diese Regel $a = +\sqrt{6 - \sqrt{12 + 24c}}$ behalten hat, wird er daraus nach Beseitigung der irrationalen [Terme] leicht den Wert von c finden. Indem man nämlich auf beiden Seiten quadriert, wird $12 + 24c = 36 - 12a^2 + a^4$ bzw. $24c = 24 - 12a^2 + a^4$ entstehen und schließlich $c = 1 - \frac{a^2}{2} + \frac{a^4}{24}$.

Diese Reihe also bezüglich $c = 1 - \frac{a^2}{1 \cdot 2} + \frac{a^4}{1 \cdot 2 \cdot 3 \cdot 4}$ etc. ist die allgemeinste und von allen, die ich kenne, für den öffentlichen Gebrauch am geeignetsten, so dass für Mechaniker, Festungsbaumeister, so genannte Architekten, Geodäten oder Seeleute nichts Besseres für diese Sache als wünschenswert erscheint. Auch für die genauesten Berechnungen der Astronomen wird sie meistens ausreichen, ja sogar immer, wenn wir nur in bestimmten Fällen den Winkel einmal oder manchmal höchstens zweimal vor der Operation zweiteilen.

(3) Was die Logarithmen betrifft, sagte ich in Satz 44 (wo man das Scholium hinzufüge), dass, indem man den Logarithmus des Verhältnisses $b + n$ zu b l benennt, $l = \frac{n}{1} - \frac{n^2}{2b} + \frac{n^3}{3b^2} - \frac{n^4}{4b^3}$ etc. sein wird, und dass umgekehrt nach Satz 47 $n = \frac{l}{1} + \frac{l^2}{1 \cdot 2} + \frac{l^3}{1 \cdot 2 \cdot 3b^2} + \frac{l^4}{1 \cdot 2 \cdot 3 \cdot 4b^3}$ etc. sein wird, wobei b immer fest bleibt und man bald l aus n durch die erste Gleichung sucht, bald n aus l durch die zweite Gleichung. Nennt man den Logarithmus des Verhältnisses $b - m$ zu b (l), wird auf dieselbe Art

(l) aequ. $\frac{m}{1} + \frac{m^2}{2b} + \frac{m^3}{3b^2} + \frac{m^4}{4b^3}$ etc. et contra erit
m aequ. $\frac{(l)}{1} - \frac{(l^2)}{1,2b} + \frac{(l^3)}{1,2,3b^2} - \frac{(l^4)}{1,2,3,4b^3}$ etc.
Patet in fig. [14][1] CA posita b fore AX aequ. n. A(X) aequ. m. KX aequ. l. [(K)(X)] aequ. (l). Hinc idem logarithmus ex ratione, vel ratio ex logarithmo bis inveniri potest. Nam ratio $\frac{b+n}{CX}$ ad $\frac{b}{CA}$. eundem habet logarithmum quem habet ratio $\frac{b}{CA}$ ad $\frac{b+n}{CX}$. Nam spatium VAXγV aequ. spatio VB$\omega\gamma$V, ut saepe diximus, et demonstratur ex prop. 18. (cujus exemplum est), itemque ex eo statim uno verba, quia rectang. AXγ aequ. rectang. VBω. Unde et rectang. AXγ + spat. $\gamma\Omega$Vγ seu spatium VAXγV, aequale erit rectangulo VBω + spat. $\gamma\Omega$Vγ seu spatio VB$\omega\gamma$V. Rectangula autem AXγ et VBω in Hyperbola aequalia sunt quia si utrique idem rectangulum CAΩ addatur, provenientia, rectangulum CAV et rectang. CXγ aequalia sunt.
Quia ergo spatia VAXγV et VB$\omega\gamma$V aequalia, hinc jam ponamus ipsi Cω vel Xγ aequ. esse C(X) et rursus ipsi $\omega\gamma$ vel CX aequalem esse (X)(γ). Tunc si ponamus AV aequ. CA. seu V. verticem Hyperbolae, erit spatium VA(X)(γ)V utique per omnia simile et aequale spatio VB$\omega\gamma$V. ergo et spatio VAXγV. Est autem spatium VAXγV logarithmus rationis b + n sive CX ad b sive CA et spatium VA(X)(γ)V logarithmus rationis $\frac{ab}{b+n}$ seu C(X) id est γX ad b seu CA. Unde posito a. aequ. b. erit C(X) ad CA, ut b ad b + n. ergo idem erit logarithmus rationis b + n ad b. qui rationis b. ad b + n. scilicet si V. vertex, seu AV aequ. CA, seu si b. numerus primarius sit ipsius potentiae hyperbolicae CAV, (quadrati a CA) latus id est si b latus ipsius ab. quia ab aequ. b^2.
Si vero sumta AV non sit aequalis CA, tunc idem tamen praestari potest, ponendo CX. CA. C(X) esse continue proportionales. Et ita ponendo A(X) aequ. m. et AX aequ. n. et CX aequ. b + n. et C(X) aequ. b − m, aequabuntur inter se spatia VAXγV et VA(X)(γ)V adeoque et duae rectae KX, (K)(X) sive l. et (l)[,] ergo etiam duae series $\frac{n}{1} - \frac{n^2}{2b} + \frac{n^3}{3b^2}$ etc, et $\frac{m}{1} + \frac{m^2}{2b} + \frac{m^3}{3b^2}$ etc. vicissim ex duobus logarithmis KX sive (K)(X) sive l. et (l) coincidentibus, habebimus quoque rationem vel numerum duobus modis vel inveniendo CX sive n aequ. $\frac{l}{1} + \frac{l^2}{1,2b} + \frac{l^3}{1,2,3b^2}$ vel inveniendo ipsi CX et CA tertium proportionalem C(X) sive m aequ. $\frac{l}{1} - [\frac{l^2}{1,2b} + \frac{l^3}{1,2,3b^2}]$.

Altera ergo operatio ad alteram probandam inservire potest. Item si sit n major quam b; erit m minor quam b. unde si series $\frac{n}{1} - \frac{n^2}{2b} + \frac{n^3}{3b^2}$ etc. non sit decrescens, tunc series $\frac{m}{1} + \frac{m^2}{2b} + \frac{m^3}{3b^2}$ etc. decrescens erit. Nam quia C(X) aequ. $\frac{\text{CA quad.}}{\text{CX}}$[,] erit m, vel A(X) aequ. CA - $\frac{\text{CA quad.}}{\text{CX}}$. id est b − $\frac{b^2}{b+n}$ id est m aequ. $\frac{nb}{b+n}$ quae utique minor quam b sive b major $\frac{nb}{b+n}$ vel 1. major

[1] 14 *erg. Hrsg.*

$(l) = \frac{m}{1} + \frac{m^2}{2b} + \frac{m^3}{3b^2} + \frac{m^4}{4b^3}$ etc. sein, und umgekehrt wird
$m = \frac{(l)}{1} - \frac{(l)^2}{1\cdot 2b} + \frac{(l)^3}{1\cdot 2\cdot 3b^2} - \frac{(l)^4}{1\cdot 2\cdot 3\cdot 4b^3}$ etc. sein.[1]
Es ist in Fig. 14 klar, dass, wenn CA b gesetzt ist, AX = n, A(X) = m, KX = l, (K)(X) = (l) sein wird. Daher kann derselbe Logarithmus aus einem Verhältnis oder das Verhältnis aus einem Logarithmus zweimal gefunden werden. Das Verhältnis $\frac{b+n}{CX}$ zu $\frac{b}{CA}$ hat nämlich denselben Logarithmus, den das Verhältnis $\frac{b}{CA}$ zu $\frac{b+n}{CX}$ hat. Denn die Fläche $VAX\gamma V$ ist gleich der Fläche $VB\omega\gamma V$, wie wir oft sagten, und von Satz 18 her (wofür es ein Beispiel ist) bewiesen wird, und ebenso deshalb sofort mit einem Wort, weil das Rechteck $AX\gamma$ gleich dem Rechteck $VB\omega$ ist. Daher wird auch Rechteck $AX\gamma$ + Fläche $\gamma\Omega V\gamma$ bzw. die Fläche $VAX\gamma V$ gleich Rechteck $VB\omega$ + Fläche $\gamma\Omega V\gamma$ bzw. gleich der Fläche $VB\omega\gamma V$ sein. Die Rechtecke $AX\gamma$ und $VB\omega$ sind aber bei der Hyperbel gleich, weil, wenn zu jedem der beiden Rechtecke dasselbe Rechteck $CA\Omega$ addiert wird, die herauskommenden, das Rechteck CAV und das Rechteck $CX\gamma$ gleich sind.
Weil also die Flächen $VAX\gamma V$ und $VB\omega\gamma V$ gleich sind, wollen wir nunmehr von hier ab voraussetzen, dass $C\omega$ oder $X\gamma$ gleich C(X) sind und andererseits $\omega\gamma$ oder CX gleich $(X)(\gamma)$ sind. Wenn wir dann AV = CA bzw. V als Scheitel der Hyperbel setzen, wird die Fläche $VA(X)(\gamma)V$ jedenfalls in allem ähnlich und gleich der Fläche $VB\omega\gamma V$ sein, also auch der Fläche $VAX\gamma V$. Die Fläche $VAX\gamma V$ ist aber der Logarithmus des Verhältnisses b + n bzw. CX zu b bzw. CA und die Fläche $VA(X)(\gamma)V$ der Logarithmus des Verhältnisses $\frac{ab}{b+n}$ bzw. C(X), d. h. γX, zu b bzw. CA. Wenn daher a = b gesetzt ist, wird C(X) zu CA wie b zu b + n sein. Also wird der Logarithmus des Verhältnisses b + n zu b derselbe sein wie der des Verhältnisses b zu b + n, wenn nämlich V der Scheitel bzw. AV = CA ist, bzw. wenn der *numerus primarius* b die Seite der hyperbolischen Potenz CAV (des Quadrates von CA) selbst ist, d. h. wenn b die Seite von ab ist, weil $b^2 = ab$ ist.
Wenn aber AV nicht gleich CA genommen ist, dann kann trotzdem dasselbe geleistet werden, indem man voraussetzt, dass CX, CA, C(X) fortlaufend proportional sind. Und indem man so A(X) = m und AX = n und CX = b + n und C(X) = b − m setzt, werden die Flächen $VAX\gamma V$ und $VA(X)(\gamma)V$ untereinander gleich sein und deshalb auch die beiden Geraden KX, (K)(X) bzw. l und (l), also sogar die zwei Reihen $\frac{n}{1} - \frac{n^2}{2b} + \frac{n^3}{3b^2}$ etc. und $\frac{m}{1} + \frac{m^2}{2b} + \frac{m^3}{3b^2}$ etc. Andererseits werden wir aus den zwei übereinstimmenden Logarithmen KX bzw. (K)(X) bzw. l und (l) auch das Verhältnis oder die Zahl dadurch auf zwei Arten haben, dass man entweder CX bzw. $n = \frac{l}{1} + \frac{l^2}{1\cdot 2b} + \frac{l^3}{1\cdot 2\cdot 3b^2}$ etc. findet, oder dass man die zu CX und CA dritte Proportionale C(X) bzw. $m = \frac{l}{1} - \frac{l^2}{1\cdot 2b} + \frac{l^3}{1\cdot 2\cdot 3b^2}$ etc. findet.

Die eine Operation kann also zur Prüfung der anderen dienen. Ebenso, wenn n größer als b ist, wird m kleiner als b sein. Wenn daher die Reihe $\frac{n}{1} - \frac{n^2}{2b} + \frac{n^3}{3b^2}$ etc. nicht abnehmend ist, dann wird die Reihe $\frac{m}{1} + \frac{m^2}{2b} + \frac{m^3}{3b^2}$ etc. abnehmend sein. Denn weil $C(X) = \frac{CA^2}{CX}$ ist, wird m oder A(X) gleich $CA - \frac{CA^2}{CX}$, d. h. $b - \frac{b^2}{b+n}$ sein, d. h. $m = \frac{nb}{b+n}$, was jedenfalls kleiner als b

[1] $(l)^2, \ldots, (l)^4$ geändert aus $(l^2), \ldots, (l^4)$

$\frac{[n]^1}{b+n}$, quia b + n major est quam n.

Ut praxis intelligatur, proponatur inveniendus logarithmus binarii, id est si CX sit dupla ipsius CA, quaeritur KX erit n aequ. b. seu AX aequ. CA ac proinde Logarithmus binarii erit: $\frac{b}{1} - \frac{b}{2} + \frac{b}{3} - \frac{b}{4} + \frac{b}{5} - [\frac{b}{6}]^2$ id est erit b, ut $\frac{1}{1} - \frac{1}{2} + \frac{1}{3} - \frac{1}{4}$ etc. est ad 1. cujus seriei summa quantum satis est exacte inveniri posset ope summarum serierum progressionis [harmonicae][3]. Verum possumus quoque nonnihil immutare constructionem, utendo ipsa m. seu A(X) quae erit $\frac{1}{2}$b et idem logarithmus ipsius 2 erit $\frac{b}{1,2} + \frac{b}{2,4} + \frac{b}{3,8} + \frac{b}{4,16} + \frac{b}{5,32} + \frac{b}{6,64} + \frac{b}{7,128}$ etc.

Eodem modo si Logarithmus quinarii sit inveniendus, tunc ponendo n aequ. 4b. non poterit usui esse series $\frac{n}{1} - \frac{n^2}{2b}$ etc. sed adhibenda est m. est autem m aequ. $\frac{nb}{b+n}$ et pro n ponendo ejus valorem 4b. erit m aequ. $\frac{4b}{5}$ et logarithmus quinarii erit ad b, ut $\frac{4}{1,5} + \frac{16}{2,25} + \frac{64}{3,125} + \frac{256}{4,625} + \frac{1024}{5,3125}$ est ad 1. Pari ratione quorumlibet numerorum sive rationum datarum habebuntur Logarithmi. Nam si b + n est 2 b. tunc m erit $\frac{1}{2}$. si b + n sit 3 b. tunc m erit $\frac{2}{3}$b. si b + n sit 5b. tunc m erit $\frac{4}{5}$b. et ita porro. Qui modus exhibendi Logarithmos novus est, nec inelegans, si theorema spectes. Sed in praxi, si de numeris magnis ad quotvis notas accuratis inveniendis agatur, utique non satis velociter appropinquat veritati.

Aliam ergo praxin quaesivi, qua quis sine tabulis logarithmum numeri quaesiti 2 satis exacte et breviter reperire possit. Id fiet hoc modo[:] ponamus exempli causa quaeri Logarithmum rationis C(7) ad Cα. id est 2 ad 1 (posito α(7) aequ. Cα aequ. CA). Sumamus punctum (1) pro arbitrio tale, ut (1) non sit multo major quam Cα, sive ut α(1) sit multo minor quam Cα[,] exempli causa si Cα (id est CA) sit 1. (positis AV et Aμ vel CA aequalibus), ponamus α(1) esse $\frac{1}{10}$. eritque C(1) aequ. $\frac{11}{10}$. Quaeritur ergo logarithmus ab $\frac{11}{10}$, sive $1 + \frac{1}{10}$. Tunc erit b aequ. 1, et n aequ. $\frac{1}{10}$ et recta (1)(8) erit $\frac{1}{1+\frac{1}{10}}$ et logarithmus numeri $\frac{11}{10}$ seu $\frac{n}{1} - \frac{n^2}{2b} + \frac{n^3}{3b^2} - \frac{n^4}{4b^3}$ etc. sive spatium [α(8)][4] erit $\frac{1}{10} - \frac{1}{200} + \frac{1}{3000} - \frac{1}{40,000} + \frac{1}{500,000} - \frac{1}{6000,000}$ etc. ubi si omnes hos sex terminos addas, habebis $\frac{22874}{[240000]^5}$ seu $\frac{953101666\text{etc.}}{10000000000\text{etc.}}$ quae logarithmum ab $\frac{11}{10}$ seu spatium α(8) dabunt tam exacte, ut error non sit futurus pars unitatis 70,000,000^{ma}.

Hoc posito toties in se multiplicetur $\frac{11}{10}$ donec productum satis accedat rationi quae est C(7) ad Cα. ut si C(7) sit dupla Cα. multiplicetur $\frac{11}{10}$ in se ipsum donec habeatur ejus septima dignitas $\frac{19487171}{10000000}$. Quae si auferatur a $\frac{20000000}{10000000}$. id est a C(7), a 2 cujus logarithmus

---

[1] b *L ändert Hrsg.*

[2] $\frac{b}{7}$ *L ändert Hrsg.*

[3] harmonice *L ändert Hrsg.*

[4] α(8)(9) *L ändert Hrsg.*

[5] 300000 *L ändert Hrsg.*

ist, bzw. b ist größer als $\frac{nb}{b+n}$ oder 1 ist größer als $\frac{n}{b+n}$, weil b + n größer als n ist.

Damit die Praxis verstanden wird, sei vorgeschlagen, den Logarithmus von Zwei zu finden; d. h., wenn CX das Doppelte von CA ist und KX gesucht wird, wird n = b bzw. AX = CA sein, und daher wird der Logarithmus von Zwei $\frac{b}{1} - \frac{b}{2} + \frac{b}{3} - \frac{b}{4} + \frac{b}{5} - \frac{b}{6}$ etc. sein, d. h., er wird sich zu b verhalten wie sich $\frac{1}{1} - \frac{1}{2} + \frac{1}{3} - \frac{1}{4}$ etc. zu 1 verhält. Von dieser Reihe kann die Summe so genau, wie es ausreichend ist, gefunden werden mit Hilfe der Reihensummen der harmonischen Progression. Aber wir können auch die Konstruktion etwas verändern, indem man m bzw. die [Gerade] A(X) benutzt, die $\frac{1}{2}$b sein wird, und derselbe Logarithmus von 2 wird $\frac{b}{1\cdot 2} + \frac{b}{2\cdot 4} + \frac{b}{3\cdot 8} + \frac{b}{4\cdot 16} + \frac{b}{5\cdot 32} + \frac{b}{6\cdot 64} + \frac{b}{7\cdot 128}$ etc. sein.

Wenn auf dieselbe Art der Logarithmus von Fünf gefunden werden soll, dann wird man, indem $n = 4b$ gesetzt wird, die Reihe $\frac{n}{1} - \frac{n^2}{2b}$ etc. nicht gebrauchen können, sondern es muss m angewendet werden. Es ist aber $m = \frac{nb}{b+n}$, und indem man für n seinen Wert 4b setzt, wird $m = \frac{4b}{5}$ sein, und der Logarithmus von Fünf wird sich zu b verhalten, wie sich $\frac{4}{1\cdot 5} + \frac{16}{2\cdot 25} + \frac{64}{3\cdot 125} + \frac{256}{4\cdot 625} + \frac{1024}{5\cdot 3125}$ etc. zu 1 verhält. Nach dem gleichen Verfahren wird man von beliebigen Zahlen bzw. gegebenen Verhältnissen die Logarithmen haben. Wenn nämlich b + n 2b ist, dann wird m $\frac{1}{2}$b sein; wenn b + n 3b ist, dann wird m $\frac{2}{3}$b sein, wenn b + n 5b ist, dann wird m $\frac{4}{5}$b sein, und so weiter. Diese Art der Logarithmendarstellung ist neu und nicht unelegant, wenn man das Theorem betrachtet. Aber in der Praxis, wenn es darum geht, große Zahlen auf beliebig viele Stellen genau zu finden, nähert sie sich allerdings nicht schnell genug der Wahrheit.

Ich habe also ein anderes Verfahren gesucht, mit dem man ohne Tafeln den Logarithmus der ausgesuchten Zahl 2 ausreichend genau und in kurzer Zeit ermitteln kann. Das wird auf folgende Art geschehen: Wir wollen z. B. voraussetzen, dass der Logarithmus des Verhältnisses C(7) zu Cα, d. h. 2 zu 1 (wenn α(7) = Cα = CA gesetzt ist) gesucht wird. Wir wollen den Punkt (1) nach Belieben so wählen, dass C(1) nicht viel größer als Cα ist, bzw. dass α(1) viel kleiner als Cα ist; wenn z. B. Cα (d. h. CA) 1 ist (AV und Aμ oder CA seien als gleich vorausgesetzt), wollen wir als α(1) $\frac{1}{10}$ setzen, und es wird C(1) = $\frac{11}{10}$ sein. Gesucht wird also der Logarithmus von $\frac{11}{10}$ bzw. $1 + \frac{1}{10}$. Dann wird $b = 1$ und $n = \frac{1}{10}$ sein und die Gerade (1)(8) wird $\frac{1}{1+\frac{1}{10}}$ sein und der Logarithmus der Zahl $\frac{11}{10}$ bzw. $\frac{n}{1} - \frac{n^2}{2b} + \frac{n^3}{3b^2} - \frac{n^4}{4b^3}$ etc. bzw. die Fläche α(8) wird $\frac{1}{10} - \frac{1}{200} + \frac{1}{3000} - \frac{1}{40{,}000} + \frac{1}{500{,}000} - \frac{1}{6000{,}000}$ etc. sein. Wenn man hier alle diese sechs Terme addiert, wird man $\frac{22.874}{240.000}$ bzw. $\frac{953.101.666\text{etc.}}{10.000.000.000\text{etc.}}$ erhalten, was den Logarithmus von $\frac{11}{10}$ bzw. die Fläche α(8) so genau ergeben wird, dass der Fehler kein 70.000.000-ster Teil der Einheit sein wird.

Unter dieser Voraussetzung werde $\frac{11}{10}$ so oft mit sich multipliziert, bis das Produkt dem Verhältnis genügend nahe kommt, das C(7) zu Cα ist. Wenn z. B. C(7) das Doppelte von Cα ist, möge $\frac{11}{10}$ mit sich selbst multipliziert werden, bis man seine siebte Potenz $\frac{19.487.171}{10.000.000}$

quaeritur; restabit $\frac{512829}{10000000}$.

	1		2	3	4	5	6	7
Dignitatibus:	$\frac{11}{10}$	ejus	quadrato	cubo	qq.	qc.	qqq.	qqc.
respondeant rectae	C(1)		C(2)	C(3)	Cϵ	C(4)	C(5)	C(6)

ita ut [C(6)] seu septima dignitas, sit $\frac{19487171}{100,00,000}$ erit recta (6)(7) aequalis $\frac{512829}{[10,000,000]}$. Et quoniam spatia α(8) et (1)(9), et (2)(11), et P(3), et ϵ(12) et (4)(13) et (5)(14) aequalia sunt quia rectae Cα, C(1), C(2), C(3), Cϵ, C(4), C(5), C(6) continue proportionales; ideo habito ut diximus prima α(8), habebuntur caetera omnia, adeoque et eorum summa, seu spatium totum α(14) quod est α(8) septuplicatum, sive septies $\frac{953101666 \text{ etc.}}{10000000000 \text{ etc.}}$. id est $\frac{[667171166 \text{ etc. } 2]}{100000000 \text{ etc. } 0}$[1].

Superest ergo tantum ut inveniamus spatium (6)(γ), seu (14)(6)(7)(γ)(14). Quod jam non difficile est quia (6)(7) exiguam habet rationem ad C(6) vel C(7) distantiam a centro C. C(7) id est 2. vocemus c et (6)(7), id est $\frac{512829}{10,000,000}$ vocemus d. erit [C(6)][2] aequ. c − d et (6)(14) erit $\frac{1}{c-d}$, sive $\frac{1}{c} + \frac{d}{c^2} + \frac{d^2}{c^3} + \frac{d^3}{c^4} + \frac{d^4}{c^5}$ etc. et spatium (6)(γ) erit $\frac{d}{c} + \frac{d^2}{2c^2} + \frac{d^3}{3c^3}$ etc. Sin C(6) vocemus e. erit C(7) aequ. e + d. et (7)(γ) aequ. $\frac{1}{e+d}$ sive aequ. $\frac{1}{e} - \frac{d}{e^2} + \frac{d^2}{e^3} - [\frac{d^3}{e^4}]$[3] etc. et idem spatium (6)(γ) erit $\frac{d}{1e} - \frac{d^2}{2e^2} + \frac{d^3}{3e^3} - \frac{d^4}{4e^4}$ etc.[,] unde alterutrum modum eligere poterimus, et posteriore electo, si tribus tantum primis terminis utamur $\frac{d}{e} - \frac{d^2}{2e^2} + \frac{d^3}{3e^3}$ sive $\frac{6e^2d - 3ed^2 + 2d^3}{6e^3}$, sive pro e ponendo 2 − d, (quia numerus c. id est hic 2 est tractabilior quam numerus e) fiet $\frac{24d - 34d^2 + 11d^3}{+48 - 72d + 36d^2 - 6d^3}$, sive $\frac{11533751}{444014996}$ sive $\frac{25976039}{[1000000000]}$[4] area spatii ita ut error non sit pars 1000000ma unitatis, cui si addamus aream spatii α(14) id est septuplum areae spatii α([8][5]), id est numerum $\left[\frac{667171162}{1000000000}\right]$[6] habebimus Logarithmum binarii quaesitum $\frac{0693147201}{10000000000}$ cujus septem primae notae sunt verae, deberet enim esse, 06931471 etc. quod alias semper continuet adeoque uno habito Hyperbolico logarithmo et uno tabulari, poterit semper alio dato Hyperbolico inveniri tabularis vel contra.

Haec methodus serviet etiam ad Logarithmorum tabulam sine ulla Hyperbolae consideratione et sine ulla inventione mediarum proportionalium, condendam, si sumatur ratio aliqua ut 10,000,001 ad 10,000,000 sive fractionis $\frac{10,000,001}{10000000}$ ad 1[,] cujus in se ipsam continue ductae potestates dabunt seriem progressionis geometricae omnes numeros, aut quantitates ab ipsis intervallo quod negligi possit differentes, comprehendentem, ubi mira

---

[1] 66717166 etc. 2 *L ändert Hrsg.*

[2] C6 *L ändert Hrsg.*

[3] $\frac{d^4}{e^4}$ *L ändert Hrsg.*

[4] 100000000 *L ändert Hrsg.*

[5] 9 *L ändert Hrsg.*

[6] $\frac{66717162}{100000000}$ *L ändert Hrsg.*

erhält. Wenn man diese von $\frac{20.000.000}{10.000.000}$, d. h. von C(7), von 2, wovon der Logarithmus gesucht wird, abzieht, wird $\frac{512.829}{10.000.000}$ übrig bleiben.

	1		2	3	4	5	6	7
Den Potenzen:	$\frac{11}{10}$	deren	Quadrat	Kubus	qq.	qc.	qqq.	qqc.
mögen die Geraden	C(1)		C(2)	C(3)	Cϵ	C(4)	C(5)	C(6)

entsprechen, so dass C(6) bzw. die siebte Potenz $\frac{19.487.171}{10.000.000}$ ist. Die Gerade (6)(7) wird gleich $\frac{512.829}{10.000.000}$ sein. Und da nun die Flächen α(8) und (1)(9) und (2)(11) und P(3) und ϵ(12) und (4)(13) und (5)(14) gleich sind, weil die Geraden Cα, C(1), C(2), C(3), Cϵ, C(4), C(5), C(6) fortlaufend proportional sind, wird man daher alle übrigen erhalten, wenn man die erste α(8), wie wir sagten, hat, und deshalb auch deren Summe bzw. gesamte Fläche α(14), die die versiebenfachte von α(8) ist, bzw. siebenmal $\frac{953101666 \text{ etc.}}{10000000000 \text{ etc.}}$, d. h. $\frac{667171166 \text{ etc. } 2}{100000000 \text{ etc. } 0}$.

Es bleibt also nur übrig, dass wir die Fläche (6)(γ) bzw. (14)(6)(7)(γ)(14) finden. Das ist nun nicht schwer, weil (6)(7) ein kleines Verhältnis zu C(6) oder C(7), dem Abstand vom Zentrum C, hat. C(7), d. h. 2, wollen wir c nennen und (6)(7), d. h. $\frac{512.829}{10.000.000}$, wollen wir d nennen. Es wird C(6) = c − d sein und (6)(14) wird $\frac{1}{c-d}$ bzw. $\frac{1}{c} + \frac{d}{c^2} + \frac{d^2}{c^3} + \frac{d^3}{c^4} + \frac{d^4}{c^5}$ etc. sein, und die Fläche (6)(γ) wird $\frac{d}{c} + \frac{d^2}{2c^2} + \frac{d^3}{3c^3}$ etc. sein. Wenn wir aber C(6) e nennen, wird C(7) = e + d sein und (7)(γ) = $\frac{1}{e+d}$ bzw. = $\frac{1}{e} - \frac{d}{e^2} + \frac{d^2}{e^3} - \frac{d^3}{e^4}$ etc. Und dieselbe Fläche (6)(γ) wird $\frac{d}{1e} - \frac{d^2}{2e^2} + \frac{d^3}{3e^3} - \frac{d^4}{4e^4}$ etc. sein, weshalb wir eine von den beiden Arten werden auswählen können, und wenn wir nach Auswahl der zweiten nur die drei ersten Terme $\frac{d}{e} - \frac{d^2}{2e^2} + \frac{d^3}{3e^3}$ bzw. $\frac{6e^2d-3ed^2+2d^3}{6e^3}$ benutzen, bzw. indem man für e 2 − d setzt (weil die Zahl c, d. h. hier 2, handlicher als die Zahl e ist), wird $\frac{24d-34d^2+11d^3}{+48-72d+36d^2-6d^3}$ bzw. $\frac{11.533.751}{444.014.996}$ bzw. $\frac{25.976.039}{1.000.000.000}$ der Flächeninhalt der Fläche werden, so dass der Fehler kein 1.000.000-ster Teil der Einheit ist. Wenn wir dazu den Flächeninhalt der Fläche α(14), d. h. das siebenfache des Flächeninhaltes der Fläche α(8), d. h. die Zahl $\frac{66.717.162}{100.000.000}$ addieren, werden wir als den gesuchten Logarithmus von Zwei $\frac{0.693.147.201}{10.000.000.000}$ haben, wovon die ersten 7 Ziffern wahr sind, denn er müßte 06931471 etc. sein, was immer sich sonst anschließen mag; und deshalb wird man immer, wenn man einen einzigen hyperbolischen und einen einzigen tabellarischen Logarithmus hat, durch einen anderen gegebenen hyperbolischen den tabellarischen finden können oder umgekehrt.

Diese Methode wird auch dazu dienen, eine Logarithmentafel ohne jegliche Betrachtung der Hyperbel und ohne jegliches Auffinden von mittleren Proportionalen aufzustellen, wenn irgendein Verhältnis wie 10.000.001 zu 10.000.000 bzw. wie das des Bruches $\frac{10.000.001}{10.000.000}$ zu 1 gewählt wird, dessen fortlaufend mit ihm selbst multiplizierte Potenzen die Reihe einer geometrischen Progression ergeben werden, die alle Zahlen oder Quantitäten so enthält, dass diese sich von ihnen durch ein Intervall unterscheiden, das vernachlässigt

quaedam compendia excogitari possent. Sed adhibita Hyperbolae consideratione methodo quam exposui facile erit cujuslibet numeri dati invenire Logarithmum, sine tabulis conditis aut condendis. Ut si logarithmum denarii quaeramus; supposita jam logarithmo binarii, tantum logarithmo binarii triplicato addamus hanc seriem $\frac{d}{1e} - \frac{d^2}{2e^2} - \frac{d^3}{3e^3}$ etc. ponendo e esse 8. et d esse 2. quia 8 est cubus de 2 et 8 + 2 est 10 vel quod idem est $\frac{1}{1,4} - \frac{1}{2,16} + \frac{1}{3,64} - \frac{1}{4,256} + \frac{1}{5,1024} - \frac{1}{6,4096} + \frac{1}{7,[16384]^1} - \frac{1}{8,[65536]^2}$ etc. ex quibus sex primos adhiberi sufficit, si Logarithmo contenti sumus, qui a vero non differat 100000ma parte unitatis. Simili modo logarithmum ternarii facile inveniemus. Nam cum habeamus logarithmum ab $\frac{11}{10}$. et a 10. habebimus et logarithmum ab 11. si scilicet logarithmo ab $\frac{11}{10}$ addamus logarithmum a 10.

Superest ergo ad logarithmum a 3 habendum, ut habeamus logarithmum a 33. quod facile est, quia 33 est 32 + 1. id est surdesolidum a 2, unitate auctum; hinc logarithmo binarii quintuplicato addatur $\frac{d}{e} - \frac{d^2}{2e^2} + \frac{d^3}{3e^3}$ etc. ponendo e esse 32. et d esse 1. et habebitur logarithmus a 33. a quo si auferatur logarithmus ab 11. habebitur logarithmus a 3. Hinc facile erit et logarithmum habere septenarii. Nempe addito logarithmo binarii ad logarithmum denarii habebitur logarithmus vicenarii; quaeritur logarithmus a 21. hoc enim habito facile habebitur logarithmus a 7. Itaque logarithmo a 20 addatur $\frac{d}{e} - \frac{d^2}{2e^2} + \frac{d^3}{3e^3}$ etc. posito d esse 1. et e esse 20 habebitur logarithmus ab 21. Quaeritur logarithmus numeri 1676. Inveniatur logarithmus a 1600, qui est duplicatus logarithmus a 10 auctus quadruplicato logarithmo a 2. Huic addatur $\frac{d}{e} - \frac{d^2}{2e^2} + \frac{d^3}{3e^3}$ etc. ponendo d aequ. 76. et e aequ. 1600. et habebitur logarithmus numeri 1676.

Unde patet quomodo facillime paucis logarithmis inventis datus aliquis sine tabularum ope haberi possit. Generalis enim regula est, ex dato Logarithmo numeri minoris e. datur logarithmus numeri majoris e + d, si logarithmo prioris addatur vel si numeri sunt unitate minores, auferatur series $\frac{d}{e} - \frac{d^2}{2e^2} + \frac{d^3}{3e^3}$ etc. Porro Logarithmi hoc modo inventi erunt Logarithmis tabularum impressarum proportionales[,] nam ut ostendimus supra in explicatione definitionis post prop. [43][3] omnes logarithmi ex diversis principiis inventi semper sunt proportionales. Jam tabularum impressarum Logarithmus Denarii est 10000000, quare omnes Logarithmi tabularum, erunt ad nostros Hyperbolicos, ut 10000000 est ad nostrum denarii logarithmum: hinc ergo tabulae corrigi perficique possunt.

[1] 16376 *L ändert Hrsg.*
[2] 65504 *L ändert Hrsg.*
[3] 42 *L ändert Hrsg.*

werden kann; hier könnten einige wunderbare Abkürzungen ausgedacht werden. Aber nachdem durch die Betrachtung der Hyperbel eine Methode verwendet wurde, die ich darstellte, wird es leicht sein, den Logarithmus einer beliebigen gegebenen Zahl ohne aufgestellte oder aufzustellenden Tafeln zu finden. Wenn wir z. B. den Logarithmus von Zehn suchen, wobei nunmehr der Logarithmus von Zwei vorausgesetzt ist, lasst uns nur zum verdreifachten Logarithmus von Zwei diese Reihe $\frac{d}{1e} - \frac{d^2}{2e^2} - \frac{d^3}{3e^3}$ etc. addieren, wobei e als 8 und d als 2 gesetzt ist, weil 8 der Kubus von 2 und 8 + 2 10 ist, oder, was dasselbe ist, $\frac{1}{1\cdot 4} - \frac{1}{2\cdot 16} + \frac{1}{3\cdot 64} - \frac{1}{4\cdot 256} + \frac{1}{5\cdot 1024} - \frac{1}{6\cdot 4096} + \frac{1}{7\cdot 16384} - \frac{1}{8\cdot 65536}$ etc.; es reicht aus, von diesen [Termen] die ersten sechs zu verwenden, wenn wir mit einem Logarithmus zufrieden sind, der sich vom wahren um keinen 100.000-sten Teil der Einheit unterscheidet. Auf ähnliche Art werden wir leicht den Logarithmus von Drei finden. Denn weil wir den Logarithmus von $\frac{11}{10}$ und von 10 haben, werden wir auch den Logarithmus von 11 haben, wenn wir nämlich zum Logarithmus von $\frac{11}{10}$ den Logarithmus von 10 addieren.

Um den Logarithmus von Drei zu erhalten, bleibt also übrig, dass wir den Logarithmus von 33 haben, was leicht ist, weil 33 32 + 1 ist, d. h. das um die Einheit vermehrte *surdesolidum* von 2; daher werde zum verfünffachten Logarithmus von Zwei $\frac{d}{e} - \frac{d^2}{2e^2} + \frac{d^3}{3e^3}$ etc. addiert, wobei e als 32 und d als 1 gesetzt wird, und man wird den Logarithmus von 33 erhalten. Wenn von diesem der Logarithmus von 11 abgezogen wird, wird man den Logarithmus von 3 erhalten. Daher wird es leicht sein, auch den Logarithmus von Sieben zu erhalten. Durch Addition des Logarithmus' von 2 zum Logarithmus von Zehn wird man nämlich den Logarithmus von 20 erhalten; gesucht wird der Logarithmus von 21, denn hat man diesen, wird man leicht den Logarithmus von 7 erhalten. Deshalb werde zum Logarithmus von 20 $\frac{d}{e} - \frac{d^2}{2e^2} + \frac{d^3}{3e^3}$ etc. addiert; und man wird unter der Voraussetzung, dass d 1 ist und e 20 ist, den Logarithmus von 21 haben. Gesucht wird der Logarithmus der Zahl 1676. Es möge der Logarithmus von 1600 gefunden werden, der der um den vervierfachten Logarithmus von 2 vergrößerte verdoppelte Logarithmus von 10 ist. Zu diesem möge $\frac{d}{e} - \frac{d^2}{2e^2} + \frac{d^3}{3e^3}$ etc. addiert werden, wobei man d = 76 und e = 1600 setzt, und man wird den Logarithmus der Zahl 1676 erhalten.

Daher ist klar, wie man mit wenigen gefundenen Logarithmen irgendeinen gegebenen ohne die Hilfe von Tafeln sehr leicht erhalten kann. Die allgemeine Regel lautet nämlich: aus dem gegebenen Logarithmus einer kleineren Zahl e ergibt sich der Logarithmus einer größeren Zahl e + d, wenn man die Reihe $\frac{d}{e} - \frac{d^2}{2e^2} + \frac{d^3}{3e^3}$ etc. dem Logarithmus der ersten hinzufügt oder ihm abzieht, wenn die Zahlen kleiner als die Einheit sind. Ferner werden die auf diese Art gefundenen Logarithmen zu den Logarithmen der gedruckten Tafeln proportional sein, denn wie wir oben in der Erklärung der Definition nach Satz 43 zeigten, sind alle aus verschiedenen Prinzipien gefundenen Logarithmen immer proportional. Nun ist der Logarithmus von Zehn der gedruckten Tafeln 10.000.000, weshalb sich alle Logarithmen der Tafeln zu unseren hyperbolischen Logarithmen verhalten werden wie sich 10.000.000

Si jam eadem hypothesi servata vicissim ex logarithmo numerum invenire velimus, tunc posita b. sive CA. numero primario 1. et numero 1 − m. erit m aequ. $\frac{1}{1} - \frac{l^2}{1,2} + \frac{l^3}{1,2,3} - \frac{l^4}{1,2,3,4}$ etc. [,] posito l logarithmo ab 1 − m. (vel ab $\frac{1}{1-m}$) seu rationis 1 − m ad 1 aut reciprocae. Hoc ita sum expertus exemplo satis exacte supputato, supra inveneramus Logarithmum Hyperbolicum numeri $\frac{11}{10}$ esse $\frac{22874}{240000}$ sive $\frac{11437}{120000}$ [,] nunc videamus an ex eo regula nostra nobis restituat $\frac{11}{10}$ vel $\frac{10}{11}$.

Sit ergo logarithmus hic qui ponitur notus l, et numerus $\frac{10}{11}$ quaesitus sit 1 − m. Quaeritur m id est $\frac{1}{11}$ eritque m aequ. $\frac{1}{1} - \frac{l^2}{1,2} + \frac{l^3}{1,2,3}$

$$\text{fiet } \begin{array}{l} +l \\ -\frac{l^2}{1,2} \\ +\frac{l^3}{1,2,3} \end{array} \left\{ \begin{array}{r} +1496016430453 \\ -47089788840000 \\ +988156800000000 \end{array} \right\} \begin{array}{l} \text{divisa per communem} \\ \text{denominatorem} \\ 10368000000000000 \end{array}$$

$$\text{seu} \quad +942563027590453$$

adeoque m quaesita erit circiter $\frac{942563}{10368000}$. Deberet autem esse $\frac{1}{11}$ et excessus illius, seu differentia $\frac{942563}{10368000} - \frac{1}{11}$ erit $\frac{[10368193]^1 - 10368000}{114048000}$ quae differentia est minor quam $\frac{1}{500000}$.

Quoniam vero fieri potest ut l sit major quam 1, seu CA[,] ideo poterimus ab ipso alium quendam logarithmum cognitum cogniti numeri subtrahere, ut residuum fiat multo minus unitate, et residui velut logarithmi quaeremus numerum; hac ipsa regula; numerum inventum multiplicabimus per numerum cognitum logarithmi a priore subtracti, et habebitur numerus quaesitus[,] tametsi alia adhuc via haberi possit. Haec praxis saepe utilis, aliquando et necessaria erit ad potentias ingentium numerorum inveniendas aut radices gradus cujuscunque, quas alioquin nemo calculare audeat, ob prolixitatem; ut si numerus ingens vicies in se multiplicari debeat, et a producto extrahi radix decima nona, numerus quaesitus tametsi non maximus, non poterit haberi nisi per medios numeros immanes eamus nec tabulae succurrent, quia eo usque non extenduntur; itaque nostra methodo ubi logarithmum numeri invenerimus, eum multiplicabimus per 20, dividemus per 19. Inventi logarithmi quaeramus numerum methodo praescripta, et habebitur quaesitum. Posset horum usus etiam in aequationum resolutione ostendi aliisque multis quaestionibus, sed qui ista intellexerit, facile percipiet, quam latus pateat inveniendi campus; et malo aliis relinquere in quibus se

---

1 10368203 *L ändert Hrsg.*

zu unserem Logarithmus von 10 verhält; von daher können also die Tafeln berichtigt und vollendet werden.

Wenn wir nun unter Beibehaltung derselben Voraussetzung umgekehrt aus einem Logarithmus die Zahl finden wollen, dann wird mit b bzw. dem *numerus primarius* CA als 1 und mit der Zahl als 1 − m gesetzt $\mathrm{m} = \frac{1}{1} - \frac{1^2}{1\cdot 2} + \frac{1^3}{1\cdot 2\cdot 3} - \frac{1^4}{1\cdot 2\cdot 3\cdot 4}$ etc. sein, wobei l als Logarithmus von 1 − m (oder von $\frac{1}{1-\mathrm{m}}$) bzw. des Verhältnisses 1 − m zu 1 oder des reziproken gesetzt ist. Das habe ich an einem hinreichend genau durchgerechneten Beispiel folgendermaßen erprobt: Oben hatten wir $\frac{22.874}{240.000}$ bzw. $\frac{11.437}{120.000}$ als hyperbolischen Logarithmus der Zahl $\frac{11}{10}$ gefunden, nun wollen wir sehen, ob aus ihm unsere Regel für uns $\frac{11}{10}$ oder $\frac{10}{11}$ wieder herstellt.

Es sei also dieser Logarithmus, der als bekannt vorausgesetzt wird, l, und die gesuchte Zahl $\frac{10}{11}$ sei 1 − m.

Gesucht wird m, d. h. $\frac{1}{11}$, und es wird $\mathrm{m} = \frac{1}{1} - \frac{1^2}{1\cdot 2} + \frac{1^3}{1\cdot 2\cdot 3}$ sein.

Es wird entstehen

$$\begin{array}{ll} +1 & \left.\begin{array}{r} +1496016430453 \\ -47089788840000 \\ +988156800000000 \end{array}\right\} \\ -\frac{1^2}{1\cdot 2} & \\ +\frac{1^3}{1\cdot 2\cdot 3} & \\ \text{oder} & +942563027590453 \end{array} \quad \begin{array}{l} \text{geteilt durch den} \\ \text{gemeinsamen Nenner} \\ 10368000000000000 \end{array}$$

und deshalb wird das gesuchte m ungefähr $\frac{942563}{10368000}$ sein. Es müßte aber $\frac{1}{11}$ sein und der Überschuß von jenem bzw. die Differenz $\frac{942563}{10368000} - \frac{1}{11}$ wird $\frac{10368193-10368000}{114048000}$ sein; diese Differenz ist kleiner als $\frac{1}{500000}$.

Weil es nun aber geschehen kann, dass l größer als 1 bzw. CA ist, werden wir daher von ihm einen gewissen anderen bekannten Logarithmus einer bekannten Zahl abziehen können, so dass der Rest viel kleiner als die Einheit wird, und wir werden vom Rest gleichwie von einem Logarithmus die Zahl suchen. Das geschieht durch diese Regel: die gefundene Zahl werden wir mit der bekannten Zahl des Logarithmus' multiplizieren, der vom ersten abgezogen ist, und man wird die gesuchte Zahl haben, jedoch kann man sie auf einen noch anderen Weg erhalten. Dieses Verfahrens wird oft nützlich, manchmal auch notwendig sein, um Potenzen von gewaltigen Zahlen oder Wurzeln eines beliebigen Grades zu finden, die wegen der Langwierigkeit sonst niemand zu berechnen wagt. Wenn z. B. eine gewaltige Zahl zwanzigmal mit sich multipliziert und aus dem Produkt die neunzehnte Wurzel gezogen werden soll, wird man die gesuchte Zahl, auch wenn sie nicht die größte ist, nicht erhalten können, wenn wir nicht durch unermessliche Zwischenzahlen gehen; auch werden die Tafeln nicht abhelfen, weil sie nicht so weit ausgeführt sind. Sobald wir mit unserer Methode den Logarithmus der Zahl gefunden haben werden, werden wir deshalb diesen mit 20 multiplizieren und durch 19 dividieren. Von dem gefundenen Logarithmus mögen wir die Zahl nach der vorgeschriebenen Methode suchen, und man wird das Gesuchte haben. Es könnte deren Nutzen auch bei der Lösung von Gleichungen und vielen anderen Fragen gezeigt werden, aber wer eben jene Dinge verstanden hat, wird leicht begreifen, ein wie

cum fructu exerceant, quam obscura diligentia id agere frustra, ut omnia dixisse videar.

Hactenus problematis partes singulas in numeris absolvimus, nunc paucis subjiciemus quomodo linearum quoque ductu effici possint idque ita ni fallor commode admodum atque eleganter satis solis adhibitis rectis fiet. Inspicietur in eam rem Schema generale fig. 11. in quo 1B 1A aequ. 1A 2A, vel 2B 2A aequ. 2A 3A, et ita porro, rectaeque parallelae 1B 1A, 2B 2A, 3B 3A etc. progressionis Geometricae decrescentis. Ponatur 1B 1A esse 1, et 2B 2A, sit n. erit 3B 3A, n^2, et 4B 4A, n^3, et 5B 5A, n^4, et 6B 6A, n^5 etc. et ponatur dato numero 1 + n. vel $\frac{1}{1+n}$ quaeri logarithmum qui est $\frac{n}{1} - \frac{n^2}{2} + \frac{n^3}{3} - \frac{n^4}{4} + \frac{n^5}{5}$ etc. Tunc ita agemus: Rectae 1A C, indefinitae, angulo quolibet applicetur 1A 1B, aequalis unitati, et sit numerus datus 1A 3A, seu 1 + n, sit 1 aequ. 1A 1B, erit 2A 3A aequ. n. cui aequalis 2A 2B parallela 1A 1B, ducatur recta 1B 2B producta quantum satis est, versus C ubi occurrit rectae 1AC. et ex 3A erigatur 3A 3B, parallela 2A 2B, occurrens rectae 1BC in 3B. Sumatur ipsi 3A 3B aequal. 3A 4A, rursusque ex 4A erigatur 4A 4B parallela prioribus idemque quantum satis est continuetur. Jam sit FG aequalis ipsi n vel 2A 2B, et in ea sumatur FH quae sit $\frac{1}{2}n^2$, seu dimidia 3A 3B; et HM quae sit $\frac{1}{4}n^4$ seu quarta pars ipsius 5A 5B.

Contra ab altero latere G ipsi FG apponatur GL aequ. $\frac{1}{3}n^3$[,] erit ML aequ. $n - \frac{n^2}{2} + \frac{n^3}{3} - \frac{n^4}{4}$ adeoque tam prope aequabitur logarithmo numeri 1A 3A, ut error non sit futurus $\frac{n^5}{5}$ seu quinta pars rectae 6A 6B. idemque longius continuari posset.

Si ex dato logarithmo l, quaeratur numerus 1 – m. incognitum m inveniemus eodem modo, nam m aequ. $\frac{1}{1} - \frac{l^2}{2} + \frac{l^3}{6} - \frac{l^4}{24} + \frac{l^5}{120}$ etc. Tantum ergo opus 2A 2B esse 1. et loco partis tertiae, quartae, quintae, etc. adhiberi $\frac{1}{6} \cdot \frac{1}{24} \cdot \frac{1}{120}$ etc. Si ex data tangente t, quaeratur arcus circuli seu $\frac{t}{1} - \frac{t^3}{3} + \frac{t^5}{5} - \frac{t^7}{7}$ etc. tunc posito 1A 1B seu 1 esse radium, et 2A 2B esse t. arcus quaesiti tangentem datam tunc ponendo FG aequ. 2A 2B seu t, et [FM][1] posita aequ. $\frac{t^3}{3}$ seu $\frac{1}{3}$ ipsius 4A 4B et GL posita aequ. $\frac{t^5}{5}$ seu $\frac{1}{5}$ ipsius 6A 6B, erit ML aequ. $\frac{t}{1} - \frac{t^3}{3} + \frac{t^5}{5}$. Et ita porro si opus sit.

Contra ex dato arcus in rectum extensi a, quadrato a^2, quadrato per radium 1A 1B seu 1, diviso positaque 2A 2B aequ. a^2 inveniemus, sinum complementi. Nam sin. compl. aequ. $1 - \frac{a^2}{2} + \frac{a^4}{24} - \frac{a^6}{720}$ [etc.] at posito ipsam 2A 2B esse a^2, erit 3A 3B, a^4, et 4A 4B, erit a^6 et ita

[1] HM *L ändert Hrsg.* gemäß Fig. 11

weites Feld des Entdeckens offen steht; und ich will lieber anderen das übrig lassen, worin sie sich mit Erfolg üben mögen, als es mit dunkler Gründlichkeit vergeblich zu tun, damit ich alles gesagt zu haben scheine.

Bis jetzt haben wir die einzelnen Teile der Aufgabe in Zahlen gelöst, nun werden wir mit wenigen [Worten] hinzufügen, wie sie auch durch das Ziehen von Linien bewältigt werden können, und dieses wird folgendermaßen, wenn ich mich nicht täusche, äußerst bequem und elegant genug durch alleinige Verwendung von Geraden geschehen. Zu dieser Sache wird man das allgemeine Schema von Fig. 11 betrachten, in dem 1B 1A = 1A 2A oder 2B 2A = 2A 3A und so weiter ist, und die parallelen Geraden 1B 1A, 2B 2A, 3B 3A etc. zu einer abnehmenden geometrischen Progression gehören. Es werde 1B 1A als 1 gesetzt, und 2B 2A sei n. 3B 3A wird n^2 und 4B 4A n^3 und 5B 5A n^4 und 6B 6A n^5 etc. sein, und es sei vorausgesetzt, dass für eine gegebene Zahl $1 + n$ oder $\frac{1}{1+n}$ der Logarithmus gesucht wird, der $\frac{n}{1} - \frac{n^2}{2} + \frac{n^3}{3} - \frac{n^4}{4} + \frac{n^5}{5}$ etc. ist. Dann werden wir folgendermaßen verfahren: An die unbegrenzte Gerade 1AC werde unter einem beliebigen Winkel die Gerade 1A 1B angeheftet, die gleich der Einheit ist, und die gegebene Zahl sei 1A 3A bzw. $1 + n$. 1 sei gleich 1A 1B. Die Gerade 2A 3A wird gleich n sein, zu welcher 2A 2B gleich ist, die parallel zu 1A 1B liegt. Es möge die Gerade 1B 2B gezogen werden und in Richtung C soweit, wie es ausreicht, verlängert werden, wo sie die Gerade 1AC trifft, und von 3A aus werde die zu 2A 2B parallele Gerade 3A 3B errichtet, die die Gerade 1BC in 3B trifft. 3A 4A werde gleich 3A 3B genommen, und wiederum von 4A aus die zu den ersteren Geraden parallele 4A 4B errichtet, und dasselbe werde soweit, wie es ausreichti, fortgesetzt. Nunmehr sei die Gerade FG gleich n oder 2A 2B, und auf ihr werde die Gerade FH genommen, die $\frac{1}{2}n^2$ bzw. die Hälfte von 3A 3B sei und die Gerade HM, die $\frac{1}{4}n^4$ bzw. der vierte Teil von 5A 5B sei.

Dagegen werde von der anderen Seite G her an FG GL $= \frac{1}{3}n^3$ gelegt. Es wird die Gerade $ML = n - \frac{n^2}{2} + \frac{n^3}{3} - \frac{n^4}{4}$ sein und deshalb wird sie so nahe gleich dem Logarithmus der Zahl 1A 3A sein, dass der Fehler nicht $\frac{n^5}{5}$ bzw. kein fünfter Teil der Geraden 6A 6B sein wird. Und dasselbe könnte weiter fortgesetzt werden.

Wenn von einem gegebenen Logarithmus l die Zahl $1 - m$ gesucht wird, werden wir die unbekannte m auf dieselbe Art finden, denn $m = \frac{l}{1} - \frac{l^2}{2} + \frac{l^3}{6} - \frac{l^4}{24} + \frac{l^5}{120}$ etc. Es ist also nur nötig, dass 2A 2B l ist und an Stelle des dritten, vierten, fünften etc. Teils $\frac{1}{6}$, $\frac{1}{24}$, $\frac{1}{120}$ etc. verwendet wird. Wenn von einer gegebenen Tangente t der Kreisbogen bzw. $\frac{t}{1} - \frac{t^3}{3} + \frac{t^5}{5} - \frac{t^7}{7}$ etc. gesucht wird, wobei dann vorausgesetzt ist, dass 1A 1B bzw. 1 der Radius und 2A 2B die gegebene Tangente t vom gesuchten Bogen ist, und indem man dann FG gleich 2A 2B bzw. t setzt und FM gleich $\frac{t^3}{3}$ bzw. $\frac{1}{3}$ von 4A 4B und GL gleich $\frac{t^5}{5}$ bzw. $\frac{1}{5}$ von 6A 6B gesetzt ist, wird $ML = \frac{t}{1} - \frac{t^3}{3} + \frac{t^5}{5}$ sein. Und so weiter, wenn es nötig ist.

Andererseits werden wir vom gegebenen Quadrat a^2 eines in gerader Richtung ausgestreckten Bogens a, wenn das Quadrat durch den Radius 1A 1B bzw. 1 geteilt und 2A 2B $= a^2$ gesetzt ist, den *sinus complementi* finden. Denn es ist *sin. compl.* $= 1 - \frac{a^2}{2} + \frac{a^4}{24} - \frac{a^6}{720}$

porro. Ergo si sit FG aequ. dimidiae rectae 2A 2B sive $\frac{a^2}{2}$, et FH aequ. $\frac{1}{24}$ ipsius 3A 3B seu de a^4, et GL, esse $\frac{1}{720}$ ipsius 4A 4B seu de a^6[,] erit HL aequ. $\frac{a^2}{2} - \frac{a^4}{24} + \frac{a^6}{720}$ quae ablata a 1A 1B, sive ab 1. relinquet $1 - \frac{a^2}{2} + \frac{a^6}{720}$ sinum complementi.

Similis constructio ad plurima problemata Geometriae transcendentis sive aequationibus finitis ordinariis non subjectae, sufficiet. Notari potest angulum 1B 1AC posse esse quemcumque adeoque sumi posse talem ut 1A 1BC sit rectus quod faciliorem reddet constructionem. Imo levi tunc opera effici poterit, ut omnia sine ullo parallelarum aut perpendicularium ductu peragantur singulari ad eam rem circino adhibito. Quae omnia ad praxin in lineis usque adeo expedita sunt, ut nesciam an aliquid ultra desiderari possit[,] praesertim cum pro variis casibus variae regulae generalibus aptiores excogitari possint ab eo, qui earum origines intellexerit.

etc. Aber unter der Voraussetzung, dass 2A 2B a^2 ist, wird 3A 3B a^4 und 4A 4B a^6 sein, und so weiter. Wenn also FG gleich der Hälfte von der Geraden 2A 2B bzw. $\frac{a^2}{2}$ und FH gleich $\frac{1}{24}$ von 3A 3B bzw. von a^4 ist und GL $\frac{1}{720}$ von 4A 4B bzw. von a^6 ist, wird HL $= \frac{a^2}{2} - \frac{a^4}{24} + \frac{a^6}{720}$ sein. Diese von 1A 1B bzw. 1 abgezogene [Gerade] wird $1 - \frac{a^2}{2} + \frac{a^6}{720}$ übrig lassen, den *sinus complementi*.

Eine ähnliche Konstruktion wird für die meisten Aufgaben der transzendenten bzw. der den gewöhnlichen endlichen Gleichungen nicht unterworfenen Geometrie ausreichen. Es kann angemerkt werden, dass der Winkel 1B 1AC ein beliebiger sein kann und deshalb so gewählt werden kann, dass 1A 1BC ein rechter ist, was die Konstruktion leichter machen wird. Ja, man wird dann sogar mit leichter Arbeit erreichen können, alles ohne jegliches Ziehen von Parallelen oder Senkrechten durchzuführen, indem man einen zu diesem Zweck besonderen Zirkel verwendet. All das beim Verfahren in Linien ist dermaßen leicht, dass ich nicht weiß, ob man irgendetwas darüber hinaus wünschen könne, vor allem, weil für die verschiedenen Fälle verschiedene Regeln, die angepasster als die allgemeinen sind, von demjenigen ausgedacht werden können, der ihre Ursprünge verstanden haben wird.

PROPOSITIO LI.

Impossibile est meliorem invenire Quadraturam Circuli, Ellipseos aut Hyperbolae generalem, sive relationem inter arcum et latera, numerumve et Logarithmum; quae magis geometrica sit, quam haec nostra est.

Haec propositio velut coronis erit contemplationis hujus nostrae. Eam vero ita demonstrabimus: Ponatur si fieri potest relatio quaedam inter arcum et tangentem inventa esse magis geometrica quam nostra sit, id est quae finita quaedam formula constet; utique illa relatio includi poterit in aequationem. Sit t tangens, a arcus, radius 1, et aequatio relationem inter arcum et tangentem exprimens sit I. ct + ma aequ. b. vel II. $ct + dt^2 + eta + na^2 + ma$ aequ. b. vel III. $ct + dt^2 + eta + ft^3 + gt^2a + hta^2 + pa^3 + na^2 + ma$ aequ. b. et ita porro.

Scilicet in quolibet gradu formulae generalis exhibeatur, ad quam speciales semper poterunt reduci, literas b. c. d. e. f. etc. pro numeris aequationis specialis propositae sumendo, cum suis signis, aut aliquas harum literarum, quarum termini scilicet absunt, nihilo aequales ponendo. Ut si sit aequatio specialis $3t + 4t^2 - 6t^3 - t^2a + 5a$ aequal. 10. hanc cum III^{tia} comparando fiet c. aequ. 3. et d. aequ. 4. et e. aequ. 0. et f. aequ. −6. et g. aequ. −1. et h. aequ. 0. et p. aequ. 0. et n. aequ. 0. et m. aequ. 5. et b. aequ. 10. Idem in qualibet speciali fieri potest, modo generali ejusdem gradus comparetur. His positis jam in exemplum aliqua harem aequationum generalium certi gradus assumatur, verbi gratia aequatio III. exprimens aequationem inter arcum a, et ejus tangentem t.

Ponamus fig. [9.][1] radium AB, et tangentem t. sive BC esse cognitas, et jam postulari ut arcus BO, sive angulus BAO in data ratione secetur, verbi gratia in partes undecim aequales; ajo id hujus aequationis tertiae ope fieri posse, quaeritur enim tantum tangens arcus illius, qui sit hujus arcus BO pars undecima, ea enim reperta utique et angulus in undecim partes erit sectus, arcum qui arcus a. pars undecima sit, vocemus $\frac{a}{11}$, et tangentem arcus $\frac{a}{11}$ vocemus ϑ, itaque cum ex hypothesi aequatio III. generalem exprimat relationem arcus cujuslibet ad suam tangentem; exprimet etiam relationem inter $\frac{a}{11}$ et ϑ. ergo in aequatione III. pro a substituemus $\frac{a}{11}$ et pro t substituamus, ϑ et pro aequatione III. habebimus sequentem $c\vartheta + d\vartheta^2 + \frac{e\vartheta a}{11} + f\vartheta^3 + \frac{g\vartheta^2 a}{11} + \frac{h\vartheta a^2}{11 \text{ in } 11} + \frac{pa^3}{11, \text{ in } 11, \text{in } 11} + \frac{na^2}{11, \text{ in } 11} + \frac{ma}{11}$ aequ. b. cujus aequationis ope inveniri poterit incognita ϑ, tangens scilicet arcus qui dati sit pars undecima, quoniam autem ϑ incognita in ista aequatione non assurgit ultra cubum, problema erit cubicum tantum,

[1] 9. *erg. Hrsg.*

Satz LI.

Es ist unmöglich, eine bessere allgemeine Quadratur des Kreises, der Ellipse oder der Hyperbel bzw. Beziehung zwischen dem Bogen und den Seiten oder der Zahl und dem Logarithmus zu finden, die geometrischer als diese unsere ist.

Dieser Satz wird gleichsam die Koronis[1] dieser unserer Betrachtung sein. In der Tat werden wir ihn folgendermaßen beweisen: wenn es geschehen kann, sei eine gewisse zwischen dem Bogen und der Tangente gefundene Beziehung vorausgesetzt, die geometrischer als die unsrige ist, d. h., die aus einer gewissen endlichen Formel besteht; jedenfalls wird man jene Beziehung in eine Gleichung einschließen können. Es sei t die Tangente, a der Bogen, der Radius 1, und die Gleichung, die die Beziehung zwischen dem Bogen und der Tangente ausdrückt, sei I. $ct + ma = b$ oder II. $ct + dt^2 + eta + na^2 + ma = b$ oder III. $ct + dt^2 + eta + ft^3 + gt^2a + hta^2 + pa^3 + na^2 + ma = b$ und so weiter.

Sie sei nämlich in einem beliebigen Grad der allgemeinen Formel dargestellt, auf die die besonderen immer zurückgeführt werden können, indem man die Buchstaben b, c, d, e, f etc. anstelle der Zahlen einer vorgelegten besonderen [Gleichung] mit ihren Vorzeichen nimmt, oder irgendwelche dieser Buchstaben, deren Terme nämlich abwesend sind, gleich Null setzt. Wenn z. B. die besondere Gleichung $3t + 4t^2 - 6t^3 - t^2a + 5a = 10$ ist, wird bei ihrem Vergleich mit der III. $c = 3$ und $d = 4$ und $e = 0$ und $f = -6$ und $g = -1$ und $h = 0$ und $p = 0$ und $n = 0$ und $m = 5$ und $b = 10$ werden. Dasselbe kann bei einer beliebigen besonderen Gleichung geschehen, wenn sie nur mit der allgemeinen desselben Grades verglichen wird. Unter diesen Voraussetzungen sei nunmehr zum Beispiel irgendeine von diesen allgemeinen Gleichungen eines bestimmten Grades angenommen, z. B. Gleichung III, die eine Gleichung zwischen dem Bogen a und seiner Tangente t ausdrückt.

Wir wollen voraussetzen, dass in Fig. 9 der Radius AB und die Tangente t bzw. BC bekannt sind und nunmehr gefordert wird, dass der Bogen BO bzw. der Winkel BAO in einem gegebenen Verhältnis, z. B. in elf gleiche Teile, geteilt wird; ich behaupte, dass das mit Hilfe dieser dritten Gleichung geschehen kann, denn es wird nur die Tangente jenes Bogens gesucht, der der elfte Teil dieses Bogens BO ist; wenn diese nämlich gefunden ist, wird jedenfalls auch der Winkel in elf Teile geteilt sein. Den Bogen, der der elfte Teil des Bogens a ist, wollen wir $\frac{a}{11}$ nennen, und die Tangente des Bogens $\frac{a}{11}$ wollen wir ϑ nennen. Weil nach Voraussetzung Gleichung III die allgemeine Beziehung eines beliebigen Bogens zu seiner Tangente ausdrückt, wird sie deshalb auch die Beziehung zwischen $\frac{a}{11}$ und ϑ ausdrücken. Also werden wir in Gleichung III für a $\frac{a}{11}$ einsetzen, und für t wollen wir ϑ einsetzen, und an Stelle von Gleichung III werden wir die folgende haben, $c\vartheta + d\vartheta^2 + \frac{e\vartheta a}{11} + f\vartheta^3 + \frac{g\vartheta^2 a}{11} + \frac{h\vartheta a^2}{11 \cdot 11} + \frac{pa^3}{11 \cdot 11 \cdot 11} + \frac{na^2}{11 \cdot 11} + \frac{ma}{11} = b$. Mit Hilfe dieser Gleichung wird man die Unbekannte ϑ finden können, nämlich die Tangente des Bogens, der vom gegebenen der elfte Teil sei. Da nun aber die Unbekannte ϑ in eben jener Gleichung nicht

[1] Schlussschnörkel (eines Buches oder Abschnittes)

adeoque angulum aliquem in undecim partes secare problema erit cubicum et eodem modo pro 11. substituendo numerum quemcunque, sectio anguli secundum numerum quemcunque problema erit cubicum tantum.

Quod est absurdum, constat enim ex Vietae*53 sectionibus angularibus pro anguli in partes sectione secundum numeros primos semper altiore atque altiore opus esse aequatione Anguli bisectionem esse problema planum, anguli trisectionem esse problema solidum sive cubicum, anguli quinquesectionem esse problema sursolidum, et ita porro in infinitum: absurdum est ergo generalem anguli sectionem esse problema cubicum. Eodem modo impossibile est generalem anguli sectionem esse problema ullius gradus determinati finiti; cum ut dixi aliud semper aliudque sit, pro alio atque alio partium in quas secandus est angulus, numero.

Itaque etsi aequatio III. fuisset alia quaecunque altior illa, quam expressimus modo certa determinata ac finita, in qua t (vel ejus loco ϑ) assurrexisset ad gradum aliquem altiorem finitum ac determinatum quemcunque[,] semper ostendi posset, eam non sufficere sectioni anguli in partes, tot quot numerus aliquis primus major exponente maximae in aequatione potentiae ipsius t, habet unitates. Adeoque non potest generalem exprimere relationem inter arcum et tangentem. Adeoque nec inter arcum et sinum; idem est si pro arcu sectorem aut segmentum substituas, par enim ratio est.

Ac proinde quadratura analytica universalis Circuli ejusque partium, quae nostra sit γεωμετϱικώτεϱος, impossibilis erit. Eadem ad quadraturam Hyperbolae applicari possunt; nam, quemadmodum generali relatione inter arcum et latera inventa posset haberi sectio anguli universalis, per unam aequationem certi gradus; ita generali inventa quadratura hyperbolae sive relatione inter numerum et logarithmum, possent inveniri quotcunque mediae proportionales ope unius aequationis certi gradus, quod etiam absurdum esse, analyticis constat. Adde quae supra diximus prop. [31.][1] Impossibilis est ergo quadratura generalis sive constructio serviens pro data qualibet parte Hyperbolae aut Circuli adeoque et Ellipseos, quae magis geometrica sit, quam nostra est. Q. E. D.

---

[1] 31. *erg. Hrsg.*

den Kubus übersteigt, wird das Problem nur ein kubisches sein, und deshalb wird das Teilen irgendeines Winkels in elf Teile ein kubisches Problem sein. Und indem man auf dieselbe Art anstelle von 11 eine beliebige Zahl einsetzt, wird die Teilung eines Winkels gemäß einer beliebigen Zahl nur ein kubisches Problem sein.

Das ist widersinnig, denn aufgrund der *„Winkelteilungen"* von Viète steht fest, dass für die Teilung eines Winkels in Teile gemäß den Primzahlen eine immer höher und höhere Gleichung nötig ist, dass die Zweiteilung eines Winkels ein ebenes Problem ist, die Dreiteilung eines Winkels ein körperliches bzw. kubisches Problem ist, die Fünfteilung eines Winkels ein *problema sursolidum* ist, und so weiter bis ins Unendliche; es ist also widersinnig, dass die allgemeine Winkelteilung ein kubisches Problem ist. Auf dieselbe Art ist es unmöglich, dass die allgemeine Winkelteilung ein Problem irgendeines bestimmten endlichen Grades ist, weil es, wie ich sagte, immer wieder ein anderes ist gemäß der immer wieder anderen Anzahl von Teilen, in die ein Winkel geteilt werden soll.

Selbst, wenn deshalb Gleichung III eine beliebige andere, höhere als jene, die wir ausgedrückt haben, gewesen wäre, sofern nur eine bestimmte festgelegte und endliche, in der sich t (oder an dessen Stelle ϑ) zu irgendeinem höheren endlichen und beliebigen bestimmten Grad erhoben hätte, könnte immer gezeigt werden, dass diese nicht für die Teilung eines Winkels in so viele Teile ausreicht, wie viele Einheiten irgendeine Primzahl hat, die größer als der Exponent der in der Gleichung auftretenden größten Potenz von t ist. Und deshalb kann sie eine allgemeine Beziehung zwischen dem Bogen und der Tangente nicht ausdrücken und deshalb auch nicht zwischen dem Bogen und dem *sinus*; dasselbe gilt, wenn man anstelle des Bogens den Sektor oder das Segment setzt, denn die Begründung ist die gleiche.

Und daher wird eine umfassende analytische Quadratur des Kreises und seiner Teile, die geometrischer als unsere ist, unmöglich sein. Dasselbe kann auf die Quadratur der Hyperbel angewendet werden, denn wie man mit einer gefundenen allgemeinen Beziehung zwischen einem Bogen und den Seiten eine allgemeine Winkelteilung durch eine einzige Gleichung eines bestimmten Grades erhalten könnte, so könnten mit einer allgemeinen gefundenen Quadratur der Hyperbel bzw. Beziehung zwischen einer Zahl und dem Logarithmus beliebig viele mittlere Proportionale mit Hilfe einer einzigen Gleichung eines bestimmten Grades gefunden werden; dass das auch widersinnig ist, steht für die Analytiker fest. Füge, was wir oben sagten, dem Satz 31 hinzu. Unmöglich ist also eine allgemeine Quadratur bzw. eine für einen gegebenen beliebigen Teil der Hyperbel oder des Kreises und deshalb auch der Ellipse dienliche Konstruktion, die geometrischer als unsere ist. Das war zu beweisen.

Nachwort

1. Entstehungs- und Überlieferungsgeschichte der Leibniz'schen Abhandlung über die arithmetische Quadratur der Kegelschnitte

Leibnizens vorliegende, umfangreiche Schrift zur arithmetischen Quadratur der Kegelschnitte, also der Integration mittels unendlicher Reihen rationaler Zahlen, ist aus zahlreichen Vorstudien und Entwürfen hervorgegangen – einige sind in (Knobloch 1989) genannt – die dank Uwe Mayer und Siegmund Probst seit 2012 gedruckt vorliegen: Der gesamte, von ihnen bearbeitete Band LSB VII, 6 ist der arithmetischen Kreisquadratur gewidmet. Es ist die längste mathematische Schrift, die Leibniz je verfasst hat. Sie ist für Grundlagenfragen der Mathematik von höchstem Interesse: Leibniz nimmt darin zu Fragen mathematischer Beweistechnik, zur Existenz und Bedeutung mathematischer Objekte wie *unendlich klein*, *unendlich groß*, allgemein zum Umgang mit dem Unendlichen ausführlich Stellung, insbesondere dem Gedanken, Kurven als Polygone mit unendlich vielen, unendlich kleinen Seiten aufzufassen.

Sie nimmt Ergebnisse auf, die Leibniz teilweise schon zu Beginn seines Paris-Aufenthaltes erzielte. Die Summierung der reziproken figurierten Zahlen und das harmonische Dreieck (Sätze 39, 40) treten bereits in der Ende 1672 verfassten *Accessio ad arithmeticam infinitorum* auf (LSB III, 1, N. 2), die zur Veröffentlichung durch Jean Gallois im Journal des scavans bestimmt war. Leibniz sandte die Abhandlung jedoch nicht ab (LSB III, 1, S. 2, 6–9). Den Transmutationssatz (Satz 7) fand er im Mai 1673 (LSB III, 1, 115). Die Kreisreihe fand er im Herbst 1673 (LSB VII, 6, N. 1). Den Segmentsatz an der Zykloide (Satz 13) sowie die alternierende Reihe für den Kreisumfang (Satz 32 für den Kreisquadranten) teilte er Huygens in Form beweisloser Ergebnisse im Sommer 1674 mit (LSB III, 1, N. 29) und später weiteren Pariser Bekannten wie Edme Mariotte im Oktober 1674 (LSB III, 1, N. 38; LSB VII, 1, N. 137), Ende 1675 Tschirnhaus (LSB III, 5, N. 165) und Jacques Ozanam (LPG I, 400).

Die Entwürfe und verschiedenen Fassungen der Abhandlung zeigen, wie der Stoff im Laufe der Zeit immer mehr anschwoll, eine Tatsache, die Leibniz selbst anspricht (Scholium zu Satz 25). Die hier edierte Endfassung – Leibnizens überarbeitetes Handexemplar ohne Schlussredaktion – stammt vom Juni bis September 1676 (LSB VII, 6, 520). Leibniz hoffte,

vor allem mit Hilfe dieser Schrift Mitglied der Académie Royale des Sciences zu werden, wie er Huygens mehrfach 1679 schrieb (Leibniz-Huygens 8./18. 9. 1679, LSB III, 2, 850; Leibniz-Huygens Ende November/Anfang Dezember 1679, LSB III, 2, 898).

Da Leibniz Paris im Oktober 1676 verlassen musste, plante er, die Schrift mit Hilfe seines Freundes Soudry dort drucken zu lassen (Leibniz-Pierre Daniel Huet 1./11. 8. 1680, LSB II, 1, 482). Dazu kam es jedoch nicht. Als Soudry 1678 starb, gelangte die zurückgelassene Version der Schrift in die Hände des Hofmeisters des Grafen Phil. Christoph Königsmark, Friedrich Adolf Hansen, der sie an den Hannoverschen Residenten in Paris, Christophe Brosseau, weitergab (Brosseau-Leibniz 22. 1. 1680, LSB I, 3, 343; Brosseau-Leibniz 29. 1. 1680, LSB I, 3, 344). Brosseau übergab sie dem nach Hannover reisenden Kaufmann Isaac Arontz. Das Paket mit dem Manuskript ging jedoch verloren, wie Leibniz an Brosseau am 22. August (?) 1683 schreibt (LSB I, 3, 579).

Wir wissen deshalb nicht, wie diese Version genau lautete. Denn darin können nicht eindeutig umsetzbare Bemerkungen wie in der hier edierten Version nicht gestanden haben: *Hoc non est opus. Haec reddenda clariora* (Ausführungen zu Satz 43). Leibnizens Überlegungen im Jahre 1680, die Abhandlung beim Amsterdamer Verleger Daniel Elsevier drucken zu lassen, führten zu keinem Ergebnis (LSB I, 3, 415). Zwar forderte ihn Huygens am 18. 11. 1690 auf, die Schrift zu veröffentlichen (LSB III, 4, 657). Aber Leibniz unternahm nichts in dieser Hinsicht.

Inzwischen hatte er das Interesse an einer Veröffentlichung verloren. Als ihm Johann Bernoulli am 16./26. 8. 1698 schrieb, Leibniz würde eine für die Öffentlichkeit nützliche und willkommene Aufgabe erledigen, wenn er den Traktat herausgäbe (LSB III, 7, 872), antwortete er ihm bereits am 22.8., warum er dies nicht mehr vorhabe (LSB III, 7, 886): „Meine Abhandlung über die arithmetische Quadratur hätte damals Beifall finden können, als sie geschrieben wurde. Jetzt würde sie mehr Anfängern in unseren Methoden gefallen als dir."

Nach Leibnizens Tod blieb die Abhandlung in der Hannoverschen Leibniz-Bibliothek liegen, bis Lucie Scholtz 1934 im Rahmen ihrer Dissertation einen kurzen Teildruck herausgab. 1993 erschien die erste vollständige Edition, 2004 die erste (französische) Übersetzung, 2007 die erste deutsche Übersetzung online (s. Abschnitt 6), die nunmehr dank dem Interesse von Jürgen Jost zusammen mit der verbesserten Edition von 1993 in der von ihm herausgegebenen Reihe *Klassische Texte der Wissenschaft* erscheinen kann.

2. Die Arithmetik des Unendlichen

Leibnizens Abhandlung über die Infinitesimalgeometrie stützt sich grundlegend auf zwei Arten *fiktiver Quantitäten* (*quantitates fictitiae*), wie er sie nennt (Scholium nach Satz 7; LSB VII, 6, 537), auf *unendliche* (*infinitae*) und auf *unendlich kleine* (*infinite parvae*). Während er Dutzende von mathematischen Begriffen ausdrücklich definiert – diese sind im Glossar dieser Ausgabe aufgeführt – geschieht dies ausgerechnet im Falle der fiktiven

Quantitäten nicht. Dem Text ist jedoch unmissverständlich zu entnehmen, dass er die folgenden Nominaldefinitionen verwendet:
unendlich bedeutet *größer als jede gegebene Quantität*, *unendlich klein* bedeutet *kleiner als jede gegebene Quantität*. Es ist eine wenn-dann Beziehung: Jemand gibt eine Größe vor. Diese kann übertroffen bzw. unterboten werden. Damit ist klar gestellt, dass es weder um aktual Unendlich noch um Null geht, eine Einsicht, die Leibniz erst gewinnen musste, über die er aber in der vorliegenden Abhandlung verfügt. Es sind per definitionem variable Quantitäten (Knobloch 2008, 180). Wäre Leibniz bei der Definition stehen geblieben, dass es Größen sind, die größer bzw. kleiner als jede *angebbare* Quantität sind, hätte er zwangsläufig aktual Unendlich bzw. Null erhalten, wie es Leonhard Euler tatsächlich für unendlich klein gelehrt hat. Dennoch verwendet Leibniz gelegentlich diese Sprechweise auch später, ein Punkt, auf den weiter unten zurückzukommen ist.

Leibniz hat mit diesen fiktiven Quantitäten gerechnet, ohne die zugrunde liegenden Regeln zu beweisen oder allgemein zu formulieren. Es handelt sich um die folgenden zwölf Regeln (Knobloch 1990, 45f.; Knobloch 2002, 67f.):

1. endlich + unendlich = unendlich
2.1. endlich ± unendlich klein = endlich
2.2. x, y endlich, x = y + unendlich klein $\Rightarrow$ $x - y \approx 0$ (nicht zuordenbare Differenz)
3. $\text{unendlich}_1 - \text{unendlich}_2 = \text{unendlich}_3$, falls $\text{unendlich}_1 > \text{unendlich}_2$
(bzw. $\text{unendlich}_1 : \text{unendlich}_2 \neq 1$)
4. unendlich ± unendlich klein = unendlich
5. endlich × unendlich klein = unendlich klein
6.
$$\text{unendlich} \times \text{unendlich klein} = \begin{cases} \text{unendlich} \\ \text{unendlich klein} \\ \text{endlich} \end{cases} \quad \text{(Beweis nötig)}$$
7.1. unendlich × unendlich = unendlich
7.2. x^n unendlich $\Rightarrow$ x unendlich
8.
$$\text{unendlich} : \text{unendlich} = \begin{cases} \text{endlich} \\ \text{unendlich} \end{cases} \quad \text{(Beweis nötig)}$$
9. x unendlich klein, $y > 0$, $y < x$ $\Rightarrow$ y unendlich klein
10. endlich : unendlich klein = unendlich : endlich = unendlich
Korollar: endlich : unendlich klein = x : endlich $\Rightarrow$ x unendlich
11. unendlich klein : endlich = endlich : unendlich = unendlich klein
Korollar: endlich : unendlich = x : endlich $\Rightarrow$ x unendlich klein
12. $x : y = (x + \text{unendlich klein}_1) : (y + \text{unendlich klein}_2)$

Die Regeln 10 und 11 sind besonders wichtig, da sie einen Weg aufzeigen, wie von einer Quantität x nachgewiesen werden kann, dass sie unendlich bzw. unendlich klein ist. Man muss sie als dritte Proportionale in eine Proportion einbinden.

Für Leibniz war die Mathematik die Wissenschaft von den Größen, den Quantitäten. Nicht-Größen, wie es Indivisiblen per definitionem gemäß Aristoteles, *Metaphysik* V, 13 sind, da Größen Teilbarkeit voraussetzen, haben darin keinen Platz. Daher betont er in der gestrichenen Variante des Scholiums nach Satz 11, die wegen ihrer Bedeutung in die vorliegende Ausgabe aufgenommen wurde, den großen Unterschied zwischen der Indivisible (im strengen Sinn des Wortes) und dem unendlich Kleinen (LSB VII, 6, 549). Seit 1673 hatte er deshalb gefordert: Indivisiblen sind als unendlich klein zu definieren (Knobloch 2008, 175). Diese Definition setzt er in der vorliegenden Abhandlung voraus, wenn er im Vorspann zu Satz 6 und im Anschluss an dessen Beweis (LSB VII, 6, 529, 533) stolz verkündet, mit Satz 6 Cavalieris Indivisiblenmethode eine beweiskräftige, strenge Grundlage gegeben zu haben. Er behält also die Cavalieri'sche Terminologie bei, ändert aber die Bedeutung des Grundbegriffs Indivisible. Ja, er spricht später von seinem Integralkalkül als der *analysis indivisibilium* (Leibniz 1686).

Einen ähnlich grundlegenden Unterschied wie zwischen Indivisible und unendlich klein macht Leibniz in dieser gestrichenen Variante zwischen der begrenzten, unendlichen (*linea infinita terminata*) und der unbegrenzten, unendlichen Linie (*linea infinita interminata*). Nur die fiktive Quantität einer begrenzt gedachten, unendlichen Linie ist Gegenstand der Geometrie, nicht aber die unbegrenzte, unendliche Linie, die das von Leibniz in der Mathematik nicht zugelassene aktual Unendlich repräsentiert (Breger 1990, 63f.). Im Beweis zu Satz 11 spielt dieser Unterschied eine entscheidende Rolle (LSB VII, 6, 547).

Dort spricht er von dem unendlich kleinen Intervall, das kleiner als ein beliebiges zuordenbares Intervall ist und von der unendlichen Gerade, die größer als eine beliebige angebbare, aber nicht unbegrenzt ist. Er verwendet also die sonst von ihm zu Recht verworfene Sprechweise, da sie auf Null bzw. aktual Unendlich führt, ohne hier daran Anstoß zu nehmen.

3. Inhaltsanalyse

Formal umfasst die Abhandlung den Index notabiliorum mit einem Überblick über die ersten sieben Sätze, 51 Sätze, 25 Scholien, die den Sätzen 1, 3, 5 bis 8, 11, 12, 14, 16, 18, 19, 22, 23, 25, 29–32, 40, 43 bis 47 zugeordnet sind, fünf Korollare (eins zu Satz 14, 16, drei zu Satz 48, die zwei Korollare zu Satz 23 sind gestrichen) und sechs Gruppen von Definitionen, die auf Satz 6, Satz 7 und auf die Scholien zu Satz 7, 11, 14, 43 folgen. 16 Figuren veranschaulichen die Ausführungen.

Inhaltlich stellt die Schrift die 1676 bekannte Infinitesimalgeometrie dar. Sie gibt in anschaulich-geometrischer Einkleidung eine einheitliche Grundlegung der höheren Analysis durch apagogische Beweise und Grenzbetrachtungen (Scholtz 1934, 15). Leibniz nennt namentlich vierundzwanzig Vorgänger. Freilich hat er nach der vorliegenden Endredaktion die Namen von Desargues, Fabri, Huygens, Pardies, Roberval, Torricelli, Tschirnhaus wieder gestrichen. Die Würdigung älterer Leistungen ermöglicht es ihm zu zeigen, wie weit er

über das bis dahin Erreichte hinausgekommen ist. Dies betont er mehrfach insbesondere im Hinblick auf Cavalieri und Descartes.

Die Schrift besteht aus drei Abschnitten:

1. Satz 1 – 11
2. Satz 12 – 25
3. Satz 26 – 51

3.1. Der erste Abschnitt

Der erste Abschnitt liefert die allgemeinen Sätze (*propositiones generales*) (Satz 11 Scholium), mit deren Hilfe seine Quadratur-, das heißt Integrationsmethode an Beispielen durchgeführt werden kann. Der Index notabiliorum verdeutlicht, dass nach Leibnizens Überzeugung die ersten sieben Sätze das Wichtigste, die methodische Grundlegung der gesamten Abhandlung enthalten. Die Sätze 8 und 9 sind Sonderfälle von Satz 7, die Sätze 10 und 11 betreffen die zugehörige Segmentenfigur.

Wie Leibniz im Scholium zu Satz 6 sagt, müssen im Interesse der Geometrie die Methoden und Prinzipien der Entdeckungen sowie einige besonders wichtige Sätze streng bewiesen werden. Diesem Ziel, ein universales, demonstratives System der Infinitesimalgeometrie zu schaffen, dient der erste Abschnitt, den vor kurzem Rabouin analysiert hat (Rabouin 2015).

Satz 1 lehrt die elementargeometrische Flächengleichheit von bestimmten Drei- und Rechtecken, der nach dem Kontinuitätsprinzip auch beim Übergang vom Endlichen zum Unendlich-Kleinen anwendbar bleibt. In der Zerlegung von krummlinig begrenzten Flächen in Dreiecke statt in Rechtecke sieht Leibniz sein besonderes Verdienst. Die Sätze 2 bis 5 begründen bewusst in größerer Allgemeinheit, als die Abhandlung es erforderte (Scholium zu Satz 3), eine *universale* Reihen- und Differenzenlehre.

Der sehr spitzfindige (*spinosissima*) Satz 6 gibt eine strenge Grundlegung der Leibniz'schen Integrationstheorie (Jesseph 2015, 197–200). Er zeigt, dass eine krummlinig begrenzte Fläche durch eine geradlinig begrenzte treppenförmige Fläche beliebig genau angenähert werden kann. Beliebig genau heißt: der Fehler kann kleiner als jede vorgegebene positive Zahl gemacht werden.

Während die „übliche Indivisiblenmethode" Ein- und Umbeschreibungen gemischtliniger Figuren betrachtete, ist die treppenförmige, mit Doppellinien begrenzte Figur 1 weder eine Ein- noch eine Umbeschreibung, sondern etwas dazwischen. Leibniz zeigt dadurch die Integrabilität einer großen Klasse von Funktionen mittels Riemann'scher Summen, die von den Zwischenwerten der partiellen Integrationsintervalle abhängen. Die zu den Punkten F gehörenden Ordinaten haben Abszissen, die zu den Werten NF gleich sind, also zu Zwischenwerten der Integrationsintervalle (Knobloch 2012, 248f.).

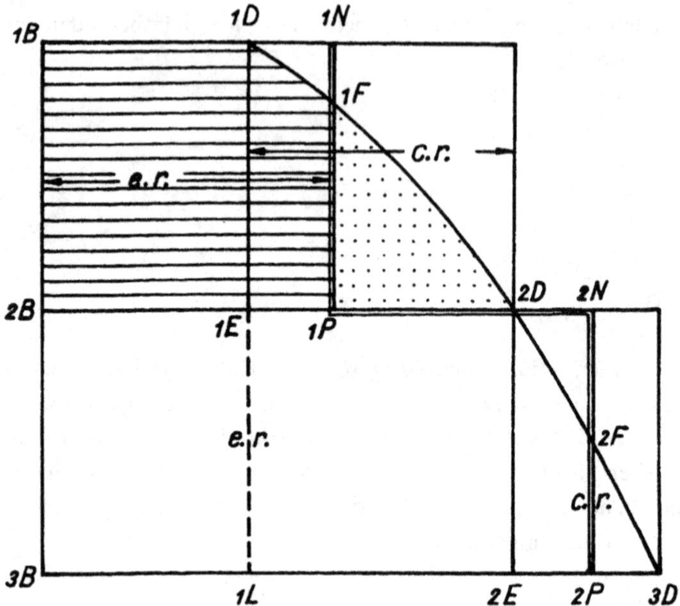

Der Beweis bedient sich archimedischer Abschätzungsmethoden. Die abschreckende Wirkung seiner Übergenauigkeit (*scrupulositas*) auf den Leser hat Leibniz selbst vorausgesehen und deshalb dazu aufgefordert, den Satz bei der ersten Lektüre zu übergehen.

Satz 7 ist der Transmutationssatz, der lehrt, wie mittels affiner Transformationen zu einer Kurve eine *Quadratrix*, eine Hilfskurve, gefunden werden kann, mit deren Hilfe die Quadratur der vorgelegten Kurve oft überraschend leicht gelingt (Hofmann 1974, 54–62). Deshalb hält ihn Leibniz in dieser Abhandlung für einen der allgemeinsten und nützlichsten der Geometrie, der es erlaubt, Kegelschnitte in rationale Figuren zu transformieren. Insbesondere führt der Satz zur rationalen Kreisquadratur, um derentwillen er die Schrift verfasst hat (Satz 7 Scholium).

Die anschließenden Definitionen zeigen, wie Leibniz die Cavalieri'sche Indivisiblenmethode umbildet und präzisiert, in einem Sinn, den ihr bereits Roberval und Pascal gegeben hatten (Scholtz 1934, 25f.): Unter der Summe von Geraden ist die Summe von Rechtecken von unbestimmt kleiner (*indefinitae parvitatis*), da unendlich kleiner Breite zu verstehen. Durch die Quantifizierung der Indivisiblen zu unendlich kleinen Größen gibt Leibniz dem Umgang mit Indivisiblen eine sichere Grundlage (Satz 23 Scholium).

3.2. Der zweite Abschnitt

Der zweite Abschnitt wendet die bisherigen Sätze auf spezielle Kurven an, um die Kreisquadratur vorzubereiten. Satz 12 gilt der Zykloidenretorte, Satz 13 ist der Segmentsatz an der Zykloide. Satz 14 löst das Problem, an Hand der Winkelfigur eine Kurve zu finden, so

dass die Flächen unter der Kurve den Winkeln der zugehörigen Kreissektoren proportional sind. Werden die Resekten nicht senkrecht zur x-Achse, sondern senkrecht zur y-Achse angetragen, entsteht die Verhältnis- oder hyperbolische Figur, die nach Leibnizens Verständnis in unmittelbarem Zusammenhang mit den Logarithmen steht. Ausführlich widmet er sich dem Thema Logarithmen freilich erst im dritten Abschnitt. Von besonderem Interesse sind seine Überlegungen, ob die absolut unbegrenzte Fläche (*spatium absolute interminatum*) dem rechten Winkel zuzuordnen ist, ohne dass er sich festlegt.

Bis auf Satz 20 gelten die folgenden Sätze 15 bis 25 den einfachen analytischen Kurven, insbesondere den Parabeln und Hyperbeln beliebiger Ordnung. Leibniz führt eine umfangreiche Terminologie und Klassifikation der Paraboloide und Hyperboloide ein (Knobloch 2013), bevor er Eigenschaften und Quadraturen dieser Kurven untersucht. Auf Vorgänger wie Michelangelo Ricci weist er gegebenenfalls, z. B. im Falle von Satz 15, ausdrücklich hin.

Beim Beweis der Sätze 18, 20 und 22 ist auf Besonderheiten zu achten. Im Falle von Satz 18 geht Leibniz von den Funktionsgleichungen aus: $y^m v^n = a$ bzw. $bv^n = y^m$. Der Vergleich der zueinander konjugierten Zonen führt auf die Produkte: $\frac{m}{|m-n|} \cdot \frac{|m-n|}{n}$ oder $\frac{m}{m+n} \cdot \frac{m+n}{n}$. Die Fälle $m = n$ (Gerade) und $m = -n$ (Hyperbel) müssen also dabei ausgeschlossen werden, obwohl der Satz auch für diese beiden einfachen, analytischen Funktionen gilt.

Satz 20 ist für zwei Fälle formuliert und bewiesen: V + X habe zu V + Z ein endliches Verhältnis der Ungleichheit.

(1) Sind X und Z endlich, wird auch V endlich sein.
(2) Ist X oder Z unendlich, wird auch V unendlich sein.

Mit Blick auf den Beweis zu Satz 22 ist ein dritter Fall zu beweisen:

(3) Ist X endlich, Z unendlich klein, wird auch V endlich sein.

Um dies einzusehen, muss gezeigt werden, dass V weder unendlich klein noch unendlich ist.

Nehmen wir erstens an, V sei ebenfalls unendlich klein. Dann ist V + Z unendlich klein, V+X endlich. Also ist (V + X) : (V + Z) unendlich, da dies ein Verhältnis einer endlichen zu einer unendlich kleinen Größe ist. Dies ist ein Widerspruch gegen die Voraussetzung, dass dieses Verhältnis endlich ist.

Nehmen wir zweitens an, V sei unendlich. Dann ist V + Z unendlich, V + X ist ebenfalls unendlich. Also ist (V + X) – (V + Z) unendlich. Denn wenn man ein kleineres von einem größeren Unendlich abgezogen wird, ist der Rest unendlich (Regel 3). Aber (V + X) – (V + Z) = X – Z ist endlich (endlich minus unendlich klein). Dies ist ein Widerspruch gegen das vorausgehende Ergebnis. Also ist V endlich.

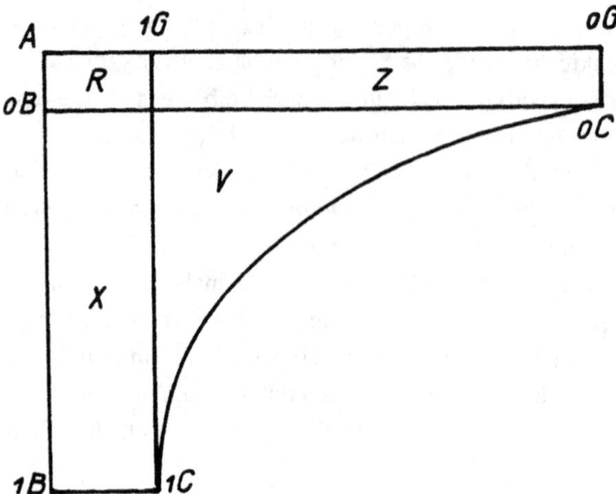

Satz 22 gilt Hyperboloiden $y^m v^n = a$ unter Ausschluss der Kegelschnitthyperbel. Diese Kurven haben die beiden Achsen als Asymptoten, also unendlich lange Flächen in beiden Achsenrichtungen.

Dabei ist AoB unendlich klein, deshalb AoG = oBoC unendlich groß. Nach Satz 22 ist die Fläche F = R + Z + X + V unendlich, falls $m < n$, endlich, falls $m > n$. Eine der beiden unendlich langen Flächen ist demnach unendlich, die andere endlich. Der Beweis stützt sich auf die Sätze 18, 20 und 21.

Er kann auf die Behauptung reduziert werden: Ist R + Z unendlich / endlich, so ist F unendlich / endlich. Denn nach Satz 21 ist Z+R unendlich und damit auch F = V+X+Z+R, falls $m < n$, unendlich klein, falls $m > n$. In zweiten Fall ist also Z unendlich klein, da R unendlich klein ist, das heißt nach Satz 20 (3) ist V endlich, also ist V + X + Z + R endlich.

Der Beweis vollzieht sich in fünf Schritten:

(1) $\frac{V+X}{V+Z} = \frac{m}{n} \neq 1$ endlich nach Satz 18
(2) X ist endlich. Nach Satz 20 gilt: Ist Z endlich / unendlich, so ist V endlich / unendlich, das heißt V + X oder V + X + Z endlich / unendlich, da X endlich ist.
(3) R ist unendlich klein, also gilt: Ist Z endlich / unendlich, so ist V + X + Z + R endlich / unendlich.
(4) Also gilt: Ist Z + R endlich / unendlich (da R unendlich klein ist), so ist Z endlich / unendlich.
(5) Wann also ist Z + R endlich oder unendlich? Satz 21 enthält nicht diese Dichotomie: Leibniz verwendet ihn irrtümlicher Weise, wenn er sagt „aber endlich, wenn der Exponent der Potenzen der Ordinaten größer als der Exponent der Potenzen der Abszissen ist". Richtig ist: Z + R ist unendlich klein, wenn $m > n$ ist. Mit Hilfe des erweiterten Satzes 20 lässt sich der Beweis richtig zu Ende führen, wie wir gesehen haben.

Die Sätze über Kurven mit unendlich langen Flächenräumen geben Leibniz willkommene Gelegenheit, in den Scholien zu den Sätzen 22 und 23 allgemein über den Umgang mit dem Unendlichen zu sprechen. Es bedarf des Faden eines Beweises, um vor Irrtümern gefeit zu sein, denen die Cavalieri'sche Methode in ihrer ursprünglichen Form ausgesetzt ist. Seine Methode der fiktiven, unendlich kleinen Größen bietet dagegen Sicherheit: Man kann Kurven ebenso sicher wie Geraden behandeln, wenn man Kurven als Polygone mit unendlich vielen, unendlich kleinen Seiten auffasst.

Ausdrücklich sagt er im Scholium zu Satz 25, dem Ende der ersten umfangreichen Ausarbeitung zur Kreisquadratur, dass er damit hätte zufrieden sein können, wenn er nur die arithmetische Kreisquadratur hätte darstellen wollen. Aber er wolle die Fruchtbarkeit seiner Prinzipien aufzeigen. Deshalb folgt der dritte Abschnitt.

3.3. Der dritte Abschnitt

Satz 26 ist zunächst eine Aussage über unendliche, geometrische Reihen, die er in den folgenden Sätzen verwendet. Die Sätze 27 bis 32 leiten die arithmetische Kreisquadratur ab, das heißt die konvergente, unendliche, aus rationalen Zahlen bestehende Reihe, die die Kreisfläche bzw. diejenige eines Quadranten angibt, wenn der Kreisradius 1 beträgt. Dazu konstruiert er in Satz 27 die Versiera, also die Kurve, die die Segmentenfigur des Kreises hervorruft.

Er vermerkt im nachträglich hinzugefügten Scholium zu Satz 29 mit dem wichtigen Hinweis auf Newtons ersten Brief für Leibniz, er hätte seine Reihe auch nach der Art Nicolaus Mercators mittels Division statt mit Hilfe der geometrischen Reihe herleiten können. Satz 31 enthält die arctan x Reihe

$$\sum_{n=1}^{\infty}(-1)^{n-1}\frac{x^{2n-1}}{2n-1},$$

wenn man den Kreisradius AB=1 und den zum Kreisbogen BO gehörenden Tangentenabschnitt BC = x setzt. Diese Satz ist, wie es im anschließenden Scholium heißt, der Höhepunkt (*palmarium*) der gesamten Abhandlung, um dessen willen er das Übrige geschrieben habe. Er liefert die wahre allgemeine analytische Beziehung zwischen dem Bogen und der Tangente eines Kreises. Mehr sei in dieser Hinsicht dem Menschen nicht möglich, wie er unten – gemeint ist Satz 51 – zeigen werde.

Satz 32 betrachtet den Spezialfall BO = $\frac{1}{8}$ des Kreisumfanges, gibt also den Wert von $\frac{\pi}{4}$ in Form der konvergenten, alternierenden Reihe $\frac{1}{1} - \frac{1}{3} + \frac{1}{5} - \frac{1}{7} \pm \cdots$ an. Dies sei die wahre numerische Kreisquadratur (Satz 32 Scholium). Mit der Frage, ob und inwiefern Satz 32 wahr ist, hat sich Leibniz im April 1676 an anderer Stelle beschäftigt (LSB VI, 3, N. 69). Mit Hilfe der in Satz 33 eingeführten harmonischen Reihe untersucht Leibniz die arc tan-Reihe bzw. leitet aus ihr weitere Reihen für Kreise mit speziellen ein- und umbeschriebenen Quadraten ab (Satz 35 bis 38), die er in Satz 42 für die Hyperbelquadratur wieder aufgreift (Probst 2006).

Zunächst schiebt er die Sätze zur Summierung der reziproken Dreieckszahlen (Satz 39) bzw. allgemein der reziproken figurierten Zahlen des harmonischen Dreiecks (Satz 40) ein. Er stellt die Analogie zu Pascals arithmetischem Dreick heraus und die Anwendungsmöglichkeiten in der Kombinatorik, beim Würfelspiel und den zahlentheoretischen Partitionen, begnügt sich jedoch mit diesem Hinweis.

Die Reihe der reziproken Dreieckszahlen liefert ihm die Hyperbelreihe $\frac{1}{8}, \frac{1}{48}, \frac{1}{120}$ usf. Er kannte diese Reihe aus (Brouncker 1668), einem Aufsatz, auf den er bereits nach Satz 14 angespielt hatte. Er erwähnt ihn nunmehr nochmals nach Satz 42, der die Ergebnisse zu den Reihen für die Hyperbelquadratur zusammenfasst. Zugleich zeigt er, wie dasselbe Ergebnis mittels Mercators Methode erhalten werden kann. Satz 43 gibt die allgemeine Quadratur für die zentrischen Kegelschnitte Kreis, Ellipse, Hyperbel. Er ist der Gipfel (*fastigium*) der allgemeinen Kegelschnittquadratur.

Mercators Ableitung der Hyperbelquadratur veranlasst Leibniz, die folgenden Sätze 44 bis 47 der Logarithmusfunktion zu widmen. Logarithmen führt er als Terme arithmetischer Folgen m,n,l,p,q,r, ... ein, die einer geometrischen Folge a,b,c,d,e,f, ... zugeordnet sind, wobei beliebige Verknüpfungen der Terme der geometrischen Folge entsprechende Verknüpfungen der arithmetischen Folge nach sich ziehen müssen. Dies lässt sich durch verschiedene arithmetische Folgen erreichen (Leibnizens Folgen B und C), nicht aber durch Leibnizens Folge D.

Die Logarithmuskurve führt Leibniz als diejenige Linie ein, die die Endpunkte der mittleren Proportionalen zwischen zwei gegebenen Strecken verbindet. Während für die Logarithmuskurve das Auffinden mittlerer Proportionalen oder von Verhältnisgleichungen erforderlich ist, ist für die zugehörige Quadratrix das Auffinden von Winkelteilungen nötig. Ausführlich geht Leibniz auf diese geometrisch-konstruktive Definition an Hand der Figur 14 ein, bevor er insbesondere die Reihenentwicklungen für $\log(1 + x)$, $\log \frac{1}{1-x}$ $(b = 1)$ ableitet und Hyperbelflächen mit unendlich langen Flächenseiten betrachtet (Satz 44, 45). Auf diese Weise leitet er die Divergenz der harmonischen Reihe ab, ein von Pietro Mengoli 1650 veröffentlichtes Ergebnis (Mengoli 1650).

Satz 46 gibt eine geometrische Quadratur der Logarithmusfigur, die die Konstruktion der Logarithmen nicht voraussetzt. Im Scholium erwähnt er die inverse Tangentenmethode die er oft verwende und mit deren Hilfe er die bewundernswerteste aller Eigenschaften der Logarithmuskurve ermittelt habe: die Abschnitte, die auf der Asymptote von den Schnittpunkten der Kurventangenten und der Größe der Ordinaten der Berührungspunkte erzeugt werden, sind gleich lang. Leibniz nennt diese Größe b *numerus primarius* oder Parameter. Sie weist den Ursprung der logarithmischen Kurve aus der Hyperbel auf. Satz 47 impliziert für den Fall b=1 die Reihen für $e^x - 1$ und $e^{-x} - 1$ ($x = 1$ bzw. $x = (1)$ oder ((1))). Von beiden Reihenentwicklungen zeigt Leibniz, dass sie gemäß seiner Definition eine logarithmische Kurve ergeben.

Satz 48 verwendet die Leibniz bekannte Newton'sche Reihenentwicklung für den sinus. Der Satz gibt die Reihe für den mit v bezeichneten sinus versus des Bogens a, das heißt für $1 - \cos a$, also (falls $r = 1$) $\frac{a^2}{2!} - \frac{a^4}{4!} + \frac{a^6}{6!} \mp \ldots$ Die drei Folgerungen enthalten unter anderem

die Reihen für den mit c bezeichneten sinus complementi, also cos a, und für den mit s bezeichneten sinus, also sin a.

In Satz 49 beweist Leibniz das nach ihm benannte Konvergenzkriterium für alternierende Reihen, deren Glieder eine monotone Nullfolge bilden. Satz 50 impliziert die vollkommene, die tafellose Trigonometrie. Er gibt die numerische und geometrische (*in lineis*) Lösung des Problems, zu den Winkeln eines rechtwinkligen Dreieckes die Seiten zu finden und umgekehrt bzw. zum Logarithmus die Zahl zu finden und umgekehrt.

Ausführlich zeigt Leibniz in den ersten beiden Paragraphen die allgemeine numerische Lösung mit Hilfe von Reihenentwicklungen für arctan x, cos x und sin x und veranschaulicht sie an Hand von Zahlenbeispielen. Entsprechend geht er im dritten Paragraphen an Hand der Reihenentwicklungen für $\log(1 + x)$ und $\log \frac{1}{1-x}$ vor. Die *Praxis* verdeutlicht er an den Beispielen $\log 2 = 1 - \frac{1}{2} + \frac{1}{3} - \frac{1}{4} \pm \ldots$, log 3,log5,log7. Leibniz fügt wegen der langsamen Konvergenz der Reihen (trotz der Eleganz des Satzes) ein weiteres Verfahren zur Berechnung von Logarithmen an, in dem er unter anderem die Berechnung der Jahreszahl 1676 erklärt. Schließlich gibt er an Hand der Figur 14 eine geometrisch-konstruktive Lösung für das Logarithmus-Problem.

Satz 51 sei gleichsam die *coronis* seiner Betrachtung, ein Ausdruck, mit dem die antiken Schriftsteller den Schlussschnörkel eines Buches bezeichneten. In der richtigen, aber zu seiner Zeit noch unbewiesenen Annahme, dass die allgemeine Winkelteilung durch eine endliche algebraische Formel nicht durchführbar ist, beweist er indirekt, dass es keine geometrischere Quadratur als seine der zentrischen Kegelschnitte Kreis, Ellipse, Hyperbel gibt, das heißt eine Relation, die aus einer endlichen Formel besteht. Eine ausführliche Analyse dieses Unmöglichkeitsbeweises unter Einbeziehung der Schriften von James Gregory gab Crippa (Crippa 2014, chapter 8; Crippa 2017). Die gesamte Schrift erfreut sich zu Recht wachsender Aufmerksamkeit (Arthur 2008; Levey 2008; Jesseph 2015).

4. Sternchennoten

*1 Cavalieri 1635, S. 1f., 9–12.

*2 Archimedes, *De sphaera et cylindro* I, 6.

*3 Desargues 1639, S. 1; Pascal 1640, Def. 1 (PO I, 252).

*4 s. *1.

*5 Satz 14.

*6 Pascal 1640, Def. 1 (PO I, 252).

*7 Apollonios, *Conica* I, Def. 6.

*8 Pascal 1658a.

*9 Torricelli, *De solido acuto hyperbolico problema alterum, De solido acuto hyperbolico problema secundum*, ursprünglich in Torricelli 1644 (jetzt TO I, 191–221); Grégoire 1647, Buch VI, Satz 139, S. 603; Huygens verfasste seine Zissoidenquadratur im

April 1658 (HO II, Nr. 483), informierte Wallis am 6. 9. 1658, schickte ihm vor dem 31. 1. 1659 den Beweis, den Wallis im Nachtrag zur *Mechanica* veröffentlichte (WO I, 906–908); Wallis 1655b, Satz 101 Scholium bis Satz 107 Scholium (WO I, 407–412); Pardies 1671, Préface A 7.

*10 Wallis 1659, 70f. (WO I, 533f.); Huygens 1673, 39–42 (HO XVIII, 152–159).

*11 Wallis 1672.

*12 Fabri 1659, Satz 24, Nr. 3 und Fabri 1669, 385; in den beiden Werken von Wallis, in denen er sich ausführlich mit der Zykloide befasst (Wallis 1659; Wallis 1670/71), tritt der Zykloiden-Segmentsatz tatsächlich nicht auf. Das „sequi" bezieht sich auf: Wallis 1659, 7 (WO I, 502); Wallis 1670–1671, 374 (WO I, 805); Pascal 1658c, 3 (PO I, 120).

*13 Huygens 1673, 69–72 (HO XVIII, 204–211); Pascal 1658d, 5 (PO VIII, 202 bzw. 217).

*14 Wallis 1655; Wallis 1657; es folgten bis 1671 zahlreiche scharfe Pamphlete, in den Wallis die irrigen mathematischen Ansichten von Hobbes bekämpfte. Er nahm sie nicht in seine Werkausgabe auf.

*15 Grégoire 1647, Buch VI, Sätze 125–130 (S. 594–597); s. Hofmann 1941, 31.

*16 Gemeint ist Viètes und Descartes' Einführung und Verwendung einer algebraischen Symbolik, die Leibniz an Hand der von Frans van Schooten herausgegebenen Werke Viètes (VO) bzw. *Geometria* von Descartes (Descartes 1659/61) kannte.

*17 In der gestrichenen Variante zur kubischen Parabel erwähnt Leibniz, dass Wallis diese Kurve semi-kubisch nannte, nämlich in (Wallis 1659, 95 (WO I, 553)).

*18 Der Streit betrifft die Erstentdeckung der Rektifikation der semikubischen Parabel, die Hendrik van Heuraet und William Neile fast gleichzeitig gelungen war, und darüber hinaus die Rektifikationsmethoden algebraischer Kurven. Huygens erkannte in (Huygens 1673, 71f. (HO XVIII, 209–211)) diese Ehre allein Heuraet zu und sprach sie Neile ab. Daraufhin widersprachen ihm John Wallis, William Brouncker und Christopher Wren (Wallis an Oldenburg 1673; Brouncker an Oldenburg 1673; Wren an Oldenburg 1673). Weitere Einzelheiten bei Hofmann in LSB III,1, 397 und (Hofmann 1974, Kapitel 8).

*19 Leibniz hatte Anfang November 1675 mit Jean Bertet (Berthet) einen Briefwechsel eröffnet. Bertet gab ihm daraufhin eine Aufzeichnung mit Quadraturen (LSB III, 1, 368; LSB VII, 5, N. 64).

*20 Brouncker 1668.

*21 Mercator 1668, Satz 17 (S. 31–33).

*22 Ricci 1668, Satz 3 (S. 71).

*23 s. *17.

*24 s. *22; Sluse 1668, 114–117.

*25 Cavalieri 1635, 1f. (Def. A I, A II).

*26 Fermat hat ein entsprechendes Manuskript vor 1644 an Cavalieri mit Hilfe von Mersenne gerichtet, der das Stück fast wörtlich in der *Praefatio ad Mechanica* (§ IV) in (Mersenne 1644) abdruckte (FO I, 195–198).

*27 Wallis 1656, Satz 64 und 102–107 (WO I, 395, 407–412).

*28 Z. B. Grégoire 1647, 99f.

*29 Richtig wäre: $\frac{t}{1} + \frac{1}{1t} - \frac{1}{3t^3} + \frac{1}{5t^5}$ etc.

*30 Mercator 1668.

*31 Der sogenannte erste Brief Newtons für Leibniz vom 13./23. 6. 1676 (LSB III, 1, N. 88_5). Oldenburg schickte eine Abschrift am 26.7./5. 8. 1676 an Leibniz, den dieser am 26. 8. 1676 erhielt.

*32 s. *29.

*33 Archimedes, *Dimensio circuli*, Satz 1.

*34 Satz 51.

*35 s. *33; die Punktbezeichnungen entsprechen teilweise nicht Figur 9.

*36 s. Tschirnhaus an Oldenburg, 1. 9. 1676 (LSB III, 1, 593f.).

*37 Pascal 1665.

*38 s. *37

*39 Die entsprechende Aufzeichnung aus dem Jahr 1665 liegt heute als §6 des Appendice V au traité *Van rekeningh in spelen van geluck* vor (HO XIV, 144–150).

*40 LSB III, 1, N. 2, S. 5.

*41 LSB VII, 3, N. 1 und N. 2.

*42 s. *20.

*43 s. *21.

*44 Satz 51.

*45 Diese Eigenschaft der logarithmischen Kurve wird z. B. von John Collins in seiner Sendung an Oldenburg für Tschirnhaus vom Ende Mai 1676 hervorgehoben (LSB III, 1, 385); Pardies 1671, 89–91; Gregory 1668, Prooemium.

*46 Grégoire 1647, 596f.

*47 s. *27.

*48 Descartes an Debeaune, 20. 2. 1639 in (Descartes 1657–1667 III, Nr. 71, S. 409–416; Descartes 1964–1972 II, Nr. 156, S. 510–523).

*49 LSB VII, 5, N. 90 und 91.

*50 s. *15.

*51 Mercator 1668, Satz 13 bis 18.

*52 *Compendium quadraturae arithmeticae* (LMG V, 111).

*53 Viète 1615.

Glossar

Abszissen – die Teile der Direktrix zwischen einem festen Punkt und den Treffpunkten der parallelen Ordinaten

Achse – die Direktrix, wenn alle zu ihr gezogenen parallele Geraden auf ihr senkrecht stehen

Analytisch – berechenbar

Analytische Kurve – Kurve, deren Punkte alle durch einen exakten, analytischen Kalkül ermittelt werden können

Direktrix – Gerade, auf die von den Punkten einer Kurve parallele Geraden gezogen werden

Exakter analytischer Kalkül – Kalkül, durch den die gesuchte Quantität mit Hilfe einer Gleichung aus den gegebenen Quantitäten gefunden werden kann, in der die gesuchte Quantität die Stelle einer Unbekannten einnimmt

Einfache analytische Kurve – Kurve, bei der die Beziehung zwischen den Ordinaten und den von irgendeiner Achse abgeschnittenen Teilen durch eine Gleichung nur zweier Terme erklärt werden kann ($v^m = py^n$, m, n natürliche Zahlen)

Gestörte Ordnung (von Folgengliedern) – die Glieder nehmen unregelmäßig zu oder ab

Konjugierte Achsen – konjugierte Direktrizen, deren eingeschlossener Winkel ein rechter ist

Konjugierte Direktrizen – die Abszissen der einen Direktrix sind die Ordinaten der anderen Direktrix und umgekehrt

Logarithmen – die Terme einer (unteren) Folge, die bei paarweiser additiver Verknüpfung den Termen einer (oberen) Folge entsprechen, wenn diese paarweise multiplikativ miteinander verknüpft werden, insbesondere die Terme einer arithmetischen Folge, die auf diese Weise den Termen einer geometrischen Folge zugeordnet sind

Natürliche Ordnung (von Folgengliedern) – die Glieder wachsen monoton

Numerus primarius – Zahl, deren Logarithmus 0 ist

Ordinaten – (streng genommen:) die zur Direktrix gezogenen parallelen Geraden (Parallelen); (weit gefasst:) konvergente Geraden, die von einer Kurve in einem einzigen Punkt zusammenlaufen

Rationale analytische Kurve – Kurve, deren Achse so gewählt werden kann, dass die Ordinate rational ist, vorausgesetzt dass die Abszisse und die Parameter rational sind ($y = pv^2$)

Resekten – die von der konjugierten Achse (y-Achse) durch die Tangenten an die Ausgangskurve abgeschnittenen, vom Ursprung A aus gemessenen Teile

Resektenfigur – Figur an der 2. Kurve, die aus den zu den neuen Ordinaten übertragenen Resekten gebildet ist

Reversionspunkt – die Tangente und die Ordinate des Kurvenpunktes fallen zusammen

Segment – Fläche, die von einer Kurve und einer Geraden umschlossen ist (Beispiel: Kreissegment, wenn die Kurve der Kreis ist)

Segmentfigur – die Resektenfigur, wenn die erzeugende, fortgesetzte Kurve durch die Punkte C zum Punkt A gelangt und deshalb auch die erzeugte Kurve durch die Punkte D

Sektor – dreilinige Fläche, die von zwei Geraden und einer Kurve umschlossen ist (Beispiel: Kreissektor, wenn die Kurve der Kreis, der Punkt A der Kreismittelpunkt ist)

Summe der an eine Achse angelegten Geraden – Flächeninhalt der durch ununterbrochene Anlegung hergestellten Figur

Unendlich klein – kleiner als jede gegebene (positive) Größe

Unendlich groß – größer als jede gegebene (positive) Größe

Verhältnisfigur (hyperbolische Figur) – die der Winkelfigur entsprechende Resektenfigur mit einem Hyperbelast, wenn die Resekten nicht senkrecht auf der x-Achse, sondern auf der dazu konjugierten (y-)Achse errichtet werden

Wendepunkt – eine konkave Kurve wird an der Stelle konvex oder umgekehrt

Winkelfigur – die Resektenfigur, wenn die erzeugende Kurve der Kreisbogen mit dem Mittelpunkt A ist

Zykloidenretorte – die doppelt krummlinige Fläche, die von einem Zykloiden-Bogen, dem Bogen des Erzeugerkreises und der Differenz zwischen der Ordinate der Zykloide und des Kreises umschlossen ist

Textgrundlage

Für den lateinischen Text:

Gottfried Wilhelm Leibniz, *De quadratura arithmetica circuli ellipseos et hyperbolae cujus corollarium est trigonometria sine tabulis*, kritisch herausgegeben und kommentiert von Eberhard Knobloch. Göttingen: Vandenhoeck & Ruprecht, 1993. (Abhandlungen der Akademie der Wissenschaften in Göttingen, Mathematisch-Physikalische Klasse Nr. 43).

Die Editionstechnik ist dort in der Einleitung (S. 21–23) erläutert. Da der Text keine verbindliche Schlussredaktion erfahren hat, konnten nur eindeutige redaktionelle Anweisungen befolgt werden: Vertauschung der Sätze 26, 27; Ersetzung der ursprünglichen durch die moderne Exponenten-Schreibweise (Satz 24–25, 27–31). Die Kleinerschreibung der numerischen Indizes vor großen Buchstaben als Punktbezeichnungen wurde beibehalten. Mahnke (1912/13) hat darauf hingewiesen, dass die Indizes nicht tiefer als die indizierten Buchstaben zu setzen sind, anders als es bei (Jesseph 2015, 198f.) geschieht. Die Unfertigkeit zeigt sich auch in den vielen Versehen und Lücken: 152 Eingriffe des Herausgebers waren nötig, die durch eckige Klammern im Text angezeigt und in Fußnoten erklärt werden. Seinerzeit stehen gebliebene Versehen der 1993-Ausgabe wurden verbessert. Die Wiederverwendung dieser Ausgabe erfolgt mit freundlicher Genehmigung des Verlages Vandenhoeck & Ruprecht.

Für diese zweisprachige Ausgabe wurden nur neun inhaltlich oder wissenschaftshistorisch besonders interessante gestrichene Textvarianten aufgenommen und auch übersetzt, aber durch Petit-Satz vom gültigen Text abgesetzt. Falls dies um der klaren Zuordnung willen nötig erschien, wurde auf die Zeilenzähler der Ausgabe von 1993 verwiesen.

Es handelt sich um:

1) Beweisvariante und Scholium zu Satz 1: Die dort erwähnten Figuren 3 und 4 gehören zu LSB VII, 6, N. 20, S. 182f.; 2) Scholium zu Satz 11; 3) zwei Beweisvarianten zu Satz 13 und Scholium; 4) Teil des Korollars zu Satz 14; 5) Korollar zu Satz 18 und Variante des Satzes 19; 6) Teil des Beweises zu Satz 19; 7) Variante zu Satz 25, Korollare 1 und 2; 8) Variante des 1. Teils des Beweises zu Satz 28; 9) Variante des Scholiums zu Satz 32.

Für die deutsche Übersetzung:

Gottfried Wilhelm Leibniz, *Über die arithmetische Quadratur des Kreises, der Ellipse und der Hyperbel, von der ein Korollar die Trigonometrie ohne Tafeln ist*, übersetzt von Otto

Hamborg. Online seit 2007 unter der Anschrift: http://www.hamborg-berlin.de/a_persona/interessen/Leibniz_komplett.pdf.

Weitere Ausgaben und Übersetzungen:

G. W. Leibniz, *quadrature arithmétique du cercle, de l'ellipse et de l'hyperbole et la trginométrie sans tables trigonométriques qui en est le corollaire.* Introduction, traduction et notes de Marc Parmentier, Text latin édité par Eberhard Knobloch. Paris: J. Vrin, 2004.

Auch diese lateinisch-französische Ausgabe hat eine Auswahl gestrichener Textvarianten aufgenommen und übersetzt.

G. G. L. L. *De quadratura arithmetica circuli ellipseos et hyperbolae cujus Corollarium est trigonometria sine tabulis.* In: LSB VII, 6, 520–676 (Bearbeiter Uwe Mayer, Siegmund Probst).

Diese Ausgabe berücksichtigt eine zusätzliche, umfangreiche Variante zu Satz 48. Sie verfährt bei der Textgestaltung teilweise anders als die 1993-Ausgabe, insbesondere was die redaktionellen Anweisungen von Leibniz, die geometrische Indexbezeichnung und die Herausgebereingriffe betrifft.

Personenverzeichnis

Literaturverzeichnis

Archimedes, *De sphaera et cylindro*.

Archimedes, *Dimensio circuli*.

Arthur, Richard. 2008. Leery Bedfellows: Newton and Leibniz on the status of infinitesimals. In: Ursula Goldenbaum, Douglas Jesseph (eds.), *Infinitesimal differences, Controversies between Leibniz and his contemporaries*. Berlin: de Gruyter, S. 7–30.

Breger, Herbert. 1990. Das Kontinuum bei Leibniz. In: Antonio Lamarra (a cura di), *L'infinito in Leibniz, Problemi e terminologia*. Roma: Edizioni dell' Ateneo, S. 53–67.

Brouncker, William. 1668. The squaring oft he hyperbola. In: *Philosophical Transactions* III, Nr. 34, 13./23. April 1668, S. 645–649.

Brouncker, William. 1673. Brief an Oldenburg vom 18. Oktober 1673. In: *Philosophical Transactions* VIII, Nr. 98, 17./27. November 1673, S. 6149f.

Cavalieri, Bonaventura. 1635. *Geometria indivisibilibus continuorum nova quadam ratione promota*. Bologna: Clemens Ferronius. (2. Aufl. 1653).

Crippa, Davide. 2014. *Impossibility results, From geometry to analysis: A study in early modern conceptions of impossibility*. Thèse Université Paris Diderot. Paris. Archiviert unter: https://halshs.archives-ouvertes.fr/tel-01098493/document.

Crippa, Davide. (vielleicht) 2017. The impossibility of solving the universal quadrature of the circle in Leibniz's *De quadratura arithmetica* (1676). In: Michel Fichant / Raffaele Pisano / Paolo Bussotti / Agamenon Rodrigues Eufrásio Oliveira (eds.), *Homage to Gottfried Wilhelm Leibniz as Scientist and Engineer 1646–2016. New Scientific and Epistemological Insights*. Dordrecht: Springer, S. 1*–26* (im Druck).

Desargues, Gérard. 1639. *Brouillon project d'une atteinte aux événemens des rencontres d'un cone avec un plan*. Paris.

Descartes, René. 1657–1667. *Lettres*, ed. Claude de Clerselier. 3 Bde. Paris: Henry Le Gras.

Descartes, René. 1659/61. *Geometria*, ed. Frans van Schooten. 2 Teile. Amsterdam: Elzevir.

Descartes, René. 1965–1972. *Oeuvres*, ed. Charles Adam, Paul Tannery. 2. Aufl. 12 Bde. Paris: Léopold Cerf.

Fabri, Honoré. 1659. *Opusculum geometricum de linea sinuum et cycloide*. Rom: Erben des Franciscus Corbellettus.

Fabri, Honoré. 1669. *Synopsis geometrica cui accessere tria opuscula, nimirum De linea sinuum et cycloide; De maximis et minimis, centuria; Et synopsis trigonometriae planae*. Lyon: Antonius Molin.

Fermat, Pierre de. 1891–1922. *Oeuvres*, ed. Paul Tannery, Charles Henry. 4 Bde. Paris: Gauthier-Villars.

Grégoire de St. Vincent. 1647. *Opus geometricum quadraturae circuli et sectionum coni*. Antwerpen: Johannes und Jacob van Meurs.

Gregory, James. 1668. *Geometriae pars universalis*. Padua.

Hofmann, Joseph Ehrenfried. 1941. Das Opus geometricum des Gregorius d S. Vincentio und seine Einwirkung auf Leibniz. In: *Abhandlungen der Preußischen Akademie der Wissenschaften*, Jahrgang 1941, Mathematisch-naturwissenschaftliche Klasse. Berlin 1942, Nr. 13.

Hofmann, Joseph Ehrenfried. 1974. *Leibniz in Paris*. Cambridge: Cambridge University Press.

HO = Christiaan Huygens, *Oeuvres complètes*, publiées par la Société Hollandaise des Sciences. 22 Bände. Den Haag: Martinus Nijhoff, 1888–1950.

Huygens, Christiaan. 1673. *Horologium oscillatorium sive de motu pendulorum ad horologia aptato demonstrationes geometricae*. Paris: F. Muguet. (HO XVIII, 69–365).

Jesseph, Douglas M. 2015. Leibniz on The Elimination of Infinitesimals. In: Norma B. Goethe, Philip Beeley, David Rabouin (eds.), *G. W. Leibniz, Interrelations between Mathematics and Philosophy*. Dordrecht / Heidelberg / New York / London: Springer, S. 189–205.

Knobloch, Eberhard. 1989. Leibniz et son manuscrit inédité sur la quadrature des section coniques. In: Centro Fiorentino di Storia e Filosofia della Scienza (Hrsg.), *The Leibniz Renaissance, International Workshop Firenze 2 – 5 guigno 1986*. Firenze: Leo S. Olschki Editore, S. 127–151.

Knobloch, Eberhard. 1990. L'infini dans les mathématiques de Leibniz. In: Antonio Lamarra (a cura di), *L'infinito in Leibniz, Problemi e terminologia*. Roma: Edizioni dell' Ateneo, S. 33–51.

Knobloch, Eberhard. 1993. Les courbes analytiques simples chez Leibniz. In: *Sciences et techniques en perspective* 26, S. 74–96.

Knobloch, Eberhard. 1994. The infinite in Leibniz's mathematics – The historiographical method of comprehension in context. In: Kostas Gavroglu / Jean Christianidis / Efthymios Nicolaidis, *Trends in the Historiography of Science*. Dordrecht / Boston / London: Kluwer Academic Publishers, S. 265–278.

Knobloch, Eberhard. 2002. Leibniz's rigorous foundation of infinitesimal geometry by means of Riemannian sums. *Synthese* 133, S. 59–72.

Knobloch, Eberhard. 2008. Generality and infinitely small quantities in Leibniz's mathematics – The case of his arithmetical quadrature of conic sections and related curves. In: Ursula Goldenbaum / Douglas Jesseph (eds.), *Infinitesimal differences, Controversies between Leibniz and his contemporaries*. Berlin: de Gruyter, S. 171–183.

Knobloch, Eberhard. 2012. Leibniz und sein Meisterwerk zur Infinitesimalgeometrie. In: Günter Löffladt (Hrsg.), *Mathematik – Logik – Philosophie, Ideen und ihre historischen Wechselwirkungen*. Frankfurt / Main: Harri Deutsch Verlag, S. 245–254.

Knobloch, Eberhard. 2013. La théorie des courbes chez Leibniz. In: Roshdi Rashed / Pascal Crozet (éds.), *Les courbes, Études sur l'histoire d'un concept*. Paris: A. Blanchard, S. 107–120.

Knobloch, Eberhard. 2015. Analyticité, équipollence et théorie des courbes chez Leibniz. In: Norma B. Goethe, Philip Beeley, David Rabouin (eds.), *G. W. Leibniz, Interrelations Between Mathematics and Philosophy*. Dordrecht / Heidelberg / New York / London: Springer, S. 89–110.

Leibniz, Gottfried Wilhelm. 1686. De geometria recondita et analysi indivisibilium et infinitorum. In: *Acta Eruditorum* Juni 1686, 292–300 = LMG V, 226–233.

Levey, Samuel. 2008. Archimedes, infinitesimals, and the law of continuity: On Leibniz's fictionalism. In: Ursula Goldenbaum, Douglas Jesseph (eds.), *Infinitesimal differences, Controversies between Leibniz and his contemporaries*. Berlin: de Gruyter, S. 95–106.

LMG = G. W. Leibniz, *Mathematische Schriften*, hrsg. von Carl Immanuel Gerhardt. 7 Bde. Berlin: A. Asher u. Comp. / London: D. Natt / Halle: H. W. Schmidt 1849–1863 (Nachdruck Hildesheim: Georg Olms 1962).

LPG = G. W. Leibniz, *Die philosophischen Schriften*, hrsg. von Carl Immanuel Gerhardt. 7 Bde. Berlin: Weidmannsche Buchhandlung, 1875–1890. (Nachdruck Hildesheim: Olms, 1960/61).

LSB = Gottfried Wilhelm Leibniz, *Sämtliche Schriften und Briefe*, hrsg. von der Berlin-Brandenburgischen Akademie der Wissenschaften und der Akademie der Wissenschaften zu Göttingen. Berlin: de Gruyter (seit 1923).

Mahnke, Dietrich. 1912/13. Die Indexbezeichnung bei Leibniz als Beispiel seiner kombinatorischen Charakteristik. In: *Bibliotheca mathematica* (3) 13, S. 29–61.

Mengoli, Pietro. 1650. *Novae quadraturae arithmeticae sive de additione fractionum*. Bologna: Jacobus Mons. Online: http://mathematica.sns.it/media/volumi/120/Novae%20quadraturae%20arithmeticae%20seu%20de%20additione%20fractionum_bw.pdf

Mercator, Nicolaus. 1668. *Logarithmotechnia*. 2. Aufl. London: Moses Pitt – William Godbid. (Nachdruck Hildesheim: Olms, 1975).

Mersenne, Marin. 1644. *Cogitata physicomathematica, in quibus tam naturae quam artis effectus admirandi certissimis demonstrationibus explicantur.* Paris: Bertier.

Pardies, Gaston. 1671. *Elemens de geometrie*. Paris: Sebastien Mabre-Cramoisy.

Pascal, Blaise. 1640. *Essay pour les coniques*. Paris. (Einblattdruck). (PO I, 252–260).

Pascal, Blaise. 1658a. *Traité des trilignes rectangles, et de leurs onglets*. In: Pascal 1658b (PO IX, 3–45).

Pascal, Blaise. 1658b. *Lettre de A. Dettonville à Monsieur de Carcavy suivie de traités géométriques décembre 1658*. Paris: Guillaume Desprez (PO IX, 1–133).

Pascal, Blaise. 1658c. *Traitté general de la roulette*. In: Pascal 1658b. (PO IX, 116–133).

Pascal, Blaise. 1665. *Traité du triangle arithmétique*. Paris: Guillaume Desprez. (PO III, 433–598).

Pascal, Blaise. 1658d. *Histoire de la roulette, appellée autrement la trochoide, ou la cycloide.* (Lat.:) *Historia trochoidis, sive cycloidis, gallice: la roulette*. Paris: S. l. (PO VIII, 195–223).

PO = Blaise Pascal, *Oeuvres complètes*, hrsg. von Pierre Boutroux, Léon Brunschvicg, F. Gazier. 14 Bde. Paris: Hachette.

Probst, Siegmund. 2006. Differenzen, Folgen und Reihen bei Leibniz (1672–1676). In: Magdalena Hyksová, Ulrich Reich (Hrsg.), *Wanderschaft in der Mathematik*, Tagung zur Geschichte der Mathematik in Rummelsburg bei Nürnberg (4.5. bis 8. 5. 2005). Augsburg: Erwin Rauner Verlag, S. 164–173.

Probst, Siegmund. 2015. Leibniz as Reader and Second Inventor: The Cases of Barrow and Mengoli. In: Norma B. Goethe, Philip Beeley, David Rabouin (eds.), *G. W. Leibniz, Interrelations Between Mathematics and Philosophy.* Dordrecht / Heidelberg / New York / London, S. 111–134.

Rabouin, David. 2015. Leibniz's Rigorous Foundation of the Method of Indivisibles. In: Vincent Jullien (ed.), *Seventeenth-Century Indivisibles Revisited.* Cham / Heidelberg / New York / Dordrecht / London: Birkhäuser-Springer, S. 347–364.

Ricci, Michelangelo. 1668. *Exercitatio geometrica de maximis et minimis*. 2. Abdruck der Ausgabe von 1662. Rom: Moses Pitt – William Godbid. (Nachdruck Hildesheim / New York: Olms, 1975).

Scholtz, Lucie. 1934. *Die exakte Grundlegung der Infinitesimalrechnung bei Leibniz*. (Teildruck der Dissertation). Marburg: Hans Kretschmer.

Sluse, René François de. 1668. *Mesolabum seu duae mediae proportionales inter extremas datas per circulum et per infinitas hyperbolas, vel ellipses et per quamlibet exhibitae, Ac problematum omnium solidorum effectio per easdem curvas. Accessit pars altera de analysi, et miscellanea*. 2. Aufl. Liège: Wilhelm Heinrich Streel.

TO = Evangelista Torricelli, *Opere*, ed. Gino Loria, Giuseppe Vassura. 4 Bde. Faenza: G. Montanari, 1919–1944.

Viète, François. 1615. Ad angulares sectiones theoremata, katholikotera, ed. Alexander Anderson. Paris. (VO 286–304).

VO = François Viète, *Opera mathematica*, in unum volumen congesta, ac recognita opera atque studio Francisci a Schooten. Leiden: Bonaventura & Abraham Elzevir, 1646. (Nachdruck Hildesheim: Olms, 1970).

Wallis, John. 1655. *Elenchus geometriae Hobbianae*. Oxford: H. Hall.

Wallis, John, 1656. *Arithmetica infinitorum*. Oxford: Leon Lichfield. (WO I, 355–478).

Wallis, John. 1657. *Adversus Marci Meibomii, De proportionibus dialogum, tractatus Elencticus*. Oxford: Leon Lichfield. (WO I, 229–290).

Wallis, John. 1659. *Tractatus duo, prior de cycloide…posterior…de cissoide*. Oxford: Leon Lichfield. (WO I, 489–569).

Wallis, John. 1670–1671. *Mechanica sive de motu tractatus geometricus*. 3 Bde. London: Moses Pitt – William Godbid. (WO I, 570–1063).

Wallis, John. 1672. Epitome binae methodi tangentium. In: *Philosophical Transactions* VII, Nr. 81 vom 25. März / 4. April 1672, S. 4010–4016.

Wallis, John. 1673. Brief an Oldenburg vom 14. Oktober 1673. In: *Philosophical Transactions* VIII, Nr. 98 vom 17./27. November 1673, S. 6146–6149.

WO = John Wallis, *Opera mathematica*. 3 Bde. Oxford: Theatrum Sheldonianum, 1693–1699. (Nachdruck Hildesheim: Olms, 1972).

Wren, Christopher. 1673. Brief an Oldenburg ca. 18. Oktober 1673. In: *Philosophical Transactions* VIII, Nr. 98 vom 17./27. November 1673, S. 6150.

Printed in the United States
By Bookmasters